地质灾害治理工程施工技术

主　编：何　升　胡世春

参　编：陈　明　吴顺彬　张　伟　吴鹏鹏　曹月红
高凤春　江　矩　蒋　昆　李健雄　蒋发堂
张兴立　李　棚　刘石平　涂　强　杨　波
王丝丝　罗　凤　彭永刚　杨纾凡　石　峰
卓艳梅　王子皓　李　强　罗　祥

西南交通大学出版社
·成　都·

图书在版编目（CIP）数据

地质灾害治理工程施工技术 / 何升，胡世春主编
．—成都：西南交通大学出版社，2018.9
ISBN 978-7-5643-6451-9

Ⅰ．①地… Ⅱ．①何… ②胡… Ⅲ．①地质灾害－灾害防治－工程施工 Ⅳ．①P694

中国版本图书馆 CIP 数据核字（2018）第 220356 号

地质灾害治理工程施工技术

主　编／何　升　胡世春

责任编辑／姜锡伟
助理编辑／王同晓
封面设计／墨创文化

西南交通大学出版社出版发行
（四川省成都市二环路北一段 111 号西南交通大学创新大厦 21 楼　610031）
发行部电话：028-87600564　028-87600533
网址：http://www.xnjdcbs.com
印刷：四川森林印务有限责任公司

成品尺寸　185 mm×260 mm
印张　20.75　　字数　518 千
版次　2018 年 9 月第 1 版　　印次　2018 年 9 月第 1 次

书号　ISBN 978-7-5643-6451-9
定价　68.00 元

前　言

伴随着我国《地质灾害防治条例》发布以来（2003 年 11 月 24 日），全国范围内进行了地质灾害防治工作。特别是 2008 年“5·12”汶川大地震以来，国家在地震灾区投入了大量的人力物力进行地质灾害治理防治工作。地质灾害治理工程虽然工程内容比较单一，但是施工工艺比较复杂。

我编写本书的目的，就是希望力所能及地将地质灾害施工项目重要的施工工艺与工程实际紧密结合起来，加以总结。确定本书内容的主要原则，是尽可能地满足施工现场需要。如果木书对广大施工一线的技术管理人员有所助益的话，那正是我所期望的。

阅读本书的读者应掌握基本的工程识图知识。本书可供国土、地质、应急、施工等部门的工程技术人员参考，并可作为相关专业教材。

本书主要介绍地质灾害及其特征，针对各灾害体常见的施工工艺及现场管理和质量检测。

本书是编者多年对山地地质灾害治理工程设计的经验总结与学习心得，突出实用性与可操作性，按治理工程设计工作步骤和分部工程分步论述了常见地质灾害、滑坡治理施工技术；地质灾害治理工程施工工艺、工程质量检测等，具体分为八章，分别为地质灾害及其特征，崩塌治理施工技术，泥石流治理工程，帷幕注浆，质量检测。本书作为地质灾害治理工程设计的带指南性质的系统性读本，可供从事滑坡、崩塌、泥石流治理的工程技术人员参考使用，也可供大专院校相关专业师生阅读。

由于水平有限，本书中难免有欠妥之处，敬请读者批评指正。

作　者

2018 年 6 月

目　录

1 地质灾害及其特征

地质灾害：包括自然因素或者人为活动引发的危害人民群众生命和财产安全的山体崩塌、滑坡、泥石流、地面塌陷、地裂缝、地面沉降等与地质作用有关的灾害（如果未发生危害称为地质现象）。

1.1 滑 坡

滑坡是指斜坡上的土体或者岩体，受河流冲刷、地下水活动、雨水浸泡、地震及人工切坡等因素影响，在重力作用下，沿着一定的软弱面或者软弱带，整体地或者分散地顺坡向下滑动的自然现象。运动的岩（土）体称为变位体或滑移体，未移动的下伏岩（土）体称为滑床，滑坡体指滑坡的整个滑动部分，简称滑体。

1. 滑坡的组成要素

滑坡壁——滑坡体后缘与不动的山体脱离开后，暴露在外面的形似壁状的分界面；

滑动面——滑坡体沿下伏不动的岩、土体下滑的分界面，简称滑面；

滑动带——平行滑动面受揉皱及剪切的破碎地带，简称滑带；

滑坡床——滑坡体滑动时所依附的下伏不动的岩、土体，简称滑床；

滑坡舌——滑坡前缘形如舌状的凸出部分，简称滑舌；

滑坡台阶——滑坡体滑动时，由于各种岩、土体滑动速度差异，在滑坡体表面形成台阶状的错落台阶；

滑坡周界——滑坡体和周围不动的岩、土体在平面上的分界线；

滑坡洼地——滑动时滑坡体与滑坡壁间拉开，形成的沟槽或中间低四周高的封闭洼地；

滑坡鼓丘——滑坡体前缘因受阻力而隆起的小丘；

滑坡裂缝——滑坡活动时在滑体及其边缘所产生的一系列裂缝。位于滑坡体上（后）部多呈弧形展布者称拉张裂缝；位于滑体中部两侧，滑动体与不滑动体分界处者称剪切裂缝；剪切裂缝两侧又常伴有羽毛状排列的裂缝，称羽状裂缝；滑坡体前部因滑动受阻而隆起形成的张裂缝，称鼓胀裂缝；位于滑坡体中前部，尤其在滑舌部位呈放射状展布者，称扇状裂缝。

以上滑坡诸要素只有发育完全的新生滑坡才同时具备，并非任一滑坡都具有。产生滑坡的基本条件是斜坡体前有滑动空间，两侧有切割面，从斜坡的物质组成来看，具有松散土层、碎石土、风化壳和半成岩土层的斜坡抗剪强度低，容易产生变形面下滑。坚硬岩石中由于岩石的抗剪强度较大，能够经受较大的剪切力而不变形滑动。但是如果岩体中存在着滑动面，特别是在暴雨之后，则由于水在滑动面上的浸泡，使其抗剪强度大幅度下降而易滑动。

降雨对滑坡的影响很大。降雨对滑坡的作用主要表现在，雨水的大量下渗，导致斜坡上的土石层饱和，甚至在斜坡下部的隔水层上积水，从而增加了滑体的重量，降低了土石层的抗剪强度，导致滑坡产生。不少滑坡具有“大雨大滑、小雨小滑、无雨不滑”的特点。

地震对滑坡的影响很大。究其原因，首先是地震的强烈作用使斜坡土石的内部结构发生破坏和变化，原有的结构面张裂、松弛，加上地下水也有较大变化，特别是地下水位的突然升高或降低对斜坡稳定是很不利的。另外，一次强烈地震的发生往往伴随着许多余震，在地震力的反复振动冲击下，斜坡土石体就更容易发生变形，最后就会发展成滑坡。

2. 引起滑坡的主要条件

一是地质条件与地貌条件，二是内外动力和人为作用的影响。

（1）地质条件与地貌条件与以下几个方面有关：

岩土类型：岩土体是产生滑坡的物质基础。一般说，各类岩、土都有可能构成滑坡体，其中结构松散，抗剪强度和抗风化能力较低，在水的作用下其性质能发生变化的岩、土，如松散覆盖层、黄土、红黏土、页岩、泥岩、煤系地层、凝灰岩、片岩、板岩、千枚岩等及软硬相间的岩层所构成的斜坡易发生滑坡。

地质构造条件：组成斜坡的岩、土体只有被各种构造面切割分离成不连续状态时，才有可能向下滑动的条件。同时、构造面又为降雨等水流进入斜坡提供了通道。故各种节理、裂隙、层面、断层发育的斜坡，特别是当平行和垂直斜坡的陡倾角构造面及顺坡缓倾的构造面发育时，最易发生滑坡。

地形地貌条件：只有处于一定的地貌部位，具备一定坡度的斜坡，才可能发生滑坡。一般江、河、湖（水库）、海、沟的斜坡，前缘开阔的山坡、铁路、公路和工程建筑物的边坡等都是易发生滑坡的地貌部位。坡度大于 10°，小于 45°，下陡中缓上陡、上部成环状的坡形是产生滑坡的有利地形。

水文地质条件：地下水活动，在滑坡形成中起着主要作用。它的作用主要表现在软化岩、土，降低岩、土体的强度，产生动水压力和孔隙水压力，潜蚀岩、土，增大岩、土容重，对透水岩层产生浮托力等。尤其是对滑面（带）的软化作用和降低强度的作用最突出。

（2）内外动力和人为作用的影响。

在现今地壳运动的地区和人类工程活动的频繁地区是滑坡多发区，外界因素和作用，可以使产生滑坡的基本条件发生变化，从而诱发滑坡。主要的诱发因素有：地震、降雨和融雪、地表水的冲刷、浸泡、河流等地表水体对斜坡坡脚的不断冲刷；不合理的人类工程活动，如开挖坡脚、坡体上部堆载、爆破、水库蓄（泄）水、矿山开采等都可诱发滑坡，还有海啸、风暴潮、冻融等作用也可诱发滑坡。

3. 滑坡强度因素

滑坡的活动强度，主要与滑坡的规模、滑移速度、滑移距离及其蓄积的位能和产生的功能有关。一般来讲，滑坡体的位置越高、体积越大、移动速度越快、移动距离越远，则滑坡的活动强度也就越高，危害程度也就越大。具体来讲，影响滑坡活动强度的因素有以下几点。

地形：坡度、高差越大，滑坡位能越大，所形成滑坡的滑速越高。斜坡前方地形的开阔程度，对滑移距离的大小有很大影响。地形越开阔，则滑移距离越大。开阔程度对滑移距离的大小有很大影响。地形越开阔，则滑移距离越大。

岩性：组成滑坡体的岩、土的力学强度越高、越完整，则滑坡往往就越少。构成滑坡滑面的岩、土性质，直接影响着滑速的高低，一般来讲，滑坡面的力学强度越低，滑坡体的滑速也就越高。

地质构造：切割、分离坡体的地质构造越发育，形成滑坡的规模往往也就越大越多。

4. 滑坡诱发因素

（1）自然因素。

诱发滑坡活动的外界因素越强，则滑坡的活动强度越大。如强烈地震、特大暴雨所诱发的滑坡多为大的高速滑坡。

（2）人为因素。

违反自然规律、破坏斜坡稳定条件的人类活动都会诱发滑坡。

① 开挖坡脚：修建铁路、公路、依山建房、建厂等工程，常常因使坡体下部失去支撑而发生下滑。

② 蓄水、排水：水渠和水池的漫溢和渗漏，工业生产用水和废水的排放、农业灌溉等，均易使水流渗入坡体，加大孔隙水压力，软化岩、土体，增大坡体容重，从而促使或诱发滑坡的发生。水库的水位上下急剧变动，加大了坡体的动水压力，也可使斜坡和岸坡诱发滑坡发生。支撑不了过大的重量，失去平衡而沿软弱面下滑。此外，劈山开矿的爆破作用，可使斜坡的岩、土体受震动而破碎产生滑坡；在山坡上乱砍滥伐，使坡体失去保护，便有利于雨水等水体的入渗从而诱发滑坡等等。如果上述的人类作用与不利的自然作用互相结合，则就更容易促进滑坡的发生。

5. 滑坡形成过程

滑坡的形成过程一般可分为以下 4 个阶段。

（1）蠕动变形阶段或滑坡孕育阶段：

斜坡上部分岩（土）体在重力的长期作用下发生缓慢、匀速、持续的微量变形，并伴有局部拉张成剪切破坏，地表可见后缘出现拉裂缝并加宽加深，两侧翼出现断续剪切裂缝。

（2）急剧变形阶段：

随着断续破裂（坏）面的发展和相互连通，岩（土）体的强度不断降低，岩（土）体变形速率不断加大，后缘拉裂面不断加深和展宽，前缘隆起，有时伴有鼓胀裂缝，变形量也急剧加大。

（3）滑动阶段：

当滑动面完全贯通，阻滑力显著降低，滑动面以上的岩（土）体即沿滑动面滑出。

（4）逐渐稳定阶段：

随着滑动能量的耗失，滑动速度逐渐降低，直至最后停止滑动，达到新的平衡。

以上阶段是一个滑坡发展的典型过程，实际发生的滑坡中，并不总是十分完备和典型。由于岩（土）体和滑动面的性质、促滑力的大小、运动方式、滑移体所具有的位能大小等不同，滑坡各阶段的表现形式及过程长短也有很大的差异。

6. 滑坡的分类

为了更好地认识和治理滑坡，需要对滑坡进行分类。但由于自然界的地质条件和作用因素复杂，各种工程分类的目的和要求又不尽相同，因而可从不同角度进行滑坡分类。根据我国的滑坡类型可有如下的划分方式。

（1）体积划分。

① 巨型滑坡（体积 > 1 000 万立方米）；

② 大型滑坡（体积 100 万 ~ 1 000 万立方米）；

③ 中型滑坡（体积 10 万 ~ 100 万立方米）；

④ 小型滑坡（体积 < 10 万立方米）。

（2）按滑动速度划分。

① 蠕动型滑坡：人们凭肉眼难以看见其运动，只能通过仪器观测才能发现的滑坡。

② 慢速滑坡：每天滑动数厘米至数十厘米，人们凭肉眼可直接观察到滑坡的活动。

③ 中速滑坡：每小时滑动数十厘米至数米的滑坡。

④ 高速滑坡：每秒滑动数米至数十米的滑坡。

（3）按滑坡体的度物质组成和滑坡与地质构造关系划分。

① 覆盖层滑坡：本类滑坡有黏性土滑坡、黄土滑坡、碎石滑坡、风化壳滑坡。

② 基岩滑坡：本类滑坡与地质结构的关系可分为：均质滑坡、顺层滑坡、切层滑坡。顺层滑坡又可分为沿层面滑动或沿基岩面滑动的滑坡。

③ 特殊滑坡：本类滑坡有融冻滑坡、陷落滑坡等。

（4）按滑坡体的厚度划分。

① 浅层滑坡；

② 中层滑坡；

③ 深层滑坡；

④ 超深层滑坡。

（5）滑坡规模大小划分。

① 小型滑坡；

② 中型滑坡；

③ 大型滑坡；

④ 巨型滑坡。

（6）按形成的年代划分。

① 新滑坡；

② 古滑坡；

③ 老滑坡；

④ 正在发展中滑坡。

（7）按力学条件划分。

① 牵引式滑坡；

② 推动式滑坡。

（8）按物质组成划分。

① 土质滑坡；

② 岩质滑坡。

（9）按滑动面与岩体结构面之间的关系划分。

① 同类土滑坡；

② 顺层滑坡；

③ 切层滑坡。

（10）按结构分类。

① 层状结构滑坡；

② 块状结构滑坡；

③ 块裂状结构滑坡。

7. 滑坡的时间规律

滑坡的活动时间主要与诱发滑坡的各种外界因素有关，如地震、降温、冻融、海啸、风暴潮及人类活动等。大致有如下规律：

（1）同时性。

有些滑坡受诱发因素的作用后，立即活动。如强烈地震、暴雨、海啸、风暴潮等发生时和不合理的人类活动，如开挖、爆破等，都会有大量的滑坡出现。

（2）滞后性。

有些滑坡发生时间稍晚于诱发作用因素的时间。如降雨、融雪、海啸、风暴潮及人类活动之后。这种滞后性规律在降雨诱发型滑坡中表现最为明显，该类滑坡多发生在暴雨、大雨和长时间的连续降雨之后，滞后时间的长短与滑坡体的岩性、结构及降雨量的大小有关。一般讲，滑坡体越松散、裂隙越发育、降雨量越大，则滞后时间越短。此外，人工开挖坡脚之后，堆载及水库蓄、泄水之后发生的滑坡也属于这类。由人为活动因素诱发的滑坡的滞后时间的长短与人类活动的强度大小及滑坡的原先稳定程度有关。人类活动强度越大、滑坡体的稳定程度越低，则滞后时间越短。

8. 滑坡的分布规律

滑坡的分布主要与地质因素和气候等因素有关。通常下列地带是滑坡的易发和多发地区：

（1）江、河、湖（水库）、海、沟的岸坡地带，地形高差大的峡谷地区，山区、铁路、公路、工程建筑物的边坡地段等。这些地带为滑坡形成提供了有利的地形地貌条件。

（2）地质构造带之中，如断裂带、地震带等。通常、地震烈度大于 6° 的地区，坡度大于 24°的坡体，在地震中极易发生滑坡；断裂带中的岩体破碎、裂隙发育，则非常有利于滑坡的形成。

（3）易滑（坡）的岩、土分布区。如松散覆盖层、黄土、泥岩、页岩、煤系地层、凝灰岩、片岩、板岩、千枚岩等岩、土的存在，为滑坡的形成提供了良好的物质基础。

（4）暴雨多发区或异常的强降雨地区。在这些地区，异常的降雨为滑坡发生提供了有利的诱发因素。

上述地带的叠加区域，就形成了滑坡的密集发育区。如中国从太行山到秦岭、经鄂西、四川、云南到藏东一带就是这种典型地区，滑坡发生密度极大，危害非常严重。

9. 滑坡前异常现象

不同类型、不同性质、不同特点的滑坡，在滑动之前，均会表现出不同的异常现象。显示出滑坡的预兆（前兆）。归纳起来常见的，有如下几种。

（1）大滑动之前，在滑坡前缘坡脚处，有堵塞多年的泉水复活现象，或者出现泉水（井水）突然干枯，井（钻孔）水位突变等类似的异常现象。

（2）在滑坡体中，前部出现横向及纵向放射状裂缝，它反映了滑坡体向前推挤并受到阻碍，已进入临滑状态。

（3）大滑动之前，滑坡体前缘坡脚处，土体出现上隆（凸起）现象，这是滑坡明显地向前推挤现象。

（4）大滑动之前，有岩石开裂或被剪切挤压的音响。这种现象反映了深部变形与破裂。动物对此十分敏感，有异常反应。

（5）临滑之前，滑坡体四周岩（土）体会出现小型崩塌和松弛现象。

（6）如果在滑坡体有长期位移观测资料，那么大滑动之前，无论是水平位移量或垂直位移量，均会出现加速变化的趋势。这是临滑的明显迹象。

（7）滑坡后缘的裂缝急剧扩展，并从裂缝中冒出热气或冷风。

（8）临滑之前，在滑坡体范围内的动物惊恐异常，植物变态。如猪、狗、牛惊恐不宁，不入睡，老鼠乱窜不进洞。树木枯萎或歪斜等。

10. 滑坡识别方法

在野外，从宏观角度观察滑坡体，可以根据一些外表迹象和特征，可粗略的判断它的稳定性。

（1）已稳定的老滑坡体有以下特征：

① 后壁较高，长满了树木，找不到擦痕，且十分稳定；

② 滑坡平台宽大、且已夷平，土体密实，有沉陷现象；

③ 滑坡前缘的斜坡较陡，土体密实，长满树木，无松散崩塌现象。前缘迎河部分有被河水冲刷过的现象；

④ 河水远离滑坡的舌部，甚至在舌部外已有漫滩、阶地分布；

⑤ 滑坡体两侧的自然冲刷沟切割很深，甚至已达基岩；

⑥ 滑坡体舌部的坡脚有清晰的泉水流出等。

（2）不稳定的滑坡体常具有下列迹象：

① 滑坡体表面总体坡度较陡，而且延伸很长，坡面高低不平；

② 有滑坡平台、面积不大，且有向下缓倾和未夷平现象；

③ 滑坡表面有泉水、湿地，且有新生冲沟；

④ 滑坡表面有不均匀沉陷的局部平台，参差不齐；

⑤ 滑坡前缘土石松散，小型坍塌时有发生，并面临河水冲刷的危险；

⑥ 滑坡体上无巨大直立树木。

1.2 崩　塌

崩塌（崩落、垮塌或塌方）：是较陡斜坡上的岩土体在重力作用下突然脱离母体崩落、滚动、堆积在坡脚（或沟谷）的地质现象。当崩塌对人类活动，经济财产造成影响就形成了灾害。

崩塌是指陡峻山坡上岩块、土体在重力作用下，发生突然的急剧的倾落运动。多发生在大于 60°～70°的斜坡上。崩塌的物质，称为崩塌体。崩塌体为土质者，称为土崩；崩塌体为岩质者，称为岩崩；大规模的岩崩，称为山崩。崩塌可以发生在任何地带，山崩限于高山峡谷区内。崩塌体与坡体的分离界面称为崩塌面，崩塌面往往就是倾角很大的界面，如节理、片理、劈理、层面、破碎带等。崩塌体的运动方式为倾倒、崩落。崩塌体碎块在运动过程中滚动或跳跃，最后在坡脚处形成堆积地貌——崩塌倒石锥。崩塌倒石锥结构松散、杂乱、无层理、多孔隙；由于崩塌所产生的气浪作用，使细小颗粒的运动距离更远一些，因而在水平方向上有一定的分选性。

1. 崩塌的分类

（1）根据坡地物质组成划分：

① 崩积物崩塌。山坡上已有的崩塌岩屑和沙土等物质，由于它们的质地很松散，当有雨水浸湿或受地震震动时，可再一次形成崩塌。

② 表层风化物崩塌。在地下水沿风化层下部的基岩面流动时，引起风化层沿基岩面崩塌。

③ 沉积物崩塌。有些由厚层的冰积物、冲击物或火山碎屑物组成的陡坡，由于结构舒散，形成崩塌。

④ 基岩崩塌。在基岩山坡面上，常沿节理面、地层面或断层面等发生崩塌

（2）根据移动形式和速度：

① 散落型崩塌。在节理或断层发育的陡坡，或是软硬岩层相间的陡坡，或是由松散沉积物组成的陡坡，常形成散落型崩塌。

② 滑动型崩塌。沿某一滑动面发生崩塌，有时崩塌体保持了整体形态，和滑坡很相似，但垂直移动距离往往大于水平移动距离。

③ 流动型崩塌。松散岩屑、砂、黏土，受水浸湿后产生流动崩塌。这种类型的崩塌和泥石流很相似。称为崩塌型碎屑流。

2. 崩塌特征

速度快（一般为 3～220 m/s）；规模差异大（小于 1 m^3～无穷大）。

崩塌下落后，崩塌体各部分相对位置完全打乱，大小混杂，形成较大石块翻滚较远的倒石堆。

3. 崩塌的形成条件

岩土类型、地质构造、地形地貌三个条件，又通称为地质条件，它是形成崩塌的基本条件。

（1）岩土类型。

岩土是产生崩塌的物质条件。不同类型、所形成崩塌的规模大小不同，通常岩性坚硬的各类岩浆岩（又称为火成岩）、变质岩及沉积岩（又称为水成岩）的碳酸盐岩（如石灰岩、白云岩等）、石英砂岩、砂砾岩、初具成岩性的石质黄土、结构密实的黄土等形成规模较大的岩崩，页岩、泥灰岩等互层岩石及松散土层等，往往以坠落和剥落为主。

（2）地质构造。

各种构造面，如节理、裂隙、层面、断层等，对坡体的切割、分离，为崩塌的形成提供

脱离体（山体）的边界条件。坡体中的裂隙越发育、越易产生崩塌，与坡体延伸方向近乎平行的陡倾角构造面，最有利于崩塌的形成。

（3）地形地貌。

江、河、湖（岸）、沟的岸坡及各种山坡、铁路、公路边坡，工程建筑物的边坡及各类人工边坡都是有利于崩塌产生的地貌部位，坡度大于45°的高陡边坡，孤立山嘴或凹形陡坡均为崩塌形成的有利地形。

4. 崩塌形成的外界因素

（1）地震。地震引起坡体晃动，破坏坡体平衡，从而诱发坡体崩塌，一般烈度大于 7 度以上的地震都会诱发大量崩塌。

（2）融雪、降雨。特别是大暴雨，暴雨和长时间的连续降雨，使地表水渗入坡体，软化岩土及其中软弱面，产生孔隙水压力等从而诱发崩塌。

（3）地表冲刷、浸泡。河流等地表水体不断地冲刷边脚，也能诱发崩塌。

（4）不合理的人类活动。如开挖坡脚，地下采空、水库蓄水、泄水等改变坡体原始平衡状态的人类活动，都会诱发崩塌活动。还有一些其他因素，如冻胀、昼夜温度变化等也会诱发崩塌。

5. 崩塌的认为诱因

在形成崩塌的基本条件具备后，诱发因素就显得重要了。诱发因素作用的时间和强度都与崩塌有关。能够诱发崩塌的外界因素很多，其中人类工程经济活动是诱发崩塌的一个重要原因。

（1）采掘矿产资源。中国在采掘矿产资源活动中出现崩塌的例子很多，有露天采矿场边坡崩塌，也有地下采矿形成采空区引发地表崩塌。较常见的如煤矿、铁矿、磷矿、石膏矿、黏土矿等。

（2）道路工程开挖边坡。修筑铁路、公路时，开挖边坡切割了外倾的或缓倾的软弱地层，大爆破时对边坡强烈震动，有时削坡过陡都可以引起崩塌，此类实例很多。

（3）水库蓄水与渠道渗漏。这里主要是水的浸润和软化作用，以及水在岩（土）体中的静水压力、动水压力可能导致崩塌发生。

（4）堆（弃）渣填土。加载、不适当的堆渣、弃渣、填土，如果处于可能产生崩塌的地段，等于给可能的崩塌体增加了荷载，从而破坏了坡体稳定，可能诱发坡体崩塌。

（5）强烈的机械震动。如火车、机车行进中的震动、工厂锻轧机械震动，均可引起诱发作用。

6. 崩塌的时间规律

（1）降雨过程之中或稍微滞后。这里说的降雨过程主要指特大暴雨、大暴雨、较长时间的连续降雨。这是出现崩塌最多的时间。

（2）强烈地震过程之中。主要指的震级在 6 级以上的强震过程中，震中区（山区）通常有崩塌出现。

（3）开挖坡脚过程之中或滞后一段时间。因工程（或建筑场）施工开挖坡脚，破坏了上部岩（土）体的稳定性，常发生崩塌。崩塌的时间有的就在施工中，这以小型崩塌居多。较多的崩塌发生在施工之后一段时间里。

（4）水库蓄水初期及河流洪峰期。水库蓄水初期或库水位的第一个高峰期，库岸岩、土体首次浸没（软化），上部岩土体容易失稳，尤以在退水后产生崩塌的概率最大。

（5）强烈的机械震动及大爆破之后。

7. 崩塌边界确定

崩塌体的边界条件特征，对崩塌体的规模大小起着重要的作用。崩塌体边界的确定主要依据坡体地质结构。

（1）应查明坡体中所有发育的节理、裂隙、岩层面、断层等构造面的延伸方向，倾向和倾角大小及规模、发育密度等，即构造面的发育特征。通常，平行斜坡延伸方的陡倾角面或临空面，常形成崩塌体的两侧边界。崩塌体底界常由倾向坡外的构造面或软弱带组成，也可由岩、土体自身折断形成。

（2）调查结构面的相互关系、组合形式、交切特点、贯通情况及它们能否将或已将坡体切割，并与母体（山体）分离。

（3）综合分析调查结果，那些相互交切、组合，可能或已经将坡体切割与其母体分离的构造面，就是崩塌体的边界面。其中，靠外侧、贯通（水平或垂直方向上）性较好的结构面所围的崩塌体的危险性最大。

8. 崩塌后堆积地貌

（1）崩塌下落的大量石块、碎屑物或土体堆积在陡崖的坡脚或较开阔的山麓地带，形成倒石堆。

（2）倒石堆的形态规模不等。结构松散、杂乱、多孔隙、大小混杂无层理倒石堆的形态和规模视崩塌陡崖的高度、陡度、坡麓基坡坡度的大小与倒石堆的发育程度而不同。基坡陡，在崩塌陡崖下多堆积成锥形倒石堆；基坡缓，多呈较开阔的扇形倒石堆。在深切峡谷区或大断层下，由于崩塌普遍分布，很多倒石堆彼此相接，沿陡崖坡麓形成带状倒石堆。由于倒石堆是一种倾卸式的急剧堆积，所以它的结构呈松散、杂乱、多孔隙、大小混杂无层理。

9. 倒石堆发育的三个阶段

根据崩塌作用的强度以及后期的风化剥蚀，可以把倒石堆划分为三个发育阶段：

（1）正在发展中的倒石堆：陡峻，新鲜断裂面，坡度陡。

（2）趋于稳定的倒石堆：较和缓的轮廓，岩块风化，呈上陡下缓的凹形坡，表面碎屑有一定固结。

（3）稳定的倒石堆：坡面和缓，呈上凹形，结构紧密，部分胶结，生长植被。

在高山峡谷区进行工程建设，特别是道路建设，常常会遇到倒石堆。那些不稳定的倒石堆，很容易发生崩塌，下推力很大，可造成严重后果。因此事先必须充分估计可能发生的剧变，采用各种有效措施。

10. 识别方法

对于可能发生的崩塌体，主要根据坡体的地形、地貌和地质结构的特征进行识别。通常可能发生的坡体在宏观上有如下特征：

（1）坡体大于45°且高差较大，或坡体成孤立山嘴，或凹形陡坡。

（2）坡体内部裂隙发育，尤其垂直和平行斜坡延伸方向的陡裂隙发育或顺坡裂隙或软弱带发育，坡体上部已有拉张裂隙发育，并且切割坡体的裂隙、裂缝即将可能贯通，使之与母体（山体）形成了分离之势。

（3）坡体前部存在临空空间，或有崩塌物发育，这说明曾发生过崩塌，今后还可能再次发生。

1.3 泥石流

泥石流是指在山区或者其他沟谷深壑，地形险峻的地区，因为暴雨、暴雪或其他自然灾害引发的山体滑坡并携带有大量泥沙以及石块的特殊洪流。泥石流具有突然性以及流速快，流量大，物质容量大和破坏力强等特点。发生泥石流常常会冲毁公路铁路等交通设施甚至村镇等，造成巨大损失。

典型的泥石流由悬浮着粗大固体碎屑物并富含粉砂及黏土的黏稠泥浆组成。在适当的地形条件下，大量的水体浸透流水山坡或沟床中的固体堆积物质，使其稳定性降低，饱含水分的固体堆积物质在自身重力作用下发生运动，就形成了泥石流。泥石流是一种灾害性的地质现象。通常泥石流爆发突然、来势凶猛，可携带巨大的石块。因其高速前进，具有强大的能量，因而破坏性极大。

泥石流流动的全过程一般只有几个小时，短的只有几分钟，是一种广泛分布于世界各国一些具有特殊地形、地貌状况地区的自然灾害。这是山区沟谷或山地坡面上，由暴雨、冰雪融化等水源激发的、含有大量泥沙石块的介于挟沙水流和滑坡之间的土、水、气混合流。泥石流大多伴随山区洪水而发生。它与一般洪水的区别是洪流中含有足够数量的泥沙石等固体碎屑物，其体积含量最少为20%，最高可达80%左右，因此比洪水更具有破坏力。

1. 泥石流的分类

（1）按物质成分可以分为：

① 由大量黏性土和粒径不等的砂粒、石块组成的叫泥石流。

② 以黏性土为主，含少量砂粒、石块、黏度大、呈稠泥状的叫泥流。

③ 由水和大小不等的砂粒、石块组成的称之水石流。

（2）按流域形态分为：

① 标准型泥石流。为典型的泥石流，流域呈扇形，面积较大，能明显的划分出形成区，流通区和堆积区。

② 河谷型泥石流。流域呈有狭长条形，其形成区多为河流上游的沟谷，固体物质来源较分散，沟谷中有时常年有水，故水源较丰富，流通区与堆积区往往不能明显分出。

③ 山坡型泥石流。流域呈斗状，无明显流通区，形成区与堆积区直接相连。

（3）按物质状态分类：

① 黏性泥石流，含大量黏性土的泥石流或泥流。其特征是：黏性大，固体物质一般占40%～60%，最高达 80%。其中的水不是搬运介质，而是组成物质，稠度大，石块呈悬浮状态，暴

发突然，持续时间亦短，破坏力大。

② 稀性泥石流，以水为主要成分，黏性土含量少，固体物质占 20%～40%，有很大分散性。水为搬运介质，石块以滚动或跃移方式前进，具有强烈的下切作用。

以上分类是中国最常见的两种分类。除此之外还有多种分类方法。如按泥石流的成因分类有冰川型泥石流，降雨型泥石流；按泥石流流域大小分类有大型泥石流，中型泥石流和小型泥石流；按泥石流发展阶段分类有发展期泥石流，旺盛期泥石流和衰退期泥石流等。

2. 泥石流的形成条件

泥石流的形成条件是：地形陡峭，松散堆积物丰富，突发性、持续性大暴雨或大量冰融水的流出。

（1）松散物质来源。

泥石流常发生于地质构造复杂、断裂褶皱发育，新构造活动强烈，地震烈度较高的地区。地表岩石破碎，崩塌、错落、滑坡等不良地质现象发育，为泥石流的形成提供了丰富的固体物质来源；另外，岩层结构松散、软弱、易于风化、节理发育或软硬相间成层的地区，因易受破坏，也能为泥石流提供丰富的碎屑物来源；一些人类工程活动，如滥伐森林、开山采矿、采石弃渣水等均会造成，往往也为泥石流提供大量的物质来源。

（2）水源条件。

水既是泥石流的重要组成部分，又是泥石流的激发条件和搬运介质（动力来源），泥石流的水源，有暴雨、冰雪融水和水库溃决水体等形式。我国泥石流的水源主要是暴雨、长时间的连续降雨等。

3. 泥石流的发生规律

（1）季节性。

我国泥石流的暴发主要是受连续降雨、暴雨，尤其是特大暴雨集中降雨的激发。因此，泥石流发生的时间规律是与集中降雨时间规律相一致，具有明显的季节性。一般发生在多雨的夏秋季节。因集中降雨的时间的差异而有所不同。

（2）周期性。

泥石流的发生受暴雨、洪水的影响，而暴雨、洪水总是周期性地出现。因此，泥石流的发生和发展也具有一定的周期性，且其活动周期与暴雨、洪水的活动周期大体相一致。当暴雨、洪水两者的活动周期是与季节性相叠加，常常形成泥石流活动的一个高潮。

4. 泥石流的诱发因素

由于工农业生产的发展，人类对自然资源的开发程度和规模也在不断发展。当人类经济活动违反自然规律时，必然引起大自然的“报复”，有些泥石流的发生，就是由于人类不合理的开发而造成的。工业化以来，因为人为因素诱发的泥石流数量正在不断增加。

诱发泥石流的人类工程经济活动主要有三个方面：

（1）自然原因，岩石的风化是自然状态下既有的，在这个风化过程中，既有氧气、二氧化碳等物质对岩石的分解，也有因为降水中吸收了空气中的酸性物质而产生的对岩石的分解，也有地表植被分泌的物质对土壤下的岩石层的分解，还有就是霜冻对土壤形成的冻结和溶解造成的土壤的松动。这些原因都能造成土壤层的增厚和土壤层的松动。

（2）不合理开挖，修建铁路、公路、水渠以及其他工程建筑的不合理开挖。有些泥石流就是在修建公路、水渠、铁路以及其他建筑活动，破坏了山坡表面而形成的。弃土弃渣采石，滥伐乱垦、滥伐乱垦会使植被消失，山坡失去保护、土体疏松、冲沟发育，大大加重水土流失，进而山坡的稳定性被破坏，崩塌、滑坡等不良地质现象发育，结果就很容易产生泥石流。

（3）次生灾害，由于地震灾害过后经过暴雨或是山洪稀释大面积的山体后发生的洪流，如四川省汶川地区在2008年是近十几年的强震期，使汶川泥石流的发展加剧。

5. 泥石流的活动强度

主要与地形地貌、地质环境和水文气象条件三个方面的因素有关。比如、崩塌、滑坡、岩堆群落地区，岩石破碎、风化程度深，则易成为泥石流固体物质的补给源；沟谷的长度较大、汇水面积大、纵向坡度较陡等因素为泥石流的流通提供了条件；水文气象因素直接提供水动力条件。往往大强度、短时间出现暴雨容易形成泥石流，其强度显然与暴雨的强度密切相关。

1.4　地面塌陷、地面裂缝、地面沉降

1.4.1　地面塌陷

地面塌陷是指地表岩、土体在自然或人为因素作用下，向下陷落，并在地面形成塌陷坑（洞）的一种地质现象。当这种现象发生在有人类活动的地区时，便可能成为一种地质灾害。

地面塌陷或沉陷是地面垂直变形破坏的另一种形式在自然条件下产生的。岩溶地面塌陷是指覆盖在溶蚀洞穴发育的可溶性岩层之上的松散土石体在外动力因素作用下向洞穴运移而导致的地面变形破坏，其表现形式以场陷为主，并多呈圆锥形塌陷坑。是地面塌陷或沉陷的一种。

1. 地面塌陷的分类

由于其发育的地质条件和作用因素的不同，地面塌陷可分为以下几种类型：

（1）岩溶塌陷。

由于可溶岩（以碳酸岩为主，其次有石膏、岩盐等）中存在的岩溶洞隙而产生的。在可溶岩上有松散土层覆盖的覆盖岩溶区，塌陷主要产生在土层中，称为“土层塌陷”，其发育数量最多、分布最广。当组成洞隙顶板的各类岩石较破碎时，也可发生顶板陷落的“基岩塌陷”。

（2）非岩溶性塌陷。

由于非岩溶洞穴产生的塌陷，如采空塌陷，黄土地区黄土陷穴引起的塌陷，玄武岩地区其通道顶板产生的塌陷等。后两者分布较局限。采空塌陷指煤矿及金属矿山的地下采空区顶板易落塌陷。

在上述几类塌陷中，岩溶塌陷分布最广、数量最多、发生频率高、诱发因素最多，且具有较强的隐蔽性和突发性特点，严地威胁到人民群众的生命财产安全。

2. 地面塌陷的形态特征

岩溶塌陷的平面形态具有圆形、椭圆形、长条形及不规则形等，主要与下伏岩溶洞隙的

开口形状及其上复岩、土体的性质在平面上分布的均一性有关。其剖面形态具有坛状、井状、漏斗状地面塌陷、碟状及不规则状等，主要与塌层的性质有关，黏性土层塌陷多呈坛状或井状，砂土层塌陷多具漏斗状，松散土层塌陷常呈碟状，基岩塌陷剖面常呈不规则的梯状。

岩溶塌陷的规模以个体塌陷坑的大小来表征，主要取决于岩溶发育程度，洞隙开口大小及其上覆盖层厚度等因素，如四川兴文县小岩湾塌陷，长 650 m、宽 490 m、深 208 m。

1.4.2 地裂缝

地裂缝主要是发生在土层中的裂隙或断层。构造成因的地裂缝在地表常呈多级雁列式的组合形式，有的可连接成巨大的裂缝。

一类为地震裂缝。主要是发生在土层中的裂隙或断层中，常呈多级雁列式的组合形式，这类地裂缝一部分与地震活动相关。

另一类局部地域发育的地裂缝可与构造作用无关，如超量开采地下水引起地面沉降产生的地裂缝；矿山采空区落顶或岩溶塌陷等也会在地表产生地裂缝等。

第三类如西安地裂缝，虽基本受控于构造断裂而与地震无关，但又明显因超量开采地下水而加剧发展的地裂缝。

1.4.3 地面沉降

地面沉降又称为地面下沉或地陷。它是在人类工程经济活动影响下，由于地下松散地层固结压缩，导致地壳表面标高降低的一种局部的下降运动（或工程地质现象）。

1. 地面沉降的分类

地面沉降指地面下沉的现象。是目前世界各大城市的一个主要工程地质问题。它一般表现为区域性下沉和局部下沉两种形式。可引起建筑物倾斜，破坏地基的稳定性。滨海城市会造成海水倒灌，给生产和生活带来很大影响。

造成地面沉降的原因很多，地壳运动、海平面上升等会引起区域性沉降；而引起城市局部地面沉降的主要原因则与大量开采地下水有密切关系。

地面沉降分构造沉降、抽水沉降和采空沉降三种类型。

（1）构造沉降，由地壳沉降运动引起的地面下沉现象；

（2）抽水沉降，由于过量抽汲地下水（或油、气）引起水位（或油、气压）下降，在欠固结或半固结土层分布区，土层固结压密而造成的大面积地面下沉现象；

（3）采空沉降，因地下大面积采空引起顶板岩（土）体下沉而造成的地面碟状洼地现象。

2. 地面沉降的模式

按发生地面沉降的地质环境可分为三种模式：

（1）现代冲积平原模式，如中国的几大平原。

（2）三角洲平原模式，尤其是在现代冲积三角洲平原地区，如长江三角洲就属于这种类型。常州、无锡、苏州、嘉兴、萧山的地面沉降均发生在这种地质环境中。

（3）断陷盆地模式，它又可分为近海式和内陆式两类。近海式指滨海平原，如宁波；而内陆式则为湖冲积平原，如西安市、大同市的地面沉降可作为代表。

3. 地面沉降的形成原因

地面沉降是自然因素和人为因素综合作用下形成的地面标高损失。自然因素包括构造下沉、地震、火山活动、气候变化、地应力变化及土体自然固结等。人为因素主要包括开发利用地下流体资源（地下水、石油、天然气等）、开采固体矿产、岩溶塌陷、软土地区与工程建设有关的固结沉降等。原因如下：

（1）开发利用地下流体资源。由于抽取地下水，在许多国家和地区产生了地面沉降。

（2）岩溶塌陷。中国是世界上岩溶最多的国家之一。随着岩溶地区国民经济的飞速发展，岩溶区土地资源、水资源和矿产资源开发不断增强，由此引发的岩溶塌陷问题日益突出，已成为岩溶地区主要地质灾害问题。

（3）开采固体矿产。矿山塌陷多分布在矿山的采空区，以采煤塌陷最为突出。

（4）工程环境效应。密集高层建筑群等工程环境效应是近年来新的沉降制约因素，在地区城市化进程中不断显露，在部分地区的大规模城市改造建设中地面沉降效应明显。

4. 地面沉降的危害

（1）毁坏建筑物和生产设施。

（2）不利于建设事业和资源开发。发生地面沉降的地区属于地层不稳定的地带，在进行城市建设和资源开发时，需要更多的建设投资，而且生产能力也受到限制。

（3）造成海水倒灌。地面沉降区多出现在沿海地带。地面沉降到接近海面时，会发生海水倒灌，使土壤和地下水盐碱化。对地面沉降的预防主要是针对地面沉降的不同原因而采取相应的工程措施。

地面沉降会对地表或地下构筑物造成危害；在沿海地区还能引起海水入侵、港湾设施失效等不良后果。人为的地面沉降主要是过量开采地下液体或气体，致使贮存这些液、气体的沉积层的孔隙压力发生趋势性的降低，有效应力相应增大，从而导致地层的压密。

2 滑坡（不稳定斜坡）治理施工技术

2.1 滑坡的施工现场稳定性计算

土坡系指具有倾斜坡面的土体。由于土坡考面倾斜，在本身重量及其他外力作用下，整个土体体都有从高处向地处滑动的趋势，如果土体内部某一个面上的滑动力，超过土体抵抗滑动的能力，就会发生滑坡。在工程建设中，常见的滑坡有两种类型：一种是天然土坡由于水流冲刷、地壳运动或人类活动破坏了它原来的地质条件而产生滑坡，通常用地质条件对比法来衡量其稳定的程度；另一种是人工开挖或填筑的人工土坡，由于设计的坡度太陡，或工作条件的变化改变了土体内部的应力状态，使局部地区的剪切破坏，发展成一条连贯的剪切破坏面，土体的稳定平衡状态遭到破坏，因而发生滑坡，这是本章所要讨论的主要内容。

本节主要讨论由凝聚性土类组成的均质或非均质土坡，对这类土坡进行稳定分析计算的一种比较简单而实用的方法就是条分法。在此法中，先假定若干可能的剪切面——滑裂面；然后将滑裂面以上土体分成若干垂直土条，对作用于各土条上的力进行力与力矩的平衡分析，求出在极限平衡状态下土体稳定的安全系数，并通过一定数量的试算，找出最危险滑裂面位置及对应的（最低的）安全系数。

2.1.1 条分法

条分法是在 1916 年由瑞典人彼德森提出的，以后经过费伦纽斯、泰勒等人的不断改进。他们假定土坡稳定问题是个平面应变问题，滑裂面是个圆柱面，计算中不考虑土条之间的作用力，土坡稳定的安全系数是用滑裂面上全部抗滑力矩与滑动力矩之比来定义的。20 世纪 40 年代以后，随着土力学学科的不断发展，也有不少学者致力于条分法的改进，他们的努力大致有两个方面：其一是着重探索最危险滑弧位置的规律，制作数表、曲线，以减少计算工作量；其二是对基本假定做些修改和补充，提出新的计算方法，使之更加符合实际情况。其中毕肖普等提出的关于安全系数定义的改变，对条分法的发展起了非常重要的作用。和一般建筑材料的强度安全系数相似，毕肖普等将土坡稳定安全系数 F_S 定义为沿整个滑裂面的抗剪强度 V 与实际产生的剪应力 τ 之比，即

$$F_S = \frac{\tau_f}{\tau} \tag{2.1}$$

这不仅使安全系数的物理意义更加明确，而且使用范围更广泛，为以后非圆弧滑动分析及土条分界面上条间力的各种考虑方式提供了有利条件。

在滑动土体 n 个土条中任取一条记为 i，如图 2.1 所示，其上作用的已知力有：土条本身

重量 w_i 水平作用力（例力地震惯性力）Q_i，作用于土条两侧的孔隙压力（水压力）U_i 及 U_r，以及作用于土条底部的孔隙压力 U_i。另外，当滑裂面形状确定以后，土条的有关几何尺寸如底部坡角 α_i，底长 l_i 以及滑裂面上的强度指标 c_i' 、$\mathrm{tg}\varphi_i'$ 也都是定值。因此，对整个滑动土体来说，为了达到力的平衡，我们所要求的未知量如下。

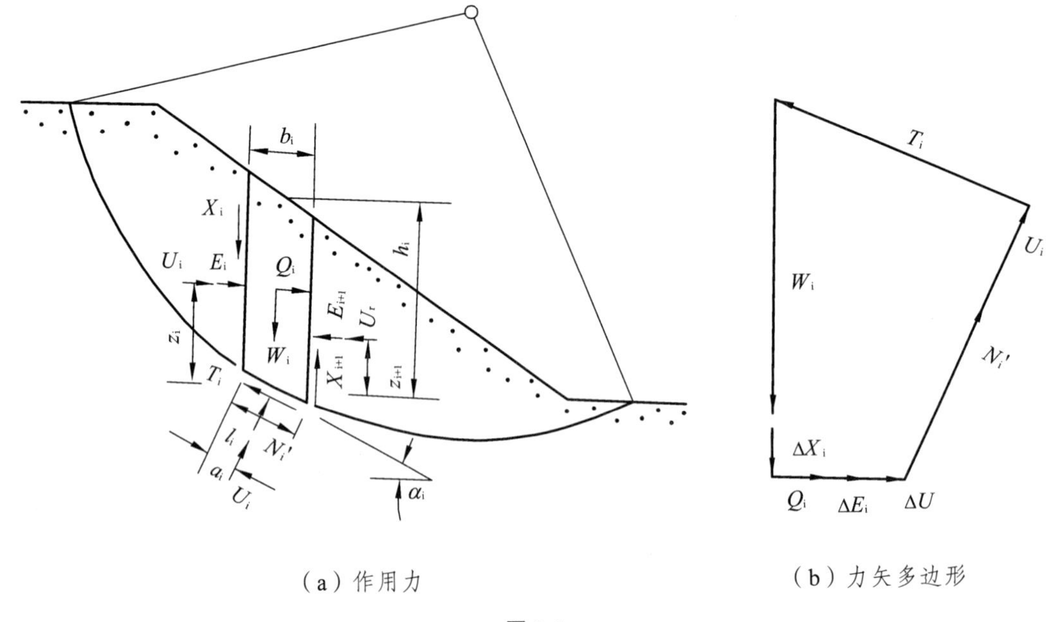

（a）作用力　　　　（b）力矢多边形

图 2.1

（1）每一条土条底的有效向反力 N_i'，计 n 个。

（2）安全系数 F_S（按安全系数的定义，每一土条底部的切向力 T_i 可用法向力 N_i 及 F_S 求出），1 个。

（3）两相邻土条分界面上的法向条间力 E_i，计 n-1 个。

（4）两相邻土条分界面上的切向条间力 X_i，（或 X_i 与 E_i 的交角 θ_i），计 n-1 个。

（5）每一土条底部 T_i 及 N_i 合力作用点位置 α_i，计 n 个。

（6）两相邻土条条间力 X_i 及 E_i 合力作用点位置 Z_i，计 n-1 个。

这样，共计有 5n-2 个未知量，而我们所能得到的只有各土条水平向及垂直向力的平衡以及力矩平衡共 3n 个方程。因此，土坡的稳定分析问题实际上是一个高次超静定问题。如果把土条取的极薄，土条底部 T_i 及 N_i 合力作用点可近似认为作用于土条底部的中点，α_i 为已知。这样未知量减少为 4n-2 个，与方程数相比，还有 n-2 个未知量无法求出，要使问题得解就必须建立新的条件方程。这有两个可能的途径：一种是引进土体本身的应力—应变关系，但这会使问题变得非常复杂；另一种就是作出各种简化假定以减少未知量或增加方程数。这样的假定大致春下列三种：

（1）假定 n-1 个 X_i 值。其中最简单的就是毕肖普在他的简化方法中假定所有的 X_i 均为零。

（2）假定 X_i 与 E_i 的交角或条间力合力的方向（这个方向通常通过试算加以确定）。属于这一类的有斯宾塞法、摩根斯坦—普赖斯法、沙尔玛法似及目前国内工业、民用建筑及铁道有关部门使用很广泛的不平衡推力传递法等。

（3）假定条间力合力的作用点位置。例如简布提出的普遍条分法。作了这些假定之后，超静定问题就可以转化为静定问题，而且，一般来说，这些方法都并不一定要求滑裂面是个圆柱面。但各类方法的计算步骤大都仍然非常复杂；一般均需试算或迭代，好在电子计算技术发展很快，那些烦琐的计算步骤均可编成固定的程序，在电算机上只要花费几分钟时间，就可对最复杂的问题得出完满的结果。

考虑土条条间力的作用，可以使稳定安全系数得到提高，但任何合理的假定求出的条间力必须满足下列两个条件：

（1）在土条分界面上不违反土体破坏准则。亦即由切向条间力得出的平均剪应力应小于分界面土体的平均抗剪强度，或每一土条分界面上的抗剪安全系数 F_u 必须大于 1（作为平衡设计，F_u 应不小于 F_S）。

（2）一般地说，不允许土条之间出现拉力。

如果这些条件不能满足，就必须修改原来的假定，或采用别的计算方法。为此，对于考虑条间力作用的各种方法，稳定分析的最后结果，除求出滑裂面上的最小安全系数 F_{smin} 以外，还要求出各土条分界面上的安全系数 F_u 以及条间力合力作用点的位置以资校核。

研究表明，为减少未知量所做的各种假定，在满足合理性要求的条件下，其求出的安全系数差别都不大。因此，从工程实用观点看，在计算方法中无论采用何种假定，并不影响最后求得的稳定安全系数值。进行边坡稳定分析的目的，就是要找出所有既满足静力平衡条件又满足合理性要求的安全系数解集，而且确认这个解集的上、下限非常接近，从工程实用角度看，只相当于这个解集的一个点，这个点就是所分析土坡的稳定安全系数，这样的求解方法被称为“严格解”。

但必须指出，采用极限平衡方法来分析边坡稳定，由于没有考虑土体本身的应力-应变关系和实际工作状态，所求出的土条之间的内力或土条底部的反力均不能代表土坡在实际工作条件下真正的内力或反力，更不能求出变形。我们只是利用这种通过人为假定的虚拟状态来求出安全系数而已。由于在求解中做了许多假定，不同的假定求出的结果是不同的。因此，实际上并不存在 1 个“精密解”。

大量计算资料表明，对于基于极限平衡理论的各种稳定分析方法，当采用的滑裂面为圆柱面时，尽管求出的 F_{smin} 各不相同，但最危险滑弧的位置却很接近，而且在最危险滑弧附近，F_S 值的变化很不灵敏。因此，完全可能利用最简单的瑞典圆弧滑动法来确定最危险滑弧的位置，然后对最危险滑弧或再加上附近少量的滑弧，用比较严格但又比较复杂的方法来核算它的安全系数，这样可使计算工作重大为减少。

下面简述“条分法”的计算方法：

滑动面通过坡脚；在计算中当作平面问题看待。

计算时，按比例绘出边坡剖面（图 2.2），任选一圆心 O，以 Oa 为半径作圆弧，ab 为滑动面，将滑动面以上土体分成几个等宽（不等宽亦可）土条。设土条自重（包括土条顶面的荷载）W_i，为简化计算，以土条侧面上的法向力 p_i、p_{i+1}，和剪力 X_i、X_{i+1}，的合力相平衡，则作用于滑动面 fg 上的法向反力 N_i 和剪切力 T_i 分别为：

$$N_i = W_i \cos \beta_i \tag{2.2}$$

$$T_i = W_i \sin \beta_i \tag{2.3}$$

构成滑阻力的还有黏聚力 C_i，则滑动面 ab 上的总滑

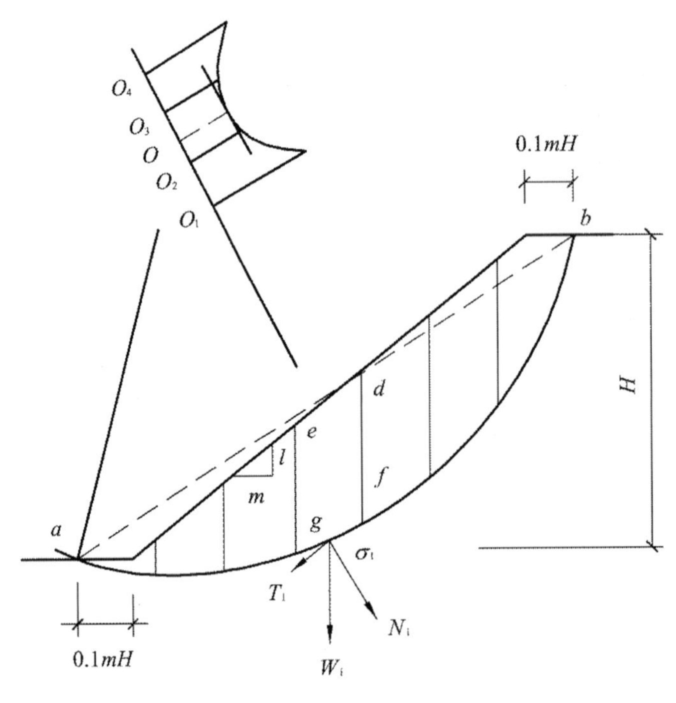

图 2.2　土坡剖面

动力矩为

$$TR = R \cdot \sum T_i = R \cdot \sum W_i \sin \beta_i \tag{2.4}$$

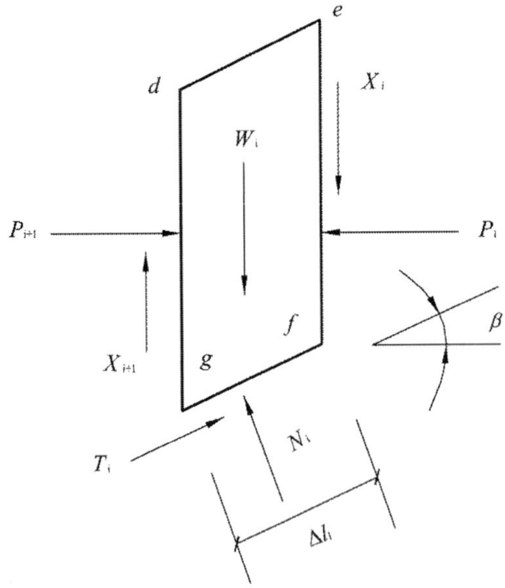

e
d
X_i
W_i
P_{i+1}
P_i
β
f
X_{i+1}
g
N_i
T_i
Δl_i

图 2.3　作用于土条上的力

边坡稳定系数 K 为

$$K = \frac{T'R}{TR} = \frac{\sum (W_i \cos \beta_i \tan \varphi_i + C_i \cdot l_i)}{\sum W_i \cdot \sin \beta_i} \tag{2.5}$$

式中　K——边坡稳定安全系数，一般取 1.25 ~ 1.43；

l_i——分条的圆弧长度；

φ_i——分条土的内摩擦角；

β_i——分条的坡角；

R——滑动圆弧的半径；

T——滑动面上总滑动力；

T'——滑动面上总阻滑力。

如果有地下水，则需考虑孔隙水压力 u 的影响，则按下式计算边坡稳定安全系数：

$$K = \frac{\sum[(W_i \cos\beta_i - u_i \cdot l_i)\tan\varphi_i' + c_i' \cdot l_i]}{\sum W_i \sin\beta_i} \tag{2.6}$$

式中　c_i'、φ_i'——有效内聚力和有效内摩擦角；

u_i——分条土的孔隙水压力。

2.1.2　毕肖普法

毕肖普考虑了条间力的作用，并按照式（2.1）关于安全系数的定义，在 1955 年提出了一个安全系数计算公式。如图 2.4 所示，E_i 及 X_i 分别表示法向及切向条间力，W_i 为土条自重，Q_i 为水平作用力，N_i、T_i 分别为土条底部的总法向力（包括有效法向力及孔隙应力）和切向力，其余符号见图 2.4。根据每一土条垂直方向力的平衡条件有

$$F_i = \tau l_i = \frac{\tau f}{F_S} l_i = \frac{C_i' l_i}{F_S} + CN_i - u_i / l_i \cdot \frac{\mathrm{tg}\varphi_i'}{F_S} \tag{2.7}$$

$$W_i + X_i - X_{i+1} - T_i \sin a_i - N_i \cos a_i = 0$$

或

$$N_i \cos a_i = W_i + X_i - X_{i+1} - T_i \sin a_i \tag{2.8}$$

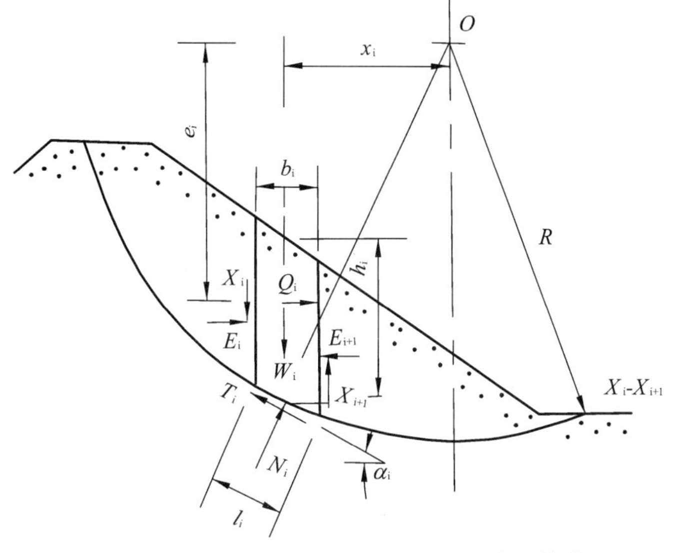

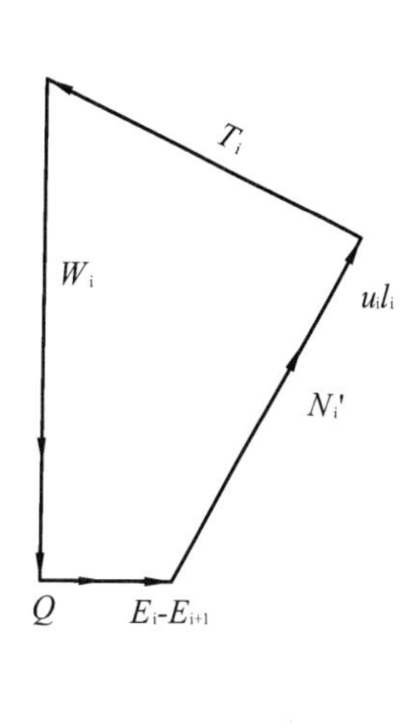

图 2.4　毕肖普法

按照安全系数的定义及摩尔—库伦准则，T_i 可用式（2.7）表示，代入式（2.8），求得土条底部总法向力为：

$$N_i=\left[W_i+(X_i-X_{i+1})-\frac{C_i' l_i \sin a_i}{F_s}+\frac{u_i l_i tg\varphi_i' \sin a_i}{F_s}\right]\frac{1}{m_{ai}} \tag{2.9}$$

$$m_{ai}=\cos a_i+\frac{tg\varphi_i' \sin a_i}{F_s} \tag{2.10}$$

在极限平衡时，各土条对圆心的力矩之和应当为零，此时条间力的作用将相互抵消。因此，得

$$\sum W_i x_i-\sum T_i R+\sum Q_i e_i=0 \tag{2.11}$$

将式（2.7）、式（2.9）代入式（2.11），且 $X_i=R\sin\alpha_i$，最后得到安全系数的公式为

$$F_s=\frac{\sum\frac{1}{m_{ai}}\left\{C_i' b_i+\left[W_i-u_i b_i+(X_i-X_{i+1})\right]\tan\varphi_i'\right\}}{\sum W_i\sin a_i+\sum Q_i\frac{e_i}{R}} \tag{2.12}$$

式中，X_i 及 X_{i+1} 是未知的，为使问题得解，毕肖普又假定各土体之间的切向条间力均略去不计，也就是假定条间力的合力是水平的，这样式（2.12）。

可简化成

$$F_s=\frac{\sum\frac{1}{m_{ai}}\left[C_i' b_i+\left(W_i-u_i b_i\right)tg\varphi_i'\right]}{\sum W_i\sin a_i+\sum Q_i\frac{e_i}{R}} \tag{2.13}$$

这就是国内使用相当普遍的简化毕肖普法。因为在 m_α 内也有 F_S 这个因子，所以在求 F_S 时要进行试算。在计算时，一般可先假定 F_S=1，求出 m_α（或假定 m_α=1），再求 F_S，再用此 F_S，求出新的 m_α 及 F_S，如此反复迭代直至假定的 F_S 和算出的 F_S 非常接近为止，根据经验，通常只要迭代 3～4 次就可满足精度要求，而且迭代通常总是收敛的。

必须指出：对于 α_i 为负值的那些土条，要注意会不会使 m_α 趋近于零，如果是这样，则简化毕肖普法就不能用。这是由于既在计算中略去了 X_i 的影响，又要令各土条维持极限平衡，在土条的 α_i 使 m_α 趋近于零时，N_i 就要趋近于无穷大，当的绝对值更大时，土条底部的 T_i 将要求和滑动方向相同，这是与实际情况相矛盾的。根据某些学者的意见，当任一土条其 $m_\alpha \leqslant 0.2$ 时，就会使求出的 F_S 值产生较大的误差，此时就应考虑 X_i 的影响或采用别的计算方法。

为了考虑 X_i 的影响，除了采用以下各节介绍的方法外，也可以用式（2.12）。对于比较平缓的均质土坡，式中 X_i-X_{i+1} 值可以用潘家铮根据弹性理论锥求出来的简化式（2.13）加以估算，即

$$X_i-X_{i+1}=K_\beta W_i(\tan\beta-\tan\alpha_i) \tag{2.14}$$

式中 β 是土坡的坡角，K_β 是一个系数可用下式计算

$$K_\beta=\alpha\frac{\gamma}{1-\gamma}-b \tag{2.15}$$

式中，a、b 为与坡角 β 有关的两个系数，中给出了它们的值，γ 为泊松比 $\frac{\gamma}{1-\gamma}$，值大致在 0.6～

1.0 之间变化。X_i 力沿水平轴的分布，一般呈两端为零、中央凸出的曲线形，从而在边坡顶部几个土条的（$X_i - X_{i+1}$）值一般为负，而靠近边坡出口处则常常为正。而且因为 X_i 是各土条之间的内力，对整个土体来说，必须满足 $\sum(X_i - X_{i+1}) = 0$ 的条件。

为了能迅速求出用有效应力分析得到的最小稳定安全系数，毕肖普和摩根斯坦在 1960 年提出了稳定系数法。他们应用简化毕肖普法对没有戗道的均质土坡进行了分析，认为对一定的抗剪强值，土坡最小稳定安全系数 F_{smin} 与整个土坡断面的平均孔隙应力比 r_u 接近于直线关系，见图 2.5，即

$$F_{\text{smin}} = M = Nr_u$$

式中孔隙应力比 r_u 是用下式定义的，即

$$r_u = \frac{u}{\gamma h} \tag{2.16}$$

其中　u——土坡断面中某一点的孔隙应力；

　　　h——该点至坡面垂直距离；

　　　γ——土的容重。

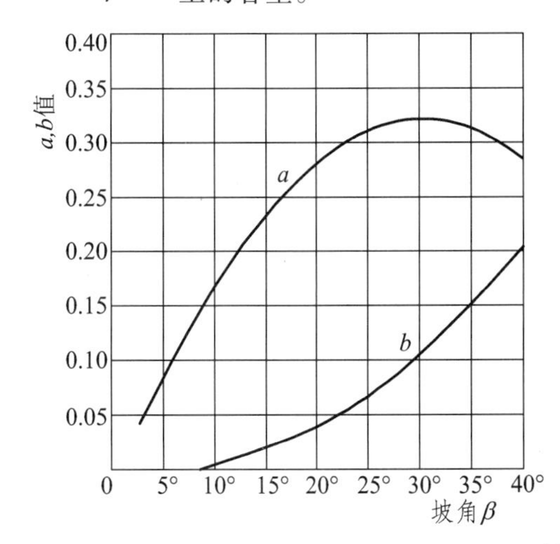

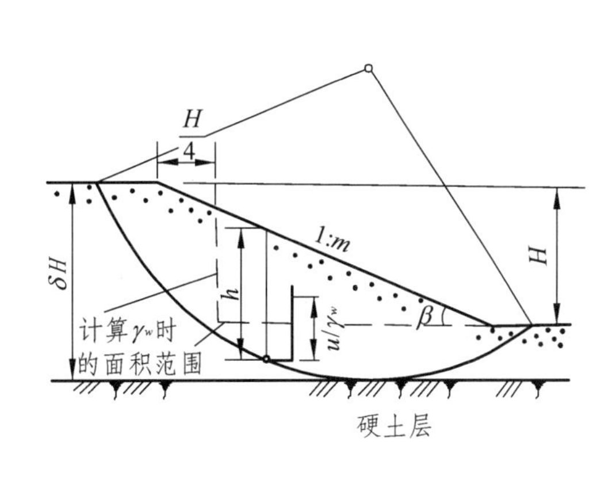

图 2.5　系数 a，b 值 r_u 计算范围

地基与填方土质无显著差别时，最危险滑裂面也可能深入坝基内，此时并无明显的硬土层存在。有的硬土层埋藏很深，最危险滑裂面底部不一定与它相切，为此，需要利用图 2.6 中以虚线表示的等 r_{ue} 线，求出最危险滑裂面的深度因素 δ，再由这个 δ 来求出稳定系数 M、N。此时对于给定的一组参数（m、φ'、$\dfrac{c'}{\gamma h}$），必有一个孔隙应力比使 δ 比较低时的安全系数与 δ 比较高时的安全系数相等。这一孔隙应力比即以 r_{ue}。表示为

$$r_{ue} = \frac{M_2 - M_1}{N_2 - N_1} \tag{2.17}$$

式中　M_2、N_2——由比较深的 δ 求出的稳定系数；

　　　M_1、N_1——由比较低的 δ 求出的稳定系数。

当一个土坡的 $\dfrac{c'}{\gamma h}$、m、φ' 及 r_u 值已经确定，可以先由 $\dfrac{c'}{\gamma h}$ 及 δ=1.0，根据 m 及 φ' 查图上的

虚线，得到相应的 r_{ue}，如果 $r_{ue}<r_u$，则说明 δ=1.25 时的安全系数比 δ= 1.0 时为低，需要利用 δ= 1.25 的图进一步检查，直到求出的 $r_{ue}>r_u$，则相应的 δ 就是最危险滑裂底部经过的那个深度因素，可由此查得 M、N 并算出 F_{smin}。

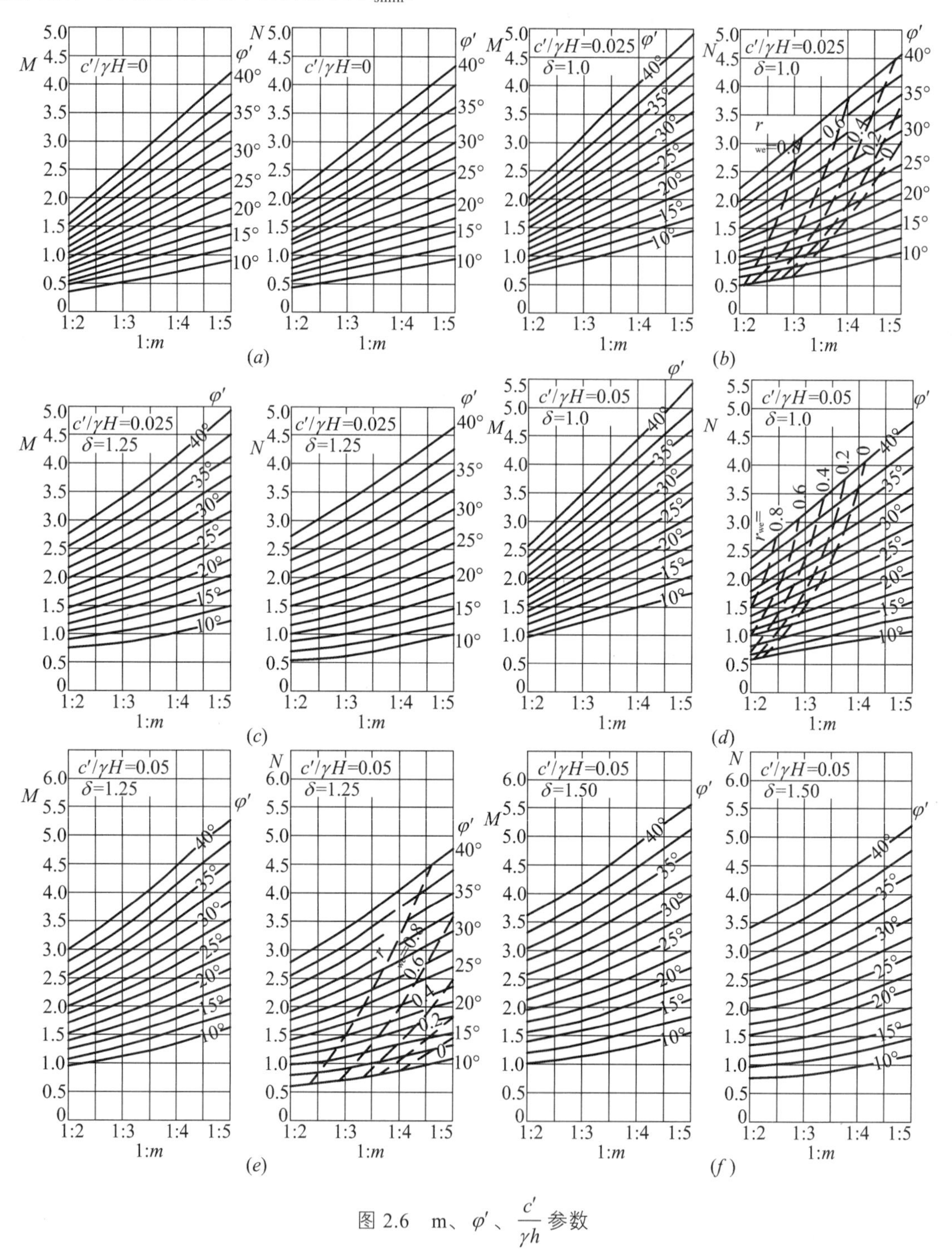

图 2.6　m、φ'、$\frac{c'}{\gamma h}$ 参数

例如：某均质土坡，其 $\frac{c'}{\gamma h}$=0.05，坡比为 1∶4，ϕ' = 30°，设计的 r_u=0.5，第一层硬土层

的深度因素 δ=1.43，求最小稳定安全系数 F_{smin}。

解：（1）由 $\dfrac{c'}{\gamma h}$=0.05，m= 4，φ' = 30°查图 2-5（d），得 δ= 1.0 时 r_{ue}<0.5，因此 δ= 1.0，不是最危险滑裂面底部所在深度。

（2）同样由 $\dfrac{c'}{\gamma h}$ = 0.05，m=4，φ'=30°查图，得 δ=1.25 时，r_u=0.72，因为 $r_{ue}>r_u$，所以虽然实际的 δ= 1.43，但最危险滑裂面底部的深度因素却为 δ=1.25。

（3）由图查出 M=3.2，N= 2.8。

（4）计算 F_{smin}。

$$F_{\mathrm{smin}}=3.2-2.8*0.5=1.8$$

2.1.3　简布的普遍条分法

1. 普遍条分法的基本假定和计算公式

图 2.7 所示：是土坡断面最一般的情况，土坡面是任意的，上面作用着各种荷载，剪切面（滑裂面）也是任意的。推力线是指土条两侧作用力（条间力）合力作用点位置的连线。在整个土坡的两侧作用着侧向的推力 E_a、E_b 和剪力 T_a、T_b。

如果在土坡断面中任取一土条，如图 2.8 所示，其上作用着集中荷载 ΔP、ΔQ 及匀布荷载 q，ΔW_γ 为土条自重，在土条两侧作用有条间力 T、E 及 $T+\Delta T$、$E+\Delta E$，ΔS 及 ΔN 则为滑裂面上的作用力。一般来说，T、E、ΔS 及 ΔN 为基本未知量。

为了求出一般情况下土坡稳定的安全系数以及滑裂面上的应力分布，可以采用简布的普遍条分法（GPS 法）在平面应变问题的条件下，简布做了如下假定。

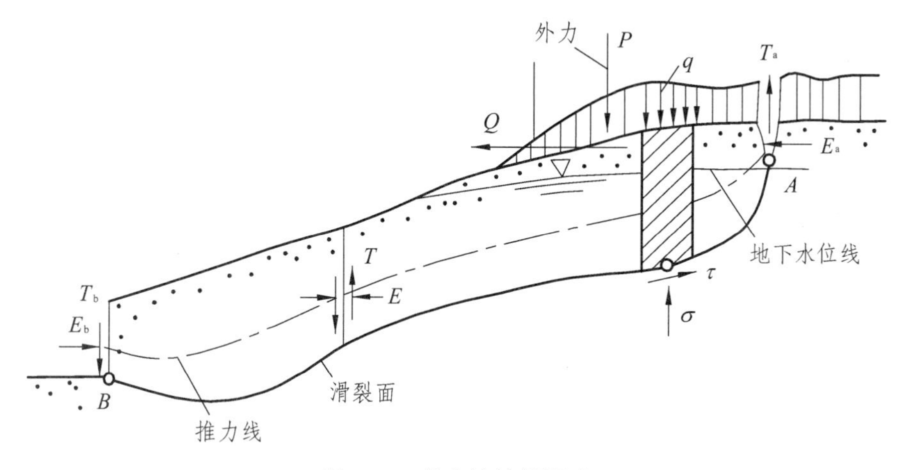

图 2.7　简布法计算图式

（1）整个滑裂面上的稳定安全系数是一样的，其定义表达式为式（2.18），

即
$$F_{\mathrm{S}}=\frac{-\tau f}{\tau} \tag{2.18}$$

（2）土条上所有垂直荷载的合力 $\Delta W=\Delta W_\gamma+q\Delta x+\Delta P$，其作用线和滑裂面的交点交点与 ΔN 的作用点为同一点。

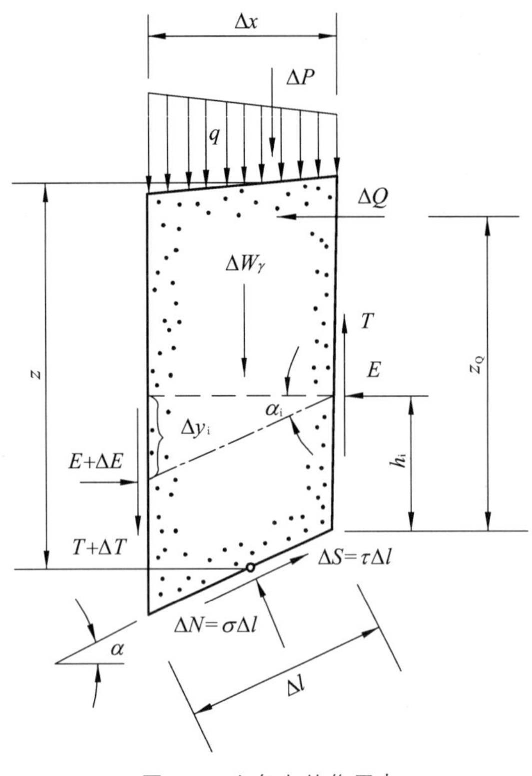

图 2.8　土条上的作用力

（3）推力线的位置假定已知。根据土压力计算 理论，可以简单地假定土条侧面推力成直线分布，如 果坡面没有超载，对于非黏性土（$c'=0$），推力线应选在（或靠近）土条下三分点处；对于黏性土（$c'>0$）则在这点以上（被动情况）或这点以下（主动情况）。如果坡面有超载，侧向推力成梯形分布，推力线应通过梯形的形心。

简布假定 ΔW 和 ΔN 的作用点是同一点，这是不大合理的，但其影响在推导公式中属于二阶微量，可予忽略。至于推力线位置的变化，主要影响着土条侧向力的分布，对安全系数的影响很小。

对于每一土条，根据所假定的滑裂面，可以量得滑裂面坡度 $\tan\alpha$ 及土条宽 ΔX。单位土条宽度上作用的总垂直荷载为 $p=\dfrac{\Delta W}{\Delta x}=\gamma z+q+\dfrac{\Delta P}{\Delta x}$，式中 γ 为土的容重。水平荷载为 ΔQ，其作用点位置力滑裂面的距离为 Z_{Q}。当推力线位置确定以后，尚可量得推力线与滑裂面的垂直距离 h_{t} 及推力线的坡度 $\tan\alpha_t$。

根据力及力矩平衡条件，对每一土条，可列出下列四个基本方程，即

$$\tau=\frac{\tau f}{F_{\mathrm{s}}}=\frac{c'}{F_{\mathrm{s}}}+(\sigma-u)\frac{tg\varphi'}{F_{\mathrm{s}}} \tag{2.19}$$

$$\sigma=p+t-\tau\tan a \tag{2.20}$$

$$\Delta E=\Delta Q+(p+t)\Delta x\tan a-\tau\Delta x(1+\tan^2 a) \tag{2.21}$$

$$T=-E\tan a_t+h_{\mathrm{t}}\frac{\mathrm{d}E}{\mathrm{d}x}-z_{\mathrm{Q}}\frac{\mathrm{d}Q}{\mathrm{d}x} \tag{2.22}$$

式（2.19）是滑裂面上的平衡条件，u 为滑裂面上的孔隙应力；式（2.20）是力的垂直平衡方程，式中 $t=\Delta T/\Delta x$；式（2.21）是力的水平平衡方程，其中 σ 是用式（2.20）代入消去的；式（2.22）则是根据力矩平衡条件得出的，式中 Δx 的高次项已略去。对于整个滑动土体，整体的水平作用力平衡要求；

$$\sum \Delta E = E_{\mathrm{b}} - E_{\mathrm{a}}$$

将式（2.21）代入上式，得

$$E_{\mathrm{b}} - E_{\mathrm{a}} = \sum \left[\Delta Q + (p+t)\Delta x \tan a\right] - \sum \tau \Delta x (1 + tg^2 a) \tag{2.23}$$

根据假定，$\tau = \dfrac{\tau f}{F_{\mathrm{s}}}$，代入上式，得

$$F_{\mathrm{s}} = \frac{\sum \tau_f \Delta x (1 + \tan^2 a)}{E_{\mathrm{a}} - E_{\mathrm{b}} + \sum \left[\Delta Q + (p+t)\Delta x \tan a\right]} \tag{2.24}$$

而

$$\begin{aligned} \tau_f &= c' + (\sigma - u)\tan\varphi' = c' + (p + t - u - \tau\tan a)\tan\varphi' \\ &= c' + (p + t - u - \frac{\tau_{\mathrm{f}}}{F_{\mathrm{s}}}\tan a)\tan\varphi' \end{aligned} \tag{2.25}$$

因为式子两边均包含有 F_{s} 项，须用迭代法试算。

由式（2.25）得

$$\tau_{\mathrm{f}} = \frac{c' + (p+t-u)\tan\varphi'}{1 + \tan a \tan\varphi' / F_{\mathrm{s}}} \tag{2.26}$$

为了使公式简化，引入

$$M = \tau_{\mathrm{f}} \Delta x (1 + \tan^2 a) \tag{2.27}$$

$$N = \Delta Q + (p+t)\Delta x \tan a \tag{2.28}$$

将式（2.26）代入式式（2.27）并令

$$M' = [c' + (p+t-u)\tan\varphi']\Delta x \tag{2.29}$$

$$\eta_a = \frac{1 + \tan a \tan\varphi' / F_{\mathrm{s}}}{1 + \tan^2 a} \tag{2.30}$$

到

$$M = M' / \eta_a \tag{2.31}$$

由式（2.30）已制成 $\dfrac{\tan\varphi'}{F_{\mathrm{s}}} - \tan a - \eta_{\mathrm{a}}$ 的关系曲线以备查用。

简化以后成为

$$F_{\mathrm{s}} = \frac{\sum M}{E_{\mathrm{a}} - E_{\mathrm{b}} + \sum N} \tag{2.32}$$

滑裂面上的剪应力 τ 可由是式（2.27）求出，即

$$\tau = \frac{\tau f}{F_{\mathrm{s}}} = \frac{M}{F_{\mathrm{s}}(1 + \tan^2 a)\Delta x} \tag{2.33}$$

正应力 σ 则直接由基本方程式式（2.20）求得。

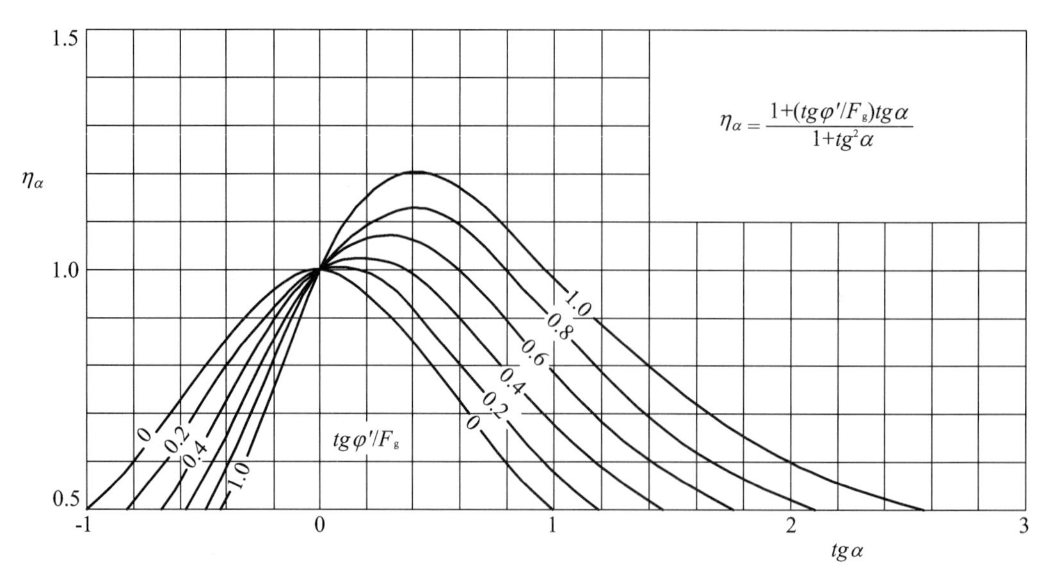

图 2.9　η_a 曲线图

必须指出，在上列各式中，T 及 $t=\Delta T/\Delta x$ 是未知的。谦为了求解 T 及 t 得

$$\Delta E = N - \frac{M}{F_s} \tag{2.34}$$

每一土条侧向水平作用力可由 A 点开始（见图 2.9），从上往下逐条推求，即

$$E = E_a + \sum \Delta E \tag{2.35}$$

求出 E 以后，T 即可由基本方程式（2.22）求得，当土条两侧的 T 均已知时，该土条的 ΔT 及 t 就很容易求出来了。但因为求 M、N 的式（2.27）及式（2.28）中均含有 t 项，所以 t 并不能直接解出，也必须用迭代法来解决。

用普遍条分法不仅可以求出沿滑裂面的平均安全系数 F_S 及滑裂面上应力 σ 及 τ 的分布，还可以求出各土条分界面上抵抗剪切的安全系数 F_u，作为校核之用。

因为各土条分界面上的作用力 E 及 T 已经求出，如果分界面的长度为 z，则分界面上平均的水平向应力为 $\sigma_h = \frac{E}{z}$，垂直向（切向）应力为 $\tau_u = \frac{T}{z}$，σ_h 可假定沿界面呈直线分布，若 E 的作用点位于下三分点，则分布图形为三角形，否则为梯形。若分界面上的总孔隙水应力为 U_h（方向水平），平均孔隙应力为 $u_h = \frac{U_h}{z}$，则

$$\begin{aligned} F_u &= \frac{\tau_{f_u}}{\tau_u} = \frac{c' + (\sigma_h - u_h)\tan\varphi'}{\tau_u} \\ &= \frac{c'z + (E - U_n)\tan\varphi'}{T} \end{aligned} \tag{2.36}$$

式中，c' 及 φ' 要用分界面上的平均强度指标。一般来说，$F_u \geqslant F_S$。

2. 普遍条分法的计算步骤

应用普遍条分法的具体计算步骤如下。

（1）假定滑裂面，划分土条，求出各土条的 $\tan\alpha$ 、Δx 、$p=\gamma z+q+\dfrac{\Delta P}{\Delta x}$、$u$、$c'$、$\tan\varphi'$ 及 ΔQ 。

（2）假定 t_0=0，求出

$$N_0=\Delta Q+p\tan a\Delta x$$

$$M_0=\left[c'+(p-u)\tan\varphi'\right]\Delta x$$

（3）先假定 $\eta_{\alpha 0}=1$，则 $M_0=M_0'$，而

$$F_{s0}=\frac{\sum M_0'}{E_a-E_b+\sum N_0}$$

（4）由 F_{s0}' 选取 F_{s0}^*（一般 $F_{s0}^*>F_{s0}'$），求出 $\eta_{\alpha 0}$，再求出 $M_0=\dfrac{M_0'}{\eta_{a0}}$。

（5）再由 M_O、N_O 求出 $F_{so}=\dfrac{\sum M_o}{E_a-E_b+\sum N_o}$，若求出的 F_{so} 与 F_{s0}^* 相比误差小于 5%，可选用，否则重新假定 F_{s0}^*，重新计算。

（6）当 t_0=0 时，$\Delta E_0=N_0-\dfrac{M_0}{F_{s0}}$。

（7）求出各土条分界面的 E_o，从坡顶逐条往下椎，$E_0=E_a+\sum\Delta E_0$，直到最后满足条件 $E_a-E_b=+\sum\Delta E_0$ 。

（8）根据推力线位置求出 $\tan\alpha_t$ 、h_t、z_Q。

（9）由下式求 $\dfrac{dE}{dx}$，即

$$\left(\frac{dE}{dx}\right)_{i},_{i+1}\approx\frac{\Delta E_i+\Delta E_{i+1}}{\Delta x_i+\Delta x_{i+1}}$$

（10）求得各土条分界面上第一个近似的 T 值。

$$T_1=-E_0\tan a_t+h_t\frac{dE}{dX}-z_Q\frac{dQ}{dx}$$

（11）求出每一土条的 ΔT 值。

$$\Delta T_i=T_{i,i+1}-T_{i,i-1}$$

（12）求出每一土条的 t 值。

$$t_i=\frac{\Delta T_i}{\Delta x_i}$$

（13）求出

$$N_1=N_0+\Delta T\tan\alpha$$

$M_1'=M_0'+\Delta T\tan\varphi'$ 这是 M、N 的第一次近似值。

（14）由 F_{so} 假定 F_{s1}^* 求出各土条的 $\eta_{\alpha 1}$。

（15）求得 $M_1=\dfrac{M_1'}{\eta_{a1}}$，$F_{s1}=\dfrac{\sum M_1}{E_a-E_b+\sum N}$，若 F_{s1} 与 F_{s1}^* 相比误差小于 5%，可选用，否则

重新假定 F_{s1}^*，重新计算。

（16）重复步骤（6）~（15），从 $\Delta E_1 = N_1 - \dfrac{M_1}{F_{s1}}$ 开始，直到算出安全系数的第二次近似值 F_{s2}，将 F_{s2} 与 F_{s1} 比较，若符合精度要求，则迭代结束，取 F_s=F_{s2}，否则继续迭代，一般仅需迭代 3 次。

（17）当 F_s，确定以后，由式（2.20）、式（2.22）求出各土条滑裂面上的应力 σ 及 τ，此时已得如下成果：沿滑裂面的平均安全系数 F_s、所有土条分界面上的作用力 E 及 T、每一土条底面的平均应力 σ 及 τ。

（18）校核每一土条分界面上的抗剪安全系数 F_u。

（19）绘制成果，计算结束。

因为普遍条分法通常用来校核一些形状比较特殊的滑裂面（如复杂的软土层面），所以不必要假定很多的剪切面进行计算。计算表格及算例可参阅赫兹费尔特及普鲁斯主编的《土石坝工程》一书中简布的有关文章。

3. 王复来对简布法的改进

20 世纪 70 年代末，王复来同志对简布的方法作了很有价值的改进，他从任一土条上各种作用力的极限静力平衡条件出发，导出了类似式（2.20）~式（2.23）这样一组基本方程式，由此可以求解 ΔE 、ΔT 、ΔN 、ΔS 四个基本未知量。对第 n 条土条，如图（2.8），如果土条侧面的推力是由下往上逐条推算的，则土条左边的侧向力为 T_n、E_n，右边的侧向力为 T_{n+1}、E_{n+1}，ΔE 及 ΔT 的正负号与普遍条分法相反。对基本方程式进行适当的换算、整理，可得到

$$E_{n+1} - E_n = \frac{c' + (p+t-u)\tan\varphi'}{F_s + \tan a \tan\varphi'}\Delta x(1+\tan^2 a) \\ -\Delta Q - (p+t)\Delta x \tan a \tag{2.37}$$

当土条宽度取得足够小时，可以认为 Δx 、ΔE 、ΔT 均趋近于零，如果在推导公式的过程中再略去二阶微量，可以近似地求出

$$T_{n+1} = E_n\left(\tan a - \frac{h_n}{\Delta x}\right) + E_{n+1}\frac{h_{n+1}}{\Delta x} + \frac{\Delta Q}{\Delta x}z_Q \tag{2.38}$$

式中，h_n 及 h_{n+1} 分别为土条两侧推力作用点离开土条侧面底部的距离，与前式是不完全一样的。经过整理，还可以求出

$$\begin{aligned} E_{n+1} = & \frac{1}{1-\dfrac{h_n+1}{\Delta x}\left(\dfrac{\tan\varphi'(1+\tan^2 a)}{F_s+\tan a\tan\varphi'} - \tan a\right)} \\ & \times\left\{E_n + \left[c' + (p-u)\tan\varphi'\right]\frac{\Delta x(1+\tan^2 a)}{F_s + \tan a\tan\varphi'} - \Delta Q - p\Delta x\tan a - \right. \\ & \left[E_n\left(\frac{h_n}{\Delta x} - \tan a\right) - \frac{\Delta Q}{\Delta x}z_Q + T_n\right]\left[\frac{\tan\varphi'(1+\tan^2 a)}{F_s+\tan a\tan\varphi'} - \tan a\right] \end{aligned} \tag{2.39}$$

安全系数 F_S 的式和式（2.24）完全相同，如果土坡两端没有外力，即 E_a、E_b、T_b 均等于零，同时假定土条划分为 m 条，则有

$$F_s = \frac{\sum_{n=1}^{m}[c'\Delta x + (p\Delta x + \Delta T - u\Delta x)\tan\varphi'] \frac{1+\tan^2 a}{1+\frac{\tan a \tan\varphi'}{F_s}}}{\sum_{n=1}^{m}[\Delta Q + (p\Delta x + \Delta T)\tan a]} \tag{2.40}$$

解题时可用试算法或迭代法。

试算法利用式（2.39），先假定一个 F_S，根据 E_1=0 的初始边界条件，由下往上逐条推求各土条的侧向推力 E_{n+1}，直至第 m 条，如果求出的 E_{m+1}=0，则所假设的安全系数即为所求，否则要另行假定 F_S 重复计算；也可假设三个以上的 F_S，求出 F_S 与 E_{m+1} 的关系曲线，由 E_{m+1}=0 求出所要求的 F_S 值。

迭代法步骤要比普遍条分法简单一些。首先假设 F_{S0}，据初始边界条件 E_1=0、T_1=0 从下往上逐条推求侧向推力直至 m-1 号土条，分别求出 E_2、E_3、…、E_m 及 T_2、T_3、…、T_m；再根据 T_m+1=0 的条件，算得各土条的 ΔT_1、ΔT_2、…、ΔT_m；点用所设的 F_{s0} 及 ΔT_1、…、ΔT_m 代入式（2.40）算得安全系数的第一次近似值 F_{s1}；核算 F_{s1} 与 F_{s0} 的相对误差是否满足精度要求，如不满足则以 F_{s1} 作为 F_{s0}。重复上述步骤，直至相邻两次迭代计算得到的 F_s 值其相对误差满足要求为止。王复来法的基本出发点和普遍条分法是一样的，其计算精度也差不多，但使用起来却比普遍条分法方便。

2.1.4 斯宾塞法

斯宾塞假定相邻土条之间的法向条间力 E 与切向条间力 X 之间有一固定的常数关系，即

$$\frac{X_i}{E_i} = \frac{X_{i+1}}{E_{i+1}} = \tan\theta \tag{2.41}$$

因此各条间力合力 P 的方向是相互平行的。取垂直土条底部方向力的平衡，则

$$N_i + (P_i - P_{i+1})\sin(a_i - \theta) - W_i \cos a_i = 0$$

再取平行土条底部方向力的平衡。

则

$$T_i - (P_i - P_{i+1})\cos(a_i - \theta) - W_i \sin a_i = 0$$

同时根据安全系数的定义及摩尔—库伦准则，可得

$$T_i = \frac{C_i' l_i}{F_s} + [N_i - u_i l_i]\frac{\tan\varphi_i'}{F_s}$$

又 l_i=$b_i$secα_i。综合上列各式，可求出土条两侧条间力合力之差为

$$P_i - P_{i+1} = \frac{\frac{c_i' b_i}{F_s}\sec a_i + \frac{\tan\varphi_i'}{F_s}(W_i \cos a_i - u_i b_i \sec a_i) - W_i \sin a_i}{\cos(a_i - \theta)[1 + \frac{\tan\varphi_i'}{F_s}\tan(a_i - \theta)]}$$

对整个滑动土体来说，为了要维持力的平衡，必须满足水平和铅直方向的平衡条件

$$\sum(P_i - P_{i+1})\cos\theta = 0$$
$$\sum(P_i - P_{i+1})\sin\theta = 0$$

因为 θ 是个常数，$\sin\theta$ 和 $\cos\theta$ 不可能为零。因此，上列两式实际上是同一个平衡条件，即

$$\sum(P_i - P_{i+1}) = 0 \tag{2.42}$$

同样，对整个滑动土体，还必须满足力矩平衡条件，即

$$\sum(P_i - P_{i+1})\cos(a_i - \theta)R = 0 \tag{2.43}$$

式中，R 为各土条底部中点离转动中心的距离，如果取滑裂面为圆柱面，R 就是圆弧的半径，而且对所有土条都是常数，上式可写成

$$\sum(P_i - P_{i+1})\cos(a_i - \theta) = 0 \tag{2.44}$$

将式（2.41）分别代入式（2.42）及式（2.44），可得到两个方程，而当土坡的几何形状及滑裂面已定，同时土质指标又已知时，只有 θ 及 F_S 两个未知数，问题因而得解。

斯宾塞法的具体解题步骤如下。

（1）任意选择一圆弧滑裂面，划分垂直土条，宽度相同，在图上量出土条中心高 h 及底坡 a。

（2）选定若干个 θ 值，对于每一个 θ 值，都可求出不同的 F_S 值以满足式（2.42）及式（2.44），用力的平衡方程式（2-42）得到的 F_S 值以 F_{sf} 表示，而以力矩平衡方程式（2.44）求得的为 F_{Sm}，当 θ=0°时，用力矩平衡方程求得的安全系数称为 F_{Sm0}，它相当于用简化毕肖普法求出的 F_S 值。

（3）作出 F_{sf}-θ 及 F_{sm}-θ 关系曲线，绘于同一张图上，如图 2-10 所示，两条曲线的交点就给出了同时满足式的安全系数 F_s 及条间力的坡度 θ。

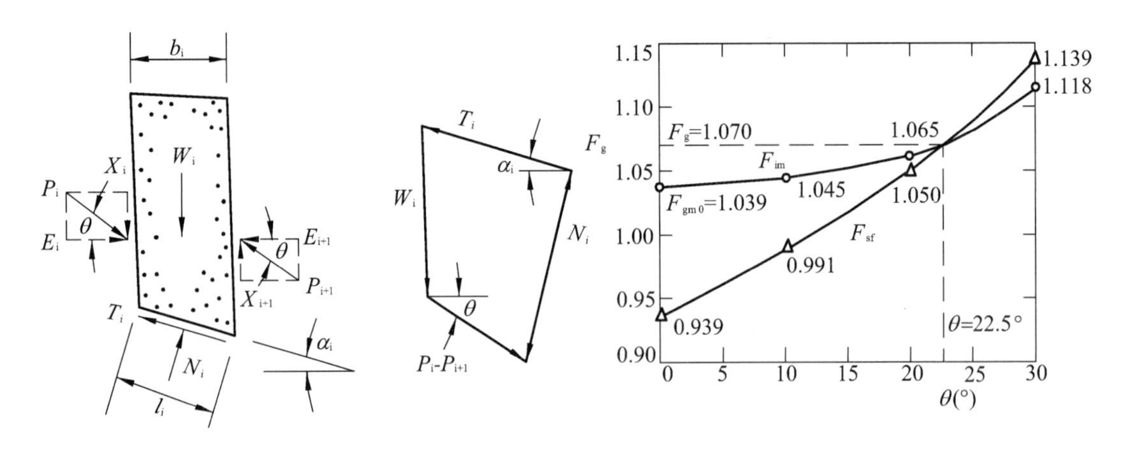

图 2.10　斯宾塞法 F_s-θ 关系曲线

（4）以求出的 F 及 θ，从上往下逐条求出每一土条两侧的条间力合力，并由此求出土条分界面上的法向力及剪力，然后根据分界面上土的强度指标，求出抗剪安全系数 F_u。

（5）再从上住下逐条求出条间力合力作用点的位置，这可以通过对土条底部中点求力矩

得出。

（6）重新选择滑裂面，重复上述步骤，以求得最危险的滑裂面位置及 F_{smin} 值。

摩根斯坦-普赖斯首先对任意曲线形状的滑裂面进行了分析，导出满足力的平衡及力矩平衡条件的微分方程式，然后假定两相邻土条法向条间力和切向条间力之间存在 1 个对水平方向坐标的函数关系，根据整个滑动土体的边界条件求出问题的解答。

图 2.11（a）表示一任意形状的土坡，其坡面线、侧向孔隙水应力和有效应力的椎力线及滑裂线分别以函数 $y=z(x)$、$x=h(x)$、$y=\gamma' t(x)$及 $y=y(x)$表示。图 2.11（b）为其中任一微分土条，其上作用有重力 dW，土条底面的有效法向反力 dN' 及切向阻力 dT，土条两侧的有效法向条间力 E'、E'+dE' 及切向条间力 X、X+dX。U 及 U+dU 为作用于土条两侧的孔隙水应力，dU_S 则为作用于土条底部的孔隙水应力。

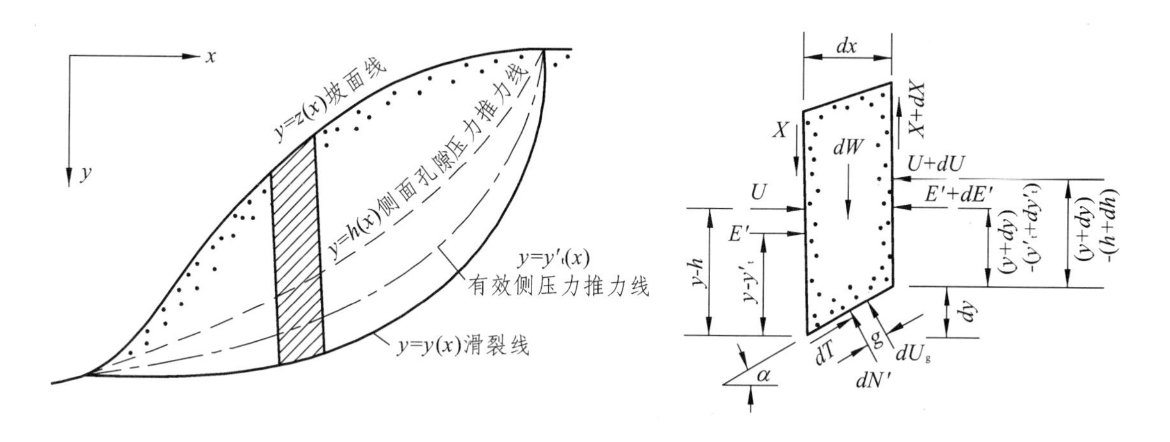

（a）任意形状的土坡　　　　（b）作用于微分土条上的力

图 2.11

对土条底部中点（dT、dN'合力作用点）取力矩平衡，则

$$
\begin{aligned}
&E'(y-y'_t)-(-\frac{\mathrm{d}y}{2})]-(E'+\mathrm{d}E')[(y+\mathrm{d}y)-(y'_t+\mathrm{d}y'_t)\\
&+(-\frac{\mathrm{d}y}{2})]-X\frac{\mathrm{d}y}{2}-(X+\mathrm{d}X)\frac{\mathrm{d}x}{2}\\
&+U[(y-h)-(-\frac{\mathrm{d}y}{2})]-(U+\mathrm{d}U)[(y+\mathrm{d}y)-(h+\mathrm{d}h)\\
&+(-\frac{\mathrm{d}y}{2})]-g\mathrm{d}U_s=0
\end{aligned}
$$

将上式整理化简，略去高阶微量，并且认为 dU_s 的作用点与 dT、dN' 的作用点重合（取 $g=0$），就得到每上一条满足力矩平衡的微分方程式

$$X=\frac{\mathrm{d}}{\mathrm{d}x}(E'y'_t)-y\frac{\mathrm{d}E'}{\mathrm{d}x}+\frac{\mathrm{d}}{\mathrm{d}x}(Uh)-y\frac{\mathrm{d}U}{\mathrm{d}x} \tag{2.45}$$

再取土条底部法线方向力的平衡，得

$$\mathrm{d}N'+\mathrm{d}U_s=\mathrm{d}W\cos a-\mathrm{d}X\cos a-\mathrm{d}E'\sin a-\mathrm{d}U\sin a \tag{2.46}$$

同时取平行土条底部方向力的平衡，可得

$$dT = dE'\cos a + dU\cos a - dX\sin a + dW\sin a \tag{2.47}$$

又根据安全系数的定义及摩尔—库伦准则

$$dT = \frac{1}{F_s}[c'dx\sec a + dN'\tan\varphi']$$

同时引用毕肖普等关于孔隙应力比，得

$$dU_s = r_u dW\sec a \tag{2.48}$$

综合以上各式，消去 dT 及 dN'，得到每一土条满足力的平衡的微分方程为

$$\begin{aligned}&\frac{dE'}{dx}[1-\frac{\tan\varphi'}{F_s}\frac{dy}{dx}]+\frac{dX}{dx}[\frac{\tan\varphi'}{F_s}+\frac{dy}{dx}]\\&=\frac{c'}{F_s}[1+(\frac{dy}{dx})^2]+\frac{dU}{dx}[\frac{\tan\varphi'}{F_s}\frac{dy}{dx}-1]\\&+\frac{dW}{dx}\{\frac{\tan\varphi'}{F_s}+\frac{dy}{dx}-r_u[1+(\frac{dy}{dx})^2]\frac{\tan\varphi'}{F_s}\}\end{aligned} \tag{2.49}$$

式中，F_s 为稳定安全系数，r_u 为孔隙应力比。

一般来说，$y=z(x)$、$y=h(x)$ 是已知的，$y=y(x)$ 由我们选定，也是已知的，两个基本微分方程中的 $\frac{dW}{dx}$、$\frac{dU}{dx}$ 及 $\frac{dy}{dx}$ 都可以求出，同时土质指标 c'、$\tan\varphi'$ 及孔隙压力比 r_u 也是给定的。因此，要求的未知量就剩下 E'、X 及函数 $y=y't(x)$，还有安全系数 F_s。

为了简化方程，以土条侧面总的法向力 E 来代替有效法向力 E'，则有

$$E=E'+U \tag{2.50}$$

其作用点位置 y_t 可用式（2.50）求出，即

$$Ey_t=E'y'_t+Uh \tag{2.51}$$

同时因为 E 和 X 之间必定存在着 1 个对 x 的函数关系

$$X=\lambda f(x)E \tag{2.52}$$

式中，λ 为任意选择的 1 个常数。

对每一土条来说，由于 dx 可以取得很小，使 $y=z(x)$、$y=h(x)$ 及 $y= y(x)$ 在土条范围内近似为一直线，同样，函数 $f(x)$ 在每一土条范围内也可以取作直线。因此，在每一土条内有

$$y = Ax + B \tag{2.53}$$

$$\frac{dW}{dx} = px + q \tag{2.54}$$

$$f = kx + m \tag{2.55}$$

及式中，A、B、p、q、k 及 m 均为任意常数，可通过几何条件及所选 $f(x)$ 的类型来确定。

经过式（2.50）～式（2.55）的处理，基本微分方程式简化为

$$X = \frac{d}{dx}(Ey_t) - y\frac{dE}{dx} \tag{2.56}$$

进一步简化为

$$(Kx+L)\frac{\mathrm{d}E}{\mathrm{d}x}+KE=Nx+P \tag{2.57}$$

式中

$$K=\lambda k(\frac{\tan\varphi'}{F_{\mathrm{s}}}+A)$$

$$L=\lambda m(\frac{\tan\varphi'}{F_{\mathrm{s}}}+A)+1-A\frac{\tan\varphi'}{F_{\mathrm{s}}}$$

$$N=p[\frac{\tan\varphi'}{F_{\mathrm{s}}}+A-r_{\mathrm{u}}(1+A^2)\frac{\tan\varphi'}{F_{\mathrm{s}}}]$$

$$P=\frac{c'}{F_{\mathrm{s}}}(1+A^2)+q[\frac{\tan\varphi'}{F_{\mathrm{s}}}+A-r_u(1+A^2)\frac{\tan\varphi'}{F_{\mathrm{s}}}]$$

现在取土条西侧的边界条件为

$E=E_i$（$x=x_i$）

$E=E_{i+1}$（$x=x_{i+1}$）

从 x_i 到 x_{i+1} 进行积分，可以求得

$$E_{i+1}=\frac{1}{L+K\Delta x}(E_iL+\frac{N\Delta x^2}{2}+P\Delta x) \tag{2.58}$$

这样就可以从上到下，逐条求出法向条间力 E 来，然后根据式（2.52）求出切向条间力 X。当滑动土体外部没有其他外力作用时，对最后一土条必须满足条件

$$E_n=0 \tag{2.59}$$

同时，土条侧面的力矩可以用微分方程式（2.56）积分求出，即

$$M_{i+1}=E_{i+1}(y-y_t)_{i+1}=\int_{x_i}^{x_{i+1}}(X-E\frac{\mathrm{d}y}{\mathrm{d}x})\mathrm{d}x \tag{2.60}$$

最后也必须满足条件

$$M_n=\int_{x_0}^{x_n}(X-E\frac{\mathrm{d}y}{\mathrm{d}x})\mathrm{d}x=0 \tag{2.61}$$

此时，各条间力合力作用点位置 y_{t} 可由式（2.60）求出。

因此，为了找到满足所有平衡方程的 λ 及 F_{s} 值，我们可以先假定一个 λ 及 F_{s}，然后逐条积分得到 E_n 及 M_n，如果不为零，再用一个有规律的迭代步骤不断修正 λ 及 F_{s}，直到式（2.59）及式（2.61）得到满足为止。

最后剩下的问题是 $f(x)$ 如何选择的问题，他们可以利用弹性理论的解答加以算出，也可以在直观假设的基础上指定。根据摩根斯坦等人的研究，对于接近圆弧的滑裂面，安全系数对内力分布的反应是很不灵敏的，往往取完全不同的 $f(x)$，得到的安全系数却相当接近。

当然，用本法求出的条间力也必须符合第一节提到的合理性条件（土条分界面上抗剪安全系数 $F_{\mathrm{u}}\geqslant F_{\mathrm{s}}$ 及不存在拉力），如果这两个条件得不到满足，可以通过修改 $f(x)$ 来加以调整。

摩根斯坦—普赖斯法是对土坡稳定进行极限平衡分析计算的最一般的方法。

整个滑动土体还要满足力矩平衡的条件，现取所有作用力均对滑动土体的重心 G 取力矩，则 W_i 及 KW_i 其力矩总和为零，而条间力 X、E 是滑动土体的内力，也不产生力矩，这样就得到

$$\sum(T_i\cos a_i - N_i\sin a_i)(y_i - y_g) + \sum(N_i\cos a_i + T_i\sin a_i)(x_i - x_g) = 0 \tag{2.62}$$

在上式中消去 N_i 及 T_i 得力矩平衡方程为

$$\sum(X_{i+1} - X_i)[(y_t - y_g)\tan(\varphi' - a_i) + (x_i - x_g)] = \sum W_i(x_i - x_g) + \sum D_i(y_i - y_g) \tag{2.63}$$

在式（2.62）、式（2.63）中，只有地震加速度 K 及条间力 X 是未知的，如果我们能够找到 X 的表达式同时满足式（2.63）及 $\sum(X_{i+1} - X_i) = 0$，则由式（2.62）就可以求出 K，此时的 K 也就是临界地震加速度 K_c。

为此，沙尔玛假定

$$X_{i+1} - X_i = \lambda F_i \tag{2.64}$$

式中，λ 为一常数；F_i 是一待求的函数，当然必须满足 $\sum F_i = 0$。

将式（2.64）代入式（2.62）及式（2.63），并解此联立方程组，得

$$K_c = K = (S_1 - \lambda S_4) * \frac{1}{\sum W_i}$$

其中

$$\lambda = \frac{S_2}{S_3}$$

$$S_1 = \sum D_i$$

$$S_2 = \sum W_i(x_i - x_g) + \sum D_i(y_i - y_g)$$

$$S_3 = \sum F_i[(y_i - y_g)\tan(\varphi_i' - a_i) + (x_i - x_g)]$$

$$S_4 = \sum F_i\tan(\varphi_i' - a_i)$$

当 $X_{i+1} - X_i$ 为已知时，可以由式（2.58）求出（$E_{i+1} - E_i$），然后从边界开始逐条推求各土条分界面上的 E_i 及 X_i，从而求出土条分界面上的抗剪安全系数为

$$F_{ui} = \frac{1}{X_i}[c_i'h_i + (E_i - U_{pi})\tan\varphi_i'] \tag{2.65}$$

式中，U_{pi} 为作用于土条侧面的孔隙水应力，c_i' 及 $\tan\varphi_i'$ 可以用土条侧面各土层的加权平均抗剪强度指标。E_i 的作用点位置可以取每一土条各作用力对土条底面中心求力矩，得

$$z_{i+1} = \frac{1}{E_{i+1}}[E_i z_i - \frac{1}{2}(E_i + E_{i+1})b_i\tan a_i - \frac{1}{2}b_i(X_i + X_{i+1})] \tag{2.66}$$

同样可从初始条件 Z_i 开始逐条堆求。

最后剩下的问题是 X_i 或 X_i 如何确定，沙尔玛已经堆求出均质和非均质情况下 X_i 的表达式，对于均质的情况可用下式表示，即

$$X_i = \lambda f_i\left[C_i'h_i + \frac{1}{2}rh_i^2\tan\varphi_i'(k_i' - r_u)\right]$$

其中

$$K_i' = \frac{1-\sin\beta_i[(1-2r_u)\sin\varphi_i' + 4c_i'\cos\varphi_i' \times \dfrac{1}{\gamma h_i}]}{1+\sin\beta_i\sin\varphi_i'}$$

$$\beta_i = 2a_i - \varphi_i'$$

f_i是可以任意选择的值，通常可取 $f_i=1$，如果求出的 $F_{ui}<1$ 或条间力作用点位置超出三分点，可以通过修正 f_i 加以调整。

这是我国工民建和铁道部门在核算滑坡稳定时使用非常广泛的方法。它同样适用于任意形状的滑裂面，而假定条间力的合力与上一条土条底面相平行，根据力的平衡条件，逐条向下推求，直至最后一条土条的推力为零。

图 2.12 是任意一滑动土条，其两侧条间力合力的作用方向分别与上一条土条底面相平行，取垂直与平行土条底面方向力的平衡，有

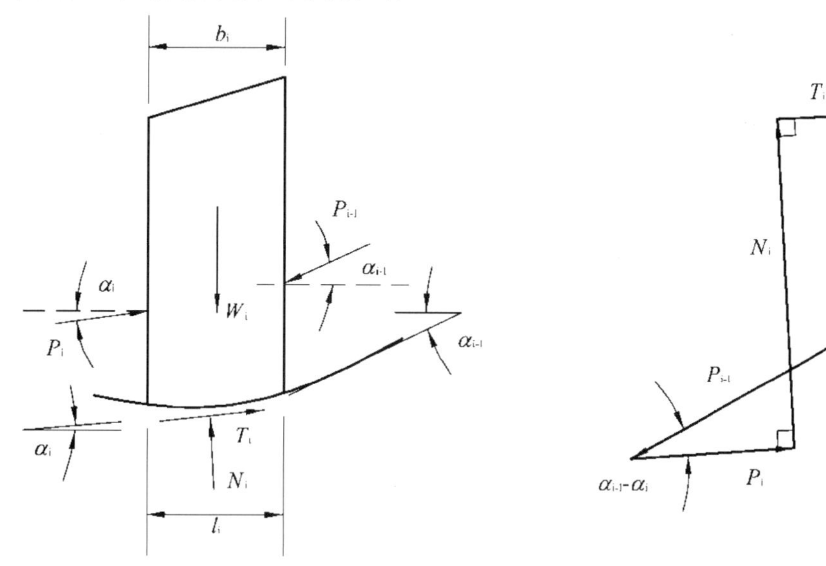

图 2.12

$$N_i - W_i\cos a_i - P_{i-1}\sin(a_{i-1}-a_i) = 0$$

$$T_i + P_i - W_i\sin a_i - P_{i-1}\cos(a_{i-1}-a_i) = 0$$

应用安全系数的定义及摩尔-库伦准则，得

$$T_i = \frac{c_i'l_i}{F_s} + (N_i - u_il_i)\frac{\tan\varphi_i'}{F_s}$$

式中，U_i 为作用于土条底面的孔隙应力。

由以上三式消去 T_i、N_i，得

$$P_i = W_i\sin a_i - [\frac{c_i'l_i}{F_s} + (W_i\cos a_i - u_il_i)\frac{\tan\varphi_i'}{F_s}] + P_{i-1}\psi_i \qquad (2.67)$$

式中 ψ_i 称为传递系数，以式（2.68）表示，即

$$\psi_i = \cos(a_{i-1}-a_i) - \frac{\tan\varphi_i'}{F_s}\sin(a_{i-1}-a_i) \qquad (2.68)$$

在解题时要先假定 F_s，然后从第一条开始逐条向下椎求，直至求出最后一条的推力 P_n，

P_n必须为零，否则要重新假定 F_s进行试算。

为了使计算工作更加简化，在工程单位常采用下列简化公式，即

$$P_i = F_s W_i \sin a_i - [c_i' l_i + (W_i \cos a_i - u_i l_i) \tan \varphi_i'] + P_{i-1} \psi_i \tag{2.69}$$

式中，传递系数 ψ_i 改用下式计算，即

$$\psi_i = \cos(a_{i-1} - a_i) - \tan \varphi_i' \sin(a_{i-1} - a_i) \tag{2.70}$$

如采用总应力法，在式（2.69）中略去 $u_i l$ 项，c、φ 值可根据土的性质及当地经验，采用试验和滑坡反算相结合的方法来确定。F_s 值应根据滑坡现状及其对工程的影响等因素确定，一般可取 1.05 ~ 1.25。另外，因为土条之间不能承受拉力，所以任何土条的推力 p_i 如果为负值，则此 p_i 不再向下传递，而对下一条土条取 $p_{i-1} = 0$。

各土条分界面上的 p_i 求出之后，就很容易求出此分界面上的抗剪安全系数，为一常数，其结果和斯宾塞相同；更特殊一些取 $f(x) = 0$，则相当于简化毕肖普法。

$$F_{ui} = [c_i' h_i + (P_i \cos a_i - U_{pi}) \tan \varphi_i'] \times \frac{1}{P_i \sin a_i} \tag{2.71}$$

我国水利水电科学研究院陈祖煜在摩根斯坦指导下，对这个方法作了改进。首先，从以上列出的静力平衡微分方程出发，结合相应的边界条件，推导出下列带有普遍意义的极限平衡方程式。对力的平衡，有

$$\int_a^b p(x) s(x) \mathrm{d}x = 0 \tag{2.72}$$

对力矩平衡则有

$$\int_a^b p(x) s(x) t(x) \mathrm{d}x = 0 \tag{2.73}$$

其中

$$p(x) = \frac{\mathrm{d}W}{\mathrm{d}x} \sin(\varphi_e' - a) + q \sin(\varphi_e' - a) - r_u \frac{\mathrm{d}W}{\mathrm{d}x} \sec a \sin \varphi_e' + c_e' \sec a \cos \varphi_e' \tag{2.74}$$

$$s(x) = \sec \psi_e' \exp[-\int_a^x \tan \psi_e' \frac{\mathrm{d}\beta}{\mathrm{d}\zeta} \mathrm{d}\zeta] \tag{2.75}$$

$$t(x) = \int_a^x (\sin \beta - \cos \beta \tan a) \exp[\int_a^\zeta \tan \psi_e' \frac{\mathrm{d}\beta}{\mathrm{d}\zeta} \mathrm{d}\zeta] \, \mathrm{d}\zeta \tag{2.76}$$

式中，q 为坡面垂直荷载，r_u 为孔隙应力比，β 为土条侧向作用力合力对 x 轴的倾角 a、b 为滑弧两端的 x 坐标，ζ、ξ 则为积分变量。c_e'、φ_e'、ψ_e' 分别用以下各式求出，其余符号同前。

$$c_e' = \frac{c'}{F_s}$$

$$\tan \varphi_e' = \frac{\tan \varphi'}{F_s}$$

$$\psi_e' = \varphi_e' - a + \beta$$

不难看出，在式（2.72）、式（2.73）中，$p(x)$ 表示土条底部各作用力在底面合力垂直方向上的分量；ψ_e' 表示此方向与土条侧向作用力合力方向的交角；而 $\int p(x) s(x) \mathrm{d}x$ 是在土条侧向作用力合力方向上力的平衡；$t(x)$ 则是垂直于土条侧向作用为合力方向的力臂。

在式（2.72）、式（2.73）中仅有 $\beta(x)$ 及 F_s 是未知量，在满足合理性要求的前提下，可任

意假定以 $\beta(x)$，代入两式中求 F_s，这些都是满足静力极限平衡条件的解答[如假定 $\beta(x)$ 为常量，就是斯宾塞法，假定 $\beta(x)=0$ 就变成简化毕肖普法等)。但需注意，$\beta(x)$ 在滑动土体两个端部的土条上是 1 个确定值，需满足端部土条力的平衡合理性条件。根据陈祖煜的研究，如果端部条块形状是个三角形，而且其宽度取得足够小的话，β 应等于端点处土坡面的倾角，亦即端部条块侧面总作用力应平行于该土条土坡面的方向。

假定一个 $\beta(x)$ 的分布形状，解式(2.72)、式(2.73)，求出满足方程组的解答 $\beta^*(x)$ 和 F_s^*，这就是摩根斯坦—普赖斯法。陈祖煜对该法的电算程序做了改进，加了相应的功能，使端点的 $\beta(x)$ 能满足确定的要求，采用了多种数值计算的技巧，以保证计算程序的收敛性。在求得 $\beta^*(x)$ 和 F_s^* 以后，还可以求出同样满足式(2-63)、式(2-64)的邻近解 $\beta^*(x)+\Delta\beta$ 和 $F_s^*+\Delta F_s$。采用这个步骤，有意识地改变 $\beta^*(x)$ 的形状分布，使原来满足合理性要理性要求的解过渡到不满足合理性要求的解，以发现向这一方向过渡的边界。然后变换过渡方向，用同样步骤，求出另一方向满足合理性的边界。相应于这两个边界的 F_s 值，就是安全系数的上、下限。如果这两个数值的确非常接近，就求出了相应于这个滑裂面的土坡稳定安全系数的"严格解"。

2.2 清方减载

清方减载是一种常用的工程滑坡治理措施，实施容易，可用于应急工程，也可用于永久工程，特别适用于滑坡形成期，效果明显，既可有效的削弱滑坡体的下滑力，又能减小支撑工程，并可有效保证施工安全。清除土石方常用的施工方式：人工清理；机械清理；人工加机械协作清理。

2.2.1 技术交底

熟悉施工图，施工技术交底包括的内容：

(1)设计单位向施工单位总工程师交底应包括以下几个主要方面：

① 详细介绍施工图设内容及其规范法规要求；

② 新技术、新工艺、新材料、新结构施工技术要求与实施方案及注意事项；

③ 指出坐标控制点；

④ 设计单位回答施工单位所提出的设计缺陷等问题。

(2)施工单位总工程师或主任工程师向施工队或工区施工负责人进行技术交底的内容应包括以下几个主要方面：

① 工程概况和各项技术经济指标和要求；

② 主要施工方法，关键性的施工技术及实施中存在的问题；

③ 特殊工程都位的技术处理细节及其注意事项；

④ 新技术、新工艺、新材料、新结构施工技术要求与实施方案及注意事项；

⑤ 施工组织设计网络计划、进度要求、施工部署、施工机械、劳动力安排与组织；

⑥ 总包与分包单位之间互相协作配合关系及其有关问题的处理；

⑦ 施工质量标准和安全技术；尽量采用本单位所推行的工法等标准化作业。

（3）施工队技术负责人向单位工程负责人、质量检查员、安全员技术交底的内容包括以下几个方面：

① 工程情况和当地地形、地貌、工程地质及各项技术经济指标；

② 设计因纸的具体要求、做法及其施工难度；

③ 施工组织设计或施工方案的具体要求及其实施步骤与方法；

④ 施工中具体做法，采用什么工艺标准和本企业哪几项工法，关键部位及其实施过程中可能遇到问题与解决办法；

⑤ 施工进度要求、工序搭接、施工部署与施工班组任务确定；

⑥ 施工中所采用主要施工机械型号、数量及其进场时间、作业程序安排等有关问题；

⑦ 新工艺、新结构、新材料的有关操作规程、技术规定及其注意事项；

⑧ 施工质量标准和安全技术具体措施及其注意事项。

（4）单位工程负责人或技术主管工程师向各作业班组长和各工种工人进行技术交底的内容应包括以下几个方面：

① 侧重交清每一个作业班组负责施工的分部分项工程的具体技术要求和采用的施工工艺标准或企业内部工法；

② 备分部分项工程施工质量标准；

③ 质量通病预防办法及其注意事项；

④ 施工安全交底及介绍以往同类工程的安全事故教训及应采取的具体安全对策。

建筑分项工程施工技术交底的重点由于一项工程，特别是大型复杂的建筑工程项目，其分部分项工程很多，需要不同工种的作业班组分期分阶段来完成。所以，技术交底的内容应按照分部分项工程的具体要求，根据设计图纸的技术要求以及施工及验收规范的具体规定，针对不同工种的具体特点，进行不同内容和重点的技术交底。

2.2.2 测量放线

根据设计单位提供的控制点坐标和拟建构筑物坐标进行测量放线工作，准备工作：测量仪器（以施工现场常见的全站仪器为例）、记录本、油漆、测量用桩、石灰粉等。

1. 测量步骤

（1）实地放样操作。

要在控制点 D_1 架仪期后视 D_2 点，来放样点 D_3、D_4、D_5 三点。

① 按[MENU]，进入主菜单模式，选择[LAYOUT]（放样）。

② 在[SELECT A FILE]中，用[INPUT]输入或[LIST]选择电脑上载的坐标数据文件名[如：ZBSJWJ（坐标数据文件）]。

③ 在[OCC.PT INPUT]中用[INPUT]输入或[LIST]选择测站点的点号 D_3，并输入[INS.HT]（仪器高）。

④ 在[BACKSIGHT]中同样用[INPUT]输入或[LIST]选择后视点的点号 D_2。

⑤ 瞄准后视点 $D2$，按[YES]。

⑥ 在[LAYOUT]中同样用[INPUT]输入或[LIST]选择待放样点号 D_3，并输入棱镜高，则计算出要仪器旋转的水平角值 HR 及平距 HD。

⑦ 按[ANGLE]（F1）。使用水平制动和水平微动螺旋，使显示的 d_{HR}=0，即找到了 D_3 至 D_4 连线方向，指挥持测杆单棱镜者移动位置，使棱镜位于 D_3 至 D_4 连线方向上。

⑧ 按[DIST]，进行测量，根据显示的 d_{HD} 来指挥持棱镜者沿 D_3 至 D_4 连线方向移动，若 d_{HD} 为正，则向 D_3 点方向移动；反之若 d_{HD} 为负，则向远处移动，直至 d_{HD}=0 时，立棱镜点即为 D_4 点的平面位置。其所显示的 d_Z 值即为立棱镜点处的填挖高度，正为挖，负为填。

⑨ 按[NEXT]，放样下一点。

放样后的每一个点定测量桩，并用石灰线连接。定出构筑物的中心线后轮廓后，根据施工图放线。

2.2.3 施工流程及安全文明措施

开工前编制清方减载施工方案，包括排水措施，测量放坡，土石方平衡方案，取土弃土地点、机械种类、保证质量及安全措施。对清方过程中的落石区域或者土石方滑动区域进行围挡

1. 施工流程

测量放线→场地清除→按需要挖土石方→土石方外运

（1）按设计要求，边坡整治工作主要以小型机械辅助，人工整治为主，既可确保斜坡的稳定，又可确保工期。

（2）挖土方施工采用由上至下的顺序进行施工。

（3）土石方开挖前做好施工测量，严格控制土石方工作量，拟专设一个测量组随挖随测量地形，用测量指导边坡整形工作。测量内容包括：开挖前的原始地形，施工过程中测放开挖断面图和地形图。

（4）施工前，需先进行场地清理，将坡面上的杂草、树木和杂物全部清理出场，然后根据具体坡体形态特征有边坡治理工程设计要求，按设计坡度采取挖除的方法进行坡面整形。

（5）施工准备。

① 收集当地实测地形及测量成果、土石方施工图及工程地质、气象等技术资料，深化施工组织设计。

② 根据业主单位提供的平面控制和水准点，布置坡面开挖控制点，并对边坡施工进地定位放线。

③ 施工前做好施工区域内临时排水系统的总体规划，并注意与原排水系统相适应，临时性排水设施与永久性排水设施相结合。

（6）边坡整卸载修整石方开挖。

① 根据具体坡体形态特征及边坡治理工程设计要求，采取人工为主机械辅助相结合进行坡面整形。

② 边坡开挖本着自上而下的原则逐级开挖，自后向前（纵向）进行边坡开挖，坡体宽度方向（横向）自中部分别向两侧推进。

③ 施工时应与监测和测量工作严密配合，检查山坡坡面情况，如有孤石、崩塌体等不稳定迹象等，应作妥善处理。

④ 出渣时，应科学组织，严密控制，安排好施工机械进出场的时间和顺序，以防阻塞公

路的交通，影响施工。

（7）边坡削方技术要求。

① 边坡整形应由后向前逐层开挖，由于场地坡度较斜，严禁在施工斜坡范围内进行土石方堆载，破碎的土石方要及时地运出场外。

② 整形后的坡面，应保证坡面平整、无松动岩土块。

③ 边坡整形工程应避免在下雨时施工，施工前应做好施工区域内临时排水沟系统的总体规划。

④ 开挖根据图纸结合地质情况确定开挖工程量。

2. 安全文明施工措施

（1）在危险区域内及施工项目区范围内拉警戒线，禁止闲杂人员进入施工现场，设置各类安全信号和安全标识，设立安全警示牌，重点防范区配备安全哨，做好施工现场尤其是交通路口的安全标识和安全巡视工作。施工人员进入现场要戴安全帽。

（2）危险区域内的群众及时搬迁避让。

（3）现场设专职安全检查员，专门负责安全工作，安全员要经常深入现场，查险情、隐患，发现问题及时与有关人员研究解决，防止安全事故发生，保证安全生产。尤其是有水地段，要防止塌方，发现险情，立即处理。

（4）认真进行现场安全教育，增强职工的安全施工意识，提高安全操作技能。

（5）由于场内道路多为土路且路面较窄，应加强路面维护，尤其是雨季路面的防滑处理，确保安全行车；由于施工区位于渠边，对机车驾驶人员重点进行安全知识教育，严禁酒后驾车。

（6）在工程施工期间，对噪声、振动、废水和固体废弃物物进行全面控制，尽量减少这些污染排放所造成的影响。文明施工、保护当地水环境及周边植被不被破坏，尽量做到不扰民。

3. 雨季施工措施

（1）安排好雨季施工项目，编制雨季施工方案和技术组织设计，不宜在雨期施工的项目，安排时尽量避开雨季。

（2）做好施工场地周围防洪排水措施，疏通现场排水系统，做好低洼地面的挡水堤，准备好排水机具，防止雨水淹泡地基。

（3）现场主要运输道路路基碾压坚实，铺垫天然级配碎石，并做好路拱。做好道路两旁的排水沟，保证雨后车辆通行。

（4）准备好雨季施工材料及防护材料，不能因为下雨材料供应不上影响施工。防护材料如：编织袋、彩条布、铁丝、圆木等。

（5）对怕雨淋的材料，堆放材料库内，垫高码放保证通风良好，以防受潮。

（6）对机电设备的电闸采取防雨、防潮措施，并安装接地保护装置以防漏电、触电。

（7）对施工现场的临时设施如工人宿舍、办公室、食堂、仓库等进行一次全面检查，对危险建筑物进行全面翻修加固或拆除。

（8）对路基边坡进行检查，防止雨天塌滑。

（9）雨季施工的工作面不能过大，根据情况逐段、逐片的施工。对易受洪水威胁的工程停止施工。

（10）雨季施工前，对施工现场原有排水系统进行检查、疏通或加固，必要时增加排水措施，保证水流畅通；另外还要做好防止地面水流入施工场地内。

（11）雨季施工时加强地基不良地段沉陷的观测，基础施工做好防止雨水浸泡基坑，若被浸泡，挖除被浸泡的部分，用与基础同样的材料换填。基坑边设挡水埂，防止地面水流入。基坑内设集水井，并配足抽水机，坡道内设接水措施。基坑挖好后及时进行基底施工，防止被雨水浸泡。

4. 土石方外运注意事项

（1）进入高边坡部位施工的机械，应全面检查其技术性能，不得带病作业。

（2）施工机械进入施工区前，应对经过线路进行检查，确认路基基础、宽度、坡度、弯度等能满足安全条件后方可进行。

（3）施工机械工作时，严禁一切人员在工作范围内停留；机械运转中人员不得上、下车，严禁施工机械（运输车辆）驾驶室内超载，出渣车车厢内严禁载人。

（4）挖掘机械工作位置要平整，工作前履带要制动，挖斗回转时不得从汽车驾驶室顶部通过，汽车未停稳不得装车。

（5）机械在靠近边坡作业时，距边沿应保持必要的安全距离，确保轮胎（履带）压在坚实的地基上。

（6）装载机行走时，驾驶室两侧和铲斗内严禁载人。

（7）推土机在作业时，应将其工作水平度控制在操作规程的规定以内。下坡时，严禁空挡滑行。拖拉大型钻孔机械下坡时，应对钻机阻滑。

（8）运输车辆应保证方向、制动、信号等齐全可靠。装渣高度不得高出车厢，严禁超速超载。

（9）施工机械停止作业时，必须停放在安全可靠、基础牢固的平地，严禁在斜坡上停车，临时在斜坡上停车，必须用三角木等对车轮阻滑。

（10）施工设备应进行班前班后检查，加强现场维护保养，严禁“带病”运行，不得在斜坡上货危险地段进行设备的维修保养工作。

2.2.4 爆破作业

爆破，是指炸药经引爆借助其化学分解释放出的大量气体和巨大能量，使周围的介质受到各种不同程度的破坏。在实际施工作业中，可能会出现大型孤石，必须实施爆破作业，但是特别强调一点：在滑坡体上仅能采取局部爆破，且不能对滑坡体产生影响，严禁在滑坡体上采取大规模爆破作业。

1. 爆破作用圈

炸药在岩石的炮眼中爆炸，在装药内部产生爆轰波，爆轰波 2 000 ~ 7 000 m/s 或 4 000 ~ 6 000 m/s 的速度沿炮眼传播。越靠近药包中心，受到的破坏就越大。通常可按爆破影响的范围分为不同的爆破作用圈：

（1）破碎圈。处于药包周围的岩石直接承受巨大的冲击波压力而粉碎。如果是可塑性的泥土，便会删压缩而形成孔穴。所以破碎圈也叫压缩圈。

（2）抛掷圈。当压缩波到达临空面（即自由面）时，由自由面反射变成拉伸波。被破碎的岩石朝自由面方向扩张，脱离岩体而产生抛掷现象，并形成爆破漏斗。

（3）破坏圈。在这个范围内，虽然不产生抛掷运动，但岩石构将受到不同程度的破坏，有的成为碎块，部分形成裂缝，相互间仍连成整体。

（4）振动圈。在这个范围内，爆破作用已减弱到不能使岩石结构产生破坏，只是发生振动。

2. 爆破漏斗

爆破漏斗，是由于冲击波的作用，使部分岩石沿自由面被抛掷而形成的。它由下列参数确定：

（1）爆破漏斗半径 r，即漏斗上口的圆周半径。

（2）最大可见深度 h，即从坠落在坑内的岩石碎块表面到自由面的最天距离。

（3）最小抵抗线 W，即从药包中心到自由面的最短距离。

（4）爆破作用半径 R，即从药包中心到爆破漏斗上口边沿的距离。

爆破漏斗的形状和大小，依据岩石的性质、炸药性能和药包大小、药包埋置深度等而不同。通常以爆破作用指数（n）表示，并用以区分不同的爆破类型，即

$$n = \frac{r}{W}$$

式中　n——爆破作用指数；

r——漏斗半径（m）；

W——最小抵抗线（m）。

当 n=1 时，即 r=w，为标准抛掷爆破类型，称标准抛掷爆破漏斗。特点是部分岩石被抛出。

当 $n>1$ 时，即 $r>W$，为加强抛掷爆破型，称为加强抛掷爆破漏斗。特点是爆后绝大部分岩石被抛出。

当 $n<1$ 时，即 $r<W$，为减弱抛掷爆破型，称为减弱抛掷爆破漏斗。特点是爆后绝大部分岩石不能被抛出。

在爆破工作中，自由面（即岩石的临空面）愈多，爆破效果愈好。此外，炮眼设置的方向不同，爆破效果差异也很大。据实验表明炮眼垂直自由面的爆破效果仅为炮眼平行自由面的爆破效果的 1/10。

3. 药包量计算

药包量是指药包的重量。药包按爆破作用分为内部作用药包、松动药包、抛掷药包准抛掷药包和加强抛掷药包）和裸露药包。内部作用药包是当药包爆炸时，破坏作用仅限于地层内部压缩，不显露临空面。松动药包只使岩石内部破坏到临空面，但不产生抛掷运动。抛掷药包的作用是形成爆破漏斗。裸露药包是指放在被爆破体或岩石表面上的药包，爆炸后可使被爆体或岩石破碎或飞移。

（1）标准抛掷药包量 Q 的计算。

在标准抛掷药包爆破的情况下，所爆除的岩石体积，即为标准爆破漏斗的体积

$$V = \frac{1}{3}\pi W^3 \approx W^3$$

所以

$$Q = e \cdot qW^3$$

式中　Q——所需药包重量（kg）；

W——最小抵抗线（m）;

q——岩石单位体积炸药消耗量（kg/m^3）（见表 2-1）;

e——炸药换算系数（见表 2-2）。

表 2.1　标准抛掷药包的炸药单位消耗量 q 值

土的类别	一～二	三～四	五～六	七	八
q/（kg/m^3）	0.95	1.10	1.25～1.5	1.6～1.9	2.00～2.20

表 2.2　炸药换算系数 e 值

炸药名称	型　号	e	炸药名称	型号	E
煤矿铵梯	1 号	0.97	62%胶质炸药	普通	0.78
煤矿铵梯	2 号	1.12	62%胶质炸药	耐冻	0.78
煤矿铵梯	3 号	1.16	35%胶质炸药	普通	0.93
岩石铵梯	1 号	0.80	混合胶质炸药	普通	0.88
岩石铵梯	2 号	0.88	黑火药		1.00～1.25
露天铵梯	1 号、2 号	1.00	梯恩梯		0.92～1.00
胶质硝铵	1 号、2 号	0.78	铵油炸药		1.00～1.20
硝酸铵		1.35	铵油炸药		1.00～1.20

以 1 号露天铵梯炸药为标准计算，当用其他炸药时，需乘以换算系数 e 值。表中所列 q 值，系指一个自由面的情况，如两个自由面，应乘以 0.83，三个自由面乘以 0.67。

表 2-1 中 q 值是在药孔填塞良好，即堵塞系数（实际堵塞长度与计算堵塞长度之比）为 1 的情况下定出，如堵塞不良，应视具体情况乘以 1～2 的堵塞系数。

（2）加强抛掷药包量 Q 的计算。

当 $W<25$ m 时为：

$$Q=(0.4+0.6n^3)\cdot e\cdot q\cdot W^3$$

当 $W>25$ m 时为：

$$Q=(0.4+0.6n^3)\cdot e\cdot q\cdot W^3\cdot\sqrt{\frac{W}{25}}$$

式中　n——爆破作用指数

（3）松动药包量 Q 的计算。

$$Q=0.33e\cdot q\cdot W^3$$

（4）内部作用药包量 Q 的计算。

$$Q=0.2e\cdot q\cdot W^3$$

由于影响爆破、破碎效果的因素很多，在实际爆破工作中，应根据下述各种条件并结合实践经验合理选择计算中的各项爆破参数确定药包量，以便获得预期的爆破效果。

（1）地质条件。应了解岩石的岩性、坚硬、强度、破碎和风化程度，以及地质构造、岩层层理、节理、裂隙和断层等，这些都会影响单位体积耗药量和爆破范围、形状及破碎状态。对于坚硬、强度高且地质构造完整的岩石，需要的药包量多；节理、裂隙多和有断层的岩石，由于会引起漏气，降低爆破威力，也会影响爆破效果。

（2）地形条件。指地面的形状。如地形只有一个临空面时，炸药消耗量就大，爆破方数少；地形临空面多，爆破时受约束面小，炸药消耗量少，爆破方数也多，如表 2.3 所示。

表 2.3　药包重量、爆破体积与临空面的关系

临空面数/个	药包重量系数（K_q）	爆破体积系数（K_u）	临空面数/个	药包重量系数（K_q）	爆破体积系数（K_u）
1	1.0	1.0	4	0.50	5.7
2	0.83	2.3	5	0.33	5.5
3	0.67	3.7	6	0.17	8.0

（3）施工条件。诸如装药数量和密度，有水部位的防水，防潮，堵塞材料和堵塞密实程度，以及爆破技术等都会影响爆破效果。

4. 炸药和起爆器材

（1）炸药。

炸药是一种由可燃元素（碳和氢）及含氧元素组成的化合物或混合物。它能在热能（加热、火花）、机械能（撞击、摩擦）或爆炸能的外界条件作用下而产生爆炸。按照在爆破过程中所起的作用不同，炸药可分为主要炸药和引爆药物；根据猛烈程度，可分为缓性炸药和猛性炸药。

常用的主要炸药有以下几种：

① 硝铵炸药。

硝铵炸药又称岩石炸药。它的组成成分是硝酸铵，梯恩梯（即 TNT、三硝基甲苯）和水粉或煤粉等。运输及使用较为安全，但易受潮结块，以致爆炸不完全，甚至拒爆。

② 铵油炸药。

这种炸药是低敏感性炸药，由硝酸铵与少量液体燃料（轻、重柴油、煤油等）混合而成。其原料来源广，加工方法简单，使用、运输安全，成本低廉，在爆破石方中大量使用。

③ 硝化甘油胶质炸药。

主要成分为硝化甘油。这种炸药威力较大，爆发反应迅速，适用于坚硬岩石的爆破。它属于猛性炸药，因此在运输和使用时要注意安全。具有防水性，可用于水下或较潮湿处的爆破工程。

④ 黑色炸药。

由硝酸钾、硫黄及木炭按一定比例混合后湿磨而成的粉末状物质，为缓性炸药，爆破力较小，爆发反应迟缓，适用于中等硬度以下的岩石或开采料石。这种炸药制备简易，成本低，使用安全。

⑤ 引爆炸药。

主要炸药需要有敏感度更高的引爆炸药引爆。引爆炸药有雷汞，迭氮铅、黑索金、泰安等，威力较大，一般放置在雷管中。

（2）起爆器材。

① 导火线：在爆破工程中传递火焰引燃普雷管或药包之用。内部为黑火药芯，依次包缠有棉线，黄麻（或亚麻），四号石油沥青/牛皮纸，外面再用棉线缠紧，敷以涂料，使织物纤维

不致松散。其燃烧速度约为 10 mm/s。

② 传爆线：外形与导火线相似，但线芯是采用猛度大爆速高的引爆炸药，如泰安、黑索金等制成，一般用于药包间的连接，以达全部药包同时爆炸的目的。

③ 雷管：雷管在爆破工程中引爆炸药，是装有引爆炸药的铜、铝等金属或纸板制成的管状制品。雷管分为普通雷管和电雷管两种。

a. 普通雷管：导火线火花通过金属帽的孔口使正起爆药首先爆炸，而后副起爆药爆炸继而引起主要炸药爆炸。

b. 电雷管：与普通雷管相似，只是以电阻丝通电后点燃缓燃剂，从而引起炸药爆炸。

④ 电源：电气起爆的电源，有干电池、蓄电池、放炮器、照明电力线路及动力电力线等。

放炮器的规格有 10 发（每次能起爆串联 10 个电雷管）、30 发、50 发和 100 发等。干电池和蓄电池用于规模较小的爆破作业。照明或动力电力线路，在药包多、准爆电流需要大的情况下，是最可靠的起爆电源。

⑤ 电气起爆测量仪表：如小型欧姆计、爆破电桥、伏特计和安培计、万能电表等。

小型欧姆计适用于检查电雷管和电爆线路的导电性，以及电路是否接通或近似的电阻数值，爆破电桥用以测量电雷管的电阻和全部电爆网上的电阻。使用前，须先用万能电表或安培计检测其两接线柱上输出电流数值，为了使用安全，最大电流不得超过 50 mA。伏特计和安培计分别用于测定电源线路中的电压和电流。万能电表主要用于检查爆破电桥，或作为伏特计和安培计使用，但不能用以测量电雷管的电流。

5. 起爆方法

如前所述，药包的爆炸，必须给予一定的热能和机械能等外界条件，才能使炸药爆炸，这就是起爆（引爆）。在工程中常用的起爆方法有：火花起爆法、电力起爆法、传爆线起爆法和导爆管起爆法等。

① 火花起爆法：是利用导火线在燃烧时的火花引爆雷管，先使药卷爆炸，然后使药包爆炸。使用的材料主要有火雷管（普通雷管）、导火线及点火材料。起爆药卷只能在爆破地点或装药前制作该次所需量，不得先制成成品备用。导火线使用前，应将浸有防潮剂的线端剪去，将剪平整的一端插入火雷管最底部，使药芯正对传火孔结合牢固，另端剪成椭圆面，并将头部捏松，以便点火。导火线在爆破中所取长度，应根据燃烧速度试验和在点火后能避入安全地点的时间确定，但最短不得小于 1.2 m。

② 电力起爆法：是利用电雷管中电力引火剂的通电发热燃烧使雷管爆炸，然后使药包爆炸。使用的器材有电雷管、电线、电源及测量仪等。

电力起爆网路布置，其中电线用来联结电雷管，组成电爆网路。电线按其在网路中作用的不同，又分为脚线、端线、连接线、区域线和主线。由电雷管引出的导线称为脚线，通常采用直径 0.5 ~ 0.7 mm 的纱包线或塑料绝缘线。联结电雷管脚线和联接线的称为端线；连接各炮眼间的导线称为连接线，一般是采用直径 1.13 ~ 1.37 mm 的胶皮绝缘线或塑料绝缘线。连接主线与连接线的导线称为区域线；由电源开关器引至联结线的导线称为主线。区域线和主线，一般采用七股 1.6 ~ 2.11 mm 绝缘线。

电爆网路的形式有多种，常用的有单发电雷管串联网路、成对并联电雷管的串联网路和三发并联电雷管的串联网路。网路形式应根据爆破方法，一次爆破规模，工程性质，电流和爆破材料等因素确定。

单发串联网路的优点是操作简便，易于检查导线；所需导线少且准爆电流较小。但网路联结的可靠性差，若网路中某一雷管出现故障，将使整个网路拒爆。这种网路适用于装药分散，并相距较远，电源、电流不大的小规模爆破。

双发成对并联的串联网路和三发并联网路可靠性较串联大，导线和电源消耗较大。适用于每次爆破的炮眼、药包组多，且距离较远的爆破作业。

③ 传爆线起爆：是利用传爆线直接引起药包爆炸。由于传爆线的爆炸速度快，可以同时起爆多个药包。使用材料主要有传爆线和点燃传爆线的雷管。

传爆线起爆线路的联结类型：

串联联结法，线路简单，联结方便且接头少，但联结可靠性差。在整个线路中，如有一个药包拒爆时，将会影响到后面所有药包拒爆。目前很少采用。

分段并联法，是将联结每个药包的每段传爆线与一根传爆线主线相联结。各药包爆破互不干扰，一个药包拒爆不影响整个起爆，准爆有可靠保证。传爆线消耗量少但联结较复杂，检查不便，因联结不好，个别也会产生拒爆。这种方式在爆破工程中应用很广。

④ 导爆管起爆法：导爆管是一种半透明具有一定强度、韧性、耐温、不透火，内涂一薄层高燃混合炸药的塑料软管起爆材料。起爆时，以 1 700 m/s 左右的速度通过软管引爆大雷管，但软管不会破坏。这种材料具有抗火、抗电、抗冲击、抗水及传爆考全等性能，是一种安全导爆材料。在运输保管过程中，可作非危险品处理。它与雷管、传爆线、导火线相比，具有作业简单、安全、抗杂散电流、起爆可靠、成本低、运输保管方便和效率高等独特优点。

导爆管起爆，是利用导爆管传爆起爆药的能量，引爆雷管，然后使药包爆炸。主要器材有导爆管、普通雷管和起爆器。导爆管网路的联结与电力起爆相似，可采用串联、并联及簇联等方式。

2.2.5 爆破施工

在地质灾害治理工程中，常用到的爆破方法有炮眼爆破、药壶爆破、深孔爆破、小洞室爆破、二次爆破、定向爆破及微差爆破等方法。选择爆破方法，应根据工程性质和要求、地质条件、工程量大小及施工机具等确定。在清方减载工程中，通常为小面积爆破，一般多采用炮眼爆破法施工。

1. 炮眼爆破法

炮眼爆破法是在岩石内钻凿直径 25 ~ 46 mm、深度 1 ~ 5 m 的炮眼，然后装入长药包进行爆破。具有操作简便、炸药消耗量较少，岩石破碎均匀，飞石距离近，不易损坏附近建筑物等优点。广泛用于各种地形或场地狭窄的工作面上作业，如岩层厚度不大的清方工程，冻土松动及大块岩石的二次爆破等。

（1）炮眼的布置。

布置炮眼位置时，应尽量利用临空面较大、较多的地形，或有计划地改造地形，使前一次爆破为后次爆破创造更多的临空面，以利提高爆破效果。炮眼方向应避免与临空面垂直，否则，会因炮眼轴线与最小抵抗线的方向一致，易造成“冲天炮”；炮眼方向应尽量与临空面平行，或与水平临空面成 45°，与垂直临空面成 30°。炮眼布置应避免穿过岩石裂隙，孔底与裂隙应保持 20 ~ 30 cm 距离以避免爆炸时发生漏气现象，影响爆破效果。

（2）炮眼深度 L 与最小抵抗线 W 的确定。炮眼深度视岩石硬度、梯段高度和抵抗线而定。

在坚硬岩石中 $L=(1.10\sim1.15)H$

式中 H——岩石梯段高度。

在中硬岩石中 $L=H$

在松软岩石中 $L=(0.85\sim0.95)H$

最小抵抗线 W，也是随岩石硬度和梯段高度而定，一般取为

$$W=(0.6\sim0.8)H$$

炮眼间距的确定。炮眼布置一般为梅花形。炮眼间距 α 是依岩石特性、爆炸要求、炸药种类和起爆方法等确定。

对于火花起爆 $\alpha=(1.4\sim2.0)W$

对于电力起爆 $\alpha=(0.8\sim2.0)W$

炮眼的行距，可采用第一行炮眼的计算最小抵抗线 W，若第一行各炮眼的 W 不相同时则取其平均值。炮眼爆破时，行距 b 计算一般采用下式计算。

采用抛掷爆破时 $Q=qabL$

采用松动爆破时 $Q=0.33qabL$

式中 α——炮眼间距；

b——行距；

L——炮眼深度。

在实际工作中，通常炮眼较多，一般不采用公式计算，而是根据炮眼深度和岩石情况，结合经验，装药量一般控制在炮眼深度的 1/3 ~ 1/2 左右。

（3）钻眼、装药及堵塞方法。

钻眼：钻眼可有人工和机械两种方法。

人工钻眼，仅当炮眼深度在 3 m 以内，炮眼数量不大或受施工场地条件限制的情况下采用。钻眼工具为钢钎，有冲钎法和锤击法，前者适用于松软岩石，后者可用于中等硬度以下的岩石。由于岩石的力学性能，其抗切与抗拉强度远比抗压强度低，因此，无论采用冲钎法或锤击法，在钻眼过程中都应不断使钢钎转动冲击，以利提高钻眼效率。

机械钻眼，常用电动凿岩机或风动凿岩机。

电动凿岩机使用较轻便，冲击频率为 200 ~ 2 200 次/min 冲击功 4.5 kg·m，钻眼深度 4 m。但电钻易磨损，可用于松软岩土钻眼。

风动凿岩机，在工程中常采用手持式 O1-30 型、气腿式 YT-25 型及 YT-23 型风动凿岩机，操作简便。钻眼深度 4 ~ 5 m，冲击频率 1 700 ~ 2 100 次/min，耗气量 2.4 ~ 3.6 m^3/min，使用气压 0.5 MPa。适用于大量浅眼爆破和任何硬度的岩石凿眼。

装药和堵塞。钻眼后，在装药前应将炮眼内石粉、碎屑和泥浆除净。为防止炸药受潮，可在炮眼底部放置油纸或使用经过防潮处理的炸药。炮眼中可装药粉或药卷，应分几次装入，并用木棍轻轻压紧。起爆药卷（雷管）应置于装药全长的 1/3 ~ 1/2 处，应注意不能撞击或挤压，以防触及雷管而发生爆炸事故。

装药后，炮眼的堵塞一般均可就地取材，使用砂、黏土等易于充填密实、不漏气的材料，其配合比最好为 1 份黏土和 2 份或 3 份砂混合而成。堵塞应轻轻捣实保证长度，并须注意保护起爆导火线或雷管脚线。对于水平或斜炮眼可用黏土做成比炮孔略小、长 100 ~ 150 mm 的圆柱土条，土料要有塑性但不过湿，分节填塞。堵塞完毕，应对爆破网路做最后检查，并按爆破安全操作的有关规定进行爆破。

（4）爆破注意事项。

水压控制爆破的药包应有防水措施，宜用瓶装密封，以防受潮失效；当拟爆结构有孔洞时，应预先堵塞或用钢板补焊封闭，以提高爆破效果；位于地上的容器结构，应在四周设排水设施，以便爆破后水的排除；应在爆破壁面上覆盖轻型覆盖物（如荆笆、草席），以缓冲碎块抛速，但不宜用挡板等较重物体覆盖，防止爆炸时将挡板冲垮，冲向邻近建筑物造成损害。

2. 爆破安全措施

爆破施工，应严格贯彻执行爆破安全规程和有关安全规定。切实做好爆破作业各项施工工序的操作检查处理，力求做到安全施工。

（1）爆破器材储存和运送的安全措施。

爆破器材仓库必须干燥、通风、温度保持在 18 ~ 30 t 之间，其周围 5 m 范围内，须清除一切树木和干草。仓库内须有消防设备。仓库必须离开工厂和住宅区 800 m 以上。炸药和雷管须分开存放，不同性质的炸药也不要放在一起，尤其是硝化甘油类炸药必须单独储存。仓库要有专人保卫，严防发生事故。

雷管和炸药必须分开运送，搬运人员须彼此相距 10 m 以上，严禁把雷管放在口袋内，中途不得在非规定的地点休息或逗留。如为汽车运输时，相距不小于 50 m。中途停车地点须离开民房、桥梁、铁路 200 m 以上。

（2）爆破施工的安全措施。

① 装药必须用木棒把炸药轻轻压入炮眼，严禁冲捣和使用金属棒；堵塞炮泥时，切不可击动雷管。

② 炮眼深度超过 4 m 时，须用两个雷管起爆；如深度超过 10 m，则不得用火花起爆。

③ 在闪电鸣雷时，禁止装药、安装电雷管和连接电线等操作，应迅速将雷管的脚线和电线的主线两端连成短路。此时，所有工作人员应即离开装药地点，隐蔽于安全区。

④ 放炮前必须划出警戒范围，立好标志，并有专人警戒。裸露药包、深眼法、洞室法的安全距离不小于 400 m；炮眼法、药壶法不小于 200 m。

3. 爆破作业的安全距离

爆破前，应结合工程和施工现场的具体条件确定爆破作业的安全距离，避免因爆破飞石、爆破地震、冲击波以及爆破毒气对人身、生产设备及建筑物、构筑物的危害。

（1）爆破飞石的安全距离，可按下式计算：

$$R = 20Kn^2W$$

式中　R——飞石安全距离（m）；

　　　K——与岩石性质、地形有关的系数，一般取 1.0 ~ 1.5；

n——最大一个药包的爆破作用指数；

W——最大一个药包的最小抵抗线（m）。

为保证绝对安全，一般按上式计算结果再乘以系数 3～4；同时参照现行爆破安全规程加以确定。

（2）爆破震动对建筑物影响的安全距离，可按下式计算：

$$R_C = K_C \alpha \sqrt[3]{Q}$$

式中 R_C——爆破地点至建筑物的安全距离（m）；

K_C——根据场地土壤而定的系数；

α——依爆破作用指数而定的系数；

Q——爆破装药量（kg）。

表 2.4 场地土壤系数

被保护建筑物地区的土壤	K_C	备 注
坚硬密实岩石 坚硬密实岩石	3.0 5.0	药包在水中和含水土壤时， 系数值应增加 0.5～1.0 倍
夹有砾石、碎石的土壤	7.0	
砂 土	8.0	
黏 土	9.0	
回填土	15.0	
流沙、泥煤层	20.0	

表 2.5 爆破作用指数

爆破条件	a
扩炸药壶 $n \leqslant 0.5$	1.2
$n = 1$	1.0
$N \geqslant 3$	0.7

（3）空气冲击波的安全距离，可按下式计算：

$$R_k = K_B \sqrt{Q}$$

式中 R_k——空气冲击波的安全距离（m）；

K_B——与装药条件和破坏程度有关的系数；

Q——爆破装药总量（kg）。

在计算空气冲击波对人身危害的安全距离时，K_B 采用 15，一般最少用 5～10。

（4）爆破毒气的安全距离，按下式计算：

$$R_E = K_E \sqrt[3]{Q}$$

式中 R_E——爆破毒气的安全距离（m）；

K_E——系数，平均值取 160；

Q——爆破装药总量（t）。

对于下码向的安全距离应增加一倍。

4. 瞎炮处理措施

（1）如果炮眼外的电线、导火线或传爆线经检查完好，可以重新起爆。

（2）可用木制或竹制工具将堵塞物轻轻掏出，另装入雷管或起爆药卷重新起爆。绝对禁止拉动导火线或雷管脚线，以及掏动炸药内的雷管。

（3）如系硝铵炸药，可在清除部分堵塞物后，向炮眼内灌水，使炸药溶解，或用压力水冲洗，重新装药爆破。

（4）距炮眼近旁 600 mm 处打一平行于原炮眼的炮眼，装药爆破。如果不知道原炮眼的位置，或附近可能有其他瞎炮时，此法不得采用。

采用哪种方法处理瞎炮，需根据实际情况决定。

2.3 截排水沟

2.3.1 沟槽开挖

沟槽开挖必须按照施工图设计及相关要求进行，常见的沟槽断面形式：有直槽、梯形槽、混合槽等。当有两条或多设时，还需采用联合槽。

选择沟槽断面通常要根据： 土的种类、地下水情况、现场条件及施工方法并按照设计规定的基础、断面尺寸、长度和埋置深度等进行。正确选定沟槽的开挖断面，可为后续施工过程创造良好条件，保证工程质量和施工安全，以及减少开挖土石方量。沟槽开挖深度按设计纵断面图确定。

当采用梯形槽时，其边坡的选定，应按土的类别的规定。不设支撑的直槽边坡一般采用 1∶0.05。沟槽断面选定后，当须满足后续施工过程的要求时，可将沟槽断面进行调整，再根据地面平坦程度和计算精度的要求，选择两相邻断面的间距。

（1）管沟、基坑（槽）的爆破开挖。

（2）管沟、基坑（槽）的爆破开挖爆破开挖管沟、坑、槽时，炮眼深度不得超过沟（槽、坑）宽度的 0.5 倍。如需超过时，则应采用分层爆破。

（3）基坑爆破开挖一般分两次进行，第一次用斜孔爆破增加临空面，然后用垂直孔爆破成所需形状沟槽爆破开挖为满足沟槽宽度和堆土地点的要求，爆破可分为单列纵药包，多列纵药包等。多列纵药包爆破时，需分两次进行，先爆破靠边部分，后爆破中间部分。一侧堆土也需分二次进行，第二次爆破在第一次爆破所抛起的土刚回落到地面时进行开挖渠道爆破：炮眼宜采用沟槽式布置。先沿渠道中心爆破成沟槽，创造出临空面再沿沟槽布置斜孔进行爆破，或用两个标准抛掷药包，其间距 $a=W$ 使爆破后形成一条整齐的沟槽。当渠道底宽还需加大时，可再沿沟槽布置斜孔进行爆破。

（4）在同时需要起爆多个炮眼时，应采用电力起爆或传爆线起爆方法。

1. 沟槽支撑

支撑是防止沟槽土壁坍塌的一种临时性挡土结构，由木材或钢材做成。支撑的荷载就是原土和地面荷载所产生的侧土压力。沟槽支撑与否应根据土质、地下水情况、槽深、槽宽、开挖方法、排水方法、地面荷载等因素确定。 一般情况下，沟槽土质较差、深度数大面又挖成直槽时，或高地下水位砂牲土质并采用表面排水措施时，均应支设支撑。 支设支撑可以减少挖方量和施工占地面积，减少用地。但支撑增加材料消耗，有时影响后续工序的操作。

支撑结构应满足下列要求：

（1）牢固可靠，进行强度和稳定佳计算和校核。支撑材料要求质地和尺寸合格，保证施工安全。

（2）在保证安全的前提下，节约用料，宜采用工具式钢支撑。

（3）便于支设和拆除及后续工序的操作。

为了做到上述要求，支撑材料的选用、支设和使用过程，应严格遵守施工操作规程，沟槽开挖完成后，通知设计单位，监理单位，业主单位共同验槽。验槽合格后方能进行下步施工。

2. 模板制安

沟槽开挖完成后，经过设计单位，监理单位，业主单位，监督单位共同验收后方能进行模板制安工作：

（1）保证工程结构和构件各部分形状、尺寸和相互位置的正确性。

（2）具有足够的强度、刚度和稳定佳。能可靠地承受新浇筑混凝土的重量和侧压力以及在施工过程中所产生的荷载。

（3）构造应力求简单，装拆方便，能多次周转使用，便于钢筋安装和绑扎、混凝土烧筑和养护等后续工艺的操作。

（4）模板接缝应严密不宜漏浆。

模板依其形式不同，可分为整体式模板、工具式模板、翻转模板、滑动模板、胎模等，按照材料不同，可分为木模板、钢模板、钢木组合模板、竹木模板、塑料模板、玻璃钢模板等。

其中，木模板的应用较为普遍。但它的缺点是木料消耗大、周转次数少、成本高。目前国内已大量推广组合式定型钢模板及钢木模板。

3. 拉模

传统的模板制作安装，这里就不详细介绍，根据截排水沟实际情况，介绍一下拉模这种施工工艺。

截排水沟截面较大的工程施工，如果反复制作安装模板，成本提高，工期加长，可在沟槽内利用拉模进行混凝土浇筑。拉模分为内模和外模两模两部分。

内模是根据截排水沟截面，一次浇筑长度和施工方法等因素；采用钢模和型钢连接而成。一般内模由三块拼扳组成，各拼板间由花篮螺栓固定，脱模时将花篮螺栓收缩后，使板面与浇筑的混凝土脱离。

外模为一列车式桁架，浇筑混凝土时，在操作中台上从外模上部的缺口将其灌入。浇筑时可以采用附入式及插入式振动器。

当混凝土达到一定强度后，将已经松动的内模，由卷扬机拉到另一段浇筑。在钢架架设完成后，将外模移动到下一段继续浇筑。

为了减少模板与混凝土构件之间的黏结，方便拆模降低模板的损耗，在模板内表面应涂刷隔离剂。常用的隔离剂有：肥皂下脚科，纸筋灰膏，黏土石灰膏，废机油，滑石粉等。

4. 模板的拆除

及时拆除模板，将有利于模板的周转和加快工程进度，拆模要掌握时机，应使混凝土达到必要的强度。

不承重的侧模，只要能保证混凝土表面及棱角不致因拆模而损坏时，即可拆除。对于承重模板，应在混凝土达到设计强度的一定比例以后，方能拆除。这一期限决定构件受力情况、气温、水泥品种及振捣方法等因素。

拆模板时不要用力过猛过急，拆模程序一般应是后支先拆，先支后拆，先拆除非承重，后拆除承重部分。重大复杂模板的拆除，事先应制定拆模方案。拆除跨度较大时，应先从跨中开始，分别拆向两端。定型模板、特别是组合钢模板，要加强保护后逐块传递下来，不得抛掷，拆下后即清理干净，板面涂袖。按规格分类堆放后再用。倘背面油漆脱落，应补刷防锈漆。

5. 模板支设的质量要求

（1）模板及其支承结构的材料、质量，应符合规范规定和设计要求。

（2）模板及支撑应有足够的强度、刚度和稳定住，并不致发生不允许的下沉与变形，模板的内侧面要平整，接缝严密，不得漏浆。

（3）模板安装后应仔细检查各部构件是否牢固，在浇灌混凝土过程中要经常检查，如果发现变形、松动要及时修整加固。

（4）现浇整体式结构模板安装的允许偏差值必须按照设计和国家规范执行。

（5）固定在模板上的预埋件和预留洞均不得遗漏，安装必须牢固，位置准确

（6）组合钢模板在浇灌混凝土前，还应检查下列内容：扣件规格与对拉螺栓、钢楞的配套和紧固情况；斜撑、支柱的数量和着力点；钢楞、对拉螺栓及支柱的间距；各种预埋件和预留孔洞的规格尺寸；数量、位置及固定情况；模板结构的整体稳定性。

2.3.2 混凝土施工及养护阶段

1. 材料及主要机具

（1）水泥：水泥的品种、标号、厂别及牌号应符合混凝土配合比通知单的要求。水泥应有出厂合格证及进场试验报告。

（2）砂：砂的粒径及产地应符合混凝土配合比通知单的要求。砂中含泥量：当混凝土强度级≥C30时，含泥量≤3%；混凝土强度等级＜C30时，含泥量≤5%，有抗冻、抗渗要求时，含泥量应≤3%。砂中泥块的含量（大于5 mm的纯泥），当混凝土强度等级≥C30时，其泥块含量应≤1%；混凝土强度等级＜C30时，其泥块含量应≤2%，有抗冻、抗渗要求时，其泥块含量应≤1%。砂应有试验报告单。

石子（碎石或卵石）：石子的粒径、级配及产地应符合混凝土配合比通知单的要求。石子的针、片状颗粒含量：当混凝土强度等级≥C30时，应≤15%；当混凝土强度等级为C25 ~ C15时，应≤25%。

（3）石子的含泥量（小于0.8 mm的尘屑、淤泥和黏土的总含量）：当混凝土强度等级≥C30时，应≤1%；当混凝土强度等级为C25 ~ C15时，应≤2%；当对混凝土有抗冻、抗渗要求时，应≤1%。石子的泥块含量（大于5 mm的纯泥）：当混凝土强度等级≥C30时，应≤0.5%；当

混凝土强度等级＜C30 时，应≤0.7%；当混凝土强度等级≤C10 时，应≤1%。石子应有试块报告单。

（4）水：宜采用饮用水。其他水，其水质必须符合现行标准《混凝土拌合用水标准》（JGJ 63）的规定。

（5）外加剂：所用混凝土外加剂的品种、生产厂家及牌号应符合配合比通知单的要求。外加剂应有出厂质量证明书及使用说明，并应有有关指标的进场试验报告。国家规定要求认证的产品，还应有准用证件。外加剂必须有掺量试验。

（6）混合材料（上前主要是掺粉煤灰，也有掺其他混凝土材料的，如 UEA 膨胀剂、沸石粉等）：所用混合材料的品种、生产厂家及牌号应符合配合比通知单的要求。混合材料应有出厂质量证明书及使用说明，并应有进场试验报告。混合材料还必须有掺量试验。

（7）主要机具：混凝土搅拌机宜优先采用强制式搅拌机，也可采用自落式搅拌机。计量设备一般采用磅秤或电子计量设备。水计量可采用流量计、时间继电器控制的流量计或水箱水位管标志计量器。上料设备有双轮手推车、铲车、装载机、砂石输料斗等，以及配套的其他设备。现场试验器具，如坍落度测试设备、试模等。

2. 操作工艺

（1）作业条件：

试验室已下达混凝土配合通知单，并将其转换为每盘实际使用的施工配合比，并公布于搅拌配料地点的标牌上。

所有原材料经检查，全部应符合配合比通知单所提出的要求。

搅拌机及其配套的设备应运转灵活、安全可靠。电源及配电系统符合要求，安全可靠。

所有计量器具必须有检定的有效期标识。地磅下面及周围的砂、石清理干净，计量器具灵敏可靠，并按施工配合比设专人定磅。

管理人员向作业班组进行配合比、操作规程和安全技术交底。

需浇筑混凝土的工程部位已办理隐检、预检手续、混凝土浇筑的申请单已经有关管理人员批准。

新下达的混凝土配合比，应进行开盘鉴定。开盘鉴定的工作已进行并符合要求。

（2）基本工艺流程：

每台班开始前，对搅拌机及上料设备进行检查并试运转；对所用计量器具进行检查并定磅；校对施工配合比；对所用原材料的规格、品种、产地、牌号及质量进行检查，并与施工配合比进行核对；对砂、石的含水率进行检查，如有变化，及时通知试验人员调整用水量。一切检查符合要求后，方可开盘拌制混凝土。

（3）计量：

① 砂、石计量：用手推车上料时，必须车车过磅，卸多补少。有贮料斗及配套的计量设备，采用自动或半自动上料时，需调整好斗门关闭的提前量，以保证计量准确。砂、石计量的允许偏差应≤±3%。

② 水泥计量：搅拌时采用袋装水泥时，对每批进场的水泥应抽查 10 袋的重量，并计量每袋的平均实际重量。小于标定重量的要开袋补足，或以每袋的实际水泥重量为准，调整砂、石、水及其他材料用量，按配合比的比例重新确定每盘混凝土的施工配合比。搅拌时采用散

装水泥的，应每盘精确计量。水泥计量的允许偏差应≤±2%。

③ 外加剂及混合料计量：对于粉状的外加剂和混合料，应按施工配合比每盘的用料，预先在外加剂和混合料存放的仓库中进行计量，并以小包装运到搅拌地点备用。液态外加剂要随用随搅拌，并用比重计检查其浓度，用量桶计量。外加剂、混合料的计量允许偏差应≤±2%。

④ 水计量：水必须盘盘计量，其允许偏差应≤±2%。

⑤ 上料：现场拌制混凝土，一般是计量好的原材料先汇集在上料斗中，经上料斗进入搅拌筒。水及液态外加剂经计量后，在往搅拌筒中进料的同时，直接进入搅拌筒。原材料汇集入上料斗的顺序如下：

当无外加剂、混合料时，依次进入上料斗的顺序为石子、水泥、砂。

当掺混合料时，其顺序为石子、水泥、混合料、砂。

当掺干粉状外加剂时，其顺序为石子、外加剂、水泥、砂或顺序为石子、水泥、砂子、外加剂。

（4）第一盘混凝土拌制的操作：

每次上班拌制第一盘混凝土时，先加水使搅拌筒空转数分钟，搅拌筒被充分湿润后，将剩余积水倒净。搅拌第一盘时，由于砂浆粘筒壁而损失，因此，石子的用量应按配合比减半。从第二盘开始，按给定的配合比投料。

（5）搅拌时间控制：混凝土搅拌的最短时间应按。

混凝土搅拌的最短时间（s）混凝土搅拌的最短时间系指自全部材料装入搅拌筒中起，到开始卸料止的时间；当掺有外加剂时，搅拌时间应适当延长；冬期施工时搅拌时间应取常温搅拌时间的 1.5 倍。

出料：先少许出料，目测拌合物的外观质量，如目测合格方可出料。每盘混凝土拌合物必须出尽。

（6）混凝土拌制的质量检查：检查拌制混凝土所用原材料的品种、规格和用量，每一个工作班至少两次。检查混凝土的坍落度及和易性，每一工作班至少两次。混凝土拌合物应搅拌均匀、颜色一致，具有良好的流动性、粘聚性和保水性，不泌水、不离析。不符合要求时，应查找原因，及及时调整。在每一工作班内，当混凝土配合比由于外界影响有变动时（如下雨或原材料有变化），应及时检查。

（7）混凝土现场抽取试块。

按以下规定留置试块：

① 每拌制 100 盘且不超过 100 m^3 的同配合比的混凝土其取样不得少于一次。

② 每工作班拌制的同配合比的混凝土不足 100 盘时，其取样不得少于一次。

③ 对现浇混凝土结构，每一现浇楼层同配合比的混凝土，其取样不得少于一次。

④ 有抗渗要求的混凝土，应按规定留置抗渗试块。

每次取样应至少留置一组标准试件，同条件养护试件的留置组数，可根据技术交底的要求确定。为保证留置的试块有代表性，应在第三盘以后至搅拌结束前 30 min 之间取样。

质量标准：混凝土原材料及配合比设计质量检验标准水泥进场检验：检查产品合格证及复试报告（同一厂家、等级、品种、批号且连续进场的水泥，袋装≤200 t，散装≤500 t 为一批，每批抽样不少于一次）。

外加剂质量及应用：检查产品合格证及复试（按进厂的批次和产品的抽样检验方案确定）。

混凝土中氯化物、碱的总含量控制：检查原材料试验报告、氯化和碱的总含量计算书。

配合比设计：检查配合比设计资料。

矿物掺合料质量及掺量：检查产品合格证和进场复试报告（按进厂的批次和产品的抽样检验方案确定）。

粗细骨料的质量：检查进场复试报告（按进厂的批次和产品的抽样检验方案确定）。

拌制混凝土用水：检查水质试验报告（同一水源检查不少于一次）。

开盘鉴定：检查开盘鉴定报告及试件强度试验报告。

依砂、石含水率调整配合比：检查含水率测试报告和施工配合比通知单（每工作班检查一次）。

（8）混凝土施工质量检验标准：

① 混凝土强度等级及试件的取样和留置：检查施工记录及试件强度试验报告。

② 混凝土抗渗及试件取样和留置检查试件抗渗试验报告。

③ 原材料每盘称量的偏差复称（每工作班抽查不少于一次）。

④ 初凝时间控制　观察及检查施工记录（全数检查）。

⑤ 施工缝的位置和处理 观察和检查施工记录（全数检查）。

⑥ 后浇带的位置和浇筑　观察和检查施工记录（全数检查）。

⑦ 混凝土养护　观察和检查施工记录（全数检查）。

（9）应注意的质量问题。

混凝土强度不足或强度不均匀，强度离差大，是常发生的质量问题，更加影响结构安全的质量问题。防止这一质量总是需要综合治理，除了在混凝土运输、浇筑、养护等各个环节要严格控制外，在混凝土拌制阶段要特别注意。要控制好各种原材料的质量。要认真执行配合比，严格原材料的配料计量。

混凝土裂缝是常发生的质量问题。造成的原因很多。在拌制阶段，如果砂、石含泥量大、用水量大、使用过期水泥或水泥用量过多等，都可能造成混凝土收缩裂缝。因此在拌制阶段，仍要严格控制好原材料的质量，认真执行配合比，严格计量。

混凝土拌合物和易性差，坍落度不符合要求。造成这类质量问题原因是多方面的。其中水灰比影响最大；第二是石子的级配差，针、片状颗粒含量过多；第三是搅拌时间过短或太长等。解决的办法应从以上三方面着手。

冬期施工混凝土易发生冻害。解决的办法是认真执行冬施的有关规定，在拌制阶段注意骨料及水的加热温度，保证混凝土的出机温度。

要注意水泥、外加剂、混合料的存放保管。水泥应有水泥库，防止雨淋和受潮；出厂超过三个月的水泥应复试。外加剂、混合料要防止受潮和变质，要分规格、品种分别存放，以防止错用。

（10）质量问题：

① 水泥出厂质量证明。

② 水泥进场试验报告。

③ 外加剂出厂质量证明。

④ 外加剂进场试验报告及掺量试验报告。

⑤ 混合料出厂质量证明。

⑥ 混合料进场试验报告及掺量试验报告。

⑦ 砂子试验报告。

⑧ 石子试验报告。

⑨ 混凝土配合比通知单。

⑩ 混凝土试块强度试压报告。

⑪ 混凝土强度评定记录。

⑫ 混凝土开盘鉴定。

混凝土施工质量管理制度，为了加强混凝土施工质量管理，强化混凝土施工过程控制力度，明确各责任人质量管理职责，认真记录混凝土施工过程中实际情况，特编制施工管理制度。

混凝土浇筑准备、会签及调度

混凝土浇筑准备

每次混混凝土浇筑前 24 h，由混凝土责任工长填写混凝土供货通知单，混凝土浇筑部位由质检员按照检验批部位提供给混凝土责任工长。混凝土责任工长按照检验批部位与施工图纸核对无误后，交技术负责人审核后方可报混凝土搅拌站。

（7）现场浇筑会签。

每次隐蔽验收完成后，由混凝土责任人填写混凝土浇筑会签表，并按照以下顺序会签：试验员→钢筋责任工长→模板责任工长→机电工长→安装责任工长→安全员→质检员→技术负责人→项目经理。各相关责任人在签字后履行相关职责。

（8）调度。

在完成会签后及时通知搅拌站供混凝土，同时安排和组织好现场劳动力及各项准备工作。

各部门、责任人职责：

① 技术部。

项目技术部应该编制详尽的施工方案或作业指导书，以保证混凝土施工工艺的指导性及可操作性。混凝土施工前，技术负责人应对混凝土责任工长进行交底，混凝土责任工长对现场工人交底，并在现场管理过程中则以此为依据对本道工序进行检查、督促，从而使管理人员在施工过程中加强了质量控制。

② 试验员。

混凝土配合比通知单混凝土强度等级要与图纸设计混凝土强度等级核对，原材料合格证、试验报告移交项目技术部留存，混凝土供货申请表要技术负责人审核、签字。

试验员记录混凝土进场时间至入泵车时间，并按规定对混凝土坍落度进行检查。混凝土在施工过程中，试验员负责监督劳务队伍严禁向混凝土中加水。根据天气情况，由试验员与搅拌站联系，适当调整混凝土坍落度。

混凝土试块的取样制作与送检由试验员按方案进行，填写相 关记录，同条件试块放置于所代表部位的结构实体处进行同条件养护。

③ 混凝土责任工长。

按照技术部门制定的施工方案、施工技术交底要求，做好各项准备工作（接泵管及泵管架子加固、铺设通道跳板）。

混凝土浇筑前，混凝土责任工长组织劳务队伍，根据工程特点对各部位浇筑方式、方法向工人进行详细交底。负责监督劳务队伍严禁向混凝土中加水。

混凝土施工时，负责记录混凝土进场时间、混凝土入模时间、如泵管堵塞，要控制好接、拆泵管时间。避免将堵管离析的混凝土浇筑入模等导致的质量问题出现。

上一班管理人员与下一班管理人员进行交接时，要对本班施工情况、振捣、收面、施工人员变化情况进行交代。

对各施工段剪力墙、梁、板振捣人员的姓名、振捣具体部位及施工时间进行详细记录，包括同一部位（吊模部位）分两次振捣的人员姓名。

如需调整混凝土坍落度，必须由试验员决定，严禁私自调整混凝土坍落度。

加强旁站监督，不得脱岗，不得长时间离岗。

如出现严重漏振或混凝土养护不及时造成的质量事故，混凝土责任工长要承担相应质量管理责任。

模板拆除后跟踪检查混凝土构件是否有缺陷，如有缺陷不得擅自派人修补，必须通知技术部门协商解决。

④ 质检员。

混凝土浇筑过程中跟踪检查混凝土振捣情况、楼面混凝土面平整度，督促劳务队伍对混凝土覆盖、湿水养护。

检查过程中，发现模板出现变形、胀模，及时通知相关工长、劳务队伍进行处理。

对负责混凝土施工管理人员的交、接班时混凝土浇筑部位要做详细记录。

对重要工序施工做好质量交底、过程中检查，落实施工方案要求。

随时检查混凝土振捣方法是否正确，对各施工段剪力墙、梁、板振捣人员的姓名、振捣具体部位及施工时间进行详细记录。

（11）混凝土施工过程控制措施：

① 混凝土浇筑前做好混凝土标高控制点，清理模板上的杂物，特别是铁钉、扎丝等金属物，并冲洗模板上的铁锈及灰土，但不得有积水。

② 剪力墙混凝土在浇筑前，根部应保证与混凝土同配比的水泥砂浆厚度一般在 5 ~ 10 cm。

③ 浇筑混凝土时，浇筑顺序按照施工方案要求由混凝土责任工长负责安排，要求劳务队伍用标高尺杆控制垂直分层浇筑厚度及水平振捣的移动间距，并派专人用铁锤敲打模板检查混凝土密实情况。要防止冷缝、漏振及过振的出现。

④ 控制剪力墙的混凝土的每次下料深度，严禁浇满后再进行振捣，要保证混凝土构件不能出现蜂窝、麻面，剪力墙烂根等现象。

⑤ 严格控制混凝土顶面标高，大面积板面标高控制点对角距离不大于 4 m，收面时纵横拉线，特别是剪力墙根部周边、吊模模板下口和楼梯踏步面。

⑥ 在浇筑楼面混凝土时，在板面混凝土表面有充分水分的时候进行找平并随即覆盖塑料薄膜，保证梁、板面混凝土水分不散失，收面不少于三遍平整度达到规定要求。

⑦ 混凝土养护应由混凝土责任工长督促劳务队伍派专人养护。梁、板混凝土养护不少于 7 昼夜，养护期间混凝土要保持湿润状态，剪力墙拆模后涂刷养护液。

⑧ 浇筑混凝土时，板面处剪力墙钢筋内侧混凝土应高于周围板面 30 mm 左右，并均匀撒上石子，并保证石子与混凝土黏结不小于粒径的一半。

2.4　混凝土挡土墙工程

2.4.1　基坑开挖

1. 基坑边坡及其稳定

基坑边坡坡度是以高度（H）与底宽（B）之比表示，即：

$$\text{基坑边坡坡度}=\frac{H}{B}=\frac{1}{B/H}=1:m$$

根据《土方和爆破工程施工及验收规范》的规定，当地质条件良好，加低于基坑（槽>或管沟底面标高时，挖方边坡可作成直立壁而不加支撑，但深度按照下列规定：

密实、中庸的砂土和碎石类土——1.0 m；

硬塑、可塑的粉土及粉质黏土——1.25 m；

硬塑、可塑黏土和碎石土（填充物为黏性土）——1.5 m；

坚硬的黏土——2.0 m。

表 2.6　深度在 5 m 内基坑，边坡的最陡坡度

土的类别	边坡坡度（高：宽）		
	坡顶无荷载	坡顶有荷载	坡顶有动载
中密的砂土	1∶1.00	1∶1.25	1∶1.50
中密的碎石类土（填充物为砂土）	1∶0.75	1∶1.0	1∶1.25
硬塑的粉土	1∶0.67	1∶0.75	1∶1.00
中密的碎石类土（填充物为黏性土）	1∶0.50	1∶0.67	1∶0.75
硬塑的粉质黏土，黏土	1∶0.33	1∶0.50	1∶0.67
老黄土	1∶0.10	1∶0.25	1∶0.33
软土（经井点降水后）	1∶1.00	—	—

挖土深度超过上述规定时，应考虑放坡或作成直立壁加支撑。当地质条件良好，土质均匀且地下水位低于基坑（槽）或管沟底面标高时，挖方深度在 5 m 内不加支撑的边坡的最陡坡度应符合表 2.6 规定。

深度在 5 m 内的基坑（槽）、边坡的最陡坡度（不加支撑）。

引起土体剪应力增加的主要因素有：坡顶堆物、行车；基坑边坡太陡；开挖深度过大或地面水渗人土中；地下水的渗流产生一定的动水压力，土体竖向裂缝中的积水产生侧向静水压力等。

引起土体抗减强度降低的主要因素有：土质较差或因气候影响使土质变软；土体内含水量增加而产生润滑作用；饱和的细砂受到振动而液化等。

由于影响基坑边坡稳定的因素多，在一般情况下开挖深度较大的基坑应对土方边坡做稳定分析，即在给定的荷载作用下，土体抗剪切破坏应有一个足够的安全系数，而且其变形不应超过某一容许值。边坡稳定的分析方法很多，如条分法、摩擦圆法、极限分析法等。

2. 最简单的条分法——瑞典圆弧滑动法

（1）瑞典圆弧滑动法的基本概念和计算方法。

瑞典圆弧滑动法,（简称瑞典法或费伦纽斯法）是条分法中最古老而又最简单的方法。除了假定滑裂面是个圆柱面（剖面图上是个圆弧）外，还假定不考虑土条两侧的作用力，安全系数定义为每一土条在滑裂面上所能提供的抗滑力矩之和与外荷载及滑动土体在滑裂面上所产生的滑动力矩和之比。由于不考虑条间力的作用，严格地说，对每一土条力的平衡条件是不满足的，对土条本身的力矩平衡也不满足，仅能满足整个滑动土体的整体力矩平衡条件。由此产生的误差，一般使求出的安全系数偏低 10% ~ 20%，这种误差随着滑裂面圆心角和孔隙压力的增大而增大。

瑞典圆弧法的推导：一般教科书上均有叙述，它通常采用总应力法。但同样可用有效应力计算并按式定义的安全系数来推导公式，为了考虑条间力的作用，并可认为假定每一土条两侧作用力的合力方向均和该土条底面平行，因而在进行土条底部法线方向力的平衡时，可以不予考虑。但是这个假定会使牛顿“作用力等于反作用力”的原理在两个土条之间得不到满足。

表示一均质土坡及其中任一土条 i 上的作用力。土条高为 h_i，宽为 b_i，W_i 为其本身的自重；P_i 及 P_{i+1} 为作用于土条两侧的条间力合力，其方向和土条底部平行；N_i 及 T_i 分别为作用于土条底部的总法向反力和切向阻力土条底部的坡角为 α_i，长为 l_i，R 则为滑裂面圆弧的半径，如图 2.13。根据摩尔一库伦准则，滑裂面 AB 上的平均抗剪强度为

$$\tau_f = C' + (\sigma - \mu)\tan\varphi'$$

式中 σ——法向总应力；

μ——孔隙应力；

C'、φ'——有效抗剪强度指标。

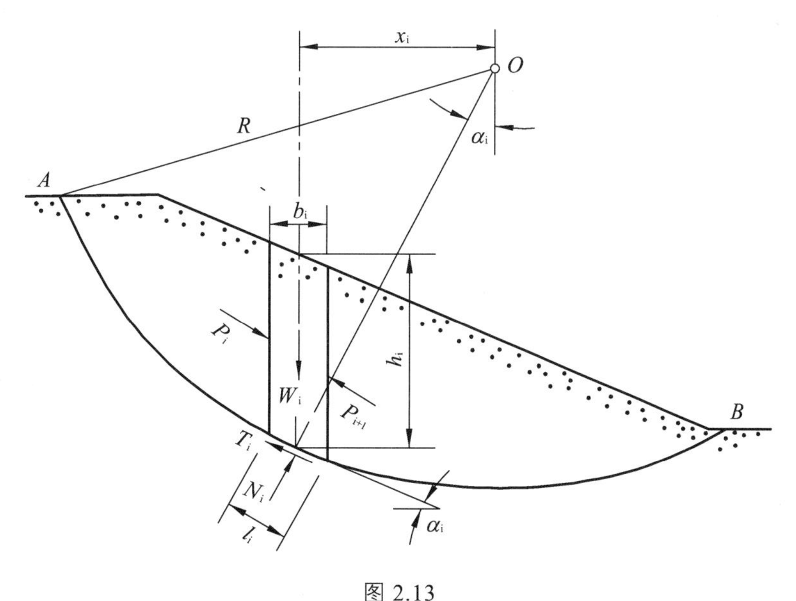

图 2.13

如果整个滑裂面 AB 上的平均安全系数为 F_S，土条底部的切向阻力 T_i 为

$$T_i=\tau l_i=\frac{\tau f}{F_S}l_i=\frac{c_i' l_i}{F_S}+(N_i-u_i l_i)=\frac{\tan\varphi_i'}{F_S}$$

现取土条底部法线方向力的平衡，可得

$$N_i=W_i\cos\alpha_i$$

同时，各土条对圆心的力矩和应当为零，即

$$\sum W_i x_i-\sum T_i R=0$$

而 $x_i=R\sin\alpha_i$，得

$$F_S=\frac{\sum[c_i' l_i+(W_i\cos\alpha_i-u_i l_i)\tan\varphi_i']}{\sum W_i\sin\alpha_i}$$

通常根据两个力矩和之比导出的公式完全相同。

当土坡内部有地下水渗流作用时，滑动土体中存在渗透压力，必须考虑它对土坡稳定性的影响。在滑动土体中任取一土条 i，如果将土和水一起作为脱离休来分析，土条重量 W_i 就等于 $b_i(\gamma h_{1i}+\gamma_m h_{2i})$ 其中 γ 为土的湿容重，γ_m 为饱和容重；在土条两侧及底部都作用有渗透水压力。在稳定渗流情况下，土体通常均已固结。由附加荷重引起的孔隙应力均已消散，土条底部的孔隙应力 u_i 也就是渗透水压力，可用流网确定。如果经过土条底部中点 M 的等势线与地下水面交于 N，则

$$u_i=\gamma_w h_{wj}$$

式中　γ_w——水的容重；

h_{wj}——MN 的垂直距离。

若地下水面与滑裂面接近平行，或土条取得很薄，土条两侧的渗透水压力接近相等，可相互抵消。

将上述结果代入式，又因 $l_i=\dfrac{b_i}{\cos\alpha_i}$

$$F_s=\frac{\sum c_i' l_i+\sum b_i(\gamma h_{1i}+r_m h_{2i}-\gamma_w\dfrac{h_{wi}}{\cos^2 a_i})\cos a_i\tan\varphi_i'}{\sum b_i(\gamma h_{1i}+\gamma_m h_{2i})\sin a_i}$$

现在将式和目前工程单位普遍使用的替代容重法进行比较，后者的安全系数表达式为

$$F_s=\frac{\sum c_i l_i+\sum b_i(\gamma h_{1i}+\gamma' h_{2i})\cos a_i\tan\varphi_i}{\sum b_i(\gamma h_{1i}+y_m h_{2i})\sin a_i}$$

式中，γ' 为土的浮容重，c_i、φ_i 用固结排水剪指标。可以看出，必须使分子中的 $\gamma' h_{2i}=y_m h_{2i}-y_m\dfrac{h_{wi}}{\cos^2 a_i}$，亦即 $h_{2i}=\dfrac{h_{wi}}{\cos^2 a_i}$ 才能求出与相同的 F_s，而这一点一般是不容易做到的。因此，替代容重法虽然是一个使用非常方便的简化方法，但有其一定的限制条件，如果在任何情况下均按此处理，有时会造成相当大的误差，而且往往还是偏于不安全的，如图 2.14。

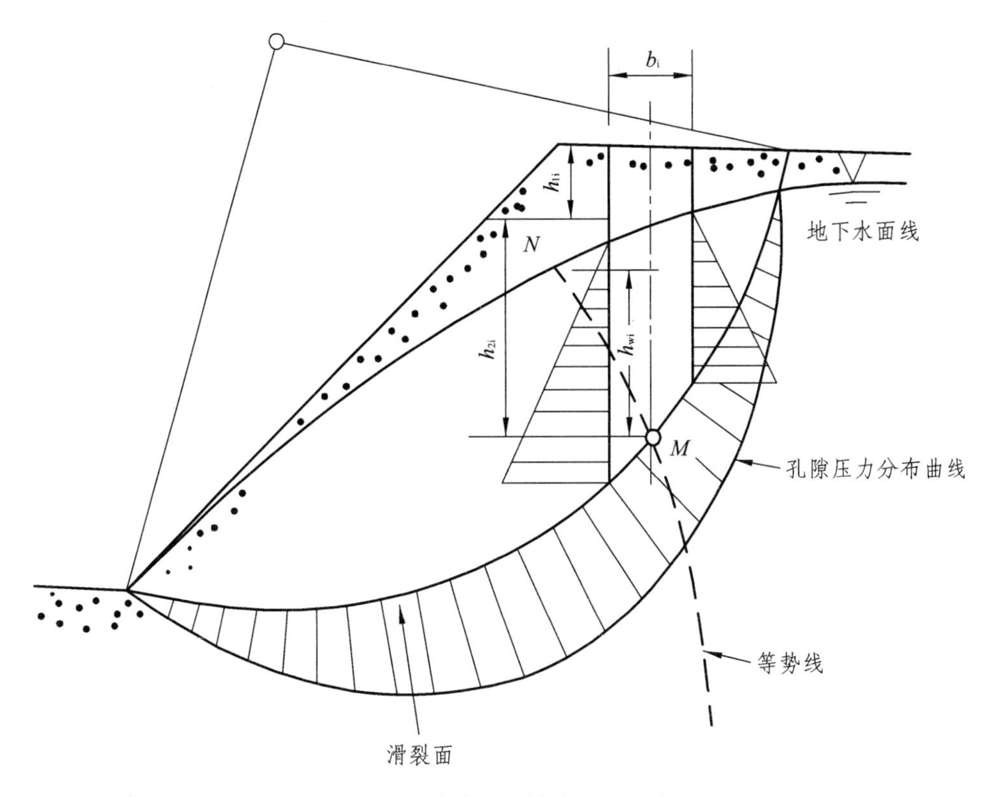

图 2.14　渗流对土坡稳定的影响

必须指出，在稳定分析中，安全系数的定义通常有两种：一种是通过加大外力以达到极限平衡，这样的安全系数有超载系数的性质；另一种是降低材料的强度以达到极限平衡，求出的安全系数则是材料强度的储备系数。一般来说，零这两种安全系数的概念不一样，求出的结果也是不一样的。费伦纽斯在推导瑞典圆弧滑动法的公式时，所做的假定是用附加外力使土坡达到极限平衡，而我们以上的推导采用了式所定义的安全系数概念，很明显，它是属于强度储备系数性质的。两者求出的结果完全相同，是由于假定条间力合力方向与底面平行，当应力状态向极限平衡状态变化时，无论滑裂面上的剪阻力怎么变化，从多边形得出的法向反力却始终不变。因此，无论采用附加外力还是采用降低强度使土坡达到极限平衡，其结果是一样的。

另外，如果土坡中存在比较高的孔隙应力时，可能会产生很大误差，这是由于在推求法向反力 N_i 时，将包含在竖向总应力中一个应该各向同样大小的孔隙应力分量，也分解到法线方向上去了，这样就使得土条底部的法向有效应力偏低。正确的法向有效应力的合力 N_i' 应当是 $N_i=(\frac{W_i}{b_i}-u_i)l_i\cos^2 a_i=(W_i-u_ib_i)\cos a_i$ 应改写成 $\tan\varphi/\tan\beta$。则最危险沿弧在无限深处。这些结论与费伦纽斯、泰勒等人曾经得到的结论是一致的。

（2）最危险滑弧圆心位置随 s 变化的轨迹，近似于双曲线的一侧，此双曲线的原点位于边坡中点，以过中点的铅垂线与中法线为其淅近线，如图 2.15 所示。潘家铮则认为可过边坡中点，分别以 $L/2$ 及 $3L/4$ 为半径作弧交中法线与中垂线于 a、a'、b、b'，则最危险滑弧圆心的大致范围，当在 $aa'bb'$ 之内。

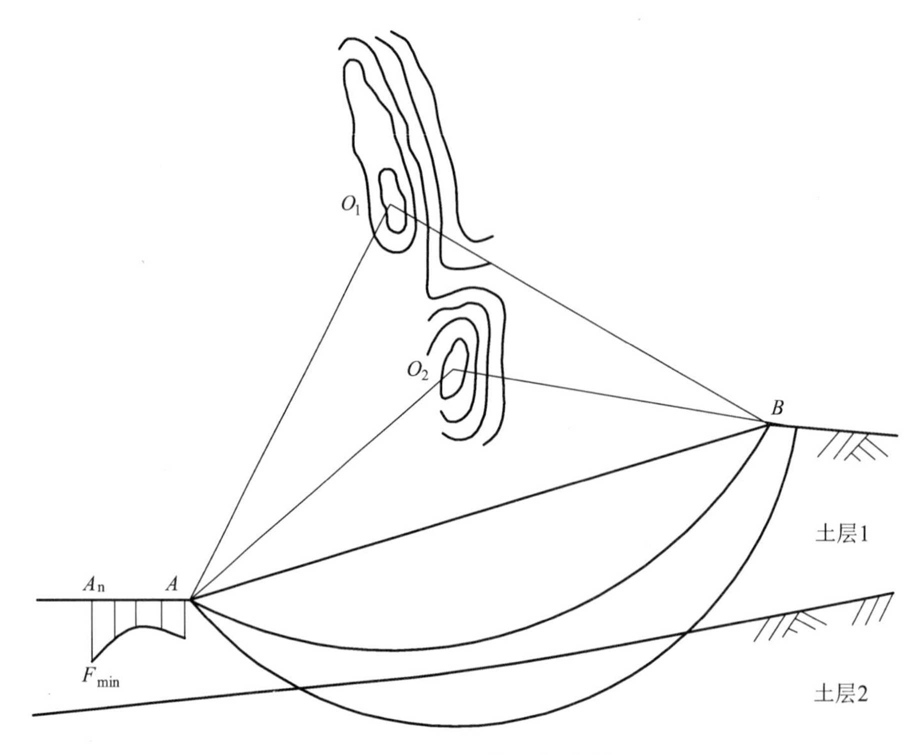

图 2.15　不同土层的 F_s 极小值区

对于具有不同土层或有地下渗流等复杂情况的复杂土坡，最危险滑弧圆心位置和各土层的 s 有关。因此，有多少层土层（包括同一土层在地下水位线上下的不同部分）就可能出现多少个 F_s 的极小值区，尽管有时有些土层的 F_s 极小值区不十分明显。如图 7-5 所示，两个不同土层 F_s 最小的滑弧圆心分别为 O_1 及 O_2。必须将所有极小值区的 F_s 进行比较，从中选择最小的 F_s 作为整个土坡的稳定安全系数。另外，对于复杂土坡，在计算时，要先固定一个出滑点：(如图中的 A，……A_n)，所有计算的滑弧均要通过同一出滑点，求出最小的 F_s，再换另一个出滑点，最后对不同出滑点的 F_{smin} 进行比较，从中求出最小的 F_{smin}。当然这些工作都可以通过编制程序在电子计算机中自动进行。目前各单位编制的有关土坡稳定计算的电算程序极多，使用时要注意是否考虑了上述最危险滑弧的分布规律，防止将真正的 F_{smin} 漏掉。

由于滑动圆弧是任意选定的，所以上述计算结果不一定是最危险的，因此还必须对其他滑动圆弧（不同圆心位置和不同半径）进行计算，直至求得最小安全系数。而最小安全系数对应的滑弧即为最危险滑弧。根据经验，最危险滑弧两端距坡顶点和坡脚点各为 0.1 mH 处，且最危险滑弧中心在 ab 线的垂直平分线上。这样，只需在此垂直平分线上取若干点作为滑弧圆心，按上述方法分别计算，即可求得最小的安全系数。对于一级基坑（$H > 15$ m），K=1.43；二级基坑（8 m≤H≤15 m），K=1.30；三级基坑（$H < 8$ m），K=1.25。

2.4.2　深基坑支护结构

深基坑开挖采用放坡无法保证施工安全或场地无放坡条件时，一般采用支护结构临时支挡，以保证基坑的土壁稳定。深基坑支护结构既要确保坑壁稳定、坑底稳定、邻近建筑物与构筑物和管线的安全，又要考虑支护结构施工方便、经济合理、有利于土方开挖。

重力式支护结构：重力式支护结构丰要通讨加固基坑周边十形成一定厚度的重力式墙，以达到挡土目的。常用深层搅拌水泥桩支护墙，即在基坑四周用深层搅拌法将水泥与土拌和，形成块状连续壁或格状连续壁与壁间土组成复合重力式支护结构。这种支护墙具有防渗和挡土的双重功能，要求两桩间应搭接 200 mm。宜用于场地较开阔，挖深不大于 7 m，土质承载力标准值小于 140 kPa 的软土或较软土中。此外，尚有高压旋喷帷幕墙、水泥粉喷桩、化学注浆防渗挡土墙等形式的重力式支护结构。深层搅拌水泥桩支护墙宜用强度为 42.5 MPa 的水泥，掺灰量应不小于 10%，以 12%～15%为宜。横断面宜连续，形成封闭的实体或格状结构。为保证水泥壁与土形成复合体，格子间的土体面积应满足下式：

$$F \leqslant (0.5 \sim 0.17)\frac{c\mu}{r}$$

式中 F——格子内土的面积（m^2）；

r——土的重度（kN/m^3）；

C——土的黏聚力（kN/m^2）；

μ——格子的周长（m）。

重力式支护结构的破坏包括强度和稳定性两方面，而强度和稳定性的验算又必须先知道支护结构的断面尺寸。所以，一般先根据下式估算断面尺寸

$$D = (1.0 \sim 2.0)h$$

$$B = (0.4 \sim 0.8)h$$

式中 D——墙的埋深（m）；

h——墙的挡土高度（m）；

B——墙的底宽（m）。重力式支护结构的稳定性验算内容包括抗倾覆验算、抗滑移验算、整体圆弧滑动验算、抗隆起验算和管涌验算等。

1. 抗倾覆验算

如图 2.16，水泥桩支护墙如截面、重量不够大，在墙后推力作用下，会产生整体倾覆失稳，抗倾覆安全系数为

$$K_0 = \frac{\sum M_{E_p} + 0.5BG - ul_w}{\sum M_{E_a} + \sum M_w}$$

式中 $\sum M_{E_p}$，$\sum M_{E_a}$ 分别为被动土压力与主动土压力绕墙前趾 a 点的力矩之和（kN·m）；

$\sum M_w$ 一墙前与墙后水压力对 A 点的动力矩之和（kN·m）；

G——墙身重量；

B——墙身宽度；

u——作用于墙底面上的水浮力

$$u = \frac{\gamma_{\omega}(h_a + h_p)}{2}$$

h_a——主动侧地下水位至墙底的距离（m）；

h_p——被动侧地下水位至墙底的距离（m）；

l_w——的合力作用点距 A 点的距离（m）；

K_0——抗倾覆安全系数，应大于 1.0～1.1，当用朗肯公式计算时，应大于 1.2～1.5。

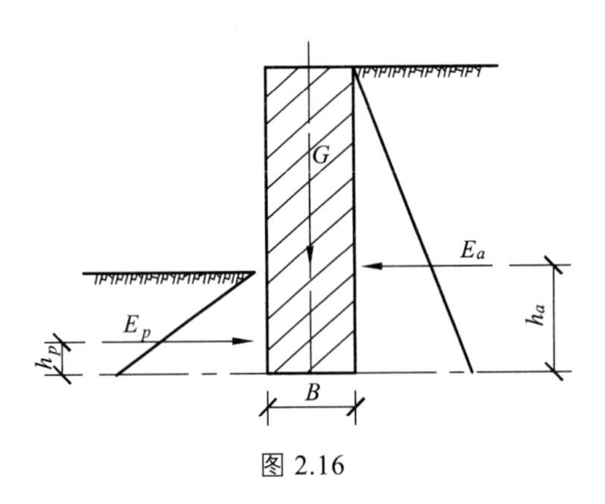

图 2.16

2. 抗滑移验算

当水泥桩支护墙与土间产生的抗滑力不足以抵抗墙后的推力时，支护墙会产生整体滑动，使墙体失效。为此，需进行抗滑移验算。如图 2.16，水平滑动安全系数为

$$K_s = \frac{\sum E_p + (G-u)\tan\varphi_{cq} + C_{cq}\cdot B}{\sum E_a + \sum E_w}$$

式中 $\sum E_p$，$\sum E_a$——分别为被动和主动土压力的合力（kN）;

$\sum E_w$——作用于墙前墙后水压力的合力（kN）

φ_{cq}——墙底处土的固结快剪摩擦角（度）;

C_{cq}——墙底处土的固结快剪黏结力（kPa）;

K_s——抗水平滑动安全系数，取 1.1 ~ 1.2，当用朗肯公式计算时，取 1.25 ~ 1.55。

3. 抗圆弧滑动验算

水泥桩支护墙由于水泥掺入量较少，因此只能把它看作是提高了强度的一部分土体，进行整体圆弧滑动计算，如图 2.17。计算方法采用本节中介绍的“条分法”。由于水泥桩支护墙有时是按格状布置，沿桩墙部分滑动面上的内聚力可按下式估算：

$$C_{ai} = C_i(1-a_c) + C_{coi}\cdot a_c$$

式中 C_{ai}——第 i 个水泥桩条的平均内聚力（kPa）;

C_i——第 i 个土条的内聚力（kPa）;

C_{coi}——水泥桩的内聚力（kPa）;

a_c——置换率（单位长度内水泥桩面积与桩墙面积之比）。

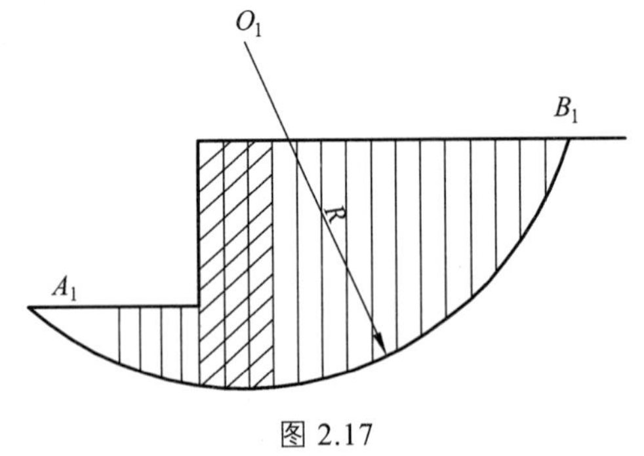

图 2.17

4. 抗基底隆起验算

开挖较深的软黏土基坑时，如果桩墙的重量超过基坑底面以下地基的承载力时，地基中的平衡状态受到破坏，就会发生坑壁土流动，坑顶下陷、坑底隆起的现象，为防止这种现象发生，需验算地基是否会产生隆起。常用地基稳定验算法如图 2.18。

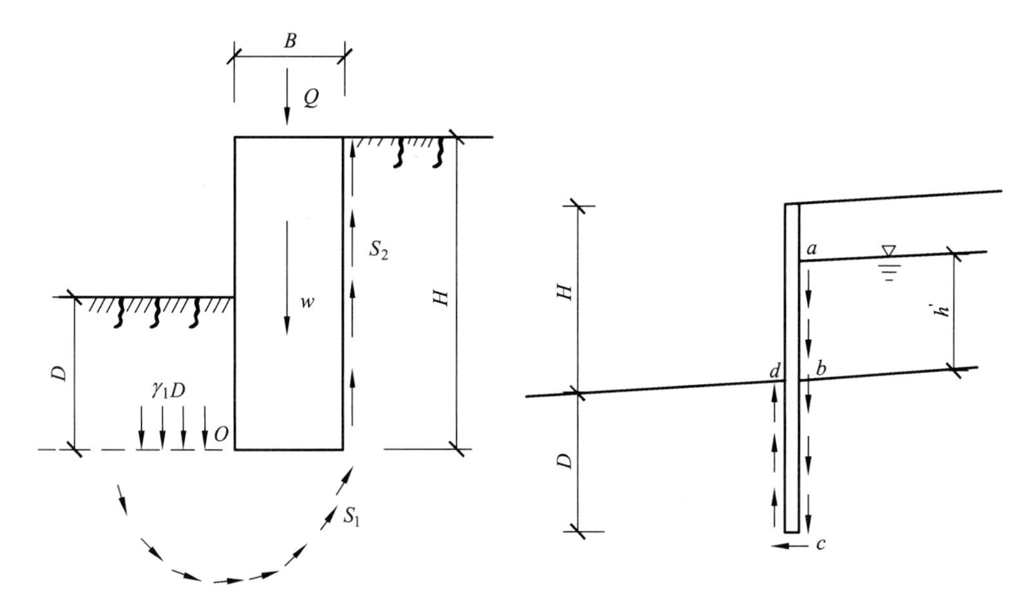

图 2.18　重力式挡土结构承载地基稳定性验算　　图 2.19　抗渗（管涌）稳定验算

$$F_a = \frac{2\pi S_1 + 2HS_2 + \gamma_1 DB}{W + Q} \geqslant 1.2$$

式中　S_1——墙底一倍墙体宽度范围内的平均强度；

S_2——墙底以上土的平均强度；

H——墙体深度；

B——墙体宽度；

D——墙体插入深度；

W——墙重量；

Q——作用在墙顶的荷载；

F_a——安全系数。

5. 抗渗稳定（管涌）验算

基坑开挖后，地下水形成水头差 h'，使地下水由高处向低处渗流。因此，坑底下的土浸在水中，在水中，其有效重量为浮重力密度 γ' 基坑管涌的计算简图见图 2.19。当地下水的向上渗流力（动水压力）大于土的浮重力密度时，土粒则处于浮动状态，于坑底产生管涌现象。要避免管涌现象产生，必须满足下式：

$$F_S = \frac{(h' + 2D)\gamma'}{h'\gamma_w}$$

式中　F_S——安全系数，对影响范围内的 1、2、3 级建筑物，F_S 值分别取 1.6、1.55 和 1.5。

h'——地下水形成水头差；

γ'——坑底土浸水浮重力密度；

D——墙体插入深度；

γ_w——水的重度。

2.4.3 桩墙式支护结构

桩式围护墙的型式有：钢筋混凝土板桩、钢板桩等连续式排桩；钻孔灌注桩、人工挖孔桩、大孔径沉管灌注桩、钢筋混凝土预制桩、H 形钢桩、工字形钢桩等分离式排桩。分离式排桩在软弱含水地层中，应设置止水帷幕防渗。板式围护墙一般采用现浇地下连续墙或有加劲性钢筋的水泥土支护墙。

桩墙式支护结构按支撑系统的不同可分为悬臂式支护结构、内撑式支护结构和坑外锚拉式支护结构。悬臂式一般仅在桩顶设置一道连梁；内撑式有坑内斜撑、单层水平内撑和多层水平内撑，内支撑的材料可用钢筋混凝土、型钢或钢筋混凝土型钢混合。常用桩墙式支护结构桩墙式支护结构的破坏形式包括强度破坏和稳定性破坏。

1. 拉锚破坏或支撑压曲

过多地增加了地面荷载引起的附加荷载，或土压力过大、计算有误，引起拉杆断裂，或锚固部分失效、腰梁（围檩）被破坏，或内部支撑断面过小受压失稳。为此需计算拉锚承受的拉力或支撑荷载，正确选择其截面或锚固体。

2. 支护墙底部走动

当支护墙底部入土深度不够，或由于挖土超深、水的冲刷等原因都可能产生这种破坏。为此需正确计算支护结构的入土深度。

3. 支护墙的平面变形过大或弯曲破坏

支护墙的截面过小、对土压力估算不准确、墙后无意地增加大量地面荷载或挖土超深等都可能引起这种破坏。为此需正确计算其承受的最大弯矩值，以此验算支护墙的截面。平面变形过大会引起墙后地面过大的沉降，亦会给周围的建（构）筑物、道路、管线等造成损害，在城市中心的建（构）筑物和公共设施密集地区施工，这方面的控制十分重要，有时支护结构的截面即由它控制。

桩墙式支护结构的稳定性破坏包括墙后土体整体滑动（圆弧滑动）失稳、坑底隆起和管涌等，如图 2.20。其验算方法与重力式支护结构相似。

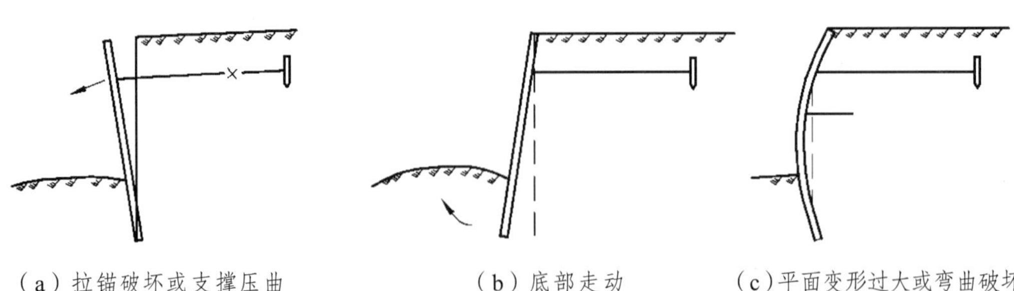

（a）拉锚破坏或支撑压曲　（b）底部走动　（c）平面变形过大或弯曲破坏

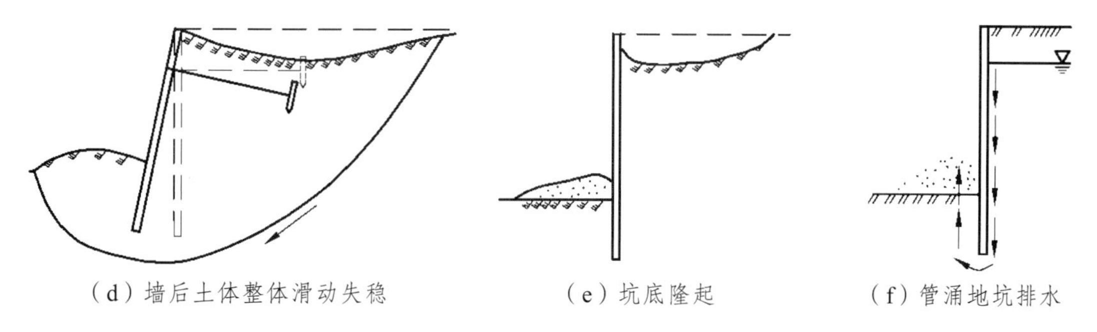
（d）墙后土体整体滑动失稳　　（e）坑底隆起　　（f）管涌地坑排水

图 2.20　桩墙式支护结构的破坏形式

在开挖基坑、地槽或其他土方工程施工时，土的含水层常被切断，地下水将会不断地渗入坑内。为保证基坑能在干燥条件下施工，防止边坡失稳、基坑流沙、坑底隆起、坑底管涌和地基承载力下降，必须做好地坑排水工作。地坑排水的方法有：集水井降水法、井点降水法、隔渗法等。

动水压力与流沙现象：流动中的地下水对土颗粒产生的压力称为动水压力。有关动水压力的性质，可通过水在土中流动的力学现象来说明。水由左端高水位（水头为 h_1），经过长度为 l，截面积为 F 的土体，流向右端低水位（水头为 h_2）。

水在土中渗流时，作用在土体上的力有：

$\gamma_w \cdot h_1 \cdot F$ ——作用在土体左端 a—a 截面处的总压力，其方向与水流方向一致（γ_w 为水的重度）；

$\gamma_w \cdot h_2 \cdot F$ ——作用在土体右端 b—b 截面处的总压力，其方向与水流方向相反；

$T \cdot l \cdot F$ ——水渗流时受到土颗粒的总阻力（T 为单位土体阻力）。

由静力平衡条件（设向右的力为正）得

$$\gamma_w \cdot h_1 \cdot F - \gamma_w \cdot h_2 \cdot F + T \cdot l \cdot F = 0$$

整理得

$$T = \frac{h_1 - h_2}{l} \cdot \gamma_w \text{（表示方向向左）}$$

式中 $\frac{h_1 - h_2}{l}$ 为水头差与渗透路程之比，称为水力坡度，以 I 表示。即上式可写成

$$T = -I \cdot \gamma_w$$

设水在土中渗流时对单位土体的压力为 G_D，由作用力与反作用力大小相等、方向相反的规律可知

$$G_D = -T = I \cdot \gamma_w$$

动水压力 G_D 的单位为 N/cm^3 或者 kN/m^3，动水压力 G_D 的大小与水力坡度成正比，即水位差（$h_1 - h_2$）愈大，则 G_D 愈大；而渗透路程 I 愈长，则 G_D 愈小；动水压力的作用方向与水流方向相同。当水流在水位差的作用下对土颗粒产生向上压力时，动水压力不但使土粒受到了水的浮力，而且还使土粒受到向上推动的压力。如果动水压力等于或大于土的浸水浮重度 γ'_w，即：$G_D \geqslant \gamma'_w$

则土粒失去自重，处于悬浮状态，土的抗剪强度等于零，土粒能随着渗流的水一起流动，这种现象称为“流沙现象”。细颗粒（粒径为 0.005 ~ 0.05 mm）、颗粒均匀、松散（土的天然

孔隙比大于 75%）、饱和的土容易发生流沙现象，但是否出现流沙现象的重要条件是动水压力的大小。如果采用降低地下水的方法，使动水压力方向朝下，增大土颗粒间的压力，则不论是细砂、粉砂都不可能出现流沙现象。当然并不是只有降低地下水一种方法才能防治流沙现象，其方法还有水下挖土法、打钢板桩法、地下连续墙法等多种，可根据不同条件选用。

4. 集水井降水法

这种方法是在基坑或沟槽开挖时，在坑底设置集水井，并沿坑底的周围或中央开挖排水沟，使水由排水沟流人素水并区用水泵抽出坑外。四周的排水沟及集水井应设置在基础边线 0.4 m 以外流的上游。根据地下水量、基坑平面形状及水泵能力，集水井每隔 20 ~ 40 m 设置一个。

集水井的直径或宽度一般为 0.7 ~ 0.8 m。井壁可用竹、木或砌筑等简易加固。排水沟底宽一般不小于 300 mm，沟底纵向坡度一般不小于 3%，排水沟至少比基坑底低 0.3 ~ 0.4 m，集水井底应比排水沟底低 0.5 m 以上。随着基坑开挖逐步加深，沟底和井底均保持这一高度差当基坑挖至设计标高后，井底应低于坑底 1 ~ 2 m，并铺设 0.3 m 碎石滤水层，以免在抽水时将泥沙抽出，并防止井底的土被搅动。

5. 井点降水法

在基坑开挖前，预先坑四周埋设一定数量的滤水管（井），利用真空原理，通过抽水泵不断抽出地下水，使地下水位降低到坑底以下，从根本上解决地下水涌入坑内的问题；井点降水尚可防止边坡由于受地下水流的冲刷而引起的塌方可使坑底的土层消除地下水位差引起的压力，防止坑底土的上冒，由于没有了水压，可使支护结构减少水平荷载。各种井点的适用范围如表 2.7 所示。

表 2.7　各种井点的适用范围

井点类型	土层渗透系数/（m/d）	降低水位深度/m	适用土质
一级轻型井点	0.1 ~ 50	3 ~ 6	黏质粉土，砂质粉土，粉砂，含薄层粉砂的粉质黏土
二级轻型井点	0.1 ~ 50	6 ~ 12	黏质粉土，砂质粉土粉砂，含薄层粉砂的粉质黏土
喷射井点	0.1 ~ 5	8 ~ 20	黏质粉土，砂质粉土，粉砂，含薄层粉砂的粉质黏土
电渗井点	＜0.1	根据选用的井点确定	黏土、粉质黏土
管井井点	20 ~ 200	3 ~ 5	砂质粉土，粉砂）含薄层粉砂的黏质粉土，各类砂土，砾砂
深井井点	10 ~ 250	＞15	砂质粉土，粉砂，含薄层粉砂的黏质粉土，各类砂土、砾砂

（1）一般轻型井点设备。

轻型井点设备由管路系统和抽水设备组成管路系统包括滤管、井点管、弯联管及总管等。滤管为进水设备，通常采用长 1.0 ~ 1.2 m，直径 38 mm 或 50 mm 的无缝钢管，管壁钻有直径为 12 ~ 19 mm 的呈星棋状排列的滤孔，滤孔面积为滤管表面积的 20% ~ 25%。钢管外面包扎两层孔径不同的铜丝布或纤维布滤网。滤网外面再绕一层 8 号粗铁丝保护网，滤管下端为一锥形铸铁头。滤管上端与井点管连接。井点管为直径 38 mm 或 51 mm、长 5 ~ 7 m 的钢管，可整根或分节组成。井点管的上端用弯联管与总管相连。端用弯联管与总管相连。干式真空泵和离心泵根据土的渗透系数和涌水量选用。常用的干式真空泵为 W1、W3 型其抽气速率分别为 370 m^3/h、200 m^3/h。常用离心泵为 BA 型水泵，有各种型号（从 2BA-6 到 8BA-25），根据需要选用。

射流泵抽水机组由喷射扬水器（亦称喷嘴混合室）、BA 型（或 BL 型）离心

泵和循环水箱组成，射流泵能产生较高真空度，但排气量小，稍有漏气则真空度易下降，因此它带动的井点数较少。

（2）轻型井点的布置井点系统的布置，应据基坑大小与深度、土质、地下水位高低与流向、降水深度要求等而定。

平面布置：当基坑或沟槽宽度小于 6 m，且降水深度不超过 5 m 时，可用单排线状井点布置在地下水流的上游一侧，两端延伸长度以不小于槽宽为宜。如宽度大于 6 m 或土质不良，则用双排线状井点。面积较大的基坑宜用环状井点。

高程布置：井点降水深度，考虑抽水设备的水头损失以后，一般不超过 6 m。井点管埋设深度 H 按下式计算：

$$H \geqslant H_1 + h + IL$$

式中 H_1——井点管埋设面至基坑底面的距离（m）；

h——基坑底面至降低后的地下水位线的最小距离，一般取 0.5 ~ 1.0 m；

I——水力坡度，根据实测：双排和环状井点为 1/10，单排井点 1/4 ~ 1/5；

L——井点管至基坑中心的水平距离，单排井点为至基坑另一边的距离。

当一级井点系统达不到降水深度要求时，可采用二级井点，即先挖去第一级井点所疏干的土，然后再在其底部装设第二级井点。

2.4.4 深基坑土方开挖

1. 一般规定

基坑开挖前，应根据工程结构形式、埋置深度、地质、水位、气候条件、周围环境、施工方法、工期和地面荷载等有关资料，确定基坑开挖方案和降水施工方案。基坑开挖方案的内容主要包括：支护结构的龄期或放坡要求；机械选择；基坑开挖时间；分詹开挖深度及开挖顺序；坡道位置和车辆进出场道路，施工进度和劳动组织措施；监测要求；质量和安全措施等。

基坑边缘堆置土方和材料，或沿挖方移动运输工具和机械，一般距基坑上部边缘不少于 1.2 m，弃土堆置高度不应超过 1.5 m，在垂直的坑壁边，此安全距离还应适当加大。施工中机具设备停放的位置必须平稳，大、中型施工机具距坑边的距离应根据设备重量、基坑 支撑情况、土质情况等经计算确定。

基坑土方开挖必须注意坡顶有无超载，如有超载及不可避免的边坡堆载，包括挖土机收尾平台的位置等应计入稳定分析计算中。

2. 放坡开挖

采用放坡开挖的基础，设计和施工必须十分谨慎，并要备有后续对策方案。在地下水位以上的黏性土层中开挖基坑时，可考虑垂直挖土或采用敢坡，其他情况应进行边坡稳定验算。

较深的基坑应分层开挖，分层厚度依土质情况而定，不宜太深，以防止卸载过快时有效应力减少，抗剪强度降低，引起边坡失稳。

当遇有上层滞水，土质差，且为施工期的基坑边坡，必须对边坡予以加固，可采用钢丝网喷水泥浆或高分子聚合材料保护边坡，并留有泄水孔，以分流水压力的影响。采用机械开挖时，需保持坑底土体原状结构，因此应在基坑底及坑壁留 150 ~ 300 mm 厚土层，由人工挖 掘修整。若出现超挖情况，应加厚混凝土垫层或用砂石回填夯实。同时，要设集水坑，及时用水泵排坑底积水。

必须在基坑外侧地面设置排水系统，进行有组织排水，严禁地表水或基坑排出的水倒流或渗入坑周边土体内。基坑开挖时，应对平面控制桩、水准点、基坑平面位置、水平标高、边坡坡度等经常复测检查。

基坑挖好后，应尽量减少暴露时间，及时清边验底，浇好混凝土垫层封闭基坑；垫层要做到基坑满封闭，以改善其受力状态。

3. 有支护结构的基坑开挖

基坑开挖前，应熟悉支护结构支撑系统的设计图纸、掌握支撑设置方法、支撑的刚度、第一道支撑的位置、预加应力的大小、围檩设置等设计要求。

基坑开挖必须遵守“由上而下，先撑后挖，分层开挖”的原则，支撑与挖土密切配合，严禁超挖，每次开挖深度不得超过支撑位置以下 50 cm，避免立柱及支撑出现失稳的危险。在必要时，应分段（不大于 25 m）、分层（不大于 5 m）、分小段（不大于 6 m），快挖快撑（开挖后内），充分利用土体结构的空间作用，减少支护后墙体变形。在挖土和支撑过程中，对支撑系统的稳定性要有专人检查、观测，并做好记录。发生异常，应立即查清原因，采取针对性技术措施。

开挖过程中，对支护墙体出现的水土流失现象应及时进行封堵，同时留出泄水通道，严防地面大量沉陷、支护结构失稳等灾害性事故的发生。严格限制坑顶周围堆土等地面超载，适当限制与隔离坑顶周围振动荷载作用。应做好机械上下基坑坡道部位的支护。

基坑深度较大时，应分层开挖，以防开挖面的坡度过陡，引起土体位移、坑底面隆起、桩基侧移等异常现象发生。

基坑挖土时，挖土机械、车辆的通道布置，挖土的顺序及周围堆土位置安排都应计入对周围环境的影响因素。严禁在挖土过程中，碰撞支护结构体系和工程桩，严禁损坏防渗帷幕。开挖过程中，应定时检查井点降水深度。

基坑开挖验槽后，应立即进行垫层和基础施工，防止暴晒和雨水浸刷，破坏基坑的原状结构。

2.4.5 混凝土的制备

混凝土是以胶凝材料、细骨料、粗骨料和水（根据需要掺入外掺剂和矿物质混合材料），按适当比例配合，经均匀拌制、密实成型及养护硬化而成的人造石材。依据下列分类可有：混凝土按胶凝材料可分为无机胶凝材料混凝土，如水泥混凝土、石膏混凝土等；有机胶凝材料混凝土，如沥青混凝土等。混凝土按使用功能分为：普通结构混凝土、防水混凝土、耐酸及耐碱混凝土、水工混凝土、耐热、耐低温混凝土等。混凝土按质量密度分为：特重混凝土

（质量密度大于 2 700 kg/m^3 含重骨料如钢屑、重晶石等）、普通混凝土（质量密度 1 900 ~ 2 500 kg/m^3 以普通砂石为骨料）、轻混凝土（质量密度 1 000 ~ 1 900 kg/m^3）和特轻混凝土（质量密度小于 1 000 kg/m^3，如泡沫混凝土、加气混凝土等）。

混凝土按施工工艺分主要有普通浇筑混凝土、离心成型混凝土、喷射、泵送混凝土等；按拌合料流动度分为干硬性和半干硬性混凝土、塑性混凝土、大流动性混凝土等。在一般土建工程中，常按不同使用功能和施工工艺以水泥配制的普通混凝土应用最广。

1. 普通混凝土的组成材料

水泥是一种无机粉状水硬性胶凝材料，加水拌合后，在空气和水中经物理化学过程能由可塑性浆体变成坚硬的石状体。水泥与砂石等材料混合，硬化后成为水泥混凝土。

常用水泥的种类和标号：水泥是工程建设中应用十分广泛而又重要的建筑材料。它的品种规格很多，通常可根据水泥的性能和用途分为三类：一类是用于一般土木建筑工程的常用水泥，如硅酸盐水泥、普通硅酸盐水泥、矿渣硅酸盐水泥、火山灰质硅酸盐水泥、粉煤灰硅酸盐水泥、混合硅酸盐水泥等；一类为用于某些特殊工程的专用水泥，如油井水泥、型砂水泥等；一类为某些性能比较特殊的特种水泥，如快硬硅酸盐水泥、膨胀水泥、抗硫酸盐硅酸盐水泥、中热硅酸盐水泥等。其中前几种水泥常在给排水工程中使用。此外，水泥按其所含主要水硬性矿物质的不同又可分为：硅酸盐水泥、铝酸盐水泥、硫铝酸盐水泥和少熟料水泥等。

我国现行水泥标准所规定的五种水泥是：硅酸盐水泥、普通硅酸盐水泥、矿渣硅酸盐水泥、火山灰质硅酸盐水泥和粉煤灰硅酸盐水泥。

硅酸盐水泥：俗称纯熟料水泥。是用石灰质（如石灰石、白垩、泥灰质石灰石等）和黏土质（如黏土、泥灰质黏土）原料，按适当比例配成生料，在 1 300 ~ 1 450 °C 高温下烧至部分熔融，所得以硅酸钙为主要成分的熟料，加入适量的石膏，磨成细粉而制成的一种不掺任何混合材料的水硬性胶凝材料。其特性是：早期及后期强度都较高，在低温下强度增长比其他水泥快，抗冻、耐磨性都好，但水化热较高，抗腐蚀性较差。

普通畦酸盐水泥：简称普通水泥。是在桂酸盐水泥熟料中，加入少量混合材料和适量石膏，磨成细粉而制成的水硬性胶凝材料。混合材料的掺量按水泥成品重量百分比计：掺活性混合材料时，不超过 15%；非活性材料的掺量不得超过 10%。普通水泥除早期强度比硅酸盐水泥稍低外，其他性质接近硅酸盐水泥。

矿渣硅酸盐水泥：简称矿渣水泥。是在硅酸盐水泥熟料中，加入粒化高炉矿渣和适量石膏，磨成细粉而制成的水硬性胶凝材料。粒化高炉矿渣掺量按水泥成品重量百分比计为 20% ~ 70%。允许用不超过混合材料总掺量 1/3 的火山灰质混合材料。石灰石、窑灰代替部分粒化高炉矿渣，但代替总量最多不超过水泥重量的 15%，其中石灰石不得超过 10%，窑灰不得超过 8%。替代后水泥中的粒化高炉矿渣不得少于 20%。矿渣水泥的特性是早期强度较低，在低温环境中强度增长较慢，但后期强度增长快，水化热较低，抗硫酸盐侵蚀性较好，耐热性较好，但干缩变形较大，析水性较大，抗冻、耐磨性较差。

火山灰质硅酸盐水泥：简称火山灰水泥。是在硅酸盐水泥熟料中，加入火山灰质混合材料和适量石膏，磨成细粉制成的水硬性胶凝材料。火山灰质混合材料（火山灰、凝灰岩、硅藻土、煤干石、烧页岩等）的掺量按水泥成品重量百分比计为 20% ~ 50%。允许用不超过混合材料总掺量 1/3 的粒化高炉矿渣代替部分火山灰质混合材料，代替后水泥中的火山灰质混合材料不得少于 20%。火山灰水泥的特性是：早期强度较低，在低温环境中强度增长较慢，在高温潮湿环境中（如蒸汽养护）强度增长较快，水化热低，抗硫酸侵蚀性较好，但抗冻、耐磨性差，拌制混凝土需水量比普通水泥大，干缩变形也大。

粉煤灰硅酸盐水泥：简称粉煤灰水泥。是在硅酸盐水泥熟料中，加入粉煤灰和适量石膏，磨成细粉的水硬性胶凝材料。粉煤灰的掺量按水泥成品重量百分比计为 20%~40%。允许用不超过混合材料总量 1/3 的粒化高炉矿渣代替粉煤灰，此时混合材料总掺量可达 50%，但粉煤灰掺量仍不得少于 20%或超过 40%。粉煤灰水泥的特性是：早期强度较低，水化热比火山灰水泥还低，和易性比火山灰水泥要好，干缩性较小，抗腐蚀性能好，但抗冻、耐磨性较差。

五种常用水泥的标号和各龄期强度要求见。按照水泥标准，将水泥按早期强度分为两种类型，其中 R 型为早强型水泥。如表 2.8、表 2.9 所示。

表 2.8　硅酸盐水泥和普通硅酸盐水泥标号及各龄期强度

品种	标号	抗压强度/MPa		抗折强度/MPa	
		3d	28d	3d	28d
硅酸盐水泥	425R	22.0	42.5	4.0	6.5
	525	23.0	52.5	4.0	7.0
	525R	27.0	52.5	5.0	7.0
	625	28.0	62.5	5.0	8.0
	625R	32.0	62.5	5.5	8.0
	725R	37.0	72.5	6.0	8.5
普通硅酸盐泥	325	12.0	32.5	2.5	5.5
	425	16.0	42.5	3.5	6.5
	425R	21.0	42.5	4.0	6.5
	525	22.0	52.5	4.0	7.0
	525R	26.0	52.5	5.0	7.0
	625	27.0	62.5	5.0	8.0
	625R	31.0	62.5	5.5	8.0

表 2.9　矿渣、火山灰、粉煤灰水泥龄期强度增长值

标号	抗压强度/MPa			抗折强度/MPa		
	3d	7d	28d	3d	7d	28d
275	—	13.0	27.5	—	2.5	5.0
325	—	15.0	32.5	—	3.0	5.5
425	—	21.0	42.5	—	4.0	6.5
425R	19.0	—	42.5	4.0	—	6.5
525	21.0	—	52.5	4.0	—	7.0
525R	23.0	—	52.5	4.5	—	7.0
625R	28.0	—	62.5	5.0	—	8.0

2. 水泥的基本性质

（1）密度与质量密度。

普通水泥的密度为 3.0 ~ 3.15，通常采用 3.1；质量密度为 1000 ~ 1 600 kg/m^3，通常采用 1 300 kg/m^3。

（2）细度：细度是指水泥颗粒的粗细程度。水泥颗粒粗细对水泥性质有很大影响，颗粒越细，与水起化学反应的表面积愈大，水泥的硬化就越快，早期强度越高，故水泥颗粒小于 40 μm 时，才具有较高的活性。水泥的细度用筛析法检验。即在 0.08 mm 方孔标准筛上的筛余量不得超过 15%为合格。

（3）凝结时间：凝结时间包括初凝和终凝时间。水泥从加水搅拌到开始失去可塑性的时间，称为初凝时间；终凝为水泥从加水搅拌至水泥浆完全失去可塑性并开始产生强度的时间。为了便于混凝土的搅拌、运输和浇筑，国家标准规定：硅酸盐水泥初凝时间不得少于 45 min、终凝时间不得超过 12 h 为合格。凝结时间的检验方法是以标准稠度的水泥净浆，在规定的温、湿度环境下，用凝结时间测定仪测定。

（4）体积安定性水泥体积安定性，是指水泥在硬化过程中体积变化的均匀性能。如果水泥中含有较多的游离石灰、氧化镁或三氧化硫，就会使水泥的结构产生不均匀的变甚至破坏，而影响混凝土的质量。国家标准规定：游离氧化镁含量应小于 5%，三氧化硫含量不得超 3.5%，检验方法是将标准稠度的水泥净浆所制成的试饼沸煮 4 h 后，观察从未发现裂纹、用直尺检查没有弯曲现象为合格。

（5）强度。

水泥强度按国家标准强度检验方法，以水泥和标准砂按 1∶2.5 比例混合，加入规定水量，按规定的方法制成尺寸 4 cm×4 cm×16 cm 的棱柱试件，在标准温度（20±3 t）的水中养护，测其 28 天的抗压和抗折的强度值加以确定。

（6）水化热：水泥与水的作用为放热反应，在水泥硬化过程中，不断放出热量，称为水化热。水化热量和放热速度与水泥的矿物成分、细度、掺入混合材料等因素有关：普通硅酸盐水泥三天内的放热量是总放热量的 50%，七天为 75%，六个月为 83% ~ 91%。放热量大的水泥对小体积混凝土及冷天施工有利，对大型基础、馄凝土坝等大体积结构不利，因内外温度差引起的应力，使混凝土产生裂缝。

3. 水泥的保管

（1）入库的水泥应按品种、标号、出厂日期分别放，树立标志，做到先到先用。水泥不得和石灰、石膏、黏土、白垩等粉状物料混存在同一仓库，以免混杂或误用。

（2）水泥贮存时间不宜过久，以免结块降低强度。常用水泥在正常环境中存放 3 个月，强度将降低 10% ~ 20%；存放 6 个月，强度将降低 15% ~ 30%。当水泥存放超过 3 个月时应视为过期水泥，使用前必须重新检验确定标号。

（3）为了防止水泥受潮，现场仓库应尽量密闭。包装水泥存放应垫起离地约 30 cm，离墙 30 cm 以上。堆放高度不应超过 10 包。临时露天存放应用防雨篷布盖严，底板垫高。受潮水泥经鉴定后，在使用前应将结块水泥筛除。受潮的水泥不宜用于强度等级高的混凝土或主要工程结构部位。

4. 砂石骨料

（1）砂的分类及颗粒级配。

普通混凝土以天然砂作为细骨料。按产源不同天然砂可分为河砂、海砂和山砂。按砂的粒径可分为粗砂、中砂、细砂和特细砂，目前均以平均粒径或细度模数来区分：

粗砂平均粒径为 0.5 mm 以上，M_X 为 3.7 ~ 3.1。

中砂平均粒径为 0.35 ~ 0.5 mm，M_X 为 3.0 ~ 2.3。

细砂平均粒径为 0.25 ~ 0.35 mm，M_X 为 2.2 ~ 1.6。

特细砂平均粒径为 0.25 mm 以下，M_X 为 1.5 ~ 0.7。混凝土用砂应坚硬、洁净，砂中有害物质含量应符合规定。

（2）混凝土用砂的颗粒级配。

天然砂的最佳级配，对细度模数为 3.7 ~ 1.6 的砂，按 0.63 mm 筛孔的累计筛余量（以重量百分率计）分成三个级配区。砂的颗粒级配应处于表中的任何一个级配区内。砂的实际颗粒级配与表中所列的累计筛余百分率相比，除 5 mm 和 0.63 mm 筛号外，允许稍有超出分界线，但其总量不应大于 5%。砂的级配用筛分试验鉴定。筛分试验是用一套标准筛将 500 g 干砂进行筛分，标准筛的孔径由 5 mm、2.5 mm、1.25 mm、0.63 mm、0.315 mm、0.16 mm 组成，筛分时，须记录各尺寸筛上的筛余量，并计算各粒级的分计筛余百分率和累计筛余百分率，如表 2.10 和表 2.11。

表 2.10　砂颗粒级配区

筛孔尺寸/mm	级配区		
	Ⅰ区	Ⅱ区	Ⅲ区
	累计筛余/%		
10.00	0	0	0
5.00	10 ~ 0	10 ~ 0	10 ~ 0
2.50	35 ~ 5	25-0	15 ~ 0
1.25	65 ~ 35	50 ~ 10	25 ~ 0
0.63	85 ~ 71	70 ~ 41	40 ~ 16
0.315	95 ~ 80	92 ~ 70	85-55
0.16	100 ~ 90	100 ~ 90	100 ~ 90

表 2.11　砂的筛分记录

筛孔直径/mm	筛余量/g	分计筛余百分率/%	累计筛余百分率/%
5	39.3	7.9	7.9
2.5	81.0	16.2	24.1
1.25	46.2	9.2	33.3
0.63	120.3	24.1	57.4
0.315	62.9	12.6	75.0
0.16	150.9	26.2	96.2
筛　底	19.4	3.8	100

砂的粒径愈细，比表面积愈大，包裹砂粒表面所需的水泥浆就越多。由于细砂强度较低，

细砂混凝土的强度也较低。因此，拌制混凝土，宜采用中砂和粗砂。砂粒径的粗细程度用细度模数 Mx 表示，计算公式如下：

$$M_{\mathrm{X}}=\frac{(A_1+A_2+A_3+A_4+A_5+A_6)-5A_1}{100-A_1}$$

式中　A_1、A_2、A_3、A_4、A_5、A_6——为 5 mm、2.5 mm、1.25 mm、0.63 mm、0.315 mm、0.16mm 各筛的累计筛余百分率。

根据计算结果，对照前述砂的分类可区分砂的粗细。

5. 石子分类和颗粒级配

粗骨料石子分卵石和碎石。卵石表面光滑，拌制混凝土和易性好。碎石混凝土和易性要差，但与水泥砂浆黏结较好。

石子也应有良好级配。碎石和卵石的级配有两种，即连续粒级和单粒级。颗粒级配范围，公称粒径的上限为该粒级的最大粒径。粗骨料的强度愈高，混凝土的强度亦愈高，因此，石子的抗压强度一般不应低于混凝土标号的 150%。拌制混凝土时，最大粒径愈大，愈可节约水泥用量，并可减少混凝土的收缩。但《规范》规定：最大粒径不应超过结构截面最小尺寸的 1/4，同时也不得超过钢筋间最小净距的 3/4。否则将影响结构强度的均匀性或因钢筋卡住石子后造成孔洞。石子的针、片状颗粒、含泥量、含硫化物量和硫酸盐含量等均应符合规范的规定。

6. 水和外掺剂

凡是一般能饮用的自来水及洁净的天然水，都可以作为拌制混凝土用水。要求水中不含有能影响水泥正常硬化的有害杂质。工业废水、污水及 pH 值小于 4 的酸性水和硫酸盐含量超过水重 1%的水，均不得用于混凝土中，海水不得用于钢筋混凝土和预应力混凝土结构中。混凝土中掺入适量的外掺剂，能改善混凝土的工艺性能，加速工程进度或节约水泥。近年来外掺剂得到了迅速发展，在混凝土材料中，已成为不可缺少的组成部分。常加入的外掺剂有早强剂、减水剂、速凝剂、缓凝剂、抗冻剂、加气剂、消泡剂等。

（1）早强剂。

早强剂可以提高混凝土的早期强度，对加速模板周转，节约冬期施工费用都有明显效果。石膏，硫酸钠，亚硝酸钠，硫酸钠，三乙醇胺，三异丙醇胺，硫酸亚铁，氯化钙

（2）减水剂。

减水剂是一种表面活性材料，能把水泥凝聚体中所包含的游离水释放出来，从而有效地改善和易性，增加流动性，降低水灰比，节约水泥，有利于混凝土强度的增长。常用的减水剂种类：木质素磺酸钠，MF 减水剂，NNO 减水剂，UNF 减水剂 FDN 减水剂，磺化焦油减水剂，糖蜜减水剂。

（3）加气剂。

常用的加气剂有松香热聚物、松香皂等。加入混凝土拌和物后，能产生大量微小（直径为 1 μm）互不相连的封闭气泡，以改善混凝土的和易性，增加坍落度，提高抗渗和抗冻性。

（4）缓凝剂。

能延缓水泥凝结的外加剂，常用于夏季施工和要求推迟混凝土凝结时间的施工工艺。如在浇筑给水构筑物或给水管道时，掺入已糖二酸钙（制糖业副产品），掺量为水泥重的 0.2% ~

0.3%。当气温在 25 °C：左右环境下，每多掺 0.1%，能延缓凝结 1 h。常用的缓凝剂有糖类、木质素磺酸盐类、无机盐类等。其成品有己糖二酸钙、木质素磺酸钙、柠檬酸、硼酸等。

7. 普通混凝土的主要性能

组成混凝土的各种材料，按设定的配合比例，拌制成具有黏性和塑性的混凝土拌合物。它应具备适宜的和易性，以满足搅拌、运输、浇筑、振捣成型诸施工过程操作的要求。混凝土拌合物在振捣成型后，经养护凝结硬化而成混凝土制成品。它应达到设计所需要的强度和抗渗、抗冻等耐久性指标。

（1）混凝土拌合物的和易性：和易性是指混凝土拌合物能保持其各种成分均匀，不离析及适合于施工操作的性能。它是混凝土的流动性、粘聚性、保水性等各项性能的综合反映。通常用以表示混凝土和易性的方法是测定混凝土拌合物的坍落度。它是按照规定的方法利用坍落筒和捣棒而测得大，表明流动度愈大。施工时，坍落度值的确定，应根据结构部位及钢筋疏密程度而异。过小则不易操作，甚至因捣固不善而造成质量事故；过大则增加水泥用量。

对于干硬性混凝土拌合物（坍落度为零）的流动性采用维勃度仪测定，称为维勃度或干硬度。在维勃度仪的坍落筒内，按规定方法装满混凝土拌合物，拔去坍落筒后开动震动台，拌和物在震动情况下，直到在容器内摊平所经历的时间（s），即为该混凝土的维勃度值。影响和易性的因素很多，主要是水泥的性质、骨料的粒形和表面性质，水泥浆与骨料的相对含量，外掺剂的性质和掺量，以及搅拌、运输、浇筑振捣等施工工艺等。普通水泥比重较大，绝对体积较小，在用水量；水灰比相同时，流动性要比火山灰水泥好；普通水泥与水的亲和力强，同矿渣水泥相比，保水性较好。石子粒径愈大，总比表面积愈小，水泥包裹骨料情况愈好，和易性愈好。当水泥浆量一定时，砂率（系指砂重与砂石总重之比的百分率）大，骨料总比表面积大，水泥浆用乎包裹砂粒表面，提供颗粒润滑的浆量减少，混凝土和易性差；砂率过小，混凝土的拌合物干涩或崩散，和易性差，振捣困难。掺入外掺剂的混凝土拌合物，可以显著改善和易性且节约水泥用量，如表 2.12 所示。

表 2.12　混凝土拌合物的坍落度值

结构种类	坍落度/cm
基础或地面等的垫层，无配筋厚大结构或配筋稀疏的结构	1 ~ 3
配筋密列的结构（薄壁、细柱等）	5 ~ 7
配筋特密的结构	7 ~ 9

（2）混凝土硬化后的性能。

混凝土的强度及标号：混凝土的强度有抗压强度、抗拉强度、抗剪强度、疲劳强度等。混凝土具有较高的抗压强度，因此，抗压强度是施工中控制和评定混凝土质量的主要指标。标准抗压强度系指按标准方法制作和养护的边长为 150 mm 立方体试件，在 28d 龄期，用标准方法测得的具有 95%保证率的抗压极限强度值。根据抗压强度，可将混凝土划分为 C8、C13、C15、C20、C25、C35、C40、C45 等八级。在地质工程中，对于用作贮水或水处理构筑物的混凝土，不得低于 C15。当使用真它尺寸试件测定抗压强度时，应乘以换算系数，以得到相当于标准试件的试验结果。抗拉强度：混凝土抗拉强度相当低，但对混凝土的抗裂性却起着重要作用。与同龄期抗压强度的拉压比的变化范围大约为 6% ~ 14%。拉压比主要随着抗压强度的增高而减少，即混凝土的抗压强度越高，拉压比就越小，如表 2.13 所示。

表 2.13 混凝土强度换算系数

骨料最大粒径/mm	试件尺寸/cm	换算系数
30	10×10×10	0.95
40	15×15×15	1
60	20×20×20	1.05

（3）抗剪强度。

混凝土的抗剪强度一般较抗拉强度为大。经验表明，直接抗剪强度约为抗压强度的 15%～25%，为抗拉强度的 2.5 倍左右。混凝土强度主要决定于水泥石的强度（砂浆的胶结力）和水泥石与骨料表面的粘结强度。由于骨料本身最先破坏的可能性小，故混凝土的破坏与水泥强度和水灰比有密切关系。此外，混凝土强度也受施工工艺条件、养护及龄期的影响。可见，影响强度的主要因素有：

① 水泥标号和水灰比水泥标号的高低，直接影响到混凝土强度的高低。亦即，在配合比相同的条件下，水泥的标号愈高，混凝土的强度亦愈高；当用同一品种、同一标号的水泥拌制混凝土时，混凝土的强度则取决于水与水泥用量之比值，称为水灰比。一般水泥硬化时所需的拌和水，只占水泥重量的 25%左右，但为了在施工中有必要的流动度，常用较多的水进行拌和（水泥重量的 40%～80%左右）。水灰比的加大，残留在混凝土中的多余水分经蒸发而形成气孔，气孔愈多，混凝土的强度愈低。相反，水灰比愈小，水泥石的强度愈高，与骨料的黏结力愈强，混凝土的强度就愈高。但应明确，如拌和水过少，则混凝土拌和物干稠，给施工操作造成困难。此外，水泥石与骨料的黏结力还与骨料的表面特征有关，碎石的表面粗糙，多棱角，黏结力大。卵石则与之相反。根据工程实践，混凝土强度与水灰比、水泥标号等因素的关系式如下：

$$R_{cu} = AR_c^b\left(\frac{c}{w}-B\right)$$

式中 R_{cu}——混凝土的标号；

R_c^b——水泥的标号；

c——每立方米混凝土中的水泥用量（kg）；

w——每立方米混凝土中的用水量（kg）；

A、B——材料系数，如表 2.14 所示。

表 2.14 A，B 系数表

地区	碎石				卵石			
	普通水泥		矿渣水泥		普通水泥		矿渣水泥	
	A	B	A	B	A	B	A	B
华东区	0.661	0.882	0.602	0.845	0.534	0.690	0.504	0.698
东北区	0.440	0.364	0.535	0.683	0.578	0.848	0.549	0.897
中南区	0.571	0.725	0.574	0.740				
西南区					0.518	0.852	0.535	0.947
西北区					0.482	0.598	0.567	0.748
华北区					0.456	0.537	0.537	0.724

② 温度与湿度。

混凝土在硬化过程中，强度增长率与温度成正比。

龄期：混凝土在正常养护条件下，其强度与养护龄期成正比。但初期较快，后期较慢。不同龄期混凝土强度的增长情况见表 2.15。

表 2.15　不同通度、龄期对混凝土强度增长百分率表

水泥标号和品种	硬化时间/d	混凝土平均温度/°C							
		1	5	10	15	20	25	30	35
325 号普通硅酸盐水泥	3	14	21	29	36	41	46	50	55
	5	20	28	37	43	50	55	60	65
	7	27	36	43	50	58	62	68	74
	10	35	44	52	60	68	74	80	85
	15	44	52	62	70	79	89	—	—
	28	61	70	81	90	100	—	—	—
425 号普通硅酸盐水泥	3	15	20	25	30	39	42	48	51
	5	26	30	38	44	51	57	61	-65
	7	32	40	47	54	61	68	71	76
	10	41	50	59	67	72	79	82	85
	15	52	62	71	80	88	—	—	—
	28	68	78	87	91	100	—	—	—
325 号火山灰质水泥或矿渣水泥	3	2	8	10	15	21	28	37	43
	5	9	18	21	28	35	40	50	59
	7	14	24	30	38	45	52	61	70
	10	21	32	41	50	58	67	75	84
	15	29	42	54	64	72	81	90	—
	28	40	61	75	90	100	—	—	—
425 号火山灰质水泥或矿渣水泥	3	4	8	11	19	22	26	31	39
	5	10	18	22	29	32	39	44	50
	7	18	23	30	39	43	48	53	62
	10	22	31	42	50	58	62	68	77
	15	32	45	59	69	74	79	84	91
	28	45	64	80	90	100	—	—	—

为了计算不同龄期的混凝土强度，可用下式求得平均温度：

$$T_y = \frac{0.5t_0 + t_1 + t_2 + \cdots + 0.5t_n}{n}$$

式中　T_y——混凝土的平均温度；

t_0——混凝土浇筑完毕时的温度；

t_n——混凝土浇筑完毕后，经 1、2……n 昼夜后的温度；

n——在正常温度下养护混凝土的昼夜数。

（4）混凝土的耐久性：混凝土在使用中能抵抗各种非荷载的外界因素作用的性能，称为混凝土的耐久性。混凝土耐久性的好坏决定混凝土工程的寿命。影响混凝土耐久性的因素主要有：冻融循环作用、环境水作用、风化和碳化作用等，其中主要的是抗冻性、抗渗性及碳化作用。

① 混凝土的抗渗性和抗渗标号混凝土是非匀质性的材料，其内分布有许多大小不等以及彼此连通的孔隙。孔隙和裂缝是造成混凝土渗漏的主要原因。提高混凝土的抗渗性就要提高其密实度，抑制孔隙，减少裂缝。因此，可用控制水灰比、水泥用量及砂率，以保证混凝土中砂浆质量和数量抑制孔隙，使混凝土具有较好的抗渗性。混凝土的抗渗性用抗渗标号 P 表示。依据高低分为 P4、P6、P8 三级。抗渗标号与构筑物内的最大水头和最小壁厚有关，确定的依据是：抗渗试验是用 6 个圆柱体试件，经标准养护 28 d 后，置于抗渗仪上，从底部注入高压水，每次升压 0.1 MPa，恒压 8 min，直至其中 4 个试件未发现渗水时的最大压力，即为该组试件的抗渗标号如表 2.16。

表 2.16　混凝土抗渗标号取值表

最大作用水头与最小壁厚之比值	抗渗标号（P）
＜10	4
10～30	6
＞30	8

② 混凝土的抗冻性及抗冻标号混凝土受冻后，其游离水分会膨胀，使混凝土的组织结构道到破坏。在冻融循环作用下，使冻害进一步加剧。抗冻性用抗冻标号 F 表示。依据高低分为 F50、F100、F150、F200、F250 等 5 级。抗冻标号的确定与结构类别、气温及工作条件有关，试验时，将 6 或 12 块 15 cm 立方体试块标准养护 28 d 后，经受冻融作用，当试块强度损失值和重量损失值分别不大于 25%及 5%时的冻融循环次数，即为该组试块的抗冻标号，如表 2.17。

表 2.17　混凝土抗冻标号取值表表

气　温	地表水取水头部		其他：地表水取水头部的水位涨落区以上部位
	冻融循环次数		
	＜50	＞50	及露明的水池等
最冷月平均气温低于−15 °C：	F200	F250	F100
最冷月平均气温在−5～15 °C	F150	F200	F50

混凝土失去碱性的现象叫作碳化。碳化的结果将使混凝土强度降低，并且失去保护钢筋不受锈蚀的能力。

7. 普通混凝土配合比设计

普通混凝土配合比的设计，应在保证结构设计所规定的强度等级和耐久性，满足施工和易性及坍落度的要求，并应符合合理使用材料、节约水泥的原则下，确定单位体积混凝土中水泥、砂、石和水的重量比例。配合比计算方法有体积法和重量法。

（1）配合比的设计计算。

① 确定混凝土的施工配制强度 $R_{cu,0}$

混凝土的施工配制强度按下式计算 $R_{cu,0}=R_{cu,k}+1.645\sigma$

式中　$R_{cu,0}$——混凝土的施工配制强度（N/mm^2）

$R_{cu,k}$——设计的混凝土抗压强度标准值；

σ——施工单位的混凝土强度标准差（N/mm^2）。

σ 取值由施工单位近期混凝强度的统计资料，按下式求得：

$$\sigma=\sqrt{\frac{\sum_{i=1}^{n}R_i^2-n\bar{R}_n^2}{n-1}}$$

式中　R_i——第 i 组的试件强度（N/mm^2）；

$\bar{R}$——组试件强度的平均值（N/mm^2）；

n——统计周期内相同混凝土强度等级的试件组数，$n\geqslant 25$。

当混凝土强度等级为 C20 或 C25 时，如计算的 $\sigma<2.5\ N/mm^2$，取 $\sigma=2.5\ N/mm^2$，当混凝土强度等级为 C30 及以上时，取 $\sigma=3.0\ N/mm^2$。

② 确定所要求的水灰比值 W/C。

根据试配强度，按下式计算所要求的水灰比值：

$$\text{采用碎石时 } R_{cu,0}=0.46R_c^0\left(\frac{c}{w}-0.52\right)$$

$$\text{采用卵石时 } R_{cu,0}=0.48R_c^0\left(\frac{c}{w}-0.61\right)$$

式中　$\frac{c}{w}$——混凝土所要求的水灰比值的倒数；

R_c^0——水泥的实际强度（N/mm^2），

在无法取得水泥实际强度时，可用下式代入

$$R_c^0=K_cR_{cw}^0$$

R_{cw}^0——水泥标号，

K_c——水泥标号富余系数（取 1.13）。

计算所得的混凝土水灰比值应与规范规定的范围核对。

③ 选取混凝土的单位用水量 W_0。

可根据施工要求混凝土浇筑时的坍落度、骨料的品种和规格，参照表选择单位体积混凝土的用水量 W_0。

表 2.18 中用水量是采用中砂时的平均取值，如采用细砂用水量可增加 5 ~ 10 kg，采用粗砂可减少 5 ~ 10 kg；本表仅适用水灰比大于 0.4 或小于 0.8 的混凝土；当备入外掺剂时，可相应减少用水量。

表 2.18　1 m^3 混凝土的参考用水量表　　单位：kg/m^3

混凝土所需坍落度（cm）	卵石			碎石		
	最大粒径/mm			最大粒径/mm		
	40	20	10	40	20	15
1 ~ 3	160	170	190	170	185	205
3 ~ 5	170	180	200	180	195	215
5 ~ 7	180	190	210	190	205	225
7 ~ 9	185	195	215	200	215	235

④ 计算水泥用量 C_0。

根据已确定的用水量，按下式求得水泥用量

$$C_0 = \frac{C}{W} \times W_0$$

当配制有耐久性要求的混凝土时，其最大水灰比及最小水泥用量应符合相关的规定。

⑤ 选取合理的砂率值 S_p（%）。

砂率是指砂子的重量与砂石总重量的百分率。可按骨料品种、规格及水灰比由表 2.19 的范围内选用，并结合施工单位实际使用经验选定。

表 2.19　混凝土砂率选用表　　单位：%

水灰比（$\frac{W}{C}$）	卵石最大粒径/mm			碎石最大粒径/mm		
	10	20	40	15	20	40
0.40	26 ~ 32	25 ~ 31	24 ~ 30	30 ~ 35	29 ~ 34	27 ~ 32
0.50	30 ~ 35	29 ~ 34	28 ~ 33	33 ~ 38	32 ~ 37	30 ~ 35
0.60	33 ~ 38	32 ~ 37	31 ~ 36	36 ~ 41	35 ~ 40	33 ~ 38
0.70	36 ~ 41	35 ~ 40	34 ~ 39	39 ~ 44	38 ~ 43	36 ~ 41

表中数值系中砂的选用砂率，对细砂或粗砂可相应减少或增加砂率；本表适用于坍落度为 1 ~ 6 cm 的混凝土，坍落大于 6 cm 或小于 1 cm 时，应相应地增减砂率；配制大流动性泵送混凝土时，砂率宜提高至 40% ~ 43%（中砂）。

⑥ 计算粗、细骨料的用量。

计算粗细骨料的用量，可用体积法或重量法

a. 体积法：又称绝对体积法，该法假设混凝土组成材料绝体积的总和等于混凝土的体积，其计算式如下，并解之。

$$\frac{C_0}{\rho_c} + \frac{G_0}{\rho_g} + \frac{S_0}{\rho_s} + \frac{W_0}{\rho_w} + 100\alpha = 1\,000$$

$$\frac{S_0}{S_0 + G_0} \times 100\% = S_p$$

式中　C_0——每立方米混凝土的水泥用量（kg/m³）；

G_0——每立方米混凝土的粗骨料用量（kg/m³）；

S_0——每立方米混凝土的细骨料用量（kg/m³）；

W_0——每立方米混凝土的用水量（kg/m³）；

ρ_c——水泥密度（g/cm³），取 2.9 ~ 3.1；

ρ_g——粗骨料的视密度（g/cm³）；

ρ_s——细骨料的视密度（g/cm³）；

ρ_w——水的密度（g/cm³），取 1.0；

a——混凝土含气量百分数（%），不使用含气型外掺剂时可取 1；

S_p——砂率（%）。

计算式中的 ρ_g 和 ρ_s 应按现行的砂、碎石或卵石质量标准及检验方法规定测定。将计算出的各种材料用量，简化成以水泥为 1 的混凝土配合比

$$\frac{C_0}{C_0}:\frac{S_0}{C_0}:\frac{G_0}{C_0}:\frac{W_0}{C_0}=1:S_0:G_0:W_0 \text{（重量比）}$$

b. 重量法。

重量法，又称假定重量法。该法假定混凝土拌合物的重量为已知，从而可求出单位体积混凝土的骨料总用量（重量），继之分别求出粗、细骨料的重量，得出混凝土的配合比。

方程式为

$$C_0+S_0+G_0+W_0=\rho_h$$

$$\frac{S_0}{S_0+G_0}\times 100\%=S_p\%$$

式中　ρ_h——混凝土拌合料的假定密度（kg/m³），e_h 在 2 400 ~ 2 450 kg/m³ 的范围内，可根据骨料密度、粒径及混凝土强度等级选取。

⑦ 混凝土配合比的试配和调整。

根据计算出的配合比，取工程中实际使用的材料和搅拌方法进行试拌。如坍落度不符合要求或保水性不好，应在保持水灰比条件下调整用水量或砂率；如拌合物质量密度与计算不符偏差在 2%以上时，应调整各种材料用量。以上各项经调整并再试验符合要求后，则制作试件检验抗压强度。试件的制作，至少应采用三个不同的配合比，其中一个为按上述方法得出的配合比，其他两个配合比的水灰比值分别增或减 0.05。每种配合比应至少制作一组（三块），标准养护 28 d 后进行试压，从中选择强度合适的配合比作为施工配合比，并相应确定各种材料用量。现场配料时还要根据砂、石含水率对砂、石和水的数量做相应的调整。

2.4.6　混凝土的拌制

混凝土的拌制，是将施工配合比确定的各种材料进行均匀拌合，经过搅拌的混凝土拌合物，水泥颗粒分散度高，有助于水化作用进行，能使混凝土和易性良好，具有一定的黏性和塑性，便于后续施工过程的操作，质量控制和提高强度。

1. 搅拌方式

混凝土搅拌方式按其搅拌原理主要分为自落式和强制式。

自落式搅拌作用是水泥和骨料在旋转的搅拌筒内不断被筒内壁叶片卷起，又重力自由落下而搅拌，常用自落式搅拌机。这种搅拌方式多用于搅拌塑性混凝土，搅拌时间一般为 90 ~ 120 s/盘，动力消耗大，效率低。由于这类搅拌对混凝土骨料有较大磨损，影响混凝土质量，现正日益被强制式搅拌机而取代。

强制式搅拌机的鼓筒水平放置，本身不转动，搅拌时靠两组叶片绕竖轴旋转，将材料强行搅拌。这种搅拌方式作用强烈均匀，质量好，搅拌速度快，生产效率高。适宜于搅拌干硬性混凝土、轻骨料混凝土和低流动性混凝土。

（1）混凝土的搅拌。

搅拌混凝土前，应先在搅拌机筒内加水空转数分钟，使拌筒充分湿润，然后将积水倒净。开始搅拌第一盘时，考虑筒壁上的黏结使砂浆损失，石子用量应按配合比规定减半。搅拌好的混凝土拌合物要做到基本卸净，不得在卸出之前再投入拌合料，也不允许边出料边进料。严格控制水灰比和坍落度，不得随意加减用水量。每盘装料数量不得超过搅拌筒标准容量的10%，搅拌混凝土应严格掌握材料配合比，各种原材料按重量计的允许偏差。搅拌混凝土时装料顺序为：石子—水泥-砂子。干料加水后水泥砂浆填充粗骨料孔隙，拌合物体积较干料自然总体积减小，二者之比称为产量系数或出料系数，其值为 0.6 ~ 0.7。混凝土拌合物的搅拌时间，是指从原料全部投入搅拌机筒时起，至拌合物开始卸出时止。搅拌时间随搅拌机类型及拌合物和易性的不同而异，其最短搅拌时间，应符合表 2.20 规定。

表 2.20　混凝土搅拌的最短时间　　单位：s

混凝土坍落度/mm	搅拌机类型+	搅拌机出料量（L）		
		＜250	250 ~ 500	＞500
＜30	自落式	90	120	150
	强制式	60	90	120
＞30	自落式	90	90	120
	强制式	60	60	90

注：掺有外掺剂时，搅拌时间应适当延长。

（2）混凝土搅拌站。

混凝土搅袢站的设置有工厂型和现场型。

工厂型搅拌站为大型永久性或半永久性的混凝土生产企业，向若干工地供应商品混凝土拌合物。我国目前在大中城市已分区设置了容量较大的永久性混凝土搅拌站，拌制后用混凝土运输车分别送到施工现场；对建设规模大、施工周期长的工程，或在邻近有多项工程同时进行施工，可设置半永性的混凝土搅拌站。这种设置集中站点统一拌制混凝土，便于实行自动化操作和提高管理水平，对提高混凝土质量、节约原材料、降低成本，以及改善现场施工环境和文明施工等都具有显著优点。

现场混凝土搅拌站是根据工地任务结合现场条件，因地制宜设置。为了便于建筑工地转移，通常采用流动性组合方式，使机设备组成装配连接结构，能尽量做到装拆、搬运方便。

现场搅拌站的设计也应做到自动上料、自动称量、机动出料和集中操纵控制，使搅拌站后台（指原材料进料方向）上料作业走向机械化、自动化生产。搅拌站的特点是：场地占用小，制作简便，不需专用设备，适应性强，搬迁方便。提升架、砂石贮料斗、水泥罐等设备按一般卡车尺寸设计，转移。时可整体装车或分段拆装运输。适合于一般中小、型施工现场。当混凝土需要量不大，工程分散且施工期不长的施工现场，可采用简易移动搅拌站。

2. 现浇混凝土工程施工

现浇混凝土工程的施工，是要将搅拌良好的混凝土拌合物，经过运输、浇筑入模、密实成型和养护等施工过程，最终成为符合设计要求的结构物。

（1）混凝土的运输。

运输混凝土所应采用的方法和选用的设备，取决于构筑物和建筑物的结构特点、单位时间（日或小时）要求浇筑的混凝土量、水平和垂直运输距离、道路条件以及现有设备的供应情况、气候条件等因素综合地进行考虑。从混凝土拌合物的基本性能考虑，对运输工作的要求是：

① 在运输过程中，应保持混凝土的均匀性；不产生严重的离析现象，否则灌筑后就容易形成蜂窝或麻面，至少也增加了捣实的困难；

② 混凝土运到灌筑地点开始浇注时，应具有设计配合比所规定的流动性（坍落度）；

③ 运输时间应保证混凝土能在初凝之前浇入模板内并捣实完毕。

为了保证上述基本要求，在运输过程中应注意以下几个问题：

① 道路应尽可能平坦，特别是流动性较大的混凝土，很容易因颠簸而产生离析现象。运距应尽可能短。为此，搅拌站的位置应该布置适中。

② 混凝土的转运次数应尽可能地少。混凝土每转运一次，或者自由落下高度 2 m 以上或经过一段斜放溜槽的运输，都容易发生部分离析的现象，此时，应采取一定的措施，如使用漏斗或串筒等工具，以减少混凝土自由落下的高度，并使之垂直落下，防止离析。

③ 混凝土从搅拌机卸出后到灌进模板中的时间间隔（称为运输时间）应尽可能缩短，一般不宜超过表 2.21 的规定。使用快硬水泥或掺有促凝剂的混凝土，其运输时间应根据水泥性能及凝结条件确定。

表 2.21　混凝土从搅拌机中卸出后到浇筑完毕的延续时间　　单位：min

混凝土的强度等级	气 温/°C		
	＜25	＞25	
＜C30	120	90	
＞C30	90	60	

④ 运输混凝土的工具（容器）应该不吸水，不漏浆。如果气温炎热，容器应该用不吸水的材料遮盖，以防阳光直射，水分蒸发。容器在使用前应先用水湿润，使用过程中经常清除其中黏附的和硬化的混凝土残渣。混凝土的运输可分为地面运输（也称下水平运输）、垂直运输和楼面上运输（又称上水平运输）三种情况。常用的运输设备有手推车、机动翻斗车、井架、塔式起重机、混凝土搅拌输送车及混凝泵等。混凝土搅拌输送车是在汽车底盘上加装一台搅拌筒而制成，将搅拌站生产的混凝土拌合物装入搅拌筒内，直接运至施工现场。在运输

途中，搅拌筒以 2 ~ 4 r/min 在不停地慢速转动，使混凝土经过长距离运输后，不致产生离析。当运输距离过长时，由搅拌站供应干料，在运输中加水搅拌，以减少长途运输使混凝土坍落度损失。使用干料途中自行加水搅拌速度，一般应为 6 ~ 18 r/min。混凝土泵，是将混凝土拌合物装入泵的料斗内，通过管道，将混凝土拌合物直接输送到浇筑地点，一次完成了水平及垂直运输。用泵运输混凝土，主要包括混凝土泵及管道两大部分。混凝土泵有气压，活塞及挤压等几种类型。目前应用较多的是活塞式。推动活塞的方式又可分为机械式（曲轴式）及液压式等，后者较为先进。

泵送混凝土可采用固定式混凝土泵或移动泵车。固定式混凝土泵使用时，需用汽车运到施工地点，然后进行混凝土输送。一般最大水平输送距离为 250 ~ 600 m，最大垂直输送高度为 150 m，输送能力为 60 m^3/h 左右。移动式泵车是将液压活塞式混凝土泵固定安装在汽车底盘上，使用开至需要施工的地点进行混凝土泵送作业。当浇灌地点分散，可采用带布料杆的泵车做水平和垂直距离输送，泵的软管直接把混凝土浇灌到模型内。施工时，要合理布置混凝土泵车的安放位置，尽量靠近浇筑地点，并须满足两台混凝土搅拌输送车能同时就位，使混凝土泵能不间断地连续压送，避免或减少中途停歇引起管路堵塞。泵送混凝土应有良好的稠度和保水性，称为可泵性。可泵性优劣取决于骨料品种、级配水灰比、坍落度、单方混凝土的水泥用量等因素。其配合比应符合以下规定：碎石最大粒径与输管内径之比，须小于或等于 1∶3；卵石宜小于或等于 1∶2.5，通过 0.315 mm 筛孔的砂不应少于 15%，砂率控制在 40% ~ 50%；最小水泥用量为 300 kg/m^3；混凝土的对落度宜为 8 ~ 18 cm。掺入适量的外加剂（减水剂、加气剂、缓凝剂等），可在各种不同泵送条件下，明显改善混凝土的可泵性。混凝土泵送以前，应先开机用水润湿管道，开始使用时，应投入水泥浆或水泥砂浆（配合比为 1∶1、1∶2），使管壁充分滑润，再正式泵送混凝土。泵送完毕，应清洗泵体和管路，清除管壁水泥砂浆。

（2）混凝土的浇筑。

浇筑（浇灌与振捣）是混凝土工程施工中的关键工序，对于混凝土的密实度和结构的整体性都有直接的影响。在进行浇筑之前，除了应将材料供应、机具安装、道路平整、劳动组织等安排就绪之外，还应进行一系列的检查、准备工作。对于模板，应检查其尺寸、轴线是否正确，强度、刚度是否足够以及接缝是否密实。钢筋工程是一种“隐蔽工程”，其检查结果应做出记录。模板或基槽内的积水、垃圾，钢筋上的油污，应予打扫、清理干净。在浇筑之前，对模板内部应浇水润湿（最好前一日淋湿），以免浇筑后模板吸收混凝土中的水分相互黏结，造成脱皮、麻面，影响质量。浇水量视模板的材料不同以及干燥程度、气候条件而异。木模板浇水之后，还可以使木材适当膨胀，减少板缝间隙，防止漏浆。

浇灌混凝土时，应注意防止分层离析，当浇灌自由倾落高度超过 2 m 或在竖向结构中浇灌高度大于 3 m，须采用串筒、斜槽、溜管等缓降器。在浇灌中，应经常观察模板、支架、钢筋和预埋件、预留孔洞的情况，如发生有变形、移位时，应及时停止浇灌，并在已浇灌的混凝土凝结前修整完好。浇筑混凝土应连续进行，以保证构筑物的强度与整体性。施工时，相邻部分混凝土浇灌的时间间隔以不出现初凝时间为准。灌间歇的最长时间应按使用水泥品种及混凝土凝结条件确定，并不得超过表 2.22 规定。

如对整体构筑物不能连续浇筑时，应预先选定适当部位设置施工缝。施工缝的位置应设置在结构受剪力较小且便于施工的部位。例如浇筑贮水构筑物及泵房设备地坑，施工缝可留在池（坑）壁，距池（坑）底混凝土面 30 ~ 50 cm 的范围内。在施工缝处继续浇筑混凝土时，已浇筑的混凝土抗压强度应达到 1.2 N/mm^2。同时，对已硬化的混凝土表面要清除松动砂石和软弱层面，并加以凿毛，用水冲洗并充分湿润后铺 3 ~ 5 cm 厚水泥砂浆衔接层（配合比与混凝土内的砂浆成分相同），再继续浇筑新混凝土。大面积混凝土底板或池壁，为了消除水泥水化收缩而产生的收缩应力或收缩裂缝，须设置伸缩缝。长距离条形构筑物，如现浇混凝土管沟、长池壁、管道基础等，为了防止地基不均匀沉降的影响，须设置沉降缝。贮水构筑物的伸缩缝和沉降缝均应作止水处理。为了防止地下水渗入，地下非贮水构筑物的伸缩缝和沉降缝也应作止水处理。施工缝一般设在伸缩缝和沉降缝处。

表 2.22　浇筑混凝土的间歇时间

混凝土强度等级	气温/°C	
	25＜T＜25	＞25
＜C30	210 min	180 min
＞C30	180 min	150 min

3. 振捣

对混凝土进行机械振捣是为了提高混凝土密实度。振捣前浇灌的混凝土是松散的，在振捣器高频低振幅振动下，混凝土内颗粒受到连续振荡作用，成“重质流体状态”，颗粒间摩阻力和黏聚力显著减少，流动性显著改善。粗骨料向下沉落，粗骨料孔隙被水泥砂浆填充。混凝土中空气被排挤，形成小气泡上浮。一部分水分被排挤，形成水泥浆上浮。混凝土充满模板，密实度和均一性都增高。干稠混凝土在高频率振捣作用下可获得良好流动性，与塑性混凝土比较，在水灰比不变条件下可节省水泥，或在水泥用量不变条件下可提高混凝土强度。振捣的效果与所采用的振捣方法和振捣设备性能有关。混凝土捣实的难易程度取决于混凝土拌合物的和易性。砂率\容重、空气含量、骨料的颗粒大小和形状等因素。和易性好，砂率恰当和加入减水剂振捣较易；碎石混凝土则较卵石混凝土相对困难。混凝土的振捣有人工及机械两种方式。人工浇捣一般只在缺少振动机械和工程量很小的情况，或在流动性较大的塑性混凝土中采用。振动机械按其工作方式，可以分为：内部振动器（插入式振动器）、表面振动器（平板式振动器）及外部振动器（附着式振动器）。

（1）内部振动器也称插入式振动器，形式有硬管和软管。振动部分有偏心振动子和行星振动子。主要适用于大体积混凝土、基础、柱、梁、厚度大的板等

（2）表面振动器也称平板式振动器：工作部分为钢制或木制平板，板上装有带偏心块的电动振动器。振动力通过平板传递给混凝土，适用于表面积大而平整的结构物，如平板、地面、屋面等。

（3）外部振动器也称附着式振动器。通常用螺栓或夹钳等固定在模板外部，偏心块旋转所产生的振动通过模板传给混凝土。由于振动作用深度较小，仅适用于钢筋较密、厚度较薄以及不宜用插入式振动器捣实的结构。

2.4.7　混凝土构筑物的整体浇筑

贮水、水处理和泵房等地下或半地下钢筋混凝土构筑物是给、排水和水处理工程施工中常见的结构，特点是构件断面较薄，有的面积较大且有一定深度，钢筋一般较密；要求具有

高抗渗性和良好免整体性，需要采取连续浇筑。对这类结构的施工，须针对它的特点，着重解决好分层分段流水施工和选择合理的振捣作业。对于面积较小、深度较浅的构筑物，可将池底和池壁一次浇筑完毕。面积较大而又深的水池和泵房地坑，途蒋底板和池壁分开浇筑。

1. 混凝土底板的浇筑

地下或半地下构筑物平底板浇筑时，混凝土的垂直和水平运输可以采用多种方案。如布料杆混凝土泵车可以直接进行浇灌；塔式起重机、桅杆起重机等可以把混凝土料斗吊运到底板浇筑处。也可以搭设卸料台：用串桶、溜槽下料。如果可以开设斜道，运输车辆就能直接进入基坑。

混凝土在硬化过程中会发生干缩。如果混凝土四周有约束，就会对混凝土产生拉应力。当新浇混凝土的强度还不足以承受拉应力时，就会产生收缩裂缝。钢筋能抵抗这种收缩。因此，素混凝土收缩量较钢筋混凝土收缩量大。同时浇捣的混凝土面积愈大，收缩裂缝愈可能产生。因此，要限制同时浇灌的面积，而且各块面积要间隔浇筑。分块浇筑的底板，在块与块之间设伸缩缝，宽约 1.5 ~ 2 cm，用木板预留。在混凝土收缩基本完成后，伸缩缝内填入膨胀水泥或沥青玛碲脂。这种施工方法的困难在于预留木板很难取出。为了避免剔取预留木板，可以放置止水片。

2. 混凝土板用平板式或插入式振劫器捣固

平板式振动器的振捣，有效振捣深度一般为 20 cm。两次振捣点之间应有 3 ~ 5 cm 搭接。混凝土墙或厚度大于平板式振动器有效捣固深度的板，采用插入式振动器，振捣方法插入式振动器的振动棒内安装偏心块，电动机通过软轴传动使之旋转，发生振动。以振动器插中心的受振范围用振动器作用半径来表示。相邻插点应使受振范围有一定重叠。

振捣时间与混凝土稠度有类。混凝土内气泡不再上升，骨料不再显著下沉，表面出现一层均匀水泥砂浆时，振捣就可停止。底板混凝土振捣后，用拍杠或抹子将表面压实找平。

3. 混凝土墙的浇灌与振捣

混凝土水池的池壁与隔墙，地面水进水口的直墙，泵房的墙壁等施工，为了避免施工缝，一般采用连续浇灌混凝土。连续浇灌时，在池壁的垂直方向分层浇灌。每个分层称为施工层。相邻两施工层浇灌的时间间隔不应超过混凝土的初凝期。

一般情况下，池壁模板是先支设一侧，另一侧模板随着混凝土浇高而向上支设。先支起里模还是外模，要根据现场情况而定。同时，钢筋的绑扎、脚手架的搭设也随着浇灌而向上进行。施工层的高度根据混凝土的搅拌、运输、振捣的能力确定。通常取 2 m。这是因为混凝土的自由降落高度允许为 2 m 左右，脚手架的每步高也为 2 m 左右。施工时，在同一施工层或相邻施工层，进行钢筋绑扎、模板支设、脚手架支搭、混凝土浇筑的平行流水作业。当池壁预埋件和预留孔洞很多时，还应有检查预埋件的时间。为了使各工序进行平行作业，应将池壁分成若干施工段。每个施工段的长度，应保证各项工序都有足够的工作前线。如当浇筑工作量较大时，这样划分施工段不易保证两层混凝土浇筑的时间间隔小于混凝土初凝期。因此，当池壁长度很大时，可以划分若干区域，在每个区域实行平行流水作业。混凝土每次浇筑厚度为 20 ~ 40 cm。使用插入式振动器时，一般应垂直插入到下层尚未初凝的混凝土中 5 ~ 10 cm，以促使上下层相互结合。振捣时，要“快插慢拔”。快插，是防止先将表面的混凝土振实，与下面的混凝土发生分层、离析现象。慢拔，是使混凝土能填满振动棒抽出时形成的空洞。

4. 混凝土养护

混凝土拌合物经浇筑密实成型后，其凝结和硬化是通过其中水泥的水化作用实现的。而水化作用须在适当的温度与湿度的条件下才能完成。因此，为保证混凝土在规定龄期内达到设计要求的强度，并防止产生收缩裂缝，必须认真做好养护工作。

在现场浇筑的混凝土，当自然气温高于+5 °C：的条件下，通常采用自然养护。自然养护有：覆盖浇水养护和塑料薄膜养护。覆盖浇水养护是利用平均气温高于+5 °C：的自然条件，用适当材料（如草帘、芦席、锯末、砂）对混凝土表面加以覆盖并浇水，使混凝土在一定时间内保持足够的湿润状态。对于一般塑性混凝土，养护工作应在浇筑完毕 12 h 内开始进行，对于干硬性混凝土或当气温很高、湿度很低时，应在浇筑后进行养护。

养护初期，水泥的水化反应较快，需水也较多，应注意头几天的养护工作，在气温高湿度低时，应增加洒水次数。一般当气温在 15 t：以上时，在开始三昼夜中，白天至少每 3 h 洒水一次，夜间洒水两次。在以后的养护期中，每昼夜应洒水三次左右，保持覆盖物湿润。在夏日因充水不足或混凝土受阳光直射，水分蒸发过多，水化作用不足，混凝土发干呈白色发生假凝或出现干缩细小裂缝时，应仔细加以遮盖，充分浇水，加强养护工作，并延长浇水日期进行补救。对大面积结构如地坪、楼板、屋面等可用湿砂覆盖和蓄水养护。贮水池可于拆除内模，混凝土达到一定强度后注水养护。塑料薄膜养护是将塑料溶液喷洒在混凝土表面上，溶液经挥发，塑料与混凝土表面结合成一层薄膜与空气隔绝，封闭混凝土中的水分不被蒸发。这种方法一般适用于表面积大的混凝土施工和缺水地区。成膜溶液的配制可用氯乙烯-偏氯乙烯共聚乳液，用 10%磷酸三钠中和，pH 为 7 ~ 8，用喷雾器喷涂于混凝土表面。

5. 混凝土质量检查

影响混凝土质量的因素很多，它与各个工序的施工质量密切相关。施工中应建立严格的质量管理与检查制度，并结合现场条件预先编制施工设计。搅拌前，应对各组成材料的品种、质量进行检验，并根据其品种决定施工应采取的措施。在混凝土浇筑前，应认真检查模板、支架、钢筋、预埋件和预留孔洞等的情况，检查落实混凝土浇筑的技术组织措施。在混凝土搅拌和浇筑过程中，检查混凝土的坍落度、振捣作业和制度。如混凝土配合比改变时，应及时进行补充检查等。为了检查混凝土是否达到设计要求标号和确定能否拆模，都应制作试块以备检验混凝土的强度。此外，对给排水构筑物，还应进行抗渗漏等试验，以检查混凝土的施工质量。

（1）抗压强度试验。

为了检查混凝土强度，应在浇筑现场制作边长 15 cm 的立方体试块，经标准条件养护 28 d 后试压确定。当采用非标准尺寸的试块时，应将抗压强度乘以折减系数，换算为标准试块强度，其折减系数为 10 cm 立方体乘以 0.95，20 cm 立方体乘以 1.05。

检验评定混凝土强度的试块组数的留置，应符合下列规定：

① 每拌制 100 m^3的同配合比的混凝土，取样应不少于一组（每组三块）；

② 每工作班拌制的同配合比的混凝土，应取一组，或一次连续浇筑的工程量小于 100 m^3

时，也应留置一组试块。此时，如配合比变换，则每种配合比均应留置一组试块。

③ 为了检查结构拆模、吊装、预应力构件张拉和施工期间临时负荷的需要，应留置与结构或构件同条件养护的试块。强度检验评定有统计法评定和非统计法评定。统计法评定：当混凝土的生产条件在较长时间内保持一致，且同一品种混凝土的强度变异性保持稳定时，由连续三组试块代表一个验收批，其强度应同时满足下列要求：

$$R_{\mathrm{cu}} > R_{\mathrm{cu,k}} + 0.7\sigma_0$$

$$R_{\mathrm{cu,min}} > R_{\mathrm{cu,k}} - 0.7\sigma_0$$

式中　R_{cu}——同一验收批混凝土立方体抗压强度的平均值（$\mathrm{N/mm^2}$）；

$R_{\mathrm{cu,k}}$——混凝土立方体抗压强度标准值（$\mathrm{N/mm^2}$）；

σ_0——验收批混凝土立方体抗压强度的标准差（$\mathrm{N/mm^2}$）；

$R_{\mathrm{cu,min}}$——同一验收批混凝土立方体抗压强度的最小值（$\mathrm{N/mm^2}$）。

当混凝土强度等级不高于 C20 时，强度的最小值尚应满足不低于设计标号的 85%；当强度等级局于 C20 时，强度的最小值应满足不低于设计标号的 90%。

验收批混凝土立方体抗压强度的标准差，应根据前一个检验期间同一品种混凝土的强度数据，按下式确定

$$\sigma_0 = \frac{0.59}{m}\sum_{i=1}^{m}\Delta R_{\mathrm{cu,i}}$$

式中　$R_{\mathrm{cu,i}}$——第 i 批试块立方体抗压强度中最大值和最小值之差；

m——用以确定该验收批混凝土立方体抗压强度标准差的数据总批数。

（2）非统计法评定：对现场浇筑的批量不大的混凝土，其验收批混凝土的强度应同时满足下列要求：

$$R_{\mathrm{cu}} > 1.15R_{\mathrm{cu,k}}$$

$$R_{\mathrm{cu,min}} > 0.95R_{\mathrm{cu,k}}$$

2.5　砂浆砌筑块石挡土墙

砌筑工程是指砖、石和各类砌块的砌筑。在地质灾害防治工程中，虽然块石是脆性材料，但因块石结构取材方便，造价低廉，施工工艺简单，又是我国的传统建筑施工方法，有着悠久的历史，至今仍大量使用。其不足之处是自重大，习惯于手工操作，目前很少开展机械化施工。

1. *石材*

砌筑用石料分为毛石、料石两类。毛石又分乱毛石、平毛石。乱毛石指形状不规则的石块；平毛石指形状不规则，个平面大致平行的石块。

料石按其加工面的平整程度分为细料石、半细料石、粗料石和毛料石四种。

石料按其质量密度大小分为轻石和重石两类：质量密度不大于 18 $\mathrm{kN/m^3}$ 者为轻石，质量

密度大于 18 kN/m³ 者为重石。

根据石料的抗压强度值，将石料分为 MU10、MU15、MU20、MU30、MU40、MU50、MU60、MU80、MU100 九个等级。

2. 砌块

砌块为砌筑用人造块材，外形多为直角六面体，也有异形的。砌块系列中主规格的长 度、宽度或高度有一项或一项以上分别大于 365 mm、240 mm 或 115 mm，但高度不大于长度或宽度的 6 倍，长度不超过高度的 3 倍。由于其规则而制作效率高，同时能提高施工机械化程度，因此是建筑上常用的新型墙体材料。

砌块按形状来分有实心砌块和空心砌块两种。按制作原料分为粉煤灰、加气混凝土、建渣混凝土、硅酸盐、石膏砌块等数种。按规格来分有小型砌块、中型砌块和大型砌块。砌块高度为 115 ~ 380 mm 称小型砌块；高度为 380 ~ 980 mm 的称中型砌块；高度大于 980 mm 称大型砌块。

使用蒸压加气混凝土砌块砌筑墙体时，墙底部应砌烧结普通砖或多孔砖，或普通混凝土小型空心砌块，或现浇混凝土坎台等，其高度不宜小于 200 mm。

要注意的是，不要使用对人体有害的用工业废料做成的砌块。

3. 砌筑砂浆

砌筑所用砂浆的强度等级有 M0.4、M1、M2.5、M5、M7.5 和 M10 六种。其中，M0.4 为黄泥砂浆，用于临时围墙、临时材料库的砌筑；Ml 为黄泥白灰砂浆，用于临时建筑的砌筑；M2.5、M5、M7.5 为混合砂浆；M5、M7.5、M10 为水泥砂浆。为便于操作，所用砂浆应有较好的稠度和良好的保水性。对于砌筑实心砖、墙、柱时，稠度宜为 7 ~ 10 cm；砌筑空心砖墙、柱时，稠度宜为 6 ~ 8 cm；砌筑空斗墙、筒拱时，稠度宜为 5 ~ 7 cm。保水性能较好的砂浆易使砌体灰缝饱满、均匀、密实，并能提高强度。为改善砂浆的保水性，将生石灰熟化成石灰膏时，应淋洗、用筛过滤熟化 7 d 过后方可使用。

砂浆的制备，用砂浆搅拌机拌和，要求拌和均匀，一般的拌和时间为 2.5 min。砂浆应随拌随用。常温下，水泥砂浆应搅拌用完；混合砂浆应在拌后 4 h 内用完；气温高于 30 °C 时，应分别在拌后 2 ~ 3 h 内用完。运送过程中的砂浆，若有泌水现象，应在砌筑前再进行拌和。

对所用的砂浆应作强度检验。每 250 m³砌体中各种强度等级的砂浆，至少检查一次，每次至少留一组（6 块）试块，作抗压试验。要注意的是：

① 不同品质的水泥，不得混合使用。

② 凡在砂浆中掺入有机塑化剂、早强剂、缓凝剂、防冻剂等，应经检验和试配符合要求后，方可使用毛石基础砌筑砌筑用的毛石应质地坚硬，无风化现象和裂纹。尺寸宜 200 ~ 400 mm，中部厚度不宜小于 150 mm。每块毛石质量为 20 ~ 30 kg，小石块尺寸宜为 50 ~ 70 mm，数量不得超过毛石数量的 20%。毛石基础砌筑，对于地下水位较高的，应采用水泥砂浆，对于地下水位较低的，考虑到可塑性的利用，宜用混合砂浆。灰缝厚度一般为 20 ~ 30 mm，砂浆应饱满，石块间较大空隙应先填塞砂浆后再用碎石块嵌实，不得采用先摆碎石块后塞砂浆或干填碎石块的方法。砌筑基础前，必须用钢尺校核毛石基础放线尺寸，偏差不应超过规范规定。

毛石基础应分皮卧砌，上下错缝，内外搭砌。上下匹毛石搭接不小于 8 cm，且不得有通缝。第一匹石块应坐浆砌筑，且大面向下。毛石基础台阶部分应搭接，上级阶梯石块至少应压砌下级阶梯的 1/2，每阶至少砌两匹毛石。

每日砌筑的毛石基础高度不应超过 1.2 m。基础交接处应留踏步，将石块错缝砌成台阶形，便于交错咬合。砌筑时将石块大、小搭配使用，以免将大石块都砌到一侧，而另一侧全用小块，造成不均匀现象。同时为了增强毛石墙体的整体性、稳定性，除了要做到内外搭接、上下错缝外，还应设置拉结石。拉结石是长方形石块，长度应等于墙厚。若墙厚过大，可用两块拉结石内外搭接，搭接长度不应小于 150 mm，且其中一块长度不应小于墙厚 2/3。

4. 砌块砌筑

砌块应按不同规格分别整齐地垂直堆放，场地应平整、夯实，并做好排水。小型砌块的 堆放高度不宜超过 1.6 m，混凝土空心中型砌块堆放高度以一皮为宜，不超过二皮；开口端应 向下堆放。粉煤灰砌块应上下皮交叉叠放，顶面二皮叠成阶梯形，堆置高度不宜超过 3 m；采用集装架时，堆垛高度不宜超过三格，集装架的净距不小于 200 mm。

（1）局部必须镶砖时，应尽量使所镶砖数量最少，且将镶砖分散开布置。

（2）承重墙严禁使用断裂小砌块。

（3）小砌块应底面朝上反砌于墙上。

砌筑施工可采用分段流水作业，先远后近，先下后上。相邻施工段间断处留作斜槎，斜槎长度不小于高度的 2/3，如留斜槎确有困难，除转角处外，也可砌成直槎，但必须采用拉结网片或其他措施，以保证连接牢靠。

砌筑砌块应从转角处或定位处开始，砌筑前可根据气温条件适当浇水润湿，对其表面污物及黏土应清理。

砌筑的主要工序为：铺灰、砌块安装就位、校正、灌浆、镶砖等。

（1）铺灰。水平缝采用稠度良好的水泥砂浆，稠度为 5 ~ 7 cm，铺灰应平整饱满，长度为 3 ~ 5 m。炎热天气或寒冷季节应适当缩短。

（2）砌块安装就位。中型砌块宜采用小型起重机械吊装就位，小型砌块直接由人工安装就位。

（3）校正。用托线板检查砌块垂直度，拉准线检查水平度。

（4）灌浆。小型砌块水平缝与竖缝的厚度宜控制在 8 ~ 12 mm 范围内，中型砌块，当竖缝宽超过 3 cm 时，应采用不低于 C20 细石混凝土灌实。

（5）镶砖。出现较大的竖缝或过梁找平时，应用镶砖。镶砖用的红砖一般不低于 MU10，在任何情况下都不得竖砌或斜砌。镶砖砌体的竖直缝和水平缝应控制在 15 ~ 30 mm 内。顶砖必须用无裂缝的砖。在两砌块之间凡是不足 145 mm 的竖直缝不得镶砖，而需用与砌块强度等级相同的细石混凝土灌注。

5. 砌筑工程的质量保证

（1）品种、强度等级必须符合设计要求，并应规格一致。

（2）砖砌体砌筑之前，应对干砖浇水润湿，含水率宜控制在 10% ~ 15%内

（3）水泥应按品种、标号、出厂日期分别堆放，并保持干燥。如遇水泥标号不明或出厂日期超过三个月等情况，应经试验鉴定后，方可使用。

（4）砂浆所用的砂，宜采用中砂，并应过筛，且不得含有草根等杂物。同时应控制含泥

量不得超过规范的规定。

（5）砌筑用的砂浆，必须符合设计要求的种类与强度等级，且应满足保水性和稠度的要求。砂浆强度出现变异情况时应检查：

① 水泥及砂子是否合格。

② 投料计量是否正确，搅拌是否均匀。

③ 试块制作是否正确。

（6）保证砌筑砂浆的和易性，要注意：

① 注意选择合理的砂子粒径。

② 不宜选用高标号水泥配置低强度等级的砂浆。

③ 砂浆出料要事先有计划，做到随拌随用。

④ 搅拌好的砂浆存放时间不得超过所用水泥的初凝时间。

⑤ 砂浆存放时间过长时，在使用时应重放水泥经搅拌后才能使用。

⑥ 砂浆中可适量掺入微沫剂或粉煤灰，以改善其和易性。

（7）保证砂浆的饱满度应注意：

① 改善砂浆的和易性，确保砌筑砂浆的饱满。

② 反对铺灰过长的盲目操作。

③ 改进砌筑方法，取消推尺铺灰砌筑。

（8）保证组砌的合理性：

① 墙体组砌形式的选用，应根据所在部位受力性质和砖的规格而定。

② 砖柱的组砌，应根据砖柱截面和实际情况通盘考虑，严禁采用包心砌法。

③ 砖柱横、竖向灰缝的砂浆必须饱满，每砌完一层砖，都要进行一次竖缝刮浆塞缝工作，以提高砌体的强度。

④ 墙体中砖缝搭接不得少于 1/4 砖长，外皮砖最多隔三皮就应有一层丁砖拉结。

（9）避免游丁走缝的措施有：

① 砌清水墙之前应统一摆砖，并对现场砖的尺寸进行实测，以便确定组砌方法和调整竖缝的宽度。

② 游丁走缝主要是由于丁砖游动引起的，因此在砌筑时必须强调丁砖压中，即丁砖的中线

③ 线与下层砖的中线重合。砌大面积清水墙时，在开始砌筑的几层中，沿墙角 1 m 处，用线锤吊一次竖缝的垂直度，以至少保持一步架高度有准确的垂直度。

④ 檐墙面每隔一定距离，在竖缝处弹墨线，墨线用经纬仪或线锤引测。当砌到一定高度后，将墨线向上引伸，作为控制游丁走缝的基准。

6. 砌筑工程的安全与防护措施

（1）严禁在墙顶上站立划线，刮缝，清扫墙、柱面和检查等工作。

（2）砍砖应面向内打，以免落下碎砖伤人。

（3）超过胸部以上的墙面，不得继续砌筑，必须及时搭设好架设工具。不准用不稳定的工具或物体在脚手板上面垫高而继续作业。

（4）从砖垛上取砖时，应先取高处的后取低处的，防止垛倒砸人。

（5）垂直运输的吊笼、滑车、绳索、刹车等，必须满足负荷要求。吊运时不得超载，使

用过程中应经常检查，若发现有不符合规定者，应及时采取措施。

（6）起重机械吊运砖时，应采用砖笼，不得直接放于跳板上。吊砂浆的料斗不能装得过满。吊运砖时吊臂回转范围内的人员不得在下面行走或停留。

（7）在地面用锤打石时，应先检查铁锤有无破裂，锤柄是否牢固，同时应看清附近情况有无危险，然后方可落锤敲击，严禁在墙顶或架上修改石材。且不得在墙上徒手移动料石，以免压破或擦伤手指。

（8）夏季要做好防雨措施，严防雨水冲走砂浆，致使砌体倒塌。

（9）各种脚手架在投入使用前，必须由专人负责与安全人员共同进行检查，履行交接验收手续。

（10）钢管脚手架应用外径为 48 ~ 51 mm，壁厚 3 ~ 3.5 mm，无严重锈蚀、弯曲、压扁或裂纹的钢管。

（11）钢管脚手架杆件的连接必须使用合格的玛钢扣件，不得使用铅丝和其他材料绑扎。

（12）脚手架立杆间距不得大于 1.5 m，大横杆间距不得大于 1.2 m，小横杆间距不得大于 1 m。

（13）脚手架必须按楼层与结构拉结牢固，拉结点垂直距离不得超过 4 m，水平距离不得超过 6 m。拉结材料必须有可靠的强度。

（14）脚手架的操作面必须满铺脚手板，离墙面不得大于 200 mm，不得有空隙、探头板和飞跳板。脚手板操作面应设护身栏杆和挡脚板。防护高度为 1 m。

（15）脚手架必须保证整体结构不变形。凡高度在 20 m 以上的脚手架，纵向必须设置剪刀撑，其宽度不超过 7 根立杆，与水平面夹角应为 45° ~ 60°。高度在 20 m 以下时，必须设置正尽斜支撑。

2.6 重力式挡土墙施工工艺

重力式挡土墙施工技术是在多年路基挡护工程施工总结研究基础上发展起来的，是利用墙身自重承受土侧压力，从而达到挡护边坡的作用。工艺特点：工艺形式简单、取材容易、施工简便，是较常用的挡土墙形式。

1. 适用范围

（1）适用于一般滑坡地区、浸水地区、地震地区的边坡挡护工程。

（2）广泛应用于路基明挖基础砌石挡土墙的施工。

2. 工艺原理

重力式挡土墙主要依靠墙身自重承受土侧压力，增加了墙身的稳定性，对地基承载力要求一般。主要用于滑坡体和地面横坡路段拦挡落石的路堑墙。

3. 工艺流程

重力式挡土墙施工工艺流程见图 2.21。

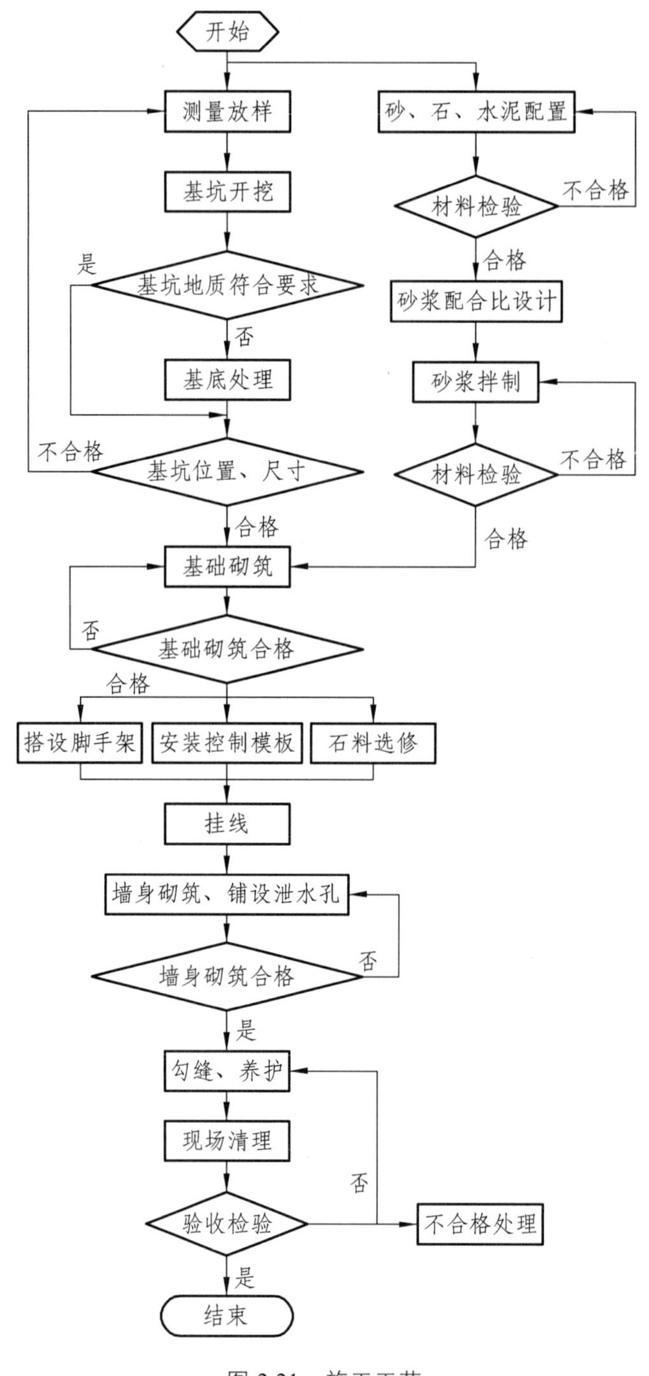

图 2.21 施工工艺

4. 操作要点

（1）现场核对。

熟悉施工图，进行现场核对，重点是对地形地貌、地表和地下水源、边坡稳定、山坡裂缝、滑动面、气象等变化情况作详细调查了解，根据实际地形，核查施工图中挡土墙沉降缝与伸缩缝、泄水孔等设置是否合理，基础埋深及地质描述与实际地基情况是否相符，挡土墙与路基或构造物连接是否平顺、稳定等。当施工图与实际情况不相符时，应及时报批处理。

（2）编制施工组织设计。

根据核对的工程量、工程特点、工期要求以及施工条件，结合设备能力，编制实施性施工组织设计，应包括施工工艺和相应的技术措施、工程数量、所需劳动力、机械设备、材料数量、临时工程、场地布置以及车辆运输等。根据施工组织设计编制施工工艺设计、工序质量控制设计、作业指导书，对操作人员进行技术交底。

（3）材料及砂浆试验。

对采购的材料进场前，应先通过试验检验，合格后方可采用。提前做好砂浆配合比设计、墙背填料的击实试验等。

（4）劳动力和料具准备。

根据挡土墙的数量、施工的难度以及进度要求，合理组织劳动力。挡土墙施工所需的水泥、砂、石、块石料等需要在施工现场有一定的储备，以满足需要。砂浆搅拌机根据施工组织设计平面布置要求正确配置。

（5）测量放样。

①根据施工图划分施工段，精确测定挡土墙墙趾处路基中心线及基础主轴线、墙顶轴线、挡土墙起讫点和横断面，每根轴线均应在基线两端延长线上设 4 个桩点（每端 2 点），并分别以素混凝土包封保护。

② 挡土墙中轴线应加密桩点，一般在直线段每 15 ~ 20 m 设一桩，曲线段每 5 ~ 10 m 设一桩，并应根据地形和施工放样的实际需要增补横断面。

③ 放桩位时，应测定中心桩及挡土墙的基础地面高程，临时水准点应设置在施工干扰区域之外，施测结果应符合精度要求并与相邻路段水准点相闭合。

（6）开挖基坑。

① 开挖前应在上方做好截、排水设施，坑内积水应及时排干。

② 挡土墙应随挖、随下基、随砌筑，及时进行回填。在岩体破碎或土质松软、有水地段，修建挡土墙宜在旱季施工，并应结合结构要求适当分段、集中施工，不应盲目全面展开。

③ 开挖基坑时应核查地质情况，挡土墙墙基嵌入岩层应符合设计要求。挖基时遇到地质不符、承载力不足时，应及时报批，处理合格后再施工。

a. 墙基位于斜坡地面时，其趾部进入深度和距地面水平距离应符合设计要求；墙基高程不能满足施工图要求时，必须通过变更设计后施工。采用倾斜基底时，应准确挖凿成型，不得用填补方法筑成斜面。

b. 明挖基础基坑，应及时回填夯实，顶面做成不小于 4%的排水横坡。对湿陷性黄土地基，应注意采取防止水流下渗的措施。

（7）拌制砂浆。

① 砌体工程所用砂浆的强度等级应符合施工图要求，当施工图未提出要求时，主体工程不得小于 M10，一般工程不得小于 M5。

② 砂浆应用机械拌制。拌制时，宜先将 3/4 的用水量和 1/2 的用砂量与全部胶结材料在一起稍加拌制，然后加入其余的砂和水。拌制时间不少于 2.5 min，一般为 3 ~ 5 min，时间过短或过长均不适宜，以免影响砌筑质量。

③ 砂浆按施工配合比配制，应具有适当的流动性和良好的和易性，其稠度宜为 10 ~ 50 mm。现场也可用手捏成小团，以指缝不出浆、松手后不松散为宜，每批砂浆均应抽检一组试块。

④ 运输一般使用铁桶、斗车等不漏水的容器运送。炎热天气或雨天运送砂浆时，容器应加以覆盖，以防砂浆凝结或受雨淋而失去应有的流动性。

⑤ 冬期（昼夜平均气温低于+5 °C）施工时，砂浆应加保温设施，防止受冻而影响砌体强度。

⑥ 砂浆应随拌随用，应根据砌筑进度决定每次拌制量，宜少拌快用，一般宜在 3 ~ 4 h 内使用完毕。气温超过 30 °C 时，宜在 2 ~ 3 h 内用完。在运输过程中或在储存器中发生离析、泌水的砂浆，砌筑前应重新拌制。已凝结的砂浆不得使用。

（8）砌筑基础。

① 砌筑前，应将基底表面风化、松软土石清除。砌筑要分段进行，每隔 10 ~ 20 m 或在基坑地质变化处设置沉降缝。

② 硬石基坑中的基础，宜紧靠坑壁砌筑，并插浆塞满间隙，使与地层结为一体。

③ 雨季在土质或风化软石基坑中砌筑基础，应在基坑挖好后立即铺砌一层。

④ 采用台阶式基础时，台阶转折处不得砌成竖向通缝；砌体与台阶壁的缝隙应插浆塞满。

（9）搭拆脚手架。

① 搭脚手架应根据负载要求进行工艺设计，并对作业人员进行技术交底。采用的茅竹、杉木、钢管、跳板等材料都应经质量检验符合有关规定，一般搭设平台高为 1.9 ~ 2.0 m，宽度 0.8 ~ 1.2 m。

② 搭脚手架时主杆要垂直，立杆时先立角柱，然后立主柱，主力柱完成后，再开始绑扎大小横杆。脚手架搭至 3 ~ 5 m 高时，就要加十字撑，撑与地面的角度在 45°以内，撑的交叉点宜绑扎在柱或横杆上，确保脚手架牢固稳定。

③ 由于脚手架的侧向刚度差，为了加强稳定性，可与墙体连接，使用中要定期检查，发现问题及时加固处理。

（10）挂线找平。

①按照墙面坡度、砌体厚度、基底和路肩高程可以设两面立杆挂线或固定样板挂线，对高度超过 6 m 的挡土墙宜分层挂线。

② 所挂外面线应顺直整齐，逐层收坡，内面线应大致适顺，以保证砌体各部尺寸符合施工图要求，并在砌筑过程中经常校正线杆。

（11）选修片石。

① 石块在砌筑前浇水湿润，表面泥土、水锈应清洗干净。根据铺砌的位置选择合适的块石，并进行试放。

② 砌体外侧定位石与转角石应选择表面平整、尺寸较大的石块。浆砌时，长短相间并与里层石块咬紧，分层砌筑应将大块石料用于下层，每处石块形状及尺寸搭配合适。缝较宽者可塞以小石子，但不能在石块下部用高于砂浆层的小石块支垫。排列时，石块应交错，坐实挤紧，尖锐凸出部分应用手锤敲除不贴合的棱角。

（12）砌筑墙身。

① 砌筑墙身采用挤浆法分层、分段砌筑。分段位置设在沉降缝或伸缩缝处，每隔 10 ~ 20 m 设一道，缝中用 2 ~ 3 cm 厚的木板隔开。沉降缝和伸缩缝可合并设置。分段砌筑时，相邻层

的高差不宜超过 1.2 m。

② 片石分层砌筑时以 2 ~ 3 层砌块组成一个工作层，每一个工作层的水平缝应大致找平，各工作层竖缝相互错开，不得贯通。砌缝应饱满，表层砌缝宽度不得大于 4 cm，铺砌表面与三块相邻石料相切的内切圆直径不得大于 7 cm，两层间的错缝不得小于 8 cm。

③ 一般砌石顺序为先砌角石，再砌面石，最后砌腹石。角石应选择比较方正、大小适宜的石块，否则应稍加清凿。角石砌好后即可将线移挂到角石上，再砌筑面石（即定位行列）。面石应留一运送腹石料缺口，砌完腹石后再封砌缺口。腹石宜采取往运送石料方向倒退砌筑的方法，先远处，后近处。腹石应与面石一样按规定层次和灰缝砌筑整齐、砂浆饱满。

④砌块底面应坐浆铺砌，立缝填浆补实，不得有空隙和立缝贯通现象。硇筑工作中断时，可将砌好的砌块层孔隙用砂浆填满。再砌时，表面要仔细清扫干净，洒水湿润。砌体勾凸缝时，墙体外表浆缝需留出 1 ~ 2 cm 深的缝槽，以便砂浆勾缝。

⑤ 砌筑上层砌块时，应避免振动下层砌块。砌筑中断后恢复时，应将砌体表面加以清扫、湿润，再坐浆砌筑。

⑥ 浆砌片石应及时覆盖，并经常洒水保持湿润。砌体在当地昼夜平均气温低于+5 °C 时不能洒水养护，应覆盖保温、保湿，并按砌体冬期施工规定执行。

（13）安设泄水管。

① 墙身砌筑过程中应按施工图要求做好墙背防渗、隔水、排水设施。砌筑墙身时应沿墙高和墙长设置泄水孔，按上下左右每隔 2 ~ 3 m 交错布置。折线墙背的易积水处亦应设置。泄水孔的进水侧应设置反滤层，厚度不小于 0.3 m。在最低排泄水孔的下部，应设置隔水层，不使积水渗入基底。

② 泄水孔一般采用梅花形等间距布置，孔径为 ϕ 100 mm，材料采用毛竹或 PVC 塑料管。挡土墙顶面一般采用砂浆抹面或面石做顶。挡土墙顶面内侧与山体连接处要用黏土夯实，防止渗水。当墙背土为非渗水土时，应在最低排泄水孔至墙顶以下 0.5 m 高度内，填筑不小于 0.3 m 厚的砂砾石等过滤层。

③ 挡土墙地段侧沟，采用与挡土墙同标号的水泥砂浆砌筑，并与挡土墙一同砌成整体。当挡土墙较高时，应根据需要设置台阶或检查梯，以利检查、维修、养护。

（14）勾缝养护。

① 砌体勾缝，除设计规定外，一般采用平缝或平缝压槽。平缝应随砌随用灰刀刮平。勾缝砂浆不得低于砌体砂浆强度，对勾缝砂浆应注意压实和外表美观。

② 勾缝应嵌入砌体内约 2 cm 深，缝槽深度不足时，应凿够深度。勾缝前应清扫和湿润墙面。

③ 浆砌片石挡土墙砌筑完后，砌体应及时以浸湿的草帘、麻袋等覆盖，经常保持湿润。一般气温条件下，在砌完后的 10 ~ 12 h 以内，炎热天气在砌完后 2 ~ 3 h 以内即须洒水养护，洒水养护期不得少于 7 d。

④ 在养护期间，一般砂浆在强度尚未达到施工图标示强度的 70%以前，不可使其受力。已砌好但砂浆尚未凝结的砌体，不可使其承受荷载。如砂浆凝结后砌块有松动现象，应予拆除，刮净砂浆，清洗干净后，重新安砌。

（15）清理现场。

① 墙背填筑按施工图要求分层回填、夯实。一般情况下，应尽可能采用透水性好、抗剪强度高、稳定、易排水的砂类土或碎（砾）石类土等。严禁使用腐殖质土、盐渍土、淤泥等

作为填料，填料中不得含有有机物、冰块、草皮、树根等杂物和生活垃圾。

② 墙背填料的填筑，需待砌体砂浆或混凝土强度达到75%以上方可进行。墙后回填要均匀，摊铺要平整，并设不小于3%的横坡，逐层填筑，逐层碾压夯实，不允许向墙背斜坡填筑。路肩挡土墙顶面高应略低于路肩边缘高程2 ~ 3 cm，挡土墙顶面做成与路肩一致的横坡，以排出地表水。

③ 墙背回填应由最低处分层填起。若分几个作业段回填，两段交接处不在同一时间填筑，则先填地段应按1∶1的坡度分层留台阶；若两个地段同时填筑，则应分层相互交叠衔接，其搭接长度不得小于2 m。

④ 每一压实层均应检验压实度，合格后方可填筑其上一层，否则应检明原因，采取措施进行补充压实，直至满足要求。采用轻型动力触探（JVw）每夯填层检查3点，其击数标准经试验确定。

5. 主要机具设备

单筒快速卷扬机 < 10 kN：1台，提升砌石及砂浆。

砂浆搅拌机 < 400 L：1台，拌制砂浆。

机械生产砂浆与人工拌制相比，能提高生产率，加快工程进度，还可以减轻工人劳动强度，提高砂浆拌制质量，节约灰料用量。因此，应采用搅拌机生产砂浆，不宜人工拌制。为保证砂浆拌制质量，应采用强制式混凝土搅拌机。不宜采用自落式搅拌机。

6. 劳动力组织

重力式挡土墙施工一般可以根据伸缩缝位置或每15 ~ 30 m划分为一个施工段，按每施工段组织劳动力、机械设备以及材料进行施工。

一般每工班可配备技工3 ~ 4名、普工10 ~ 15名，搅拌机1台。

7. 质量要求反质量控制要点

（1）施工质量检查。

检查基本要求见表2.23和表2.24。

挡土墙所用石料根据其形状，分为片石、块石、料石等，其质量须满足设计要求，且砌筑时砌体咬扣紧密，嵌缝饱满密实，沉降缝、泄水孔的位置和数量符合设计要求。

表2.23　基坑检查内容

序号	项　目	允许误差	检查数量	检验方法
1	高程	+ 20 mm	3点	水准仪测量
2	前边缘距路基中线距离	±50 mm	3点	钢尺量
3	基础宽度	+ 50 mm	3点	尺量
4	基础襟边宽度（高度）	±20 mm	每扩大基础段3组	尺量
5	起讫里程（长度）	±100 mm	每不同结构尺寸段1处	经纬仪测量、尺量
6	沉降缝位置	+ 50 mm	每道	尺量
7	沉降缝宽度	±4 mm	6处	尺量

表 2.24 挡墙检查内容

序号	项 目	允许偏差	检查数量	检验方法
1	距线路中线距离	−0，+50 mm	3 处	经纬仪测量、尺量
2	墙身厚度（前缘至后缘）	−0，+20 mm	3 处	尺量
3	顶面高程	d=20 mm	3 处	水准仪测量
4	泄水孔间距	±20 mm	检查 10%，1 组	尺量
5	起讫里程	±100 mm	每不同结构长度 2 处	经纬仪测量、尺量
6	沉降缝位置	±50 mm	每道缝	尺量
7	沉降缝宽度	±4 mm	6 处	尺量
8	垂直度/m	20 mm	3 处	吊线尺量
9	垂直度 $A>6$ m	30 mm	3 处	吊线尺量
10	斜度	5%施工图标示斜度	3 处	坡度尺或吊线尺量
11	平整度	50 mm	3 处	2.5 m 直尺，尺量

（2）质量控制要点。

① 应在路基填筑完成后分段间隔修筑，砌筑完一段再施工下一段。

② 基础及墙身应一次砌筑。砌筑应采用挤浆法，确保灰缝饱满；砌块应大面朝下，丁顺相间，互相咬接，上下错缝，不得有通缝和空缝。

③ 原材料须按要求检验，满足设计要求；片石、块石强度等级不低于 MU40，粗料石不低于 MU60；寒冷地区所用石料应作冻融循环试验。

④ 预留缝及塞缝处理应符合施工图要求。

⑤基坑回填应分层夯填密实。

8. 常见质量问题及预防措施

（1）挡墙砌体砂浆不饱满。

现象：撬开挡墙砌石可见空洞。

防治措施：浆砌块石、片石内外应坐浆砌筑，中间应一层砂浆一层石块砌筑，石块与石块之间应有一定间距，便于砂浆灌填，并用捣棒捣实，使石块被砂浆包裹。严禁干砌灌浆。

（2）挡墙砌体面层平整度差。

现象：单块石料平面差，墙面整体有凹进凸出，上下层有错缝隙现象。

防治措施：

① 挂线砌筑，以线定层厚度和平整度，砌块贴线安放，整齐顺直。

② 镶面石应挑选有一侧平面的石料，宽度、厚度不应小于 20 cm，以保证砌筑的稳定性；表面应修造平整，凿除水锈。

③ 砌筑时应间层相互压缝砌筑，施工员应随时检查砌筑面的线位准确度。

（3）挡墙凸缝空裂脱落。

现象：勾好的凸缝与墙面局部脱离，严重的呈节状脱落。

防治措施：

① 勾缝砂浆强度等级应等于或高于砌筑砂浆强度等级；

② 按平缝压槽勾缝，禁止勾凸缝；

③ 勾缝前，应修凿缝槽，剔除深度 2 cm 以上，并洒水浸湿，使勾缝砂浆与砌块和缝底黏结牢固；

④ 勾缝砂浆终凝后应洒水养护。

（4）泄水孔不通、不排水。

现象：钢筋插不进泄水孔，水从其他部位流出，泄水孔无水。

防治措施：

① 用 PVC 管制作泄水孔管，砌筑时安放，防止石块或砂浆堵塞孔眼；

② PVC 管周边用砂浆囤实，内端管口及以上铺设粒径 1 ~ 3 cm 的碎石层；

③ 内管口用稍大的碎石填筑，防止碎石和砂浆进入管内；

④ 管子安放应将内端垫砂浆抬高 2 cm 以上，使管体倾斜，以利排水；

⑤ 完善挡墙上部边坡的防护，防止冲刷的泥土淤塞砂石反滤层和泄水管。

9. 安全环保措施

（1）施工安全措施

① 对开挖较深且边坡稳定性较差的基坑，应分段跳槽开挖，加强临时支护。

② 基坑弃土或坑边材料的堆放位置与高度应不影响基坑的稳定。

③ 不得重叠作业。大型压实机械与墙背的距离不应小于 1 m，且应采用静压方式。当路基两侧同时设置路堤和路堑挡土墙时，一般应先施工路肩墙，以免在施工路肩墙时破坏路堑墙的基础。

④ 加工石料时要戴防护镜，并控制石屑飞出方向，避免伤人；砌石时要轻拿轻放，防止挤手；工作面上待用石料应放稳，防止滑落。

（2）环保措施

① 路基护坡工程要符合有关环保规定。沿河路堤设置挡土墙时，应结合河流的水文、地质情况以及河道工程来布置，注意设墙后仍应保持水流顺畅，防止水流、雨水、波浪、风力、不良地质和其他因素对路基形成危害。改善环境，保护生态平衡。

② 在路基土石方施工的同时，应及时组织挡土墙施工，防止路基受雨水冲刷而影响周围环境。

③ 粉状易飞扬材料应用袋装或其他密封方式运输，不得散装散卸。施工运输道路应采用洒水等防尘措施。

2.7 扶壁式挡土墙施工工艺

钢筋混凝土扶壁式挡土墙是一种轻型支挡结构，由墙面板、趾板、踵板和扶肋组成。它依靠墙身自重和踵板上方填土的重力来保证其稳定性，而且墙趾板显著地增大了抗倾覆稳定性，并大大减小了基底应力。正是由于它具有结构轻型、节省圬工、施工方便、外形美观等特点，因而在工程施工中被广泛采用。

1. 工艺特点

作为轻型挡土墙的一种，主要依靠墙踵悬臂以上土重维持稳定，墙体内设置钢筋承受拉应力，纵向扶壁增强墙体抗弯性能，其构造简单，截面厚度小，施工方便，自重轻，占地少，造价低，与桩基配合能满足工程建筑功能要求及边坡稳定性要求。

2. 适用范围

扶壁式挡墙作为新型路基支挡结构，被广泛采用。采用扶壁式挡墙的路基，在占地方面要比直接放坡填筑路基占地小许多，非常适用于城市建设和耕地少的地区。

3. 工艺原理

工艺原理：扶壁式挡墙主要是在挡墙一侧设有用于支撑的扶壁，两部分形成一个整体，用于抵消路基填筑所产生的土压力，保证路基稳定。

4. 分类

扶壁式挡墙按扶壁所起的作用进行分类，可分为两类：一种是扶壁设在路基本体之外，扶壁主要起的是支撑作用；另一种为扶壁设在路基本体内，扶壁主要起的是拉锚作用。

5. 工作机理

（1）扶壁设在路基本体之外的挡墙抵抗土压力主要是靠扶壁的支撑作用，在力的作用下，扶壁上的混凝土承受主要的土压力，扶壁内的钢筋起到箍筋的作用，以增加混凝土的抗压强度。

（2）扶壁设在路基本体内的挡墙抵抗土压力作用主要依靠的是扶壁的拉力，主要利用的是扶壁内钢筋的拉力，同时扶壁钢筋同扶壁式挡墙基础相连接，而路基的垂直土压力作用于挡墙基础，因此扶壁、基础和路基内的填土形成了一个相互作用的整体，扶壁内的钢筋产生的拉力维持着这种平衡。

6. 环境影响因素

在选择扶壁式挡墙的时候也要根据线路周围的环境条件来选择，如果要求占地少，就要选择扶壁在内的挡墙，能够保证占地小，对环境的影响也减到最小。同时，地质条件中土的酸碱性对扶壁式挡墙的施工也有很大的影响，决定了混凝土的配合比的选择。

7. 设计要求

设计内容包括土压力计算、墙身尺寸计算、墙身稳定性及基底应力验算以及墙身配筋和裂缝宽度计算四部分。

（1）受力构件为墙面板、踵板、趾板和扶肋，取分断长度为一个计算单元。

（2）土压力按朗金理论公式计算，用墙踵板下缘与面板背面上缘连线作为假想墙背进行设计。如果是浸水挡墙，墙体上的力系除自重、土压力外，还需考虑水对填土的影响以及静水压力、上浮力等附加力的作用。

（3）墙面板视为固支于扶肋及墙踵板上的三向固支板，属超静定结构。计算时将其沿墙高或墙长划分为若干单位宽度的水平与竖向板条，假定每一单元条上作用均布荷载，其大小为该单位位置处的平均值，近似按支承于扶肋上的连续板计算。

（4）墙踵板视为支承于扶肋上的连续板，不计墙面板对它的约束，简化为铰支。

（5）墙趾板和扶肋分别按矩形和 T 形变截面悬臂梁计算。

（6）配筋设计采用极限状态法，对截面有正负弯矩交替作用的构件，按单筋矩形截 4 施工工艺流程。

8. 操作要点

（1）施工准备。

在扶壁式挡墙施工前要对所用的原材料进行检验，满足设计要求的原材料才可进场施工。同时施工前要保证扶壁式挡墙的基坑符合设计要求。

（2）实施工艺。

钢筋在钢筋加工场集中下料加工成型，编号堆放，运输至作业现场，进行绑扎。钢筋严格按设计图纸进行现场放样绑扎，各种型号的钢筋的位置、搭接长度、接头位置必须满足设计和规范要求。钢筋绑扎成型后，报请现场监理检查验收。钢筋绑扎的过程中有高空作业要采取相应的措施，高空作业人员要系安全绳。

（3）模板。

施工采用成套大块组合钢模，模板加工满足精度要求。接头设置企口缝，用螺栓连接，防止漏浆。人工配合吊车安装钢模板。模板安装前除去模板内表面的铁锈并均匀涂刷脱模剂，同时在模板底部位置铺一层干硬性砂浆找平，在安装调试好后混凝土一次灌注成型。模板用方木或方钢作背杠，ϕ16 钢筋作拉杆加固，并加方木斜撑。模板安装须符合质量标准及设计要求。

（4）混凝土浇筑。

钢筋、模板经监理工程师检查合格后，开始浇注混凝土。混凝土在拌和站集中拌和，拌制混凝土时严格控制材料计量，并进行坍落度测定。混凝土用罐车运输到位，设置料斗和串筒、泵车或混凝土输送泵进行混凝土的灌注。浇注中控制好每层浇注厚度，防止漏振和过振，保证混凝土密实度。混凝土浇筑要连续进行，中间因故间断不能超过前层混凝土的初凝时间，否则按施工缝处理。混凝土浇筑到顶面，应按要求修整、抹平。

（5）养护。

混凝土养护主要是保证混凝土表面的湿润，防止混凝土水化反应的各种影响。对于墙身的养护要采用土工布进行包裹再洒水养护，基础主要用人工洒水，墙身采用高压水枪洒水养护。定期测定混凝土内部温度、环境温度，控制混凝土内外温差，防止混凝土表面产生裂缝。浇注后混凝土初凝前表面产生的裂缝可采用多次收面来消除，后期主要依靠养护来保证混凝土表面不产生裂缝。

（6）主要机具设备。

扶壁式挡土墙施工主要机具设备见表 2.25。

表 2.25　扶壁式挡土墙施工主要机具设备

序号	机具名称	主要用途	单位	数量
1	吊车	混凝土灌注用	辆	1
2	装载机	混凝土拌和上料	台	2
3	混凝土运输车	混凝土运输	辆	3
4	插入式振动捣固器	灌筑墙基混凝土的捣固	台	2

续表

序号	机具名称	主要用途	单位	数量
5	混凝土拌和机	拌和混凝土	台	1
6	潜水泵	混凝土拌和用水	台	1
7	钢筋切断机	钢筋下料	台	1
8	电焊机	钢筋制作	台	1

（7）劳动力组织。

劳动力组织见表 2.26。

表 2.26　劳动力组织

序号	人　员	作业内容	人　数
1	领工员	全面指挥调度计划安排	1
2	技术员	技术管理、质量监督	2
3	试验员	混凝土质量及填料密实度检测	2～3
4	吊车司机	模型吊装、混凝土人模	1
5	混凝土运输司机	混凝土运输	3
6	钢筋工	钢筋制作安装	8
7	模型工	模型制作安装	8
8	混凝土工	混凝土灌筑	4
9	普工	其他	2～4

（8）质量要求反质量控制要点。

施工质量检查项目见表 2.27。

表 2.27　扶壁式挡土墙检查项目表

<table>
<tr><th>序号</th><th>部位</th><th colspan="2">项　目</th><th>允许偏差/mm</th><th>检验方法</th></tr>
<tr><td>1</td><td rowspan="3">基础</td><td colspan="2">前边缘距路基中线</td><td>0，+20</td><td>经纬仪测量</td></tr>
<tr><td>2</td><td colspan="2">宽度（前缘至后缘）</td><td>0，+20</td><td>经纬仪测量、尺量</td></tr>
<tr><td>3</td><td colspan="2">顶面高程（水平基线）</td><td>±20</td><td>水准仪测量</td></tr>
<tr><td>4</td><td rowspan="5">墙身</td><td colspan="2">前边缘距路基中线</td><td>0，+20</td><td>经纬仪测量</td></tr>
<tr><td>5</td><td colspan="2">厚度（前缘至后缘）</td><td>0，+20</td><td>经纬仪测量、尺量</td></tr>
<tr><td>6</td><td colspan="2">顶面高程</td><td>±20</td><td>水准仪测量</td></tr>
<tr><td>7</td><td rowspan="2">垂直度</td><td>$h<5$ m</td><td>10</td><td>吊线尺量</td></tr>
<tr><td>8</td><td>$h>5$ m</td><td>15</td><td>吊线尺量</td></tr>
</table>

① 施工质量的控制要从原材料的质量控制入手，对砂、石料、水泥和钢筋等材料的品种、规格、质量在进场之前由试验室检验复核，严禁不合格的材料进场。

② 模板立模要符合设计尺寸，支撑牢固。

③ 混凝土要分层灌注，捣固密实，一次连续灌注完成。若不能连续灌注，要将混凝土表面抹平，下一次灌注时，要将上次表面的浮浆凿除，用清水洗干净，刷一层高强度水泥浆后，再灌注混凝土。

④ 沉降缝两端要竖直、平整、不能交错或接触，塞缝要紧密。

⑤ 加强混凝土的养生工作，以确保工程质量。

⑥ 泄水孔后面做好反滤层，保证泄水畅通。

（9）安全及环保措施。

① 人员安全。

扶壁式挡墙的施工主要是高空施工，因此在施工中对人员的高空作业的安全要特别注意，安全带、安全帽等配套设施应配备齐全。

② 机械安全。

吊车施工中要定期检查机械的各方面性能，特别是对钢丝绳经常检查，保证施工安全。

③ 环保措施

施工中对作业人员要进行宣传教育，树立环保意识，做到文明施工。严格遵守《环境保护法》《水土保持法》等有关法律，接受地方环境部门的监督、检查。施工废弃物要及时回收集中处理》。加强与当地气象部门、水文部门的联系，及时掌握气候及水文情况，做好防护、抗灾准备，为植被防护施工和养护管理提供科学指导。

2.8 锚杆挡土墙施工工艺

锚杆挡土墙施工技术是在锚杆防护与挡土墙防护基础上组合发展起来的，是利用锚杆加固连接岩体，并通过锚杆抗拔力克服挡土墙后的压力来达到防护的目的。

1. 特点

（1）锚杆挡土墙结构具有自重轻、省材料柔性大、施工快等特点，适用于承载力较低的地基。

（2）采用锚杆挡土墙，可以代替庞大的圬工结构，基本不占用多少空间。

2. 适用范围

锚杆挡土墙可作为山边的支挡结构物，也可用于地下工程的临时支撑。在墙较高时，它可以自上而下分级施工，避免坑壁及填土的坍塌。对于开挖工程，它可避免内支撑，以扩大工作面而有利于施工。同时由于施工占地少，可缩小基础开挖面积，加快施工速度。这种挡墙对岩石陡坡地区及挖方地区有利。

3. 防护原理

锚杆挡土墙是靠锚固于稳定土石层中锚杆所提供的拉力，以承受结构物对挡土墙的土压力、水压力来保证挡土墙的稳定。

4. 施工要求

锚杆直径及钻孔直径，在锚杆挡土墙中，锚杆必须承受一定的抗拔力，并且通过注浆连接并固结周围土体或岩体，因此，锚杆直径及钻孔直径均不能过小，一般采用ϕ25 ~ 28 mm螺纹钢锚杆，ϕ68 ~ 110 mm 直径钻孔。

（1）锚杆长度选择。

锚杆长度选择主要考虑两个方面的因素，即提供足够的抗拔力加固边坡岩体，其长度主要取决于墙后坡面土体或岩体的性质，如土质边坡的密实情况，石质边坡节理、裂隙的产状和发育情况等。锚杆上下排间距不宜小于 2.0 m，水平间距不宜小于 1.5 m；锚固段长度不应小于 4.0 m；自由段长度不宜小于 5.0 m，并应超过潜在滑裂面 1.5 m。但锚杆总长一般不宜超过 20 m。

（2）注浆。

锚杆注浆一般采用水泥砂浆，要求强度等级一般不小于 M20。

（3）锚头及锚锭板。

当挡土墙肋柱就地灌注时，锚杆必须插入肋柱，并保证其锚固长度符合规范要求。当肋柱为预制拼装时，锚杆与肋柱之间一般采用螺栓连接，由螺钉、端杆、螺母、垫板和砂浆包头所组成，也可采用焊接钢筋等形式以保证锚固力的传递。

（4）挡土墙。

锚杆式挡土墙有两种主要形式：柱板式和板壁式。柱板式挡土墙是锚杆连接在肋柱上，肋柱间加挡土板，而板壁式是由钢筋混凝土面板和锚杆组成。柱板式锚杆挡土墙由肋柱、挡土板组成，可以为预制拼装式，也可就地灌注。

5. 操作要点

（1）施工准备。

① 复核设计图纸，掌握设计意图，拟定施工方案，组织三级技术交底及安全交底。

② 根据设计图纸，选择砂浆及混凝土配合比，按设计坡率清理边坡。

（2）肋柱、挡板预制。

① 构件可采用工厂化或就地预制，采用何种形式要根据现场实际和施工单位条件而定。一般当施工现场场地狭窄，选择工厂预制，可保证面板质量，但在运输过程中要采取有效措施防止构件破损。面板在运输和堆放时要竖立，不可平放堆叠。

② 预制场地要平整加固，当采用底垫时可不设置混凝土地面。面板预制模板以组合钢模板为佳，若采用木模时应内衬铁皮；模具要涂刷隔离剂，使用后及时清理。

③ 按规范要求做好钢筋及预埋件的下料、弯制、绑扎、焊接等工序，预制时应控制好预埋件（预埋孔）位置和混凝土保护层厚度，不得有露筋现象。

④ 按照配合比配置干硬性或半干硬性混凝土，严格控制用水量。采用混凝土振动器振捣混凝土，边角处辅以人工捣固，确保混凝土密实。

⑤ 按规定做好构件的脱模、养护，当混凝土达到一定强度后可集中养护 28 d。

（3）边坡开挖。

① 锚杆挡土墙应自下而上进行施工。施工前，应清除岩面松动石块，整平墙背坡面。

② 边坡开挖，一般要跳槽开挖，除尽量缩短工期外，还应根据情况考虑临时支撑，以免

山坡坍塌，影响锚杆抗滑力。

（4）施工放样。

① 复测定线，恢复中心线，定出肋柱的基线桩，准确定出挡土墙位置和高程。

② 测定孔位，用仪器测出各个锚孔的位置，并设置孔位方向桩，以便校正。

（5）钻孔。

① 根据施工图所规定的孔位、孔径、长度与倾斜度可采用冲击钻或旋转钻钻孔，钻孔采用流水作业法，要做好钻孔地质记录，成孔孔壁必须顺直、完整。

② 钻孔深度须超过挡土墙后的主动土压力区和已有的滑动面，并需在稳定层中达到足够的有效锚固长度。当岩层风化程度严重或其性质接近土质地层时，可加用套管钻进，以保证钻孔质量。

③ 在岩石低端钻至要求的深度成孔后，用高压风清孔，将孔内壁及端部残留废土清除干净。严禁用水冲洗。

（6）锚杆制作安装。

① 锚杆类型规格及性能应与设计相符合，应按施工图尺寸下料、调直、除污、制造。

② 插入钻孔的锚杆要顺直，并应除锈，在锚固段部分一般用水泥砂浆防护。锚杆孔外部分需做防锈层，采用在钢筋表面涂防锈底漆，再采用包扎沥青麻布、两层或塑料套管及化学涂料等方法进行防锈。如防镑层局部遭到破坏，应及时加以修复处理。

③ 锚杆放入孔内时需居中，可沿锚杆长度间隔 2 m 左右焊接定位支架。孔位允许偏差±50 mm，深度允许偏差-10 ~ 50 mm。

④ 清孔完毕后应及时安装锚杆，把预制好的锚杆钢筋缓慢地送入钻孔内，定位支架在锚杆下部撑住，插入锚杆时应将灌浆管与锚杆钢筋同时放至钻孔底部。预制的锚杆钢筋应保持顺直。

⑤ 有水地段安装锚杆，应将孔内水排除或采用早强速凝药包式锚杆。

（7）灌浆。

① 按施工配合比采用搅拌机拌制砂浆，随拌随用，经过 2.5 mm×2.5 mm 的滤网倒入储浆桶，桶内水泥砂浆在使用前仍需低速搅拌，防止砂浆离析。

② 压浆用砂以中砂为宜，一般采用配合比为 1∶1（重量比）、水胶比不大于 0.50 的水泥砂浆，同时尽可能采用膨胀水泥。为避免孔内产生气垫，压浆泵料仓内要始终有一定的砂浆。

③ 采用重力灌浆与压力灌浆相结合的方法灌注。先将内径 5 cm 胶管与锚杆同时送人距锚孔底 10 cm 处，用灌浆泵（灌浆压力为 0.3 MPa 左右）使砂浆在压力下自孔底向外充满。随浆灌筑，把灌浆管从孔底朝孔口缓慢匀速拔出，但要保持出管口始终埋入砂浆 1.5 ~ 2.0 m。当砂浆灌至孔口时立即减压为零，以免在孔口形成喷浆。灌浆管拔出后立即将制作好的封口板塞进孔口，灌浆结束。

④ 砂浆锚杆安装后，不得敲击、摇动，普通砂浆在 3 d、早强砂浆在 12 h 内不得在杆体上悬挂重物。

（8）肋柱挡板安装。

① 待锚杆孔内砂浆达到施工图标示强度 70%以后，方可进行立柱和挡板安装工作。安装挡板时，应随时做反滤层和墙背回填。

② 挡板安装前应将飞边打掉，防止安装后超出柱顶，对立柱、挡板的倒运、安装应符合

混凝土强度要求并防止碰撞和振动，以免损坏构件。

③ 锚杆挡土墙立柱间距要求正确或用卡尺固定，以使挡板和柱搭接部分尺寸符合施工图要求；挡板与立柱搭接部分接触面应保持平整，可填入少量砂浆，避免产生集中受力。

④ 锚杆焊接、锚固及防锈是锚杆施工中的关键工序，应严格按施工工艺操作。

（9）铺设反滤层泄水孔。

泄水孔按施工图要求设置，孔径为ϕ80 mm，当墙背土为非渗水土时，应在最低排泄水孔至墙顶以下 0.5 m 高度内，填筑不小于 0.3 m 厚的砂砾石等反滤层。

① 墙后土石回填。

挡板后填料应均匀，不应填入大块石料，以免挡墙集中受力。

② 分级平台封闭。

分级式挡土墙平台应回填密实，并做好泄水坡或设排水护板。

6. 主要机具设备

主要配套机械设备应根据设计，结合现场实际情况，综合考虑工程数量、进度等因素配备。一般较小工程数量的主要机械设备见表 2.28。

表 2.28　主要机械设备

序号	设备名称	规格型号	单位	数量
1	空压机	9 ~ 12 m^3	台	1
2	潜孔钻机	65 ~ 110 mm	台	2
3	注浆机	＜4 MPa	台	1
4	钢筋加工设备		套	1
5	混凝土施工设备		套	1

7. 劳动力组织

施工劳动力应根据具体工程数量和施工进度的有关要求配备，一般情况的劳动力组织见表 2.29。

表 2.29　劳动力组织表

序号	工种	人数	备注	序号	工种	人数	备注
1	现场负责人	1		5.	钢筋	4	
2	技术负责人	1		6	架子及混凝土	6	
3	钻孔	4		7	修理及电工	1	
4	注浆	3		8	杂工	2 ~ 4	

8. 质量要求及质量控制要点

（1）钻孔。

① 钻孔直径、深度、倾斜度应满足设计及规范要求。

② 钻孔位置应根据设计精确定位，间距不应大于 2 cm。

（2）锚杆。

① 锚杆钢筋的直径、长度、顺直度应符合设计要求。

② 锚杆应按设计安装对中器，保证锚杆位于钻孔中心。

③ 锚杆头嵌入肋柱的长度或锚杆头与面板的连接长度应符合设计要求。

（3）注浆。

① 注浆应严格按配合比进行，大面积注浆前应进行试注。

② 注浆压力符合设计要求，注浆应饱满。有条件时，应采用锚杆注浆密实度检测仪检测注浆密实度。

（4）锚垫板及墙体。

① 当现浇肋柱时，锚杆头嵌入肋柱的长度应符合要求并与骨架钢筋按设计连接；当采用拼装面板或肋柱时，锚头与肋柱、面板的连接方式及长度应满足设计要求。

② 肋柱平面位置应符合设计及规范要求，以保证预制挡土板的安装精度。

③ 墙体的平面位置、倾斜度、混凝土强度均应符合设计及规范要求。

（5）质量控制要点。

① 钻孔。钻孔的直径、深度、倾斜度必须满足设计及规范要求，尤其是坡面破碎时，应防止坍孔。

② 注浆。严格按配合比施工，从孔底向孔口注浆，并保证注浆的密实度。

③ 锚杆与肋柱（或装配式墙面板）的连接长度、连接方式必须符合设计要求。

9. 质量通病的防治及处理

（1）成孔不符合要求。主要表现为坍孔、倾角不符等两种形式。

① 形成原因。

a. 钻孔支架固定不牢固，钻机钻进过程中位置发生改变；

b. 受坡面岩性影响或成孔时间过长，孔内坍孔；

c. 空压机压力不够或所配套钻机过多，无法全部吹出钻渣。

② 处理方式。

a. 坍孔处理。原孔重钻，并提高压缩空气压力，增加吹渣能力；严重坍孔，应先灌注纯水泥浆或水泥砂浆后重新施钻；

b. 偏孔处理。孔内灌注纯水泥浆或水泥砂浆，重新施钻。

③ 预防措施。

a. 支架搭设必须牢固可靠，尤其钻机支架应保证稳定，在钻机过程中不发生移位；

b. 空压机应与钻机配套，在破碎岩层中钻进时应增大吹渣压力，并且成孔后及时进行下一步工序。

（2）注浆不密实。

① 形成原因。

a. 注浆时，拔管速度过快，注浆压力不够；

b. 未注满钻孔。

② 处理方式。采用千斤顶拔出锚杆，重新钻孔，重新注浆。

③ 预防措施。

a. 注浆时，严格按设计、规范要求的程序进行，拔管速度与注浆速度配套；

b. 注浆压力必须满足设计、规范要求，当压力无法达到要求时，应暂停施工，拔出锚杆，查明原因后重新清孔注浆；

c. 注浆时，应待排气管（出浆管）冒出稠浆，并持续保持一定注浆压力后方能停止；

d. 注浆配合比设计时，可考虑掺加铝粉等微膨胀剂。

10. 安全及环保措施

（1）施工前，对边坡进行全面清理，清除浮土、危石等，当锚杆挡土墙上方还有边坡等时，还应在顶部增设临时防护。

（2）支架搭设应牢固可靠，必要时，需在坡面设连接杆，将支架与坡面连接为整体。

（3）工作步板需固定牢固，作用面处应挂设安全网，施工人员必须佩戴安全帽。

（4）空压机等压力设备，应加强检查与检修，保证可靠的工作状态。

（5）钻孔作业区的粉尘浓度不应大于 10 mg/m^3。施工应按规定要求测定粉尘浓度。

（6）钻孔及灌浆作业人员，应采用个人防尘、防护面具。

（7）灌浆剩余砂浆收集处理，不得随意丢弃。

2.9 面板式加筋土挡土墙施工工艺

面板式加筋土挡土墙是由轻型面板、拉筋及填料所形成一种整体的新型支挡结构。墙面是由预制钢筋混凝土面板拼装而成，每块面板与拉筋连接，墙背由填料填充压实，墙面、拉筋及填料三位一体，起到稳定作用。加筋挡土墙具有造型美观、造价低、施工工期短、应用范围广等特点，越来越广泛地应用于公路、铁路工程中。

1. 工艺特点

（1）圬工数量少、造价低。

（2）墙面装饰美观。

（3）面板和拉筋可批量预制，施工进度快。

2. 适应范围

适用范围广，特别是对片石资源缺乏的地区极为适应。

3. 工艺原理及设计原理

墙面板所受的水平压力（即填料产生的水平压力与荷载产生的水平压力之和）由连接在每块面板上的拉筋所产生的拉力予以平衡。拉筋的拉力即埋入填料中拉筋所受填料的摩擦力。

4. 操作要点

（1）预备面板和拉筋。

① 根据钢筋混凝土面板设计的各种型号和形状及面板与拉筋连接的方式，准确计算出各种型号面板的数量，有计划地对各型面板进行预制。

② 根据不同材料的拉筋（聚烯烃复合工程塑料带、钢塑复合拉筋带、钢筋混凝土拉筋条）型号，由专业厂家定制或自行预制拉筋带或拉筋条。为了便于搬运，钢筋混凝土拉筋采取预制

③ 拉筋节串联焊接而成，拉筋节长度以不超过 2 m 为宜。

（2）设计制作面板及钢筋混凝土拉筋节的模型

① 面板灌注模型采用钢模，模型各部尺寸必须精确，端面要光滑，安装要方便、牢固并易拆卸。

② 每种型号面板及拉筋节要制作多组模型，以利于成批灌注。

（3）预制钢筋骨架。

① 不同型号的面板和拉筋节，钢筋骨架不同。在灌注前应根据设计图纸制作好各型钢筋骨架。

② 预制好的钢筋骨架应分型号妥善储放，以免锈蚀。对已经锈蚀的钢筋要除锈。

③ 预埋连接钢筋或钢筋环应准确安装在设计要求的位置上，并与骨架连接牢固。连接钢筋应确保焊接质量。

（4）立模。

立模时须同时立多组模型，以利于成批灌注。灌注时，面板表面在模型面，背面采用人工抹光。

（5）灌注面板及拉筋节混凝土。

① 要按设计强度做好施工配合比。

② 拌和料计量要准确，搅拌要均匀，以确保面板和拉筋节的混凝土强度。

③ 应选用粒径为 1 ~ 3 cm 的碎石，以利捣固密实。

④ 面板的捣固采用插入式捣固器，严格控制捣固时间及捣固顺序，以防面板表面出现水泡及麻面，确保面板表面的光洁度。

⑤ 可添加早强剂，以利于加快施工进度。

⑥ 在混凝土初凝时要分别用木抹和钢抹将面板背面抹平抹光。拉筋节表面不要求平顺光洁，以确保有较大的摩擦系数。

（6）基础施工。

① 挡土墙基底的承载力，直接关系到挡土墙的稳定性。经检查基底承载力达不到设计要求时，必须按设计要求及有关规范进行处理。

② 墙面基础承载力必须达到设计要求后方能灌注基础混凝土。

③ 墙面基础一般设计为现浇的 C15 混凝土条形基础，应严格按施工配合比施工，用插入式振动器捣固，确保混凝土强度。基础混凝土灌注完后，用 1∶2 水泥砂浆抹平。基础混凝土施工时，要严格控制基础混凝土顶面的标高及尺寸，以便面板安装时能顺利进行。

（7）墙体施工。

墙体为分层施工，每层含墙面板安装、填料、摊铺、夯实、拉筋节安放、焊接、防腐处理各道工序。

（8）面板安装。

① 底层面板必须将墙基找平、画线后进行。以上各层面必须挂线安装。

② 每层面板尽可能按沉降缝分段进行安装。首先在两端各精心安装一块面板作为标准，再挂线安装中间的面板。

③ 由于灌注面板时可能产生尺寸误差，在拼装时，须用凿子、手砂轮等工具对面板周边楔口进行整修。必要时还须用砂浆进行调整，使其表面与标准面板平行，上周边与标准面板

上周边水平，且整个墙面与基础面垂直。

④ 墙面设计是垂直的，但考虑到碾压后墙面会产生一定的向外倾斜，施工时应向内收坡1.6%。

（9）填料的填筑、摊铺及夯实。

① 每层填料填筑高度以夯实后基本上与面板预埋连接钢筋齐平为准。

② 墙内填料应采用 $\varphi=35°$ 、$r>18\ kN/m^3$ 的砂类土、砾石土、碎石土及砂夹卵石，以确保拉筋受到较大的摩擦力。填料为砂夹石时，卵石含量不得超过 30%，卵石的最大粒径不得大于 10 cm。填料为其余种类时，紧靠墙背后必须填 0.3 m 厚的砂夹卵石反滤层。

③ 填料在摊铺填筑及夯实时，不得使用大型机械，以免损伤拉筋，影响墙面的稳定性。

④ 填料的密实度，关系到墙体的稳定性，必须加强夯实。砂夹卵石采用水夯法，其余种类填料用小型压路机压实。压实的顺序为：拉筋中部—尾部—前部，压实系数 $K>0.9$。

（10）拉筋铺设

① 拉筋应平直、密贴地铺设在已碾压密实的填料上，同一层拉筋应保持在同一水平面上，并垂直于面板。可用加垫中粗砂或掏沟槽的办法来满足其要求。

② 对复合拉筋带的铺设时，要控制好预拉力。预拉力过大，墙面板将被向内拉动；预拉力过小，拉筋带未张紧，填土碾压后墙面板将外移，致使墙面不平整。可采用张紧器对布好的一排拉筋带同时张紧的办法来完成。面板的预埋拉筋环，应在安装前就刷两道防锈漆，待拉筋定位后，应及时用水泥砂浆保护。

③ 铺设预制钢筋混凝土拉筋时，面板预埋连接钢筋与拉筋节之间的焊接要牢固，钢筋的焊接接头和外露部分要认真进行除锈、防锈、防腐处理。

5. 主要机具设备

面板式加筋土挡土墙施工主要机具见表 2.30。

表 2.30　主要机具设备表

序号	机具名称	主要用途	单位	数量	备 注
1	自卸汽车	运输填料	辆		根据填料数量及运距确定
2	装卸机或挖掘机	装填料	台	1	
3	小型振动压路机	夯实填料	台	1 ~ 2	
4	附着式振动器	预制混凝土的捣固	台	3 ~ 5	
5	插入式振动捣固器	灌注墙基混凝土捣固	台	2	
6	混凝土拌和机	拌和混凝土	台	1	
7	潜水泵	混凝土拌和及填料用水	台	1	
8	钢筋切断机	钢筋下料	台	1	
9	电焊机	面板与拉筋及拉筋间连接	台	1	
10	手砂轮	修整面板	台	1	
11	铁铲	填料摊铺	台	5 ~ 10	
12	双向水平尺	安装面板	把	1	

注：上表机具是就按所用拉筋为预制钢筋混凝土拉筋配置。

6. 劳动力组织

由于预制面板、拉筋与墙体建筑施工不同时进行，故可由同一组人员完成预制混凝土件和墙体建筑操作，详细劳动力组织见表 2.31。

表 2.31 劳动力组织表

序号	人员	作业内容	人数	备注
1	代班员	全面指挥调度计划安排	1	
2	技术员	技术管理、质量监督	2	
3	实验员	混凝土质量及填料密实度检测	2～3	
4	挖装司机	挖装填料	1	
5	汽车司机	运输填料		根据填料数量及运距而定
6	电焊机	钢筋焊接	1	可兼其他操作
7	拌和司机	拌和机操作	1	
8	安砌工	墙面板安装	3～4	
9	普工	钢筋加工，混凝土灌注，面板和拉筋搬运，拉筋铺设，填料摊铺、整平、夯实，钢筋除锈防腐等	9	

7. 质量要求反质量控制要求

（1）为了确保预制墙面板和拉筋的质量，试验人员要按规定做好试件检测。

（2）每块面板尺寸要精确，面板间的拼缝应不大于 10 mm。墙面板安装时要认真仔细，安砌人员要认真用双向水平仪检测面板的垂直度及上周边的水平度（面板安装时，每 5 m 设一标桩，每安装三层后，要测量标高和轴线一次），力求整个墙面平顺、美观，倾斜度 $< 1°$。

（3）面板的预埋连接钢筋与预制钢筋混凝土拉筋间必须双面焊接，焊缝长度不得小于钢筋直径的 4 倍，以确保焊接质量。

（4）面板的预埋拉筋环，应在安装前就刷两道防锈漆，待拉筋定位后，应及时用水泥砂浆保护。铺设预制钢筋混凝土拉筋时，面板预埋连接钢筋与拉筋节之间的焊接要牢固，钢筋的焊接接头和外露部分要认真进行除锈、防锈、防腐处理。

（5）墙体填料的密实度关系到墙体的稳定性，墙体填料每层夯实后，试验人员必须进行检测，密实度达不到设计要求须再行夯实。加筋体内压实系数 $K > 0.9$，挡土墙基础以下压实系数 $K > 0.85$。

8. 安全及环保措施

（1）所有司机和操作人员必须严格遵守安全操作规程。

（2）墙体建筑必须严格按工艺流程和操作要点施工。

（3）墙面安装至高处时，必须搭设牢固的脚手架进行施工操作。必要时，可搭设支撑架支撑拼装，严禁支承于尚未与拉筋连接起来的墙面面板，以防面板倾倒。

（4）施工中对作业人员要进行宣传教育，树立环保意识，做到文明施工。严格遵守《环境保护法》《水土保持法》等有关法律，接受地方环境部门的监督、检查。施工废弃物要及时回收。

2.10 土钉固定钢筋混凝土骨架边坡防护施工

土钉固定钢筋混凝土骨架边坡防护施工技术是利用锚杆穿过有裂隙的岩层，利用岩层内锚杆与表层钢筋混凝土骨架的紧密结合使得整段边坡表层形成一个整体，从而防止表层崩塌，达到加固边坡的目的。

1. 工艺特点

（1）本工艺适用的边坡类型较广，而且可以根据边坡的稳定情况通过加长锚杆和骨架配筋来达到边坡防护的要求，但不改变防护类型。

（2）本工艺工序衔接性强，先后顺序要求明显，必须在上一工序完全完成后才能进行下一工序。

（3）整个防护形式需要的工种不多，人员相对固定，易于控制工程质量、安全、进度等。

（4）无需大型的施工机械设备，人员、支架、机具等移动灵活方便。

（5）对施工场地要求不高，与同段落其他工程项目施工干扰少。

（6）高空作业较多，施工安全要重点进行监控。

2. 适用范围

土钉固定钢筋混凝土骨架边坡防护适用于坡面破裂的硬岩或层状结构的不连续地层，以及坡面岩石与基岩分离并有可能下滑的路堑边坡，特别是岩层倾角接近边坡坡角和有裂隙的岩层更为适合。

3. 工艺原理

根据坡面岩石的稳定情况选用合适的锚杆长度和直径以及骨架的形式。锚杆外露以便与骨架内钢筋骨架焊接形成整体，以达到稳固边坡的目的，同时在骨架内采用土工格室固土植草绿化边坡。

4. 施工要求

（1）锚杆。

① 锚杆类型。锚杆一般采用全长黏结型锚杆，根据边坡岩石稳定情况选用不同的深度和直径。

② 锚杆长度及直径。锚杆长度一般为 3 ~ 10 m，锚杆为柯 ϕ 6 ~ 28 mm 不等。

（2）钢筋混凝土骨架。

钢筋混凝土骨架一般采用人字形、菱形、方格形等。

（3）骨架内防护。

边坡的稳定已通过锚杆加混凝土骨架来保证，为了达到环保、生态的目的，骨架内一般采用土工格室固土植草。

5. 操作要点

（1）施工准备。

① 设计文件复核。

认真参照边坡岩体情况结合设计图纸进行审核，检查锚杆材料、类型、规格、质量以及性能是否与设计相符，特别是锚杆的长度、间距、孔径以及处于曲线段的锚杆布置要在施工前校核确定。

② 备料。

按设计要求截取杆体，并调直、除锈和除油。

（2）锚杆拉拔力试验。

施工前，要取两根锚杆进行钻孔、注浆与锁定等试验性作业，考核施工工艺和设备的适应性，确保各项指标都达到设计和规范要求后方可全面组织施工。

（3）开工准备。

水、电、路“三通一平”条件要具备，锚杆材料性能试验，钢筋性能试验，粗、细集料性能试验，砂浆、混凝土配合比试验等已完成。

（4）施工放样。

在进行人字形骨架和主骨架轮廓放线之后，按照图纸要求进行定位。特别注意孔位允许偏差为±15 mm，锚杆孔距误差不超过 150 mm。

6. 施工工艺

（1）坡面清理。

按照设计边坡坡率逐段进行检查，对坡面不顺及局部有凸出部分要进行凿除、平整，并将坡面及坡顶松散石块清除干净。

（2）支架搭设。

根据锚杆的长度设置足够宽度的脚手支架，确保钻孔及注浆的顺利进行，支架搭设要做到稳定、牢固。

（3）锚杆及排水管成孔。

锚杆采用锚杆钻机钻孔。锚杆轴线在非顺层地段处与坡面垂直，在顺层地段与坡面大角度相交。钻进达到设计深度后，不能立即停钻，要求稳钻 1 ~ 2 min，防止孔底尖达不到设计孔径。钻孔孔壁不得有沉渣及水体黏滞，必须清理干净，在钻孔完成后，使用高压空气（风压 0.2 ~ 0.4 MPa）将孔内岩粉及水体全部清除出孔外，以免降低水泥砂浆与孔壁岩体的黏结强度。钻孔要符合以下要求：钻孔圆而直，钻孔方向尽量与岩层主要结构面垂直，钻孔质量和锚杆材料质量是锚杆施工质量的关键。

（4）锚杆注浆。

孔深、孔径验收合格后灌注水泥砂浆，砂浆拌和均匀，随拌随用，一次拌和的砂浆要在初凝前用完。砂浆质量是确保黏结力和锚固力的核心，必须高度重视。

骨架开槽因基坑断面较小，深度只有 30 cm 左右，无法采用机械开挖，一般采用人工开挖的方法进行，开挖时严格按照测量放样的位置进行，并不得出现超挖或欠挖。

（5）钢筋绑扎。

钢筋制作安装，钢筋接头需错开，同一截面钢筋接头数不得超过钢筋总根数的 1/2，且有焊接接头的截面之间的距离不得小于 35 倍钢筋直径并不小于 50 cm。锚杆外露部分与骨架钢筋的单面焊接长度必须保证 10 d 的要求，如锚杆钢筋与骨架主筋错位时，可局部调整骨架主筋的位置。

（6）混凝土浇筑。

混凝土在拌和站集中拌和，混凝土罐车运至现场，吊车吊装人模，使用插入式振动棒进行振捣。混凝土的浇注顺序，必须自边坡由下向上进行，以保证混凝土更易成型。混凝土的浇注，尤其在锚孔周围，钢筋较密集，一定要加强振捣，保证质量。

（7）养护。

在混凝土浇筑 12 ~ 24 h 后覆盖养护，养护时间不得少于 7 d。

7. 主要机具设备

主要机具设备见表 2.32。

表 2.32　主要机具设备

序号	机械名称	型号	数量	备注
1	注浆泵	BW-250/50		
2	锚杆钻机	VY3		
3	空压机	FZ-18		
4	风钻机			
5	混凝土拌和站	HZC-50		
6	吊车	QY-8		
7	混凝土运输车	T25160J		
8	自卸车	FD-75		
9	电焊机			
10	钢筋弯曲机			
11	插入式振动棒			

8. 劳动力组织

本施工工艺各工序相对独立，又相互衔接、关联，根据本工程特点，劳动力组织分以下作业，如表 2.33 所示。

班组：① 边坡清理及骨架基础开挖级；② 钻孔组；③ 注浆组；④ 钢筋制作组；⑤ 混凝土施工组；⑥ 土工格室安装及培土植草组。

表 2.33　边坡支挡与防护施工

劳动力组织表			
序号	作业班组	主要工作内容	人数
1	作业队长	现场组织、指挥和协调	1
2	钻孔班	钻孔	6
3	混凝土班	混凝土施工	9
4	钢筋班	管钉制作安装、加强筋焊接	8
5	灌浆班	水泥浆制备及管钉内灌浆	6
6	普通班	坡面清理、骨架槽开挖、植草等	10

9. 质量要求及质量控制要点

（1）土钉固定钢筋混凝土骨架施工质量要求。

① 钻孔圆而直，钻孔方向尽量与岩层主要结构面垂直。钻孔孔径要大于杆体直径 15 mm，锚杆孔深允许偏差为± 50 mm。

② 注浆开始或中途暂停超过 30 min 时，要用水润滑注浆泵及其管路，注浆孔口压力控制在 0.4 ~ 0.6 MPa 之间。

③注浆管要插至距离孔底 5 ~ 10 cm 处，随水泥砂浆的注入缓慢匀速拔出，直到注满为止。

（2）质量控制要点。

① 锚杆安设后不得随意敲击，其端部 3 d 内不得悬挂重物，在砂浆凝固前，做好锚杆防护工作，防止敲击、碰撞、拉拔杆体和在加固下方开挖。

② 水泥砂浆强度达设计强度 80%以上，才能进行锚杆外端部弯折施工。

③ 根据施工现场勘察情况，看有无排水的需要。若在施工过程中有其他原因需要排水，则采取相应措施，以不冲刷坡面为原则。

④ 混凝土骨架边缘从不同方向观察均应在一条直线上，要求施工前应预先全面进行测量放样，特别是在曲线段要根据曲线半径不同适当调整骨架上下边的尺寸，以保证骨架的顺直。

10. 质量通病的处理

（1）锚杆与钻孔中心线不重合，砂浆包裹不均匀。应在锚杆钢筋上每相隔一定距离（一般为 2 ~ 2.5 m）设置一道定位环，定位环外径比钻孔孔径小 5 ~ 10 mm。

（2）伸缩缝两侧混凝土骨架边缘不在一条直线上，形成折线或错台。应在坡后、铺杆钻孔前就全面放样，先确保锚杆在整个坡面两个方向均在一条直线上，在骨架混凝土模板安装时以相邻尚未施工的骨架作为复核。

（3）骨架与坡面接触处混凝土漏浆、胀模。由于坡面为石质，开挖时出现凹凸不平，导致在模板底面形成空隙，且在边坡上加固较困难，因此应该选择刚度较好的模板，加密支撑，不易支撑处在模板背面钻孔埋设短钢筋支撑，另外适当提高堵塞砂浆强度。

11. 安全反环保及措施

（1）施工中，定期检查电源线路和设备的电器部件，确保用电安全。

（2）水箱、锚杆钻机、注浆泵等应进行密封性能和耐压试验，合格后方可使用。

（3）注浆施工作业中，要经常检查出料弯头、输料管、注浆管和管路接头等有无磨破击穿或松脱现象，发现问题，应及时处理。

（4）处理机械故障时，必须使设备断电、停风。向施工设备送电、送风前，应通知有关人员。

（5）向锚杆孔注浆时，注浆泵内应保持一定数量的砂浆，以防罐体放空，砂浆喷出伤人。

（6）非操作人员不得进人正施工的作业区。施工中，喷头和注浆管前方严禁站人。

（7）施工操作人员的皮肤应避免与速凝剂等直接接触，施工过程中指定专人加强观察，定期检查锚杆抗拔力，确保安全。

（8）施工中对作业人员要进行宣传教育，树立环保意识，做到文明施工。严格遵守《环境保护法》《水土保持法》等有关法律，接受地方环境部门的监督、检查。施工废弃物要及时回收，集中处理。

（9）加强与当地气象部门、水文部门的联系，及时掌握气候情况及水文情况，做好防护、抗灾准备，为植被防护施工和养护管理提供科学指导。

2.11 坡面防护工程施工工艺

坡面防护工程施工工艺主要包括植物防护、骨架植物防护、圬工防护及封面、捶面等，本文重点介绍常用的三维植被网防护、骨架植物防护、砌石圬工防护施工工艺。

1. 工艺特点

施工工艺较简单，使用材料较普遍；坡面防护设施，不承受外力作用，坡面岩土整体稳定。

2. 适用范围

坡面防护适用于边坡稳定的路基防护，坡度范围 1∶0.5～1∶1.5。混凝土预制块护坡多用在路堤边坡；连片的及带窗孔的护面墙，用于路堑边坡。但由于石砌圬工及混凝土防护造价高、易破损等诸多问题，从保护环境的角度出发，建议大力推广既能改善生态环境、美化景观，又一劳永逸的种草防护。

3. 工艺原理

坡面防护主要是保护路基边坡表面免受雨水冲刷，减缓温差及湿度变化的影响，防止和延缓软弱岩土表面的风化、碎裂、剥蚀演变进程，从而保护路基边坡的整体性，同时兼顾路基美化和协调自然环境作用。

4. 工艺设计要求

（1）材料要求。

① 水泥。选用 P.O 32.5 级水泥，水泥终凝时间应大于 6 h。不得使用早强、快凝型水泥。

② 片（块）石。

a. 石料强韧、密实、坚固与耐久，质地适当细致，色泽均匀，无风化剥落、裂纹及结构缺陷。

b. 片石的厚度不应小于 150 mm，用作镶面的片石，要选用表面较平整、尺寸较大的，并且稍加修整。

c. 块石为大致方正，上下面大致平行，表面凹陷深度不得大于 20 mm；石料厚度 200～300 mm，石料宽度及长度应分别为石料厚度的 1～1.5 倍和 1.5～3 倍。

③ 砂的要求。砂采用中砂或者是细砂，砂的最大粒径不得超过 5 mm。

④ 水。水要洁净，不含有害杂质，水须经过化验合格方能使用。

（2）坡面防护结构选择。

防护类型选择，应综合考虑工程地质、水文、边坡高度、环境条件、施工条件和工期等因素影响，一般采取植物防护、骨架植物防护、圬工防护及封面、捶面等防护形式，对于路基稳定性不足或存在不良地质因素的路段，需要边坡防护与支挡综合设置。

（3）外形及设计要求。

① 保护路基的整体稳定性并与自然环境相结合。

② 路基土石方工程成型一段防护一段，防止坡面受雨水冲刷、风化而造成坍塌。

5. 施工准备

（1）施工前用全站仪和水平仪精确放线定位，边坡土及护脚、基坑采用机械与人工配合开挖。

（2）在施工范围内，按设计坡率修整边坡，将坡面树桩、有机质或废物清除，坡面局部凹陷的地方，应夯实整平，以免遭水浸害，砌筑之前必须将基面或坡面夯实平整。

6. 施工工艺

（1）三维植被网防护。

① 适用范围。

适用于砂性土、土夹石及风化岩石，且坡率缓于 1∶0.75 的边坡防护。

② 施工准备。

施工前，备好经检测符合设计要求的土工网垫、黏性土壤、竹钉等。

③ 操作要点。

a. 坡面平整。将预铺网垫的坡面用人工平整夯实达到设计要求。

b. 铺种植土。在平整好的坡面上铺种植土，土壤厚度可视土壤类型及坡面平整度做适当调整。

c. 铺土工网垫。把网垫铺设在坡面上，其搭接宽度不得小于 0.2 m，然后用竹钉沿网垫四周以 1.0 m 间距固定，路堤固土网垫伸入护肩不小于 0.6 m。路堤坡脚处埋入地面以下不小于 0.4 m，坡脚有脚墙段埋人脚墙内侧 0.6 m 范围内，路堑堑顶外 1.0 m 设三角形封闭槽，槽深 0.4 m，固土网垫埋入封闭槽底，堑底同路堤坡脚设置。

d. 撒草籽。网垫铺设完后，首先在网垫上撒厚约 1 cm 粉细砂，然后撒种草籽，再撒厚 1 cm 左右粉细砂并拍实，最后浇水养护。

e. 场地清理。施工完成后进行场地清理工作，做到工完料尽，场地整洁，文明施工。

f. 定期浇水养护。

（2）骨架植物防护。

① 适用范围。

骨架植物防护包括浆砌片石或水泥混凝土骨架植草防护、多边形水泥混凝土空心块植物防护，适用于土质和全风化岩石坡率缓于 1∶0.75 的边坡，当坡面受雨水冲刷严重或潮湿时坡率应缓于 1∶1。

② 施工准备。

a. 施工前先清理施工场地，修整边坡使砌筑地带的标高和边坡坡度符合设计要求，然后按图纸所示的尺寸进行骨架挖槽施工放样；

b. 检查砌筑地带的标高和边坡坡度是否符合设计要求；

c. 根据设计尺寸在预制场内进行混凝土预制块的集中预制。

③ 操作要点。

a. 边坡开挖。根据设计坡度进行边坡骨架基槽挂线开挖，坡面清刷后拍打密实、平整。

b. 混凝土预制块砌筑。经检查砌筑地带的标高和边坡坡度符合设计要求后，即可进行混凝土预制块砌筑，混凝土预制块砌筑要求整齐、顺直，无凹凸不平现象。

c. 混凝土预制块自下而上挂线砌筑，保证坡面平顺，并交错嵌紧，砌体隔 10 ~ 15 m 设置沉降缝一道，并在设计位置预留泄水孔。

d. 骨架形成后，应及时进行铺草皮或播种草种。

e. 养护。经必要的养护后，将砌筑材料的残留物清除干净，同时不得损坏已成的网格，如有松动或脱落之处必须及时修整。

f. 定期浇水养护。

（3）砌筑圬工坡面防护。

① 适用范围。

浆砌片石护坡适用于坡度缓于 1∶1 的易风化岩石和土质路堑边坡；水泥混凝土预制块护坡适用于石料缺乏的路基边坡防护；护面墙适用于易风化或风化严重的软质岩石的挖方边坡以及坡面易受侵蚀的土质边坡，边坡不陡于 1∶0.5。

② 施工准备。

a. 砌体砌筑前先行测量放样、立杆挂线，确保线形顺直，砌体平整；

b. 先清除边坡松动岩石，清出新鲜面，边坡上的凹陷部分挖成台阶，以便施工时用同标号的圬工砌补。

③ 操作要点。

a. 分段跳槽开挖基坑，开挖的断面尺寸符合设计要求，并报监理工程师检查合格后，方可进行基础砌筑。

b. 砌筑基础、坡面时，均采用人工挤浆法操作。拌制水泥砂浆严格按照施工配合比配料。

c. 砌筑基础的第一层砌块时，如基底为土质，夯填密实后，则可直接坐浆砌筑；如基底为岩层，则必须将其表面湿润后再坐浆砌筑。

d. 每隔 2 ~ 3 m 时，上下左右交错设置泄水孔，孔径 0.1 m，墙身沿线路方向每隔 10 ~ 15 m 设沉降缝，缝宽 2 cm。护坡下设砂砾垫层，顶部应用原土夯填，以免水流冲刷。

7. 主要机具设备

主要机具设备见表 2.34。

表 2.34　主要机具设备表

机械设备名称	数　量	机械设备名称	数　量
挖掘机	1 台	砂浆拌和机	2 台
装载机	1 台	全站仪	1 台
运输车	5 辆	水准仪	1 台
15 kW 发电机	2 台	预制块成型机	2 台

8. 劳动力组织

劳动力组织见表 2.35。

表 2.35　劳动力组织表

作业内容	人　数	备　注
边坡基槽开挖	15	挖基整形

续表

作业内容	人数	备注
预制块制作、安装	35	
石料修凿、安装	20	
试验、测量	3	现场材料、试验检测
技术人员	1	施工技术交底
领工员	1	质量、工期、安全
合计	75	

9. 质量要求及质量控制要点

（1）施工质置检查。

① 浆砌片石护坡、护面墙质量检查。

a. 检查基本要求。浆砌片石护坡、护面墙砌体咬扣紧密，嵌缝饱满密实，沉降缝、泄水孔的位置和数量符合设计要求。

b. 检查项目。

护坡、护面墙检查项目见表2.36。

② 混凝土预制块网格护坡及各式砌体护坡。

a. 检查基本要求。

骨架植草护坡的混凝土预制块尺寸、强度符合设计要求。

b. 检查项目。

表2.36　护坡、护面墙检查项目

序号	检查项目	规定值或允许偏差	检查方法
1	砂浆强度/MPa	在合格标准内	按JTG F80/1—2004附录F检查
2	顶面高程/mm	±50	每50 m用水平仪检查3点，不足50 m时至少3点
3	表面平整度/mm	30	2 m直尺检查，护坡每50 m量3处，每个锥坡3处
4	坡度	不陡于图纸规定	每50 m用坡度尺抽量3处
5	厚度/mm	不小于图纸规定	每100 m检查3处
6	底面高程/mm	± 50	每50 m用水准仪检查3点

③ 混凝土预制块网格护坡检查项目见表2.37。

表2.37　混凝土预制块网格护坡检查项目

序号	检查项目	规定值或允许偏差	检查方法
1	砂浆强度/MPa	在合格标准内	按JTG F80/1—2004附录D及附录F检查
2	网眼尺寸/mm	±100	尺量每50 m量3点，不足50 m至少3点
3	坡度	不陡于图纸规定	每50 m用坡度尺抽量3处
4	边棱直顺度（mm）	±50	用网眼边长直尺检查，每50 m抽量3处
5	表面平整度（mm）	±30	用2 m直尺检查，每50 m量3处
6	嵌入度/mm	± 50	用尺量外露部分，每50 m量3处

（2）质量控制要点

① 三维植被网防护质量控制要点。

a. 采用聚乙烯固土网垫，材料规格和性能满足设计要求。

b. 铺设网垫前要平整坡面，保证网垫铺设后与坡面紧贴，网垫之间搭接不得有空隙。

c. 网垫铺设前要在坡面上铺大约 50 ~ 75 mm 厚的黏性种植土。

d. 草籽选用施工季节易生长的草籽，撒种时不能在大风天气中进行，草籽撒完后用扫帚来回加扫几下，保证草籽全部落入网垫凹处的土上。

e. 撒播草籽后，及时覆盖种植表土并适当拍压，做好洒水养生工作，养生期不少于 30 d。

② 骨架植物防护质量控制要点。

a. 混凝土预制块集中预制，机压成形，表面做到平整、光滑。

b. 沉降缝需用沥青麻絮填塞紧密，深度不小于 2 cm。

c. 对于严重潮湿的土质边坡，采取有效的排水措施整治后，方可砌筑。

③ 砌筑圬工坡面防护质量控制要点：

a. 基坑开挖符合设计标高和尺寸，地基承载力不小于 300 kPa。

b. 按设计要求的沉降缝长度，分段砌筑，其泄水孔、反滤层与墙体同步进行。泄水孔可预留孔洞，反滤层要求砌高一层及时铺筑一层。沉降缝两端要竖直、平整，不能交错或接触。泄水孔后面做好反滤层，保证泄水畅通。

c. 砌体外露面选用较平整的片（块）石砌筑，沟槽与其他建筑物自然圆滑连接，做到外表美观顺直。

d. 施工所用的砂浆采用砂浆搅拌机拌和。

e. 加强砌体或混凝土的养生工作，以确保工程质量。

10. 质量通病的处理

质量通病的处理方法见表 2.38。

表 2.38　质量通病的处理方法

质量通病	形成原因	预防及处理措施
块石及片石强度低	块石及片石进场前未进行检验	块石及片石进场前应进行检验，质量符合规定
	部分石料风化	剔除风化石
砌缝砂浆强度低	砂浆中所用水泥、砂等材料质量不符合规范要求	对原进场材料按要求进行检验，不合格材料坚决清理出场
	未进行砂浆试配	砌筑开工前按要求进行砂浆强度试配
	拌和时对各种原材料未按要求进行计量	拌和过程中各种原枋料用量计量要准确
	未采用机械拌和，而是采用人工随意加料拌和	砂浆应采用机械集中拌和，不允许人工拌和
	拌和好的砂浆未及时用于砌筑	拌和好的砂浆摆放时间不能过长，要及时用于砌筑
	砂浆运输过程中离析	砂浆运输线路不能过长，拌和场地尽可能靠近施工现场
	未进行有效养生	加强养生

续表

质量通病	形成原因	预防及处理措施
砌缝不密实、不饱满	砌筑时先干砌后灌浆	砌筑时应先坐浆
	填缝砂浆没有插捣密实	对填缝砂浆一定要插捣密实，不留空隙
勾缝砂浆剥落较多	砂浆勾缝后没有进行养护	砂浆勾缝后要进行养护
	勾缝前砌缝表面的泥土及浮浆没清理干净	勾缝前要将砌缝表面的泥土及浮浆清理干净
草籽植被不均匀	部分漏撒	采用机械播撒，防止漏撒
	草籽质量差	选择较好的草种
	坡面土质不适合草籽生长（如灰土）	坡面换填一层适合草籽生长的耕植土层
	播草籽后浇水不及时	播籽要及时进行浇水
土工网垫与坡面连接不密贴	坡面不平整	铺网垫前将坡面整平
	坡面杂物未清理干净	铺网垫前将坡面杂物清理干净
土工网剥落	网垫锚钉偏少	按设计要求和实际需要布设锚钉
	网垫搭接长度不够	保证有足够的搭接长度

11. 安全及环保措施

（1）认真检查和处理坡面上的危石，必须彻底清除。

（2）施工中加强技术管理，合理安排施工程序，开挖后及时支护，减少对开挖坡面附近岩石的扰动，保证边坡的安全。

（3）边坡搭设脚手架牢固，操作人员系安全绳、戴安全帽。

（4）搭设施工台架时，一定要安设栏杆及防护网，以避免边坡上出现落石等危险情况。

（5）护面墙砌体应自下而上逐层砌筑，直到墙顶。当砌筑多级墙时，上墙边坡清刷完后，可先砌上墙，有利于施工的进度。

（6）施工中对作业人员要进行宣传教育，树立环保意识，做到文明施工。严格遵守《环境保护法》《水土保持法》等有关法律，接受地方环境部门的监督、检查。施工废弃物要及时回收集中处理。

（7）加强与当地气象部门、水文部门的联系，及时掌握气候情况及水文情况，做好防护、抗灾准备，为植被防护施工和养护管理提供科学指导。

2.12 土工织物防护施工工艺

土工织物是以聚合物纤维为原料制成的具有渗透性的布状土工合成材料。按制造方法的不同，可分为机织土工织物和无纺（非织造）土工织物。无纺土工织物又有针刺型、热粘型和化粘型等。用作防护工程的土工合成材料主要有：用于铺设路堤边坡的土工格栅（宽 2.5 ~ 3.0 m）和用于边坡防护、加筋补强和铺设边坡坡面的立体植被护坡网。

1. 工艺特点

（1）施工工艺简单，易于推广。

（2）施工劳动强度低，施工速度快，生产效率较高。

（3）生产成本低，施工质量好。

2. 适用范围

目前使用的土工织物多为土工布，土工布在施工中常常用作基床加固、基底加固等，根据工程实际需要，经常使用透水土工布和隔水土工布。

3. 工艺原理

将土工格栅分层加在路堤边坡 2.5 ~ 3.0 m 处，以增强路堤边坡的整体性和强度；有的也置于土体内部表层或各层土体之间，起到加强和保护土体的作用；有的用于半挖半填路基和填挖交接处，起连接保护的作用。

4. 工艺要求

（1）土工格栅填筑前，采用自卸汽车沿边缘卸土，用推土机摊铺。

（2）填料经平整碾压密实后，先按幅宽在铺筑层划出白线，然后用铁钉固定格栅的端部（每米宽用钉 8 根，均匀固定）。

（3）固定好格栅端部后，铺筑机将格栅缓缓向前拉铺，每铺 10 m 长进行人工拉紧和调直一次，直至一卷格栅铺完，再铺下一卷，操作同前。

（4）铺设时，格栅无鼓包和褶皱，受力方向与路基受力方向一致。

（5）幅与幅之间采用铁丝捆绑法或编结法搭接 20 cm，搭接牢固，连接强度不低于设计强度，并用 U 型钢卡固定在下层土中后继续向前进方向铺设第二段。

（6）在边坡处 1 m 范围内回填平整 0.1 m 厚度土，将格栅回折 1 m 铺平后，用 U 型钢卡将格栅固定。铺设上层格栅时，上下两层接缝应相互错开 0.5 m。

5. 操作要点

（1）施工准备。

施工前，要检查土工格栅的材料是否合格；土工格栅运到工地后，要有序堆放在料棚里，逐批检查出厂检验单、产品合格证及材料性能报告单，对其主要物理力学指标抽样检验，每批不少于一次。

（2）基底平整。

铺土工格栅前，基底碾压后刮平，填筑坡率符合设计要求，表面平顺。

（3）平铺无皱。

铺设土工格栅时，按强度高的方向将土工格栅铺设在路堤主要受力方向，拉紧展平后用铁钉固定，消除褶皱扭曲后与路基面密贴，要理伸、拉直、绷紧，无褶皱和破损。

（4）搭接牢固。

土工格栅连接时，采用绑扎法或编结方法。铺设多层土工格栅时，上、下层接缝交替错开，错开距离不小于 0.5 m。铺设后及时填筑，避免土工合成材料受阳光直接暴晒时间过长而老化。土工格栅搭接宽度不小于 0.1 m，并在土工格栅的接头上每隔 1.0 m 用 U 形钉固定一处，使土工格栅紧紧地连接在一起。严禁施工机械直接在土工格栅上行走、调头。

（5）及时填筑。

土工格栅使用前避光储存，土工格栅铺设后应及时填筑填料，避免阳光直晒。

6. 主要机具设备

主要机具设备配备详见表 2.39。

表 2.39 主要机具设备配备

序号	机具名称	单位	数量	主要用途	备注
1.	挖掘机	台	1	取土	视工作量调整
2	推土机	台	1	初平	视工作量调整
3	自卸汽车	台	5	运土	视工作量调整
4	装载机	台	1	装砂	视工作量调整
5	压路机	台	1	碾压	视工作量调整
6	平地机	台	1	平整	视工作量调整
7	核子密度仪	台	1	检测	视工作量调整

7. 劳动力组织

主要劳动力配备见表 2.40。

表 2.40 主要劳动力配备

序号	劳力名称	人数	主要用途	备注
1	施工负责人	1	现场指挥及协调	
2	技术负责人	1	施工中具体技术指导	
3	普工	8	铺设土工格栅几垫层	
4	装载机司机	2	装砂	
5	汽车司机	5	运土及砂	
6	挖掘机司机	2	装土	
7	推土机司机	2	松土及助铲	
8	压路机司机	2	碾压	
9	平地机司机	1	分层精平	
10	修理工	2	机械临时维修	
11	试验员	2	现场试验	
12	安全员	1	安全检查	
合计		29		

8. 质量控制要点

（1）严格控制材料质置。

按照设计要求，查看出厂合格证，并对土工格栅分批次进行检测，确认合格后方可使用。

（2）严格控制工艺流程。

按照施工组织设计要求，合理安排劳力和机械配置。土工格栅铺设时，要拉紧展平后用插钉固定，消除褶皱扭曲后与路基面密贴；土工格栅连接时，采用绑扎方法和编结方法。铺设后及时填筑，避免土工格栅受阳光直接暴晒时间过长而老化。

（3）做好防、排水工作。

路堤施工过程中，首先要做好坡脚处的排水沟以及坡脚边坡平台的横向坡度，避免坡脚被水浸泡；其次，要做好路堤填筑施工过程中每一层面的横向排水坡。每天收工前必须碾压平整，避免雨水淤积浸泡路堤。

9. 施工安全及环保措施

（1）施工前应编制专项安全技术方案，对有关人员进行安全技术交底，加强岗前培训，提高全员安全意识。

（2）铺设土工织物时，应与土石运、卸以及其他填筑压实的工作面错开进行，降雨、降雪时，不得强行施工作业。

（3）在人口密集地区或交通要道旁进行作业时，四周必须设置安全隔挡及警示标志，严防闲杂人员接近和过往车辆驶入。

（4）精心组织、合理安排，避免在人口密集地区夜间施工，以防噪声扰民。

（5）严格遵守国家和地方环保、水保的有关法规。剩余的材料要收集处理，严禁随意丢弃。

2.13 一般路堤边坡施工工艺

为保证路基稳定，在路基两侧做成的具有一定坡度的坡面叫边坡。稳定的边坡能减少或防止道路病害，保持生态环境的相对平衡，确保道路的安全和稳定。

1. 工艺特点

为保证路基边坡的稳定和足够的压实度，路基填筑时一般都要加宽 30 ~ 50 cm。路基土方施工快要结束时，采用挖掘机将多余的土刷掉，预留 10 cm 在路基成型后由人工按照设计坡率刷坡，然后按照设计的边坡防护形式施工。

2. 适用范围

适用于填筑高度不高、挖掘机伸展长度能达到路基顶面边缘的路堤边坡施工。

3. 工艺原理

路堤边坡的力学稳定性是建立在实体最佳状态下的产物。边坡从开始填筑就必须保证压实度，严格施工边坡坡度，因地制宜地选择路基边坡防护措施。

4. 设计要求

（1）边坡坡度的选择。

公路边坡由降雨产生的坡面流与明渠流具有不同的水力学特点，它是产流降水强度、坡长、坡角、粗糙系数的函数。由于坡角增大一方面使势能向动能的转化加快，另一方面却使单位坡长所接受的降水减少，因此边坡流速存在一个临界坡角，从边坡径流平衡时间关系出发，推导出边坡坡面径流流速的关系式，通过数学处理得到边坡坡面流速的临界坡角为 41°左右。考虑到边坡土壤侵蚀量是流量与流速的函数，边坡土壤侵蚀量同样存在一个临界坡角，这个坡角大约在 25°左右,这与边坡常采用 1∶1.5 坡率很接近,所以一般边坡坡率采用 1∶1.5，而坡面增长后一般采用 1∶1.75。

（2）边坡防护类型的选择。

按照材料将路基边坡防护分为三类：植物防护、圬工防护和综合防护。

① 边坡防护按照设计、施工与养护相结合的原则，深入调查研究，根据当地气候环境、工程地质和材料等情况，因地制宜，就地取材，选用适当的工程类型或采取综合措施，以保证路基的稳固。

② 边坡防护措施根据沿线不同土质、岩性、水文地质条件、坡度、高度和当地材料、气候等因地制宜选择，密切结合路面排水综合考虑。

③ 护坡方法优先考虑植物防护，在不宜植物生长及难以保证边坡稳定时，考虑经济性、施工及效果，采用圬工防护或相应的辅助设施。

④ 防护遵循“实用、经济、美观”的指导思想，明确“为行车服务”的目的，在实用、经济的前提下，力求边坡结构稳定。

5. 操作要点

（1）施工准备。

① 在路基土方已经完工并经监理工程师验收后，放出路基边坡坡脚桩。直线路段路基边桩及坡脚桩每隔 20 cm 打桩，进入曲线段加密到 5 ~ 10 m，以保证路基边坡线平滑顺直。

② 定出路基边桩及坡脚桩后，用白灰标出控制线，然后开始刷坡。

（2）施工工艺。

刷坡时可以用人工配合挖掘机按 1∶1.5 的坡度进行。用挖掘机刷坡时要预留约 10 cm 厚由人工清除，以保证路基边坡的密实度。人工刷坡时要挂线，并用坡度尺检验路基边坡坡度，以确保路基边坡的外观线形，刷坡后将边坡上的土块粉碎、平整。完工后报经监理工程师检查验收。

具体方法是：

① 按设计要求测量并打出路基顶面和坡脚的边线，再撒上白灰形成明显标记。

② 将挖土机停放在路基顶面的边沿，从下往上挖土，再配合汽车将余土运走，边坡预留 10 cm 厚人工刷坡。

③ 人工刷坡后，要求坡度准确、平顺，无鼓肚、坑洼现象。

④ 刷到坡脚的余土，用装载机装上汽车运走或少量土摊平。

⑤ 自检合格后，报请监理工程师检验签字认可。

⑥ 施工排水系统、防护工程和附属设施。

6. 主要机具设备

刷坡用的机械一般采用 PC300 挖掘机、平地机、装载机、自卸汽车。目前有一种以工程车为基础车的路基边坡压实机，自走作业，以边振边压、纵向滚压方式及时压实路基边坡，能保证边坡压实效果和边坡土壤与中间土体的结合质量，并能连续工作。

7. 劳动组织

测量人员2名，领工员1人；机械操作手4人，刷坡工人6人。

8. 质量要求及质量控制要点

（1）质量要求。

边坡密实、平整、无裂纹，坡率符合设计，路肩无沉陷，坡脚无隆起。

（2）质置控制要点。

① 填方宽度。在设计宽度的基础上加宽施工宽度，才能保证机械压实的密度边线。

② 压实。碾压前，由推土机平整、平地机刮平，推土机走三遍，平地机最后刮平，压路机由中到外，叠印碾压至合格。

③ 测量放样满足设计坡率要求。

9. 安全及环保措施

① 路基碾压施工时，为力求碾压到边，保证边坡稳定，压路机以45°斜角碾压路基边缘，碾压时要专人指挥压路机，防止压路机翻落边坡。

② 挖掘机在路基顶面刷坡时，应防止太靠边而发生倾覆。

③ 杜绝顺坡弃渣毁坏河道、农田和造成水土流失。

④ 在适宜植物生长的土质边坡，根据土壤、气候特点栽种花草树木。

2.14 抗滑桩（桩板墙）

1. 抗滑桩

抗滑桩是防治滑坡的一种工程建筑物，最先在铁路上使用，后来逐步发展为一项防治滑坡的重要工程措施，该技术具有施工工期长、效果突出的特点：① 施工工艺比较简单；② 采用方形桩；③ 人工挖孔桩；④ 地质专业技术要求高。

抗滑桩原理：通常为钢筋混凝土或钢轨混凝土桩体，根据滑坡体的规模大小分为单排抗滑桩及多排抗滑桩。单排抗滑桩通常设置于滑坡前沿且与桩间墙相连接形成整体，桩间墙通常为两种，一种是预制钢筋混凝土板，另一种是浆砌片石挡土墙。

抗滑桩由锚固段及抗滑段组成，锚固段是保证桩体的自身稳定性，抗滑段主要承担滑坡土体的下滑力，它的作用是阻止滑坡体沿着一定的软弱结构面（带）产生剪切位移而整体地向斜坡下方移动，承担滑坡体的整体下滑力，从而达到增强山体滑坡的稳定性及滑坡整治、加固的目的。

（1）抗滑桩的直径和间距。

抗滑桩水平截面长 a、宽 b 和间距抗滑桩通常设计为矩形，抗滑桩的间距通常为抗滑面边长的2倍。

（2）抗滑桩的长度及锚固深度。

抗滑桩的长度与滑坡体滑面的埋置深度有关。滑面是抗滑桩设计的锚固点，抗滑桩的锚固深度大于或等于桩长的1/3，因此在抗滑桩设计过程中确定滑坡体滑面的准确位置是非常重要的。对于单层滑面的滑坡体，相对来讲，其滑面的准确位置通过地质钻探就能确定，但对于多年形成的古滑坡来讲，其滑动面往往不止一个，这就给滑坡整治设计带来一定的难度这也就是部分地段的滑坡要经过多次整治方能解决问题的一个重要原因。

（3）抗滑桩的强度：通常设计为C25钢筋（钢轨）混凝土，如表2.41所示。

表2.41　抗滑桩水平截面长、宽和间距取值

序号	a/m	b/m	d/m
1	2	2.5（3.0）	4
2	2.5	3.0（3.5）	5
3	3.0	3.5（4.0）	6
4	3.5	4.0（4.5）	7
5	4.0	4.5（5.0）	8

注：抗滑桩水平截面长 a，宽 b 和间距 d 的取值与滑坡体的地质情况有关。

2. 工艺流程

（1）施工工序：测量放线→开挖第一节桩孔土方→支护壁模板放附加钢筋→浇筑第一节护壁混凝土→架设垂直运输架→安装卷扬机→安装吊桶、照明、活动盖板、水泵、通风机等→开挖吊运第二节桩孔土方→拆第一节模板→支第二节护壁并浇混凝土→检查桩位轴线→逐层向下循环作业→开挖扩地部分→检查验收→绑扎桩体钢筋→浇筑桩身混凝土→开挖挡板土体→绑扎挡板钢筋网→支模浇注挡板→回填、平整场地。

（2）施工方法。

① 测量放线：对桩位及墙位进行测量放线，并做好标识。

② 平整场地：对场地进行平整，确保施工有足够的施工作业面，安装井架，修筑出碴道路。

③ 根据桩孔孔口段土质情况将井口挖至1.0 m深时，即采用与桩身同级的钢筋混凝土浇筑成锁口。用来防止下节井壁开挖时井口沉陷。锁口顶面平整，并略高出原地面300 mm。

④ 人工挖孔桩成孔：在放线定位完成后，采用镐头、铁锹和风镐等按桩径大小分层开挖土方，土方及时运走，不能大量堆积在孔口附近。每层开挖深度为1 m，浇筑混凝土护壁，护壁厚根据地质情况具体确定。遇到特殊地质时开挖深度视地质情况确定，如石质风化易破碎或有地下水出露地段，井壁容易发生坍方，每节开挖深度相应缩短。

⑤ 出碴：由于实际施工场地狭窄，桩内出碴采用孔内人工装碴，卷扬机垂直提升，井外人工配合手推车运输的施工方法出渣。

⑥ 土层护壁施工。

清除岩壁上的浮土和松动石块后，支设护壁模板，护壁模板由2块活动钢模板组合而成。护壁支模由中心线控制，将控制桩轴线、高程引到第一节混凝土护壁上，每节以十字线对中，吊垂球控制中心点位置，用尺杆找四边净距，然后由基准点测量孔深。为便于拆模及浇筑，

上口与下口的角度做成一定的倾角，上口孔径与设计相同，地质条件差时，每节护壁间用钢筋进行连接，加强上下节护壁的整体性。

模板安设好之后，采用提升设备运送混凝土，小型插入式振捣器捣固。灌注混凝土时，使两节护壁形成交错搭接状。护壁灌注后，桩井净断面尺寸不得小于桩身设计断面尺寸，每浇完三节护壁后进行一次桩中心位置的校核工作，并对桩的直径和垂直度进行检查，发现偏差，及时采取措施纠正。为使护壁尽快达到固壁作用，混凝土搅拌时掺入早强剂，提高混凝土早期强度。

⑦ 安装井内照明、通风与排水等设施。

桩孔较深时，设置足够亮度的照明系统，为保证孔内有新鲜的空气，在孔口设置通风机，用软胶管向孔下通风，保证施工期间孔下空气质量。若桩孔挖至有水地段，孔内设集水坑，渗水量大时采用离心泵或多级泵抽水。

⑧ 开挖—支模—浇注循环作业。

每 1 ~ 1.5 m 为一节，按上述方法循环开挖—支模—浇注。

⑨ 钢筋笼的制作和安装。

在井内布设钢筋，并进行绑扎和焊接，制作安装钢筋笼。横向受力钢筋 N1 为 ϕ 12@100，在施工挖孔桩护壁时先预埋与挡板钢筋对应连接；N2 分布筋为 ϕ 8@200，N3 拉接筋为 ϕ 8@600；钢筋保护层厚度为 25 mm，挡板中每隔 2.0 m 设置一个孔径为 110 mm 的泄水孔。

⑩ 桩混凝土浇筑。

钢筋笼制作完成并经验收合格后，开始浇筑桩芯混凝土。

⑪ 开挖挡板土体：桩体浇注完成后，人工破除桩与挡板相连部位护壁混凝土，接着以 1 m 为一个单元格从下到上采取逐单元进行挡板土体的开挖。

⑫ 绑扎挡板钢筋网：挡板土体开挖到既定深度后，在坑内绑扎钢筋网。

⑬ 支模浇注挡板：挡板钢筋网绑扎完成并经验收合格后，开始支设模板，并浇注挡板。

挡板高出地面 50 cm，悬空部分采用 M10 浆砌块石填充，砌体厚度 50 cm，嵌入地面以下 30 cm。挡板厚 30 cm，采用 C30 现浇混凝土，挡板每隔 2 m 设置一泄水孔，泄水孔为 ϕ 110PVC 管；挡板每隔两根桩，设置一道伸缩缝，缝宽约 3 cm，填塞沥青麻筋。

⑭ 回填、平整场地。

分层填筑，每层填厚不大于 10 ~ 15 cm，一般控制在分层填筑应尽量保证摊铺厚度均匀、平顺。在雨季回填时，填筑面应做成 3% ~ 4%的坡度，以利于排水。

（3）技术要求。

① 桩孔采用人工进行同时开挖，为保证安全，相邻两孔高差相隔 5 m。对土层和破碎岩层段采取边挖边防护的施工方法；开挖以 1.2 m 为一节，进行护壁施工；对地质条件较好地层可适当增加层厚；对地质条件较差或有地下水出露地层则适当减少层厚，以保证施工安全。

② 受现场场地限制和施工工艺制约，钢筋集中在钢筋棚加工制作好后，转运至施工部位现场绑扎、安装。

③ 无人施工时孔口要遮盖，保证安全。

④ 孔内的照明装置应具有低压、防爆功能，每次下孔前应对孔内空气质量进行检查，确保安全后方能下到孔内作业。

⑤ 人工挖孔桩的提升设备采用电动弧辘，并设置限位器，防止吊装时下落造成施工人员的伤害，成孔完成后应对孔径，垂直度进行验收后方能进入下道工序。

⑥ 拆模后应及时进行薄膜覆盖养护 7 ~ 10 d，确保挡板不开裂。

⑦ 上节护壁模板未拆除之前禁止开挖下节土方，每节护壁的土方开挖深度应控制在 1.2 ~ 1.5 m，严禁多节护壁一起浇注。

⑧ 混凝土的养护必须及时，均安排专人进行，确保混凝土质量，且养护时间不得小于 7 d。

⑨ 填筑前按设计要求安好道路土工布，做好碎石反滤层，然后进行墙后回填，用于回填的全部材料，必须符合技术规范和设计要求，填料既要能被充分压实，又要具备良好的透水性，且不含有草根、腐殖物等杂物。

⑩ 不同土质分层填筑，不准混合用。回填土要经过选择，含水量要接近最佳含水量。

⑪ 混凝土使用的水泥、砂、碎石送检合格，已委托试验室进行混凝土配合比试配，配合比经设计、监理和业主确认。

⑫ 浇筑混凝土时采用分层振捣，分层厚度为 50 cm 为宜，振捣混凝土时，严禁触碰钢筋。

（4）桩板墙损坏处加固。

如果桩板墙顶部混凝土被砸坏，将即将脱离桩板墙的混凝土清除，再浇混凝土。后浇混凝土质量评定按规范要求预留混凝土实块，同标准养护及标准养护 28 天，实块实压。与普通混凝土的质量评定的标准和规定进行评定。

3. 操作要点

（1）施工准备。

① 熟悉设计文件。

对抗滑桩设计文件进行审核，主要审核设计工程数量、桩顶高程、桩长、钢筋布置及平面位置是否合理等内容，若设计工程数量有误或抗滑桩平面布置与实地不一致时，应及时与设计院联系进行变更设计处理。

② 材料的选择和材料的储存、堆放。

根据抗滑桩设计文件，对抗滑桩工程所需的原材料（钢材、水泥、砂、碎石等）进行调查及选择，所有原材料必须满足设计文抗滑桩施工工艺流程图件的要求，同时根据施工工期要求及设计工程数量合理确定材料的库存量。砂、碎石、水泥的堆放需要满足安全标准工地及文明施工要求。

③ 原材料的试验及配合比的选定。

抗滑桩所有原材料进场前必须进行试验及检验，合格后方能进场使用，同时根据设计文件要求的混凝土的标号做好配合比的设计工作。

设置混凝土拌和站混凝土拌和机采用 500 型强制搅拌机，集中拌制混凝土，采用罐车进行运输

④ 桩孔照明友通风设施。

桩孔照明采用 36 V 低压照明，为保证用电安全，在灯袍外设置钢丝网护照。当抗滑桩深度超过 10 m 时，为保证施工人员的安全，必须向桩孔通风，根据桩孔设计深度选择不同功率的鼓风机进行通风，并随时检测孔内有害气体的浓度，如有超标，则暂停施工。

（2）模板制作及钢筋加工。

抗滑桩护壁模板采用钢模板，钢筋加工在加工房内进行，按设计文件要求进行。

（3）测量放线。

施工前对抗滑桩进行准确测量放线，并设置护桩，以便在桩孔开挖过程中及时进行校核。

（4）位移观测。

为观测滑坡位移情况，在桩体及桩外设置观测点，每天早、晚各观测一次并做好记录。

4. 施工工艺

（1）开挖孔口。

开挖首先要进行桩孔锁口施工，桩孔锁口采用 C20 钢筋混凝土，并应高出地面 0.2 m。

（2）绑扎护壁钢筋。

桩孔锁口钢筋护壁钢筋严格按设计要求加工，人工起吊放入桩孔绑扎。为使分节施工的桩孔连成一个整体，对护壁分节处要保证钢筋搭接良好。

（3）护壁立模。

护壁钢筋完成后进行护壁立模施工，护壁模板采用钢模板，为确保桩体尺寸，必要时可将桩体长宽各加宽 5 cm，同时护壁模板加固要牢固。

（4）灌注护壁混凝土。

桩孔护壁混凝土灌注之前先清除孔壁上的松动石块和浮土，使护壁混凝土紧贴岩面；护壁混凝土通常要求与桩身混凝土同标号，护壁混凝土必须捣固密实，以确保桩孔开挖施工安全。

（5）拆模施工。

待护壁混凝土强度达到设计强度的 75%时即可进行拆模施工。

（6）开挖下一节。

模板拆除后即进行下一节的开挖，桩孔开挖采用八字形开挖。

（7）检查标高。

桩孔开挖完成后进行桩底标高检查，检查方法采用绳吊法，根据锁口顶面标高及桩长确定桩底标高，桩孔开挖至设计标高后必须将孔底浮渣清理干净。

（8）桩身钢筋笼。

根据设计图纸在钢筋加工房将钢筋下料制作成型，待准备灌注前用钻塔三脚架与葫芦吊将钢筋笼吊人孔内，将制作好的钢筋笼安放至孔底，安装就位，钢筋采用搭接焊接。为保证施工中钢筋与钢筋笼不移位，沿桩身四周每 2 m 用 4 根始 2 钢筋笼主筋点焊牢固，支撑在护壁上。

（9）报检。

钢筋笼施工完成后，经自检合格后向监理工程师进行报检，检查完毕进行下一步钢筋混凝土灌注施工。

（10）灌注桩身混凝土。

在混凝土灌注前首先检查桩孔净空断面尺寸及桩身钢筋，合格后抽干孔内积水，清除孔底松渣，安好漏斗，搭接好串筒，即可灌注混凝土。灌注中串筒底至混凝土面高度保持在 1 m 以下，采用插入式捣固器振捣密实，每灌注 50 cm 厚捣固一次。在灌注第二层时，振捣器插入第一层混凝土 5 cm 深进行捣固，以使层与层之间混凝土振捣密实。

（11）推荐的主要施工技术参数。

① 钻爆参数：

钻孔直径 $D = 38$ mm；

炮眼间距 $B = 0.5$ m；

炮眼排距 $\beta = 0.4$ m；

钻孔深度 $H = 1.8 \sim 2.0$ m；

堵塞长度 $L = 0.4 \sim 0.6$ m；

炸药：硝铵及乳化炸药，孔内有水时装乳化炸药，无水时装硝铵炸药。

每孔装药量：$Q = K \times V = K \times A \times B \times H$。式中 K 为单位炸药消耗量，取 K=0.28 ~ 0.3 kg/m^3，雷管采用脚线为 3 m 的非电雷管，段位选用 1 ~ 9 段。

② 钢筋混凝土配合比参数：

水泥：选用 32.5 普通硅酸盐水泥。

碎石：选用 20 ~ 40 mm 的连续级配，其压碎值 < 16%。大截面桩身碎石可选用最大粒径不超过 80 mm 的碎石。

砂：采用细度模量为 2.6 ~ 3.0 的中粗砂。

配合比采用水泥：砂：碎石=1：2：3.41，水灰比 W/C=0.55，每方混凝土水泥用量为 330 ~ 360 kg。若采用混凝土外加剂（减水剂），每方混凝土可节约水泥用量 30 kg 左右。

5. 岩层开挖方法

（1）碎石类土桩孔开挖。

采用人工用风镐开挖，每循环开挖高度 0.5 ~ 1.0 m，开挖后施工钢筋混凝土或素混凝土护壁，然后再开挖下一循环，直到挖至设计桩底高程。若碎石类土自稳能力较差易产生坍方时，则对桩孔四周孔壁打人注浆小导管进行注浆加固处理，并打人处 ϕ22 砂浆锚杆，锚杆长 1.5 ~ 2.0 m，同时及时施作钢筋混凝土护壁。

（2）风化岩类桩孔开挖。

采用小药量控制爆破法进行开挖施工，装药系数控制在 0.3 kg/m^3 以下，非电雷管起爆，每循环钻孔深度 1.5 ~ 2.0 m，开挖深度 1.2 ~ 1.8 m。

（3）有水桩孔开挖。

通常滑坡体内地下水丰富，桩孔开挖时在一定高度范围内会出现渗水及涌水，根据水流大小配备不同杨程抽水机随时抽取孔内渗水，同时有水地段每循环的开挖高度要缩短，并及时施作钢筋混凝土护壁。混凝土采用添加早强速凝剂以提高护壁混凝土的早期强度。

6. 推荐的主要机械设备

抗滑桩施工主要机械设备见表 2.42。

表 2.42　抗滑桩施工主要机械设备

序号	机械名称	规格	单位	数量
1	空压机	10 m^3	台	1
2	凿岩机	7 655	台	12

续表

序号	机械名称	规格	单位	数量
3	风搞		台	12
4	电焊机	30 kVA	台	4
5	对焊机	25 kVA	台	1
6	钢筋弯曲机		台	1
7	钢筋调直机		台	1
8	内燃发电机	150 kW	台	1
9	链条葫芦	5 t	台	2
10	钢丝绳		m	200
11	插入式捣固器		台	6
12	强制式式拌和机	JDY500	台	1
13	混凝土罐车	5 m^3	台	2
14	辘轳		个	5
15	鼓风机		台	8
16	起爆器		个	1

7. 劳动力组织

抗滑桩施工劳动力组织按两班制作业，每班需要人员见表 2.43。

表 2.43　施工劳动组织

序号	部门及工班	人数	备　注
1	技术干部及领工员		
2	安全质检员		
3	挖孔班		
4	钢筋加工班		
5	电焊工		
6	混凝土工		
7	爆破工		
8	拌和站		

8. 质量要求反质量控制要点

（1）抗滑桩施工质量要求。

① 抗滑桩要有足够的锚固深度。

② 抗滑桩的几何尺寸及垂直度必须符合设计要求。

③ 为确保开挖安全，抗滑桩护壁质量及工艺必须满足施工要求。

④ 抗滑桩桩身钢筋必须要有足够的保护层厚度。

⑤ 抗滑桩的强度必须符合设计要求。

（2）质量控制要点。

① 材料控制。

抗滑桩所用砂、碎石、水泥、钢材必须符合设计及规范要求，砂的细度模量控制在 2.4 ~ 2.7 之间，含泥量小于 3%，碎石采用 2 ~ 4 cm 的连续级配，含泥量小于 2%，水泥采用 R32.5 早强水泥，钢材采用大型钢厂生产的钢材。

② 配合比。

选用合理的配合比是保证抗滑桩施工质量的先决条件，须根据试验设计施工配合比。

③ 混凝土拌和。

混凝土拌和必须严格按配合比进行投料，根据拌和站距施工现场的距离及天气情况控制好混凝土的坍落度，同时要控制好混凝土的搅拌时间。混凝土搅拌时间过短，会出现混凝土拌和不均匀；混凝土搅拌时间过长，则混凝土会产生离析等现象。

④ 开挖过程和桩底地质。

a. 抗滑桩挖至滑面或设计锚固基点时，应对抗滑桩设计桩长及锚固深度进行效核。

b. 要保证抗滑桩的几何尺寸及垂直度符合设计要求，施工中要做好测量放线工作，并随时进行校核，采用方法是将抗滑桩的中心点准确设置护桩在桩孔锁口上，施工过程中用线锤控 制桩孔中心及校核其垂直度。

c. 抗滑桩护壁钢筋及护壁混凝土必须按设计要求进行施工，以确保桩孔开挖安全。

d. 桩孔挖至设计标高时，需对其地质进行分析，抗滑桩设计为柱桩，其地基承载力必须满足设计要求，若达不到设计要求时，应请设计院对桩进行加长处理，灌注混凝土时要将孔底浮渣清理干净。

⑤ 钢筋笼的制作。

钢筋的制作及绑扎严格按设计及规范进行制作。抗滑桩桩身钢筋在定位安装绑扎时，需在主筋后面设置混凝土垫块，以确保其有足够的保护层厚度；桩身钢筋在对接时，同一截面钢筋接头不能大于 50%，钢筋的焊接质量及搭接长度必须符合规范要求。

⑥ 混凝土灌注。

用于抗滑桩工程的所有原材料必须符合设计及规范要求，砂、碎石、水泥须经试验检测合格后方能进场使用。混凝土的拌制严格按试验室的配合比进行；混凝土的捣固采用插入式振捣器进行，采用快插慢抽、先周边后中间的方法进行捣固，确保混凝土的捣固质量。

9. 抗滑桩质量通病的处理

抗滑桩质量通病通常存在两个方面：一是桩身完整性，常见的缺陷有夹泥、断裂、因滑坡段位移而出现缩径、扩径、混凝土离析等；二是影响桩底支承条件的质量问题，主要是混凝土灌注前清孔不彻底，孔底沉淀厚度超过规范极限，影响其承载力。

针对上述质量通病施工过程中就应密切关注各道工序的施工，严格控制各道工序的施工质量。抗滑桩在滑坡段开挖时要加强混凝土护壁施工质量的控制，采取有效措施控制其桩孔变形，避免出现缩径和扩径现象；桩身混凝土离析产生的主要原因是串筒底距离混凝土面高度较高，因此混凝土桩身灌注时要严格控制串筒底离混凝土面高度在 1.0 ~ 1.5 m 范围之中，同时要加强混凝土的振捣，以确保桩身的完整性；桩身混凝土灌注前必需抽干孔内积水和清除孔底浮渣，以便抗滑桩锚固段能达到其锚固效果。

10. 施工安全与环保措施

（1）设置专职安全员，必须逐孔全面检查各项施工准备工作，做好安全技术交底，使安全管理在思想、组织、措施上得到落实。

（2）孔桩开挖过程中，必须有专人巡视各挖桩孔的施工情况，严格做好安全监护。

（3）孔桩开挖应交错进行。桩孔成型后即时报检浇注桩身混凝土，正在浇注混凝土的孔，10 m 半径内的其他桩孔下严禁有人作业。

（4）挖孔人员应经健康检查和井下、高空、用电、简单机械和吊装等安全培训考核；每孔作业人员应不少于三人；作业人员应自觉遵章守纪，严格按规定作业。

（5）挖孔、起吊、护壁、余渣运输等所使用的一切设备、设施、安全装置（含防毒面具）、工具、配件、材料和个人劳动防护用品等，必须经常检查，做好管、用、养、修、换，确保完好率和使用安全度。

（6）每次下孔作业前必须先通风，作业过程中必须保持继续通风。为确保通风和连续性生产，挖桩施工必须备用柴油发电机应急。

（7）孔下作业必须在交接班前或终止当天当班作业时，用手钻或不小于 $\phi 16$ 的钢钎对孔下作不少于 3 点的品字侦探。正常作业时，应每挖深 50 cm 左右就对孔下作一次勘钎，确定无异常时，才继续下挖，发现异常，即时报告。

（8）为预防有害气体中毒或缺氧等，必须对孔内气体抽样检测，凡一次检测有毒含量超过容许值时，应立即停止作业，进行除毒。

（9）桩孔护壁后，在无可靠的安全技术措施条件下，严禁破混凝土壁修孔；基岩部分需爆破时，必须制定详细的爆破方案；孔内爆破时，现场其他孔下人员必须全部从桩孔内撤离；在孔内人工凿岩要有防尘措施。

（10）挖孔深度超过操作人员高度时，及时在孔口或孔内装设靠周壁略低的半圆平护板（网）。吊渣桶上下时，孔下人员应壁于护板（网）下、护板（网）位置应随孔深增加，往作业面下引。在孔内上下递物和工具时，严禁抛掷和下掉，必须严格用吊索系牢。

（11）成孔或作业下班后，必须在孔的周围设不低于 80 cm 高的护栏或盖孔口板。

（12）下孔人员必须戴安全帽和系安全带。安全带扣绳由孔上人员负责随作业面往下松长。上、下孔必须使用软爬梯、严禁用手脚爬踩孔壁或乘吊渣上下。

（13）孔上与孔内人员必须随时保持有效的联系，应采用有线或无线对讲机、步话机等良好的通信设备，或其他可靠的联络通信办法。

（14）电工必须持证；电器必须严格接地、接零和使用漏电保护器三种安全保护；电器安装后经验收合格才准接通电源使用，各孔用电必须分闸，严禁一闸多孔和一闸多用；孔上电线、电缆必须架空，严禁拖地和埋压土中；孔内电缆、电线必须有防磨损、防潮、防断等保护措施；孔内作业面照明应采用安全矿灯或 36 V 以下的安全电压。

（15）工作人员上下桩孔所使用的电葫芦、吊笼必须是合格的机械设备，同时应配备自动卡紧保险装置，以防突然停电。不得用人工拉绳子运送工作人员或脚踩护壁凹凸处上下桩。电葫芦宜用按钮式开关，上班前、下班后均应专人严格检查并且每天加足滑油，保证开关灵活、准确，链无损，有保险扣且不打死结，钢丝绳无断丝。支承架应加固稳定，使用前必须检查其安全起吊能力。桩孔内必须放爬梯或设置尼龙绳，并随挖孔深度增加放长至工作面，作应急之备用。

（16）挖出的土石方应及时运走，孔口四周 2 m 范围内不得堆放杂物。机动车辆通行时，应做出预防措施或暂停孔内作业，以防挤压塌孔。

（17）当桩孔开挖深度超过 5 m 时，每天开工前应进行有毒气体的检测，一般宜用仪器检测，也可用简易办法，如在鸟笼内放置鸽子，吊放至桩孔底，放置时间不得少于 10 min，经检查鸽子生态正常，方可下孔作业。

（18）每天开工，应将桩孔内的积水抽干，并用鼓风机或大风扇向孔内送风 5 min，使孔内混浊空气排出，才准下人。孔深超过 10 m 时，地面应配备向孔内送风的专门设备，风量不宜少于 25 L/s，孔底凿岩时应加大送风量。

（19）挖孔抽水时，须在作业人员上地面后进行，抽水后检查断开电源才准下孔。

（20）挖孔、护壁、浇注桩心过程中如遇意外，亟须进行安全抢救或技术处理时，必须严密急救组织工作，要有相应的技术安全措施，避免事故的扩大和恶化。

（21）弃土场要设置挡渣墙，及时做好边坡的加固。

（22）孔弃土不得堵塞河道、沟渠及原排水系统。

（23）做到工完料清，场地整洁，文明施工。

3　崩塌治理工程

3.1　锚喷支护结构施工

喷射混凝土是利用高压空气将掺有速凝剂的混凝土混合料通过混凝土喷射机与高压水混合喷射到岩面上迅速凝结而成的，锚喷支护是喷射混凝土、锚杆、钢筋网喷射混凝土等结构组合起来的支护形式，可以根据不同崩塌区域的稳定状况，采用锚喷支护中的一种或几种结构的组合。

工程实践证明，锚喷支护较传统的现浇混凝土支护优越。由于锚喷结构能及时支护和有效地控制危岩的变形，防止岩块坠落和坍塌的产生，充分发挥岩石的自承能力，所以铺喷支护结构比混凝土衬砌受力更为合理。锚喷支护能大量节省混凝土、木材和劳动力，加快施工进工程造价可大幅度降低，并有利于施工机械化程度的改进和劳动条件的改善等。

3.1.1　锚喷支护结构的受力与计算

锚喷支护结构的设计是基于喷射混凝土与锚杆作为加强和利用岩层自身支承能力的手段。因此，设计时必须从具体岩层的变形、破坏和稳定性出发，进行分析研究。由于不同的岩层，其变形、坍塌的原因和应注意的问题不同，因而锚喷支护结构对于各类岩层所起作用和设计原理也不同。

锚喷支护的设计与施工，大体可按以下五个步骤进行：

（1）勘查工程地质和水文情况，分析岩层的稳定条件。

（2）在岩层分类的基础上采用工程类比方法选择支护类型及设计参数，对锚喷支护结构进行受力分析和结构计算，并提出施工注意事项。

（3）在支护结构施工中，密切注意地质情况的变化，及时修改设计参数，变更施工工序。

（4）支护完成后，观察危岩的稳定状况，对其长期稳定性做出预测和评价。必要时，可对支护变形和应力进行量测，包括施工阶段的监测。

（5）总结经验，改进设计与施工。掌握岩体变形、班塌的规律之后，在恰当的时间，采用适当的方法进行支护。锚喷支护结构的受力情况与岩层的应力状态密切相关，其影响因素比较复杂，虽然有各种计算方法，包括有限元法计算，但需要按经验估计的参数较多，又不能比较完善的反映锚喷支护加固岩层的作用特点，因此，锚喷支护的受力分析和结构计算尚处于半经验半理论阶段，还有很多问题有待今后逐步研究解决。

传统的支护结构总是在开挖后先支撑，使开挖工作面推进到相当远后，即经过一段相当长的时间后，才能逐步拆除支撑进行衬砌。支撑只能在少数点上与岩层接触，初砌与岩层之间如不经过回填灌浆，是不密贴的。实际上，这就等于允许岩层有较长时间的松动变形，使松弛带发展得很宽。

喷锚支护则不同，开挖断面一经形成，便可及时而迅速地支护，随挖随喷。根据需要在喷混凝土的同时，还可配置钢筋网和钢拱架，这样很快就能形成与岩层紧密衔接的连续支护结构。同时，还能将岩层中的空隙填实，使之同支护结构一起构成支承岩层荷载的承载结构，“主动”地制止岩层变形的发展，使岩层能自承。

喷锚支护，一方面由于喷混凝土渗入岩体裂隙，起了加固作用，提高了岩体的稳定值；另一方面，连续喷射层对危岩体表面作用有封护抗力使岩体的稳定性得到保证。

当崩塌范围加大到一定程度时，薄的喷混凝土层不足以作为一种防护和加固危岩的措施，而必须加设锚杆。崩塌范围越大，岩体越软弱，就越需要定型布置锚杆系统，甚至加钢拱架或钢筋网，以提供一个加固拱（或称承重环），锚杆与喷凝土相结合就构成了喷铺联合支护。

3.1.2 锚杆支护结构

砂浆锚杆是依靠注入岩孔中的水泥砂浆将锚杆和岩壁固结起来，靠砂浆的黏结与危岩起锚固作用。它使岩层的整体联结作用较好，但只有等砂浆具有一定强度之后，才能起锚固作用。为了提高锚固效果，可采用楔缝式金属锚杆和树脂黏结型等锚杆。

锚杆的类型按照作用原理可划分为全长黏结型、端头锚固型、摩擦型和预应力型四类。全长黏结型锚杆应用最广，其价廉、施作简单，适用于岩层变形量不大的各类地下工程的永久性系统支护；端头锚固型锚杆，其安装后能立即提供支护抗力，并能对岩层施加不大的预应力，适用于作坚硬裂隙岩体中的局部支护和系统支护。这类锚杆由于杆体和锚头易发生锈蚀，所以，当作永久性支护时，必须采取灌注水泥砂浆或其他防腐措施；摩擦型锚杆，安装后也可立即提供抗力，其最大特点是能对危岩施加三向预应力，韧性好，适于软弱破碎、预应力型锚杆或锚索，由于能对危岩施加较大的预应力，适于大跨度高边墙隧道的系统支护及加固大的不稳定块体的局部支护，但是这类锚杆成本较高。锚杆加固危岩可以根据不同岩层的岩层产状和稳定状况灵活进行。其作用原理主要有联结作用、组合作用、整体加固作用等。

1. 锚杆的联结作用

崩塌区有不稳定的岩块和岩层时，可用锚杆将它们联结起来，并尽可能地深入到稳定的岩层中。应考虑锚杆承担全部不稳定岩石的重力。

（1）锚杆承载力计算。

当块体危石坠落时，除使锚杆受拉外，还对锚杆产生剪切作用，根据静力平衡有：

$$Q=\frac{G\sin\varphi_1}{\sin\xi}$$

$$N=\frac{G\sin(\xi-\varphi_1)}{\sin\xi}$$

式中 N——锚杆所受拉力；

Q——锚杆所受剪力；

G——危石重力或一根锚杆承担的岩石重力；

ξ——锚杆与地质结构面的夹角；

φ_1——锚杆与垂直线夹角。

如果根据地质构造节理或形成的裂隙确定了危石的形状和重量 G，即可根据上述公式计算锚杆强度。以抗拉为例，锚杆直径可用下式计算：

$$d > 2\sqrt{\frac{kN}{\pi R_g}}$$

式中　k——安全系数，可取 2；

R_g——锚杆抗拉强度；

N——锚杆所受拉力；

d——锚杆直径。

（2）砂浆锚杆所需锚固长度。

砂浆锚杆在国内是常用的，它的锚固深度越大，锚固力也越大。螺纹钢筋比光圆钢筋锚固力大，而且钢筋直径增加，它与砂浆的接触面加大，其锚固力也随之增大。要保证砂浆锚杆具有足够的锚固力，首先要保证它有一定的锚固深度。一般中等石质岩层条件下，螺纹钢筋的锚固深度应取其直径的 20 ~ 30 倍以上，而光面钢筋锚固深度则取大于直径的 30 倍以上，有条件时可在现场进行锚固力试验确定。通常锚固深度可用下式计算：

$$L_1 > \frac{d^2 R_g}{4kD\tau}$$

式中　d——钢筋直径；

D——锚杆钻孔直径；

τ——水泥砂浆与岩孔的抗剪强度 k 为安全系数，可取 3 ~ 5。

锚杆长度应为

$$L_m = L_1 + L_2 + L_3$$

式中　L_1——锚杆锚固深度；

L_2——危石或不稳定岩层厚度；

L_3——外露长度，应略小于喷射混凝土的厚度。

2. 锚杆的组合作用

锚杆组合作用是依靠锚杆将一定厚度的岩层，尤其是成层的岩层组合在一起，组成组合拱或组合梁，阻止岩层的滑移和坊塌。锚杆提供的抗剪力、抗拉力，以及由于锚杆的锚固力使岩层层面摩擦力增加，使将要滑动的岩块加固稳定，阻止层面的互相错动，提高岩层与锚杆组合的岩石梁或岩石拱的抗弯和抗剪能力。

布置锚杆时应注意按垂直层面的方向设置。如对锚杆施加预应力，可提高其支护效果，按组合作用来进行锚喷支护的受力分析和结构计算时，应注意锚杆的组合作用是主要的，喷混凝土仅是封闭和支护锚杆之间的表层岩体，以避免局部塌落，并提高组合结构内表层的强度。

3. 锚杆支护整体加固作用

通过有规律布置锚杆群，将崩塌体一定深度的岩层进行挤压和黏结加固，组成一个承载环。在锚杆预应力的作用下（或岩层松弛时，在锚杆中产生的拉力），每根锚杆周围的岩体形成一个两头带圆锥的筒状压缩区，每根锚杆的压缩区彼此联结。形成厚度为 t 的均匀压缩带。

由于锚杆支护力的作用，压缩带获得径向支护力 σ_r 使压缩带中的岩体处在三向受压状态，使岩体强度大为提高，从而形成能承受一定荷载的稳定岩体，即承载环。

承载环的岩体径向应力由 $\sigma_r=0$ 提高到 σ_r，岩体切向应力破坏强度由 R（单轴抗压强度）提高到岩体沿剪切破坏面滑动时的抗剪切强度也从 τ_1 提高到 τ_2。这就增大了岩体塑性区的卸载作用，使得最后传到喷层支护上的荷载大为减少，此外，锚杆本身在承载环中，也提高了剪切滑动面上的抗剪强度。

砂浆锚杆依靠它周围的水泥砂浆与岩层之间的黏结作用和本身在岩体中的抗剪能力，达到加固和提高岩层强度，增强岩层体承载能力的目的，砂浆锚杆的承载力可用下式表示：

$$P_s = \pi D L_1 (C_s + \sigma_1 \tan\varphi_s)$$

式中　P_s——砂浆锚杆的承载力；

D——锚杆孔的直径；

L_1——锚杆的锚固长度；

C_s——砂浆与岩石的黏结力；

σ_1——岩体内切向应力；

φ_s——砂浆与岩石的摩擦角。

当岩层产生位移时，锚杆单位长度上的承载力 P_s/L_1 与 σ_1 的合力阻止岩层位移的发展，产生支护抗力，并使在锚杆间的岩层产生压缩和成拱作用，从而提高了岩层体强度和缩小了岩层承载跨度（等于锚杆间距），达到稳定和加固岩层的目的。岩层内缘、锚杆之间筒状压缩区以外的岩体，或砂浆锚杆之间的内缘松弛带，应及时喷射混凝土层来保证其稳定性，使其不致进一步松弛、塌落。

3.1.3　喷混凝土支护结构

喷混凝土支护结构通过局部和整体稳定岩层两个方面起支护作用。

1. 局部稳定原理

喷混凝土支护结构通过及时的封闭岩层表面的节理、裂隙，填平或缓和表面的凹凸不平，从而提高节理裂隙间的黏结力、摩擦阻力和抗剪强度，减少应力集中现象出现。防止岩层表面风化、剥落、松动、掉块和坍塌的产生，使岩层稳定下来，发挥岩层体的自承能力。其崩塌的形成往往是因为其中一块危石的掉落，引起邻近的块石相继裂开、错动、脱落，导致全局性的失稳、坍塌，发生恶性连锁反应，喷混凝土只要支护住最先掉落的危石（或称冠石），封闭加固附近的岩体，则洞室就能稳定。而喷混凝土层在危石自重力作用下，可能出现冲切破坏和撕开破坏。喷混凝土若被危石冲切破坏时，其喷层厚度可按下式计算：

$$d > \frac{kG}{R_L u}$$

式中　G——由危石重量引起的作用力，当危石处于拱顶位置时，

G——危石重量 u——危石底面周长；

R_L——喷射混凝土的计算抗拉强度。

k——安全系数，可取 3 ~ 5。

（1）撕开作用计算。

喷层受剪切的同时，它与危石周岩层石之间将产生拉应力，当最大拉应力大于喷层的计算黏结强度时，喷层就会在该结合面处撕开。

简化计算可用下式：

$$d > \frac{kG}{R_{Lu}u}$$

式中　G——危石重量；

R_{Lu}——喷层与岩石间的计算黏结强度。

2. 整体稳定原理

喷混凝土层与岩层体表面紧密黏结、咬合、使洞室表面岩体形成较平顺的整体，依靠结合面处的抗拉、抗压、抗剪能力，与岩体密贴组成“组合结构”或“整体结构物”共同工作。薄的喷层支护柔性大，变形能力强，它能在与岩层共同承载和变形过程中对岩层提供支护力，使岩层变形得到控制，应力得以调整，从而使岩层体获得稳定。作为“整体结构物”一部分的喷层也同时受到来自岩层的压力，这种压力不是由岩体坍塌的岩块重量引起的，而是由岩层的变形引起的，是喷层支护与岩层共同变形中对喷层支护施加的称为形变压力。

3.1.4　锚喷联合支护的应用

1. 锚喷联合支护修建隧道的基本概念

上面介绍了锚杆支护和喷混凝土支护的作用原理和部分计算，一般在较好的岩层中（如V类以上岩层）可将喷混凝土作为主要的支护手段，辅以锚杆加固，而在较差的岩层中，则以锚杆，尤其是预应力锚杆作为主要的岩体加固手段，并与喷混凝土、钢筋网喷混凝土或加钢拱的钢筋网喷混凝土配合使用。

锚喷联合支护不同于传统的开挖、支撑、模注衬砌的施工方法，它是将隧道全断面一次掘出，在开挖洞室的同时，尽可能迅速地连续观测岩层的位移和变形，并以及时的锚喷作为临时支护，称其为第一次衬砌，它起稳定岩层，控制岩层应力和变形，防止松弛、坍塌和产生松散压力等作用。所谓“及时”，对差的岩层是指“尽快”，对好的岩层是指“适时”。凝结后即连续地对支护喷层的变形进行监测。在临时支护基础上逐步增加支护措施，把喷层加厚。或增设（长）锚杆、钢筋网等。待其基本稳定后，再加做模注混凝土二次衬砌。此时，原来的临时支护（锚喷支护）成为永久衬砌的一个组成部分。

（1）锚喷支护不单纯是一种施工方法，而是一种指导原则和思路。使用时应掌握基本点。

（2）支护要薄而具有柔性并与岩层密贴，使因产生弯矩而破坏的可能性达到最小。当需要增加支护衬砌强度时，宜采用锚杆、钢筋网以及钢支撑等加固，而不宜大幅度增加喷层厚度。

2. 设计原理

支护结构的设计原理是采用岩层体和柔性支护共同变形的弹塑性理论。当隧道开挖后，将引起一定范围内的岩层应力重分布和局部地层残余应力的释放。

在重新分布的应力作用下，一定范围内的岩层产生位移，形成松弛，同时也降低或恶化了岩层的物理力学性质，则隧道岩层将在薄弱处产生局部破坏，局部破坏的扩大，会造成整个隧道的坍塌。

3. 保证锚喷支护与岩层形成共同体

由于计算模型中把支护和岩层视为不可分割的共同体，因此，在设计施工中要求保证实现岩层、喷层和锚杆之间具有良好的黏结和接触，共同受力。

支护类型的确定应根据岩层地质特点、工程断面大小和使用条件要求等综合考虑在一般的情况下，应优先考虑选用喷混凝土支护或锚喷联合支护。对于坚硬裂隙岩体中的大断面隧道，通常在长锚杆之间还要加设短锚杆以支承其间的岩体。对于破碎软弱岩体，其特点是岩层出现松动早，来压快，容易形成大塌方，出现这种情况一定要早支护、早封闭，设仰拱、加强支护。一般采用锚喷网联合支护。塑性流变岩体的特点是岩层变形与时俱增，变形量很大，岩层压力也大且变化延续时间长。处理这类岩体的原则是：

（1）选择合理的锚杆类型与参数，在岩层中有效形成承载圈

锚杆支护设计，主要是根据岩层地质、工程断面和使用条件等，选定锚杆类型，确定锚杆直径、长度、数量、间距和布置方式。锚杆间距的选定，除考虑岩体稳定条件外，一般应能充分发挥喷层作用和施工方便，即通过锚杆数量的变化使喷层始终具有有利厚度。合理的锚杆数量是恰好使初期喷层刚好达到稳定状态，这样复喷厚度才能作为支护强度提高的安全系数。为了防止锚杆之间的岩体塌落，根据长期的工程经验和科学试验，通常要求锚杆的纵横向间距不大于杆体长度的一半即可，因此，锚杆间距的确定还受锚杆长度的制约。在软弱岩体中，锚杆的密度是稳定岩层的重要因素，因而目前一些锚喷支护规范中，对Ⅱ，Ⅲ类软弱岩层还规定了锚杆的最大间距。为了施工方便，锚杆的纵向间距最好与掘进进尺相适应。所以，锚杆纵向间距的选定，还要结合施工方法综合考虑。锚杆长度的选取应当以能充分发挥锚杆的功能作用，并获得经济合理的锚固效果为原则。一般来说，锚杆长度愈长，支护效果愈好，但当锚杆长度超过塑性区厚度以后，锚杆的效率就大大降低，所以锚杆不宜太长。为维持锚杆的经济效果，通常以不超过塑性区为宜。锚杆主要是用来加固松动区的，使其加固并形成整体，因而锚杆的最小长度应超过松动圈厚度，并留有一定安全余量。对于裂隙和层状岩体，锚杆主要是对节理裂隙面起加固作用，这时锚杆宜适当长些，尽量穿过较多的层理和裂隙。根据我国锚喷支护的设计经验，锚杆长度可在隧道跨径的 1/4 ~ 1/2 的范围内选取。而国外采用的锚杆长度一般都超过我国所用的锚杆长度。诚然，锚杆太长会造成施工上的不便。锚杆的布置应当采用重点（局部）布置与整体（系统）布置相结合。为了防止危面和局部滑塌、应重点加固节理面和软弱夹层，重点加固的部位应放在顶部和侧壁上部。为防止岩层整体失稳，当原岩最大主应力位于垂直方向时（即 λ 值 < 1），应重点加固两侧，以防止该处出现所谓压剪破坏，但在顶部仍应配置相当数量的锚杆。通常只锚固两侧的做法则不能收到预期的效果。两侧和顶部都进行锚固的效果要好得多。当最大主应力位于水平方向时（即 λ 值 > 1），则应把锚杆重点配置在顶部和底部。锚杆的方向应与岩体主结构面成较大角度，这样则能穿过更多的结构面，有利于提高结构面上的抗剪强度，使锚杆间的岩块相互咬合。

（2）选择合理的喷层厚度，充分发挥岩层和喷层自身的承载力最佳的喷层厚度（刚度）应既能使岩层维持稳定，又允许岩层有一定塑性位移，以实现“卸压”，利于岩层自承和减少喷层的受弯应力。根据上述定性原则，无论是喷层初始厚度还是总厚度，过厚都是不合理的。根据工程经验，通常初始喷层厚度宜在 5 ~ 15 cm 之间，喷层总厚度不宜大于 20 cm，只有大

断面隧道才允许适当增大喷层厚度。在地应力较大，喷层不足以维持岩层稳定的情况下，应采取增设锚杆、配置钢筋网等联合支护或其他控制措施，而不能盲目地加大喷层厚度。喷层由 4 cm 增大至 30 cm（7.5 倍），应力仅降低约 16%，效果是极微小的。同时当喷层超过 15 cm 后，对限制岩层位移的效果不再有显著影响。总之，期望以增大喷层厚度的办法来改善支护效果是不可取的，也是不经济的。另外喷层太厚，对发挥喷层材料的力学性能是不利的。可以看出，随厚度的增加，支护的弯矩也显著增大。当喷层厚度 $d < D/40$ 时，喷层接近于无弯矩状态。显然这是最有利的受力状态。

为了有效地限制岩层的变形以防松动破坏，并协同锚杆有效地形成加固圈，喷层过薄也是不适宜的。根据对大量工程使用情况调查，厚度在 2 cm 以下的喷层，常出现大量开裂和剥落，在 3 ~ 4 cm 时，也有开裂和剥落现象，而 5 cm 以上则较少见到。因此，除了仅起防风化作用者外，喷层支护的最小厚度一般不能小于 5 cm，而在有较大岩层压力的破碎软弱石体中，喷层厚度以不小于 8 ~ 10 cm 为宜。

（3）合理配置钢筋网。

基于钢筋网具有防止或减少喷层收缩裂缝，提高支护结构的整体性和抗震性，使混凝土中的应力衬砌厚度与内力的关系得以均匀分布和增加喷层的抗拉、抗剪强度等功能，在下列情况下可考虑配置钢筋网：

① 在土砂等条件下，喷射混凝土从岩层表面可能剥落时；

② 在破碎软弱塑性流变岩体和膨胀性岩体条件下，由于岩层压力大，喷层可能破坏剥落时，或需要提高喷混凝土抗剪强度时；

③ 地震区或有震动影响的隧道。

（4）合理选择钢支撑。

在下列场合必须考虑使用钢支撑：

① 在喷射混凝土或锚杆发挥支护作用前，需要使隧道岩面稳定时；

② 用钢管（棚架）、钢板桩进行超前支护需要支点时为了抑制地表下沉，或者由于压力大，需要提高初期支护的强度或刚性时。

（5）采取正确的施工方法。

施工方法的正确性和合理性对锚喷支护的成败和效果有重大影响，分上下台阶一次开挖的方案，以减少扰动次数，提高工效。尤其在松散岩体中，则可采用分部开挖方案，化大断面为小断面，以减小扰动的强度。掘进进尺根据岩层类别、等级和施工技术、作业等因素确定。对于松散、自稳性差的岩层，进尺应短些，且对开挖面与支护面的距离要做出限制。

支护的顺序及初期支护时机与岩层自稳时间（指从开挖到发生局部坍塌的时间）关系密切。若自稳时间长，可先锚后喷；若自稳时间短或岩层比较破碎，则应改用“喷—锚—喷”施工顺序。岩层变形压力的大小与支护的刚度和施作时机关系很大。因为岩层的力学性态是随着时间的推移而发生变化，同时还受开挖面推进的影响，所以，在不同阶段进行支护就会取得不同的支护效果。另外，当岩层进入塑性后，在减少支护前岩层的位移释放量和限制塑性区半径方面，支护的时机要比支护的刚度还重要。这些都说明了为取得最优支护效果，就必须依据“岩层—支护”体系的力学动态，掌握好支护的时机。初期支护一般应作为永久支护的一部分。因此，不允许初期喷层完全破裂（但允许有微小裂缝），作为最终支护的复喷混凝土层的复喷时间，视设计方法而异，目前有两种做法：一种是待岩层完全稳定后进行，这种隧道的安全储备大，对防止二次喷层出现受力裂缝和防水都有利；另一种是当岩层变形尚未趋于稳定时（如规定岩层变形量达到喷层破裂时变形量的 80%时）施作，在不重要或服务年限不长的隧道可以采用这种做法，以取得明显的经济效果。

（6）依据现场监测数据指导施工。

由于锚喷支护理论目前还不够成熟，故需依靠现场监控测量来掌握岩层动态、修正设计、指导施工和对支护效果做出正确估价。量测工作是“新奥法”的重要标志之一，也是现代支护理论所凭借的主要手段。

现场监测方案的制订，主要应解决如下问题：需要进行哪些量测项目，采用何种量测手段有效可靠，测试的方法，测试数据的整理，分析与反馈，以及监控工作的程序等。制定量测方案一般应考虑的原则：

① 根据监控的目的选定量测项目的种类，同时要与设计和施工相匹配。量测项目一般可归结为位移量测（包括洞周收敛、洞周边位移、岩层内部位移、地中位移、洞顶下沉、地表沉降等）、岩层应变—应力量测、支护受力量测（包括锚杆轴力、喷层应力、接触压力等）、声波探测等四大类。根据目前量测技术和手段的发展水平，一般应以位移（特别是收敛）量测和声波探测为主。因为位移反映了岩层动态的综合指标，能直观判断岩层稳定性，且安设快，数据直观可靠，对施工干扰也小。声波探测肩负岩层分类和现场监测双重任务，它也能综合反映岩体的完整性与强度，是岩层分类的重要依据。

② 量测断面的数量应根据岩层的地质条件和工程的重要性来确定。因现场监测的工作量和耗资都较大，所以除科研和特殊需要外，一般应少而精。力争在有限的测试规模和条件下，选用一举多得的项目和手段。

③ 测试断面和测点的位置要由监测、地质、设计和施工四方面共同选定。具体位置一要考虑量测的目的，二要能反映实际情况。如果确认为一般地段的锚喷支护设计的修正和指导施工服务，应选在岩层地质有代表性的典型地段；如果出于预报险情和制订防患施工技术措施为目的，则应选在地质条件差的特殊地段。测点应主要布置在可监视岩层力学动态和支护工作状况的关键部位。

④ 要保证测试数据的可靠性，并注意便于在设计和施工中反馈和分析计算。应尽量采用断面间互检、手段间互校、同部位间互比、项目间相通的测试方案和数据分析方法。对所测得的数据，应采用随时间变化的曲线表示，用回归分析处理，并及时反馈到设计和施工中去。

⑤ 量测手段的选择上应注意其有效性、经济性和技术上的可能性，以及长期稳定性。

⑥ 力求把施工期间的监控量测与使用后的长期观测结合起来，以减少工作量，保证资料的连续性。

⑦ 注意为深入研究支护与岩层相互作用机理和完善及发展设计理论积累现场实测资料。

3.2 喷射混凝土施工

喷射混凝土是利用压缩空气把混凝土由喷射机的喷嘴以较高的速度（50 ~ 70 m/s）喷射到岩石、工程结构或模板的表面。在隧道、涵洞、竖井等地下建筑物的混凝土支护、薄壳结构和喷锚支护等都有广泛的应用。具有不用模板、施工简单、劳动强度低、施工进度快等优点。

喷射混凝土施工工艺分为干式和湿式两种。

将水泥、砂、石按一定配合比拌和而成的混合料装人喷射机中，混凝土在“微潮”（水灰比为 0.1 ~ 0.2）状态下输送至喷嘴处加水加压喷出者，为干式喷射混凝土。干式喷射混凝土施工时灰尘大，施工人员工作条件恶劣，喷射回弹量较大，宜采用高标号水泥。干式喷射混凝土施工所用之整套设备：空气压缩罐、混凝土喷射机、喷嘴、各种输送管等，有时还包括操纵喷嘴的机械手等。用泵式喷射机，将水灰比为 0.45 ~ 0.50 的混凝土拌合物输送至喷嘴处，然后在此加人速凝剂，在压缩空气助推下喷出，此为湿式喷射混凝土。湿式喷射粉尘少、回弹量可减少到 10% ~ 5%，施工质量易保证；但施工设备复杂、输送管易堵塞、不宜远距离压送、不易加入速凝剂和有脉动现象。喷射混凝土宜用细度模数（M_K）大于 2.5 的坚硬的中、粗砂，或者用平均粒径为 0.35 ~ 0.50 mm 的中砂。加入搅拌机时，砂的含水率宜控制在 6% ~ 8%内，呈微湿状态。喷射混凝土的石子，一般多使用卵石和碎但以卵石为优。石子的最大粒径应小于喷射机具输送管道最小直径的 1/3 ~ 2/5，一般以 15 mm 作为喷射混凝土石子的最大粒径。石子含水率宜控制在 3% ~ 6%内。干式喷射混凝土作业时，应注意下述问题：

1. 喷射机的工作风压

喷射机正常进行喷射作业时，工作罐内所需的风压称为工作风压。不同类型的喷射机有不同的工作风压，而且它还与喷射方向、拌合料输送距离、混凝土配合比含水量等有关。适宜的工作风压，可以减少回弹量，增加一次喷射的厚度，并保证喷射的质量。喷射机的工作风压，一般需保证喷嘴处有 0.1 MPa 左右的压力。

2. 喷嘴处的水压

喷嘴处的水压必须大于风压，而且压力应稳定。水压一般比风压大 0.1 MPa 左右为宜。可采用向水箱中通过高压压缩空气，以获得稳定的压力水。

3. 喷射的厚度

一次喷射厚度太薄，骨料易回弹；一次喷射厚度太厚，易出现喷层下坠、流淌，或与岩面之间出现空壳。一般一次喷射厚度不应小于骨料粒径的两倍，以减少回弹率。当喷射混凝土设计厚度大于一次喷射厚度时，应分层进行喷射。两次喷射的最小时间间隔，在常温（15 ~ 20 °C）条件下，掺速凝剂或用喷射水泥、双快水泥等速凝水泥时，为 15 ~ 20 min；不掺速凝剂而用普通水泥时，宜为 2 ~ 4 h。当间隔时间超过 2 h，复喷前应先喷水湿润。

4. 喷距与夹角

喷嘴与受喷面的距离和夹角，应随着风压的波动而不断地调整。一般情况下，喷嘴与受喷面的垂线成 10° ~ 15°夹角时，喷射效果较好。喷嘴可沿螺旋形轨迹运动，螺旋的直径以 300 mm 为宜，使料束以一圈压半圈做横向运动。

3.3 耐酸混凝土施工

工程中常用的耐酸混凝土有水玻璃混凝土、硫黄混凝土和沥青混凝土等。水玻璃混凝土常用于浇筑地面整体面层、设备基础及化工、冶金等工业中的大型设备和建筑物的外壳及内衬等防腐蚀工程。它的主要组成材料有水玻璃、耐酸粉、耐酸粗细骨料和氟硅酸钠。

水玻璃混凝土的制备，用机械搅拌时，将细骨料、粉料、氟硅酸钠、粗骨料依次加入搅拌机内，干拌均匀，然后加入水玻璃湿拌 1 min 以上，直至均匀为止。水玻璃材料不耐碱，在呈碱性的水泥砂浆或混凝土基层上铺设水玻璃混凝土时，应设置油毡、沥青涂料等隔离层。施工时，应先在隔离层或金属基层上涂刷两道稀胶泥（水玻璃∶氟硅酸钠∶粉料=1∶0.15∶1），两道之间的间隔时间为 6 ~ 12 h。

水玻璃混凝土要严格按确定的配合比计量，使用强制式搅拌机拌和。每次拌和量不宜太多。配制好的混凝土不允许再加人水玻璃或粉料，并需在 30 min（自加入水玻璃时算起）内用完。

水玻璃混凝土的坍落度，采用机械振捣时不大于 10 mm；人工捣固时为 10 ~ 20 mm。水玻璃混凝土应在初凝前振捣密实。混凝土应分层进行浇筑，采用插入式振动器振捣时，每层浇筑厚度不大于 200 mm；采用平板振动器或人工捣实时，每层浇筑厚度不大于 100 mm。混凝土浇筑后，在 10 ~ 15 °C 时经 5 d、18 ~ 20 °C 时经 3 d、21 ~ 30 °C 时经 2 d、31 ~ 35 °C 时经 1 d 即可拆模。水玻璃混凝土宜在 15 ~ 30 °C 的干燥环境中施工和养护，切忌浇水。温度低于 10 °C 时应采取冬期施工措施。养护期间应防暴晒，以免脱水快而产生龟裂，并严禁与水接触或采用蒸汽养护，也要防止冲击和振动。水玻璃混凝土在不同养护温度下的养护期为：当 10 ~ 20 °C 时不少于 12 d；21 ~ 30 °C 时不少于 6 d；31 ~ 35 °C 时不少于 3 d。

水玻璃混凝土经养护硬化后，须进行酸化处理，使表面形成硅胶层，以增强抗酸能力。一般用浓度为 40% ~ 60%的硫酸或浓度为 15% ~ 25%的盐酸（或 1∶2 ~ 1∶3 的盐酸酒精溶液）或 40%的硝酸均匀涂刷于表面，应不少于 4 次，每次间隔时间为 8 ~ 10 h，每次处理前应清除表面析出的白色结晶物。

1. 耐热混凝土施工

耐热混凝土是指能长期承受 200 ~ 900 °C 高温作用，并在高温下保持所需的物理力学性能的特种混凝土。主要用于工业窑炉基础、高炉外壳及烟囱等工程。耐热混凝土是由适当的胶凝材料、耐热的粗细骨料及水配制而成。常用的耐热混凝土有：

（1）掺有磨细掺合料的硅酸盐水泥耐热混凝土。

它是由普通水泥或矿渣水泥、磨细掺合料、耐热骨料和水配制而成。磨细掺合料主要有黏土熟料、磨细石英砂、砖瓦粉末等，主要成分为氧化硅及氧化铝，它们在高温时能与氧化钙作用，生成稳定的无水硅酸钙及铝酸钙，从而提高混凝土的耐热性。耐热骨料则采用耐火砖块、安山岩、玄武岩、重矿渣、镁矿砂及铬铁矿等。耐热温度一般为 900 ~ 1 200 °C。

（2）铝酸盐水泥耐热混凝土。

它由高铝水泥、磨细掺合料、耐热骨料和水配制而成。这种混凝土在 300 ~ 400 °C 时强度会剧烈降低，但在 1 100 ~ 1 200 °C 时，结构水全部脱出而烧成陶瓷材料，其强度重新提高，耐热温度可达 1 400 °C。

（3）水玻璃耐热混凝土。

它是以水玻璃为胶凝材料，氟硅酸钠为促凝剂，并与磨细掺合料和耐热骨料配制而成。水玻璃硬化后形成硅酸凝胶，在高温下强烈干燥，强度不降低。耐热温度最高为 1 200 °C。

水泥耐热混凝土宜用机械拌制。拌制时，先将水泥、混合材料、骨料搅拌 2 min，再按配合比加人水，然后搅拌 2 ~ 3 min，到颜色均匀为止。耐热混凝土用水量（或水玻璃用量）在满足施工要求的条件下应尽量减少。混凝土坍落度在用机械振捣时不大于 20 mm，用人工捣固时不大于 40 mm。水泥耐热混凝土浇捣后，宜在 15 ~ 25 °C 的潮湿环境中养护，其中普通水泥耐热混凝土养护不少于 7 d，矿渣水泥混凝土不少于 14 d，矾土水泥（即铝酸盐水泥）耐热混凝土不少于 3 d。

水泥耐热混凝土在最低气温低于 7 °C 时，应按冬期施工处理。耐热混凝土中不应掺用促凝剂。水玻璃耐热混凝土的施工与耐酸混凝土相同。

（4）高性能混凝土。

所谓高性能混凝土，是指具有高强度、高工作性、高耐久性的一种混凝土。这种混凝土的拌合物具有大流动性和可泵性，不分层，不离析，保塑时间可根据工程需要进行调整，便于浇筑密实。这种混凝土在硬化过程中，水化热低，不易产生缺陷；硬化后，体积收缩变形小，构件密实，且抗渗、抗冻、抗碳化性能高。现已广泛应用于大跨度桥梁、海底隧道、地下建筑、机场飞机跑道、高速公路路面、高层建筑、港口堤坝、核电站等建筑物和构筑物。

2. 高性能混凝土对所组成材料的要求

（1）水泥。标准稠度用水量少；水化热小；放热速度慢；粒子最好为球状；水泥粒子表面积宜大；级配密实；其强度不低于 42.5 MPa。

（2）超细矿物粉。改善混凝土的和易性。要求活性的 H28 含量要大。主要有硅粉、磨细矿渣、优质粉煤灰、超细沸石粉等。

（3）粗骨料。选择硬质砂岩、石灰岩、玄武岩等立方体颗粒状碎石，其直径 > 20 mm。

（4）细骨料。选用石英含量高，颗粒滚圆、洁净的中砂或粗砂。

（5）新型高效减水剂。其减水率为 20% ~ 30%，常有萘系、三聚氰胺系、多羧类和氨基酸酯类。

3. 混凝土工程常见的质量事故及处理

混凝土工程常见的质量事故，除蜂窝、麻面外，还有现浇梁、柱连接处出现“葡萄球状”混凝土结块和强度低、匀质性差等现象。

梁、柱连接处出现“葡萄球状”混凝土块现象：现浇钢筋混凝土梁、柱连接处，在梁的下部紧靠柱顶，由于浇筑混凝土时，漏浆而产生像“葡萄球状”的结块或局部鼓凸，影响工程质量。

产生上述现象的原因，主要有：

（1）梁、柱连接处的模板支设不牢，在振捣混凝土时发生松动、走样、移位。

（2）梁的模板与柱的模板搭接不当。

（3）梁、柱连接处的模板缝隙未堵密实，造成严重漏浆。

防治措施如下：

（1）梁、柱连接处的模板一定要支设牢固，以保证在振捣混凝土时，模板不松动、不走样、不移位。

（2）梁的模板与柱的模板的搭设，要使梁的模板搁在柱的模板上。

（3）一定要将模板之间的缝隙堵密实并批灰或满刮腻子。

（4）将梁柱节点的模板由现场制作安装改为场外预先制作，然后在现场拼接安装，从而使节点模板的几何尺寸准确、安装方便，有效地提高了节点的施工质量，同时实现节点模板多次周转使用，节省了材料和人工。

4. 混凝土的强度偏低或匀质性差

同批混凝土试块的抗压强度平均值低于设计要求的 1.05 倍；或同批混凝土试块中，最低一组试块的抗压强度低于设计要求的 0.9%。同批混凝土个别试块的强度值过高或过低。

产生这种现象的原因是：

（1）水泥过期；砂石级配不合理；外加剂过量。

（2）搅拌时间短；搅拌不均匀。

（3）试块没有代表性。

防治措施如下：

（1）用作混凝土的材料要符合质量要求。

（2）严格搅拌时的操作制度。

（3）配合比合理，计量准确。

（4）必要时采取加固补强措施。

3.4 预应力锚索施工

预应力锚索加固边坡技术于 20 世纪 60 年代首先在我国水电行业开始应用，80 年代末在我国铁路、公路工程中引进。铁一院于 1987 年在宝成线首次采用预应力锚索加固危岩边坡并取得了成功，30 年来，预应力锚索以其“安全、可靠、经济、合理”的特点在建筑行业中得到了日益广泛的应用。

1. 工艺特点

（1）深层、主动加固。

（2）随机补强，应用范围广。

（3）施工快捷灵活，经济性好。

2. 适用范围

适用于铁路、公路、水利、城市建设等相关领域的浅、中、深层土石混合滑坡，土滑坡，岩石滑坡的防治工程。

3. 加固原理及设计要求

（1）加固原理。

通过锚索、砂浆或水泥浆与深层稳定岩体的胶合作用，由锚索传递张拉力，牵制表层坍滑体，通过预应力锚索使松散层或滑坡体与稳定地层连接成一个坚固的整体，从而达到加固边坡的目的。

（2）设计要求。

① 设计张拉力。

进行预应力锚索设计时，一般情况可只计算主力，在浸水和地震等特殊情况下，尚应计算附加力和特殊力。对于滑坡加固，采用锚索预应力（抗滑力）的方法计算，通过边坡稳定性分析，计算滑坡的下滑力确定锚固力。

② 平面布置形式。

锚索间距应以设计的锚固力能对地基提供最大的张拉力为标准，间距宜采用 3 ~ 6 m，最小不应小于 1.5 m。

③ 索长设计。

锚固段主要确定锚固段长度、孔径和锚固类型。锚固体的承载能力由锚固体与锚孔壁的抗剪强度、钢绞线束与水泥砂浆的黏结强度及钢绞线强度三部分控制，设计时取其最小值，通常取 4 ~ 10 m；锚固体直径根据设计锚固力、地基性状、锚固类型、张拉材料根数、造孔能力来确定，通常取 ϕ100 ~ ϕ150 mm。自由段长度受稳定地层界面控制，一般考虑自由段伸入滑动面的长度不小于 1 m，自由段长度不小于 3 ~ 5 m。张拉段长度根据张拉机具决定，外露部分长度一般为 1.5 m 左右。

4. 工艺流程

（1）锚索钻孔。

① 测量定位。坡面检查合格后，按设计要求测量放线测定孔位，孔位误差不得超过±10 cm。钻进过程用罗盘仪控制钻孔方向，以满足精度要求。

② 钻机就位。用地质罗盘仪或测斜仪定向，钻杆与水平夹角控制在设计角度，并确保钻机安放支架牢固稳定，在造孔过程中不允许出现晃动。

③ 钻孔机具。采用空压机供风，潜孔钻无水干钻成孔，以确保锚索施工中边坡岩体的工程地质条件不恶化和保证孔壁的黏结性能，使用钻头直径不得小于设计孔径。

④ 钻孔顺序。钻孔应自上而下逐层施工，并组织好交叉、流水作业。

⑤ 钻孔深度。为确保锚孔深度，钻孔深度大于设计深度 0.2 m 以上。

⑥ 特殊情况处治。钻孔速度应根据使用钻机性能和锚固地层严格控制，防止钻孔扭曲和变径，造成下锚固难或其他意外事故。如遇地层松散、破碎时，则采用套管跟进钻孔技术；如遇塌孔、缩孔现象，立即停钻，及时进行固壁灌浆处理（灌浆压力 0.1 ~ 0.2 MPa），待水泥砂浆初凝后，重新扫孔钻进，以使钻孔完整；若遇锚孔中有承压水流出，待水压、水量变小后方可下安锚筋与注浆，必要时在周围适当部位设置排水孔处理，或采用灌浆封堵、二次钻进等方法处理锚孔内部积聚水体。

⑦ 锚孔清理。使用高压空气将孔内岩粉及水体全部清除出孔外，以免降低水泥砂浆与孔壁岩土体的黏结强度。

⑧ 锚孔检验。锚孔成孔结束后，须经现场监理工程师检验合格后，方可进行下道工序。

⑨ 钻孔记录。钻进过程中应对孔的地层变化、钻进状态（钻压、钻速）、地下水及其他特殊情况做好现场施工记录。

（2）编索。

锚索制作前应对钻孔实际长度进行测量，并按孔号截取锚索体长度。钢绞线宜使用机械切割，不得用电弧切割。制作好的锚索应按对应孔号进行编号。编束前，要确保每根钢绞线顺直，不扭不叉，排列均匀，对有死弯、机械损伤处应剔出。锚固段要对钢绞线进行清污、防锈处理；自由段涂防腐漆，外套塑料管。按设计要求在锚固段安装紧箍环和扩张环，自由段每隔 0.6～1 m 设置紧箍环和定位支架。操作要点如图 3.1 所示。

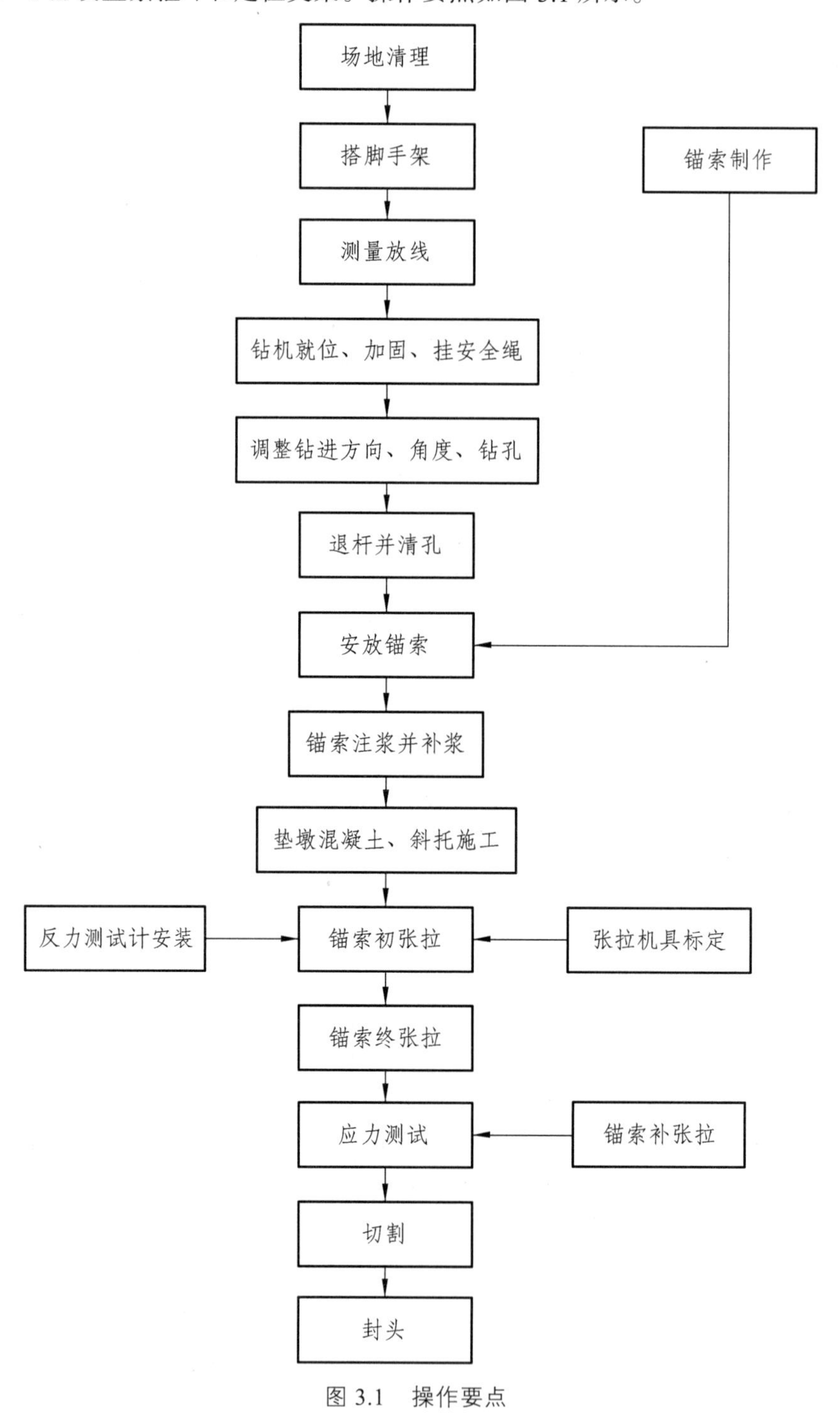

图 3.1　操作要点

（3）安装锚索。

锚索孔成孔检查合格后，再次用高压风清孔一次，将相应的锚索人工抬至孔口穿索，穿索时要人工缓慢送入，避免锚索体扭曲。

（4）注浆。

采用孔底返浆方式注浆，直至锚孔孔口溢出浆液或排气管停止排气且有稀水泥浆压出时，方可停止注浆，注浆结束后应观察浆液的回落情况，若有回落应及时补浆。液浆作业过程应做好注浆记录，同时，对每批次注浆采样进行浆体强度试验。注浆压力按设计要求控制，设计无要求时控制在 0.6 MPa。当锚固段地层为土质时，可采用二次高压劈裂注浆，在一次注浆形成的水泥结石体强度达到 5.0 MPa 时进行。浆液选用水灰比 0.45 ~ 0.5 的纯水泥浆，注浆压力不宜低于 2.5 MPa。注浆压力、注浆数量和注浆时间可根据锚固体的体积及锚固地层情况通过试验确定，并分段依次由下至上进行。

（5）垫墩施工。

施工程序：测量放线—锚梁开挖—支立模板—绑扎钢筋—现浇混凝土—混凝土养护。

5. 施工要点

（1）基础底面处理。

基底用 2 ~ 5 cm 厚水泥砂浆找平，遇边坡有局部超挖较大或架空处采用浆砌片石嵌补，找平后的基础底面较框架梁宽 50 mm，作为立模的基面。

（2）模板的安装与加固。

模板采用组合钢模，锚斜托处的模板特制，使锚斜托突出框架梁表面与锚索方向垂直，用ϕ14 圆钢筋打入地面和钢管支架联成整体固定模板。检查模板接缝，空隙用海绵条堵塞紧密，防止混凝土灌注时漏浆。

（3）钢筋制安、混凝土灌注和养护。

锚索框架现场浇筑，钢筋在棚内制作，运送至现场绑扎，下料、弯制、焊接、绑扎按设计技术规范要求施作。混凝土机械拌和，简易索道和铁斗车运输，振动棒振捣密实，尤其在锚孔周围，钢筋较密集，应仔细振捣，保证质量。混凝土浇筑完成后，及时用草袋覆盖，洒水养生至张拉龄期。

（4）张拉锁定。

张拉在孔内砂浆强度达到 70%后进行，边坡锚固锚索张拉采用超张拉，超张拉力值为设计拉力值的 1.1 ~ 1.2 倍。锚索张拉力值宜分两次张拉作业施加，第一次张拉作业力值为设计张位力值的 1/2，第二次张拉作业直至超张拉力值。每次张拉宜分为 5 ~ 6 级进行，每级持荷稳定时间为 5 min，最后一级持荷稳定时间为 10 min，并分别记录每级荷载对应锚索体的伸长量。张拉时锚索体受力要均匀，发锚索张拉注意事项：

① 锚斜托台座的承压面应平整，并与锚索的轴线方向垂直。

② 锚具安装应与锚垫板和千斤顶密贴对中，千斤顶轴线与锚孔及锚索体轴线在一条直线上，不得弯压或偏折锚头，确保承载均匀同轴，必要时用钢质垫片调至满足。

③ 锚固体与台座混凝土强度均达到设计强度的 80%以上时，方可进行张拉。

④ 张拉千斤顶和油泵必须经过有资质的部门校验标定。

⑤ 锚索正式张拉之前，应取 0.1 ~ 0.2 倍设计张拉力值对锚索进行 1 ~ 2 次预张拉，确保锚固体各部分接触密贴，锚索体顺布平直。

⑥ 完整记载并保存张拉记录。

（5）封锚。

锚索锁定后，做好记号，观察三天，没有异常情况即可用手提砂轮机切割余露锚索头，严禁电弧烧割，留长 5 ~ 10 cm 的外露锚索，以防滑。最后用水泥净浆注满锚垫板及锚头各部分空隙，并按设计要求支模，用 C25 混凝土封锚处理，防止锈蚀和兼顾美观。

（6）监 测。

在施加预应力前全面测量被加固体平面位置及高程，张拉过程中，实行“信息施工法”，即边监测边施工，以反馈回的资料指导施工。

6. 推荐使用的主要机具设备

机械设备应当可移动、可装配、轻型化，能满足在脚手平台上操作，并配备足够的零配件备用。设备配备见表 3.1。

表 3.1 设备配备

序 号	机械名称	数 量
1	12 ~ 20 m^3 内燃空压机	1 台
2	MGJ—50 潜孔钻机	1 台
3	YCW—100—200 型张拉千斤顶	1 台
4	油泵	1 台
5	内燃发电机	1 台
6	电动卷扬机 1 ~ 2 t	1 台
7	抽水机（潜水泵）	1 台
8	2SNS 注浆机	1 台
9	ϕ40 钢管脚手架	若干吨
10	400 型砂轮切割机	1 台
11	砂浆搅拌机	1 台
12	电焊机	1 台

7. 劳动组织

施工安排宜在旱季，及时做好排水系统，采用全坡面范围内流水作业，应用网络技术组织施工，均衡生产，使立锚墩钻孔、注浆、张拉、封锚等工序互不延误。人员配置：钻孔 4 人，空压机司机 1 人，制作安放锚索 6 人，注浆 4 人，张拉 3 人，注浆、张拉记录 2 人，电工 1 人。

8. 施工质量要求及质量控制要点

（1）施工质量要求及检测方法。

质量检验标准见表 3.2。

表 3.2 锚索孔位置、孔径、倾角、深度允许偏差及检验标准

序号	项目	允许偏差	检验方法
1	位置	+/-100 mm	经纬仪测量、尺量
2	孔径	0 ~ 10 mm	尺量
3	倾角	1%	导杆法量
4	深度	0 ~ 100 mm	尺量钻杆长

（2）质置控制要点。

① 脚手架上安装钻机专用钢管，摆放钻机，用方向架放出锚索方位角，测角仪调整倾角，误差不超过：倾角+/5°方位角+/−1°。

② 高压风洗孔应干净彻底，孔中不得残留岩粉和水。

③ 锚索制作要确保每一根钢绞线始终排列均匀、平直，不扭不锈，油污要除净，对有死弯、机械损伤及锈坑者应剔除。

④ 锚索安放要保证锚索孔壁有不少于 1 cm 的注浆厚度。

⑤ 砂浆须严格控制加水量和水灰比。

⑥ 锚墩制作允许偏差各方向均为±3 cm，先安放好孔口定位钢管，以保证锚墩与锚孔垂直。

⑦ 自由段注浆必须待浆液溢出孔口稳定 1 ~ 2 min 后，方可停止注浆，24 h 后还需补浆，以确保注浆饱满。

9. 施工安全与环保措施

（1）施工前进行安全技术交底，施工中明确分工，统一指挥。

（2）各种机械机具机况良好，勤维修、勤保养。

（3）做好安全检查工作，遵守有关安全操作规程。

（4）机械、电器设备专人操作。

（5）边坡加固工程钻孔通常在脚手架上作业，为确保脚架绝对安全稳定，采用双排方式，间距 1.2 ~ 1.3 m，重力集中处增设剪刀撑，并设置短锚桩，将脚手架锚固在岩壁上，扣件须专人复核拧紧。

（6）高空作业应设安全防护设施。

（7）风动钻机管路连接应牢靠

（8）避免脱开后伤人。

（9）注浆管路应畅通，不得堵塞，避免浆液喷甩出伤人。

（10）张拉机具各部件尤其是高压油管连接点应牢靠，以避免突然断裂喷出伤人。张拉过程中千斤顶前不得站人，以防钢绞线断裂锚具飞出伤人

（11）夜间施工应有足够的照明。

（12）钻孔孔口须设置粉尘收集器，使岩粉不致随风飘散，污染大气，严格按照国家环境保护有关规定施工。

3.5 主动网防护网施工

SNS 主动防护网（包括 GAR2、GPS2、GER2 和 GTC-65A），常用于坡面崩塌、风化剥落、溜坍、溜滑或塌落类地质灾害的加固防护，其明显特征是采用系统锚杆固定，并根据柔性网的不同，分别通过支撑绳和缝合张拉（钢丝绳网或铁丝格栅）或预应力锚杆（TECCO-65 格栅）来对柔性网部分实现预张拉。

主动防护网主要构成分为钢丝绳网、普通钢丝格栅（常称铁丝格栅）和 TECCO；高强度

钢丝格栅三类，前两者通过钢丝绳锚杆和/或支撑绳固定方式，后者通过钢筋锚杆（可施加预应力）和钢丝绳锚杆（有边沿支撑绳时采用）、专用锚垫板以及必要时的边沿支撑绳等固定方式，将作为系统主要构成的柔性网覆盖在有潜在地质灾害的坡面上，从而实现其防护目的。

主动防护网主要型号：GAR1、GAR2、GPS1、GPS2 等。

1. 常用主动防护网结构配置及防护功能

（1）GAP1（普通简单型）。

网型：钢丝绳网。

结构配置：边沿（或上沿）钢丝绳锚杆+支撑绳+缝合绳[DO/08/300 钢绳网+上下沿锚固+上下沿（或横向）支撑绳]。

主要防护功能：围护作用，限制落石运动范围，部分抑制崩塌的发生。

（2）GAR2（普通型）。

网型：钢丝绳网。

主动防护网。

结构配置：系统钢丝绳锚杆+支撑绳+缝合绳，孔口凹坑+张拉[或边沿（上沿）锚固（钢索锚杆 2-4 m 距 4.5 m）+纵横向支撑绳（2-ϕ16）+钢丝绳网（◇08/300/4×4 m^2）+缝合绳（ϕ8）]

主要防护功能：坡面加固，抑制崩塌和风化剥落、的发生，限制局部或少量落石运动范围

（3）GPS1（普通常用型）。

网型：钢丝绳网+钢丝格栅。

结构配置：同 GAR1+钢丝格栅（GAR1+SO/2.2/50 铁丝格栅）。

主要防护功能：同 GAR1，有小块落实时选用。

（4）GPS2（普通常用型）。

网型：钢丝绳网+钢丝格栅。

结构配置：同 GAR2+钢丝格栅[或边沿（上沿）锚固（钢索锚杆 2～4 m 距 4.5 m）+纵横向支撑绳（2-ϕ16）+钢丝绳网（◇08/300/4×4 m^2）+缝合绳（ϕ8）+SO/2.2/50 铁丝格栅+系统锚固]。

主要防护功能：同 GAR2，有小块危石或土质边坡时选用。

特点编辑：具有高柔性，高防护强度，易铺展性。适应任何坡面地形，安装程序标准化、系统化。

（5）SNS 主动防护网。

系统采用模切化安装方式，工期短，施工费用低。系统材料的特殊制造工艺和高防腐防锈技术，决定了系统的超高寿命。系统能将工程对环境的影响降到最低点，其防护区域可以充分地保护土体、岩石的稳固，便于人工绿化，有利于环保。

作用原理上类似于喷锚和土钉墙等面层护坡体系，但因其柔性特征能使系统将局部集中荷载向四周均材质：钢丝绳网、普通钢丝格栅（常称铁丝格栅）和 TECCO 高强度钢丝格栅匀传递以充分发挥整个系统的防护能力，即局部受载，整体作用，从而使系统能承受较大的荷载并降低单根锚杆的锚固力要求。

工程措施：通常采用 GPS2 型 SNS 防护系统对危岩予以加固。该系统采用 2ϕ16 钢绳锚杆，锚杆间距 4.5 m×4.5 m 布设，上沿锚孔深度为 3 m，下沿深度为 2 m，孔径 42 mm；支撑

绳采用ϕ16 钢绳，纵横铺设与锚杆连接，锚固点采用重型鸡芯环（H5/8）固结，支撑绳端头采用 DIN714 绳卡与锚杆头固结，以此形成骨架网。骨架网形成后，按设计安装防护网片，采用ϕ8 高强度钢绳缝合，缝合绳起、止端头采用 DIN741 绳卡固结。

施工工艺：测量定位及工作面放线→边坡危岩防护处理→搭设施工脚手架→测量精确放线确定锚索孔→钻凿锚孔并清孔→安装锚孔并注浆→安装纵、横支撑钢绳并张拉、锚固→从上而下铺搭格栅网并缝合→由上而下铺设高强度钢绳菱形网→固定连接缝合绳与网绳→将钢绳网与格栅网进行相互扎结→质量检测→竣工验收。

施工方法：

① 测量放线为满足施工需要和规范要求，对导线点进行核实和加密，所有导线资料必须经测量专业监理工程师复核认可后方可用于施工。

② 人工清理坡面浮土及浮石、搭设施工脚手架 为保证施工安全，为后续工作创造条件，应先用人工清理坡面上的浮土及浮石，然后搭设施工脚手架，脚手架的结构必须稳固。

③ 测量放线确定锚杆孔、钻孔并清孔 测量放线确定锚杆孔位时，可根据地形条件，孔间距可有 0.3 m 的调整量，并在每一孔位处凿一定深度不小于锚杆外露环套长度的凹坑，一般口径 20 cm，深 20 cm。按设计深度钻凿锚杆孔并清除孔内粉尘，孔深应比设计锚杆长度长 5 cm 以上，孔径不小于ϕ42。边坡岩层破碎、松散时，钢绳锚杆可适当加长。

④ 安装锚杆并注浆，注浆插入锚杆，锚杆外露环套顶端不能高出地表，且环套段不能注浆，以确保支撑绳张拉后尽可能紧贴地表。采用不低于 M30 的水泥砂浆灌注，孔内应确保浆液饱满，锚固后的锚绳抗拔力不得小于 50 kN。

⑤ 安装并张拉、锚固纵横向支撑绳安装纵、横向支撑绳，张拉紧后两端后各用绳卡与锚杆外露环套固定连接。

⑥ 铺挂缝合格栅网从上而下铺挂格栅网，格栅网间重叠宽度不小于 5 cm，两张格栅网间的缝合以及格栅网与支撑绳间用ϕ1.2 扎丝按 1 m 间距进行扎结（有条件时本工序可在前一工序前完成，即将格栅网置于支撑绳下）。

⑦ 铺设高强度钢绳菱形网并缝合从上向下铺设高强度钢绳菱形网并缝合，缝合绳为ϕ8 钢绳，每张钢绳网均用一根长约 31 m（或 27 m）的缝合绳与四周支撑绳进行缝合并预张拉，缝合绳两端各用两个绳卡与网绳进行固定连接。

⑧ 预应力加固支撑绳和ϕ16 网片的加固力不得小于 $2T$。

SNS 主动防护网施工技术方案杆间的距离应基本一致，其相差不宜大于 150 mm，否则应做调整。5、严把原材料质量关。本防护系统的所有材料必须符合设计要求，且检验符合标准。

2. 安全生产措施

（1）在崩塌地区进行施工，必须采取预防危岩坍塌的安全措施，以保证施工中人员及设备的安全。柔性防护网的施工应特别注意施工安全，施工人员必须戴安全帽，系安全绳，避免人员伤亡和施工机具的损失。

（2）施工前应认真检查和处理作业区的危石，坡面清理和危石处理时必须加强安全防护，避免滚石伤人。施工机具和材料应放置在安全地带。

（3）斜坡作业期间，若坡脚有建筑物或行人、车辆等的过往，必须采用作业安全网或作业区看守控制等安全保护措施。

（4）向锚杆孔注浆时，注浆罐内应保持一定数量的砂浆，以防罐体放空，砂浆喷出伤人。施工中注浆管前方严禁站人。

（5）锚杆拉拔试验时应遵守下列规定：拉力计必须固定牢靠；拉拔锚杆时，拉力计前方或下方严禁站人；锚杆杆端出现颈缩时，应及时卸荷。

3. 环境保护措施

（1）做好排水、废料、废水的处理工作，修建临时排水沟，使工地保持良好的排水状态。

（2）严格控制噪音，特别是夜间，更要严格控制工地噪音。

3.6　被动防护网施工

SNS 被动防护系统是将以钢丝绳网（环形网、绞索网）为主的栅栏式柔性拦石网设置于斜坡上相应位置，用于拦截斜面坡上的滚落石以避免其破坏保护的对象，因此有时也称为拦石网；当设置于泥石流区内时，便可形成拦截泥石流体内固体大颗粒的柔性格栅坝。

SNS 被动防护系统是将以钢丝绳网（环形网、绞索网）为主的栅栏式柔性拦石网设置于斜坡上相应位置，用于拦截斜面坡上的滚落石以避免其破坏保护的对象，因此有时也称为拦石网；当设置于泥石流区内时，便可形成拦截泥石流体内固体大颗粒的柔性格栅坝。

1. SNS 被动防护网的构成

（1）SNS 被动防护是在公路边立一道钢丝绳网（环形网、绞索网）和格栅网复合防护层，如有跌落的石头将被网子挡住，保护下面的汽车等，这种方式应用于坡度小的山崖防护

（2）SNS 被动防护网系统由格栅网、钢绳网（环形网、绞索网）、支撑绳、钢立柱、缓冲环等组成柔性结构，承受并扩散岩石冲击力，形成拦截屏障，利用系统的变形能力，延长滚落岩石在拦截系统的作用时间，大大削弱冲击力，同时不断吸收和消化冲击动能，以柔克刚，从而达到防护目的。

2. SNS 被动防护网系统特点

SNS 被动防护系统特点柔性和强度足以吸收和分散传递预计的落石冲击动能，即从观念上一改传统的刚性结构为高强度柔性结构来实现系统防护功能的有效性。被动防护以落石所具有的冲击动能这一综合参数作为最主要的设计参数，避开了传统结构设计以荷载作为主要设计参数时所存在的冲击荷载难以确定的问题，实现了结构的定量设计。同时，由于该系统所具有的明显的柔性特征，使其能够拦截高能量的大块落石，并可实现结构的轻型化，充分体现了柔性防护的思想。

SNS 被动防护网由钢丝绳网或环形网（需拦截小块落石时附加一层铁丝格栅），固定系统（锚杆、拦锚绳、基座和支撑绳）、减压环和钢柱四个主要部分构成。钢柱和钢丝绳网连接组合构成一个整体，对所防护的区域形成面防护，从而阻止崩塌岩石土体的下坠，起到边坡防护作用。SNS 被动防护网的柔性和拦截强度足以吸收和分散传递 500 KJ 以内的落石冲击动能，消能环的设计和采用使系统的抗冲击能力得到进一步提高 SNS 被动防护网与刚性拦截和砌浆挡墙相比较，改变了原有施工工艺，使工期和资金得到减少。SNS 被动防护网适用于建筑设

施旁有缓冲地带的高山峻岭，把岩崩、飞石、雪崩、泥石流拦截在建筑设施之外，避开灾害对建筑设施的毁坏。材质：钢丝绳网、支撑绳和减压环构造：由钢丝绳网或环形网（需拦截小块落石时附加一层铁丝格栅）、固定系统（锚杆、拦锚绳、基座和支撑绳）、减压环和钢柱四个主要部分构成。

系统的柔性和拦截强度足以吸收和分散传递预计的落石冲击动能，消能环的设计和采用使系统的抗冲击能力得到进一步提高。与刚性拦截和砌浆挡墙相比较，改变了原有施工工艺，使工期和资金得到减少。

系统的柔性防护和拦截强度足以吸收和分散传递石的冲击动能，减压环的设计和采用使系统的冲力得到进一步提高。

适用于建筑设施旁有缓冲地带的高山峻岭，把岩崩、飞石、雪崩、泥石流拦截在建筑设施之外，避开灾害对建筑设施的毁坏。

结构配置：钢柱、支撑绳、拉锚绳那、缝合绳、减压环、格栅网。

型号：RXI-025、RXI-050、RXI-075、RXI-100、RXI-150、RXI-200、AX-015、AX-030、CX-030、CX-050、CXI-030、CXI-050。

被动防护网：SNS 被动网施工工艺被动防护网施工顺序：锚杆及基座定位→基坑开挖及基础浇注→基座及锚杆安装→钢柱及拉锚绳安装与调试→支撑绳安装与张拉→环形网的铺挂与连接→格栅网的铺挂。

被动网施工工序：测量放线施工前按设计并结合现场地形对钢柱和锚杆基础进行测量定位，现场放线长度应比设计系统长度增加 3%～8%，对地形起伏较大，系统布置难沿同一等高线呈直线布置的取上限，对地形较平整规则，系统布置能基本上在同一等高线沿直线布置是取下限；在此基础上，柱间距可以为设计间距 20%的缩短或加宽调整范围。

基础灌注预埋锚杆并灌注基础性混凝土（对岩石基础，2、3 工序向为钻凿锚杆安装）对混凝土基础亦可在灌注基础混凝土后钻孔安装锚杆。基座安装将基座套入地脚螺栓并用螺帽拧紧。支撑钢柱安装，将钢柱顺坡向上放置并使钢柱底部位于基座处。支撑绳安装，将第一根支撑绳的挂环端暂时固定于端柱，分段安装时为每一段的起始钢柱的底部，然后沿平行于系统走向的方向上调直支撑绳并放置于基座的下侧，并将减压环调节就位，距钢柱约 50 cm，同一根支撑绳上每一跨的减压环相对于钢柱对称布置。将该支撑绳的挂环挂于端柱的顶部挂座上；仅用 30%标准固力；在第三根钢柱处，将支撑绳放在挂座内侧；如此相同安装支撑绳在基座的外侧和内侧，直到本段最后一根钢柱并向下统至该钢柱基座的挂座上，再用绳卡暂时固定。在距减压环约为 40 cm 处用一个绳卡将两根上部支撑绳相互联结，仅用 30%标准固力。底部支撑绳安装，将第一根支撑绳的挂环挂于端柱基座的挂座上，然后沿平行于系统走向的方向上，调直支撑绳并放置于基座的下侧，并将减压环调节就位对角。在第二个基座处，用绳卡将支撑绳固定于挂座的外侧；在第二个基座处，将支撑绳放在挂座内下侧；如此相同安装支撑绳在基座的外侧和内下侧，直到本段最后一个基座并将支撑绳缠绕在该基座的挂座上，再用绳卡暂时固定。检查确定减压环全部正确就位后拉紧支撑绳并用绳卡固定。按上述步骤安装第二根支撑绳，但反方向安装，且减压环位于同一跨的另一侧。在距减压环约 40 cm 处用一个绳卡将两根底部支撑绳相互联结，如此在同一挂座处形成内下侧和外侧两根交错的双支撑绳结构。钢绳网按组编号，并在钢柱之间按照对应的位置展开。格栅网的安装，格栅网铺挂在钢绳网的内侧，并应叠盖钢绳网上缘并折到网的外侧 15 cm，用扎丝将钢绳网与格栅网联结在一起。

被动防护网安装技术措施上拉锚绳安装：将上拉锚绳的挂环挂于工字钢顶端挂座上，然后将拉锚绳的另一端与对应的上拉锚杆环套连接并用绳卡暂时固定。通过上拉锚绳来按设计方位调整好工字钢的方位，拉紧上拉锚绳并用绳卡固定。侧拉锚绳安装安装方法同上拉锚绳，上拉锚绳安装完毕后，进行侧拉锚绳的安装。上、下支撑绳安装将第一根上支撑绳的挂环端暂时固定于端柱（分段安装时为每一段的起始工字钢）的底部，然后沿平行于系统走向上调直支撑绳并放置于基座的下侧，并将消能环调节就位（距工字钢约 50 cm，同一根支撑绳上每一跨的消能环相对于工字钢对称布置），然后将支撑绳的挂环挂于终端工字钢顶部的挂座上。在第二根工字钢处，用绳卡将支撑绳固定于挂座的外侧；在第三根工字钢处，将支撑绳放在挂座内侧；如此相间安装支撑绳在基座挂座的外侧和内侧，直到本段最后一根工字钢并向下绕至该工字钢基座的挂座上，再用绳卡暂时固定。再次调整消能环位置，当确信消能环全部正确就位后拉紧支撑绳并用绳卡固定。第二根上支撑绳与第一根的安装方法相同，但反方向安装，且消能环位于同一跨的另侧。在距消能环 40 cm 处用一个绳卡将两根上部支撑绳相互联结，在同一挂座处形成内侧和外侧两根交错的双支撑绳结构。下支撑绳挂环挂于基座挂座上，安装方法同上支撑绳。

钢绳网安装将钢绳网按组编号，并在工字钢之间按照对应的位置展开。用一根多余的起吊钢绳穿过钢绳网上缘网孔，同一跨内两张网同时起吊，一端固定在临近工字钢顶端，另一端通过另一根工字钢挂座绕到其基座并暂时固定。用紧绳器将起吊绳拉紧，直到钢绳网上升到上支撑绳的水平为止，再用多余的绳卡将网与上支撑绳暂时进行松动联结，同时也可将网与下支撑绳暂时联结以确定缝合时更为安全，此后起吊绳可以松开抽出。重复上述步骤直到全部钢绳网暂挂于上支撑绳为止，并侧向调整钢绳位置，使其位于正确位置。将缝合绳按单张网周边长的 1.3 倍截断，并在其中点做上标记。从系统的一段开始将缝合绳的中点固定在每张网的上缘中点，从中点开始用一半缝合绳分别向左、右将网与支撑绳缠绕在一起，直到跨越钢绳网下缘中点，使左右侧的缝合绳端头重叠 1.0 m，最后用绳长将缝合绳与钢绳网固定在一起，绳卡放在离缝合绳末端 0.5 m 的地方。格栅网安装格栅铺挂在钢绳网的内侧，并叠盖在钢绳网上缘，用扎丝固定在钢绳网上。格栅底部沿斜坡向上敷设 0.5 m，并用块石将格栅网底部压紧。每张格栅叠盖 10 cm，每平方米网用扎丝固定 4 处。

4　泥石流治理工程

4.1　拦挡坝

4.1.1　施工前的准备

1. 技术准备

（1）熟悉设计图纸和有关文件，进行图纸会审和技术交底。

（2）编制施工图预算和各分部分项工程的施工预算，建立施工进度和成本控制网络计划。为了使工程进度快，质量好，成本低，事先必须编制施工计划，部署全部施工活动，以达到施工工序合理，施工方法和技术先进，施工机具、劳动组织合理，各方面协作配合。

2. 施工现场准备

按照施工总平面布置图的要求和材料、机械的需用量计划，组织材料、构（配）件、施工机具的进场。

（1）生产与生活临时建筑设施准备就绪。

（2）施工便道能保证全天候通车，砂石及各种材料顺利进场。

（3）水、电源：与现有变压器接驳，或自行建设供水、供电设施满足生产及生活用水用电需要。

3. 物资准备

（1）根据施工预算的材料分析结果和施工进度计划要求，编制材料的需用量计划和构（配）件及制品的加工、定制计划，并进行洽谈和订购。

（2）根据施工方案和施工进度计划的要求，编制施工机具需用量计划，并对所需机具进行维修、保养和试运转等工作。

4. 劳动组织准备

（1）建立施工项目部领导机构。

（2）建立精干的作业队（班组）。

（3）为落实施工计划和技术责任制，按管理系统逐级进行技术交底，各项工作都应以书面形式详细交底，必要时还需进行现场示范。

（4）组织职工进行安全文明施工教育，同时健全各种规章制度，加强遵纪守法教育，持证上岗。

5. 制度建设

（1）项目负责人及各专业负责人组成项目经理部，下达项目管理目标（质量、工期、成本、安全、文明施工、科技进步），制定项目管理措施。

（2）加强本施工项目内部的制度建设，在完善质量安全管理合格体系的基础上，进一步制定目标、方针，落实量化管理措施，签订责任合同书，实行质量、安全行为个人负责制。

6. 现场布置

（1）场内外交通。

有乡村公路通至场地施工现场，在泥石流施工过程中有交通不便的地方可修建临时便道。

（2）生产、生活临时设施。

施工布置应以少占地、尽量减少对边坡扰动及对河沟（排水沟）排水带来不利影响、便于施工和管理为原则。

根据施工现场的实际情况，施工人员的生活和办公区租用当地民房。由于施工场地呈线状，且其他部分场地同时亦将进行施工，不可能在施工现场周围堆放施工用料及加工，在相对安全位置修建料场。

（3）施工用水、用电。

4.1.2 泥石流拦挡坝工程的特点

泥石流治理工程，坡面物质松散在进行基础开挖时，应及时对边坡进行支护。场内主体工程沿沟展布，修建施工临时道路较多，总体来说外部施工交通运输条件相对不好。施工质量要求高，泥石流治理工程属于百年大计的民生工程，在施工过程中，需严格按图施工，进场材料需严格把关，确保工程质量。在施工过程中必须采取有效的安全防护措施，确保安全生产。泥石流治理工程类型多、施工场地条件较复杂，有较大的施工难度，人员物质、交通运输、供电、供水、建筑材料等方面需做好总体调配、统筹安排。各工程相对高差较大，且局部坡度较陡，施工场地有限，材料搬运较为不便，需设计施工便道。

1. 施工流程

测量放线→开挖基槽→验槽→基础施工→基础回填→主体施工→竣工验收。

2. 质量控制要点

（1）工放样应严格按照相关规范与设计要求进行，其精度应满足规范与设计的要求。

（2）基槽开挖应控制好基底标高与开挖深度，基槽开挖完成后，应及时通知相关单位进行验槽，确保基础持力层满足设计要求。

（3）础施工完成并经验收合格后，应及时进行基础回填。

（4）严格控制建筑材料的质量，采用生产规模较大、质量稳定的生产厂家生产的水泥，做好水泥的存贮防潮工作，同批号水泥的进场，都要有同一批号的质量证明书，严格检验水泥各项性能，确保水泥砂浆的质量；砂、石采用中砂和卵（碎）石，其质量应符合现行国家标准《建筑用砂》（GB/T 14684）和《建筑用卵石、碎石》（GB/T 14685）的要求。

（5）建筑材料（砂、石、水泥、钢材）及混凝土等应按规范的要求制作试样及时送实验室检测，确保工程质量满足设计要求。

（6）严格按相关规范和设计要求控制主体工程施工质量。

（7）工程竣工时，应组织相关部门和单位对工程质量进行验收。

4.1.3 变形监测

地质灾害治理工程（泥石流），为保证施工安全及工程安全，必须密切注意滑坡体的稳定性，及泥石流与降水情况，发现隐患及时采取相应的应急措施。

监测分为两个阶段：第一阶段为施工期间的监测，第二阶段为完工后的工程监测。

1. 施工期间的监测

施工期间进行监测的目的主要是观测施工活动对危岩体及变形体的影响。一方面，施工安全监测对泥石流河道两侧及两岸崩塌滑坡的地面变形，掌握施工期间和崩塌滑坡可能提供参与泥石流活动的固体物质储量、泥石流发生的可能性、规模、严重程度及对工程的影响，施工安全监测采用24小时定时观测，信息及时反馈，以供有关方面决断，确保施工安全；另一方面，通过现场监测反馈信息，优化设计和施工工艺，实行信息化施工。

进场后，在斜坡地段取具代表性的位置设置变形观测点，并加强保护，观测点应按永久观测点设置，便以工程完工后继续使用。此外，应派专人进行现场巡视，发现异常情况，及时采取应急措施。观测时间和次数应根据施工过程和降雨等情况合理制定。若已设监测点需要移位，应及时补设。

监测方法：主要是对泥石流流域的降雨监测，为泥石流的灾害的预报提供实测资料。雨量监测主要采用的是自计式雨量计。

监测频次：根据项目实情设置暴雨工况（极度气候）适当增加检测次数。

2. 完工后的工程监测

工程施工结束后，须设立长期观测点对斜坡定期进行观测。监测的周期应视灾害体的活跃程度及季节变化等情况而定。在遇暴雨、发现滑速增快或监测过程中发现有大滑动的可能时，应立即缩短观测周期，及时增加观测次数。工程质量监测主要是检验工程质量，监测方法主要是监测坝体位移与沉降，主要采用的是水准仪、全站仪或经纬仪。

监测周期：施工完成后，监测周期为一个完整的水文年（特殊规定，可以适当增加检测年限）。

监测频次：每两周一次，以检验治理效果。

3. 监测方法

根据施工设计图和《崩塌、滑坡、泥石流监测规范》《建筑变形测量规程》相关规定，对坡体进行必要的变形观测，观测点在斜坡上中下分别设置。

观测点埋设时，在坡面上开凿一深度和长宽均不小于20 cm的凹坑，并清理干净，再用1∶1水泥砂浆填充并捣实，在砂浆中部插入中部油“十字”标记的短钢筋，用铁板将砂浆抹成中间高周边低的形状，并保证钢筋顶外露1 cm左右。最后在观测点附近用油漆编号并作明显标记和编号，以便寻找。

变形监测一律采用大地测量法，每次观测必须做好观测记录并整理成果，同时根据观测结果绘制“时间-变形”曲线图。

4.1.4 测量工程

1. 测量要求

（1）熟识施工图纸，掌握设计意图，严格按照规范规定的程序要求和标准精心施测。

（2）选用高精度的先进仪器，所有测量仪器在使用前均按有关规定检验、校正，保证测量仪器精确度。

（3）做到“勤”“精”“复”。“勤”即勤测，每一道工序开始时都要施测，认为必要时可重测或加密施测。“精”，施测要精确，技术要熟练，设计和规范的要求要精通，施测的方法要先进，措施要可靠。“复”即所有施工测量工作必须做到有放必复，各项工作分别由专人负责，并应对测量标志定期进行复测，测量内业工作应有专人进行校核，确保测量准确无误。

（4）所有外业测量资料，都应有记录，测量完成一段时间后，由监理工程师复核并签字认可。

测量人员组成：测量放样是工程施工质量达到预期效果的重要环节，为此，成立专门测量放样小组，由具有理论与实际工作经验的测量工程师担任组长，并配备有实际经验的测量员组成，进行测量放样和测设复测。

2. 施工测量控制

（1）施工测量放线的任务就是把设计图纸上的布置尺寸放到地面上，即根据工程的图示坐标和标高用测量仪器确定在实地的平面位置和所处高程。

（2）测放临时水准点。

工程施工之前，应根据图纸指定水准系统的已知水准点，引导至施工范围内，设置临时水准点，当施工牵涉到的水准系统不是一个标准时，应统一换算为工程的施工水准系统，据此设立临时水准点。临时水准点设置后，要逐一编号，其精度要求闭合差不得超过规范要求，并标在图纸上。根据需要和设置的牢固程度应定期进行复测，临时水准点的设置要求是：

① 应设置在坚硬的固定建筑物、构筑物上，或者设置在不受影响和外界干扰的稳定土层内；

② 在居民区或生产区每 200 m 设置一个水准点，旷野每 400 m 设置一个水准点；

③ 两水准点之间能保持通视。

（3）平面放线。

根据工程的起点、终点和转折点的设计坐标，计算出这些点与附近控制点或建筑物之间的关系，然后根据这些关系把各个放线点用标桩固定在地面上。为了避免差错，每个点都要进行校核。在工程的起点、终点和转折点均已打桩核定后，再进行中心线和转角测量。中心线测量时，应每隔 20 ~ 30 m 打一中心桩，中心桩的间距应统一，一般是选用 20 m、25 m、30 m 或标段的具体情况作桩距，以便于统计距离和施工取料。然后根据工程规定需要的宽度用白灰撒出开挖边线。

（4）纵断面水准测量。

纵断面测量之前，应先沿工程的施工线路每隔 100 m 的距离设置临时水准点，以此水准点测出中心各桩位地面的高程，以检验设计图示地面高程和实际地面高程是否相同，并以此来确定沟槽开挖的深度或管道架空的高度。

4.1.5 土石方工程

本工程在拦挡坝等主体工程在施工之前需进行基槽开挖、清基。基槽以机器开挖为主，人工辅助清基。开挖时，必须严格控制开挖土方量，不得超挖，少挖。开工前编制土方施工方案，包括排水措施，导流措施，土方平衡方案，取土弃土地点、机械种类、保证质量及安全措施。

1. 施工流程

测量放线→场地清除→按需要挖土方→分层夯填

2. 测量放线

首先对业主单位所交控制桩及资料进行复测校核，确认无误后根据施工需要加密控制桩及水准点。然后测设现状横断面图，一般平坦地段 10 m 测一断面，起伏较大地段进行加密断面，经实测与设计提供值不符时及时交监理确认。

3. 土方施工

场地在清表工作完成后，按进度需要采用人工进行土石挖掘，根据工程实际情况，先挖需现浇混凝土结构的浅沟土石方以便进行结构施工，待混凝土结构达到设计强度后运到现场，并提前挖好需施工段的土石方，边挖边安装，以免沟槽渗水浸泡土方，影响沟槽压实密度。

4. 回填土

（1）填筑前准备。

填筑前做好土场取样工作，由试验室测定土样的最佳含水量、最大干容重等土壤特性。

（2）试验段。

上部主体工程首先待监理、甲方检验合格后，方能进行土方回填。碾压前取点测量虚铺厚度，然后用蛙式打夯机快速冲击夯 3 遍，测出密实度及碾压后土层厚度，再压 1 遍，再测密实度及土层厚度，依此类推，直至达到规定的密实度为止。

（3）分层填筑。

根据土方的可松系数，确定松铺厚度，测定土方含水量。填土过湿时进行晾晒；过干时进行洒水。待土的含水量达到最佳含水量的±2%范围内时进行找平碾压。

5. 压实

垫层区施工铺层厚度为 50 cm，用 13.5 t 拖式振动碾，中档油门振动，1.8 km/h 行驶速度，碾压 6 遍，斜坡碾压采用 10 t 振动碾先静压 2 遍，再振压 4 遍。

达到试验段获取的碾压遍数后，检验压实度（以灌砂法为准），经检验合格后方可转入下道工序，不合格处进行补压再做检验，一直达到合格为止。

回填土方待原土碾压密实后，在取土方点取土方，每次压实厚度不得超过 30 cm，密实度按设计深度要求，不同深度采用不同的密实度。

压实度的检查方法，根据提供的最佳含水率及标准容量，土方采用环刀法检测压实度，同时为及时得出实际结果，以燃烧为主，烘干校核的方法测定，每层填筑未经压实检测及压实不符合要求不得进行下道工序。

6. 填筑过程中质量控制

（1）土方填筑过程中，要以试验段施工的结论指导全面施工。

（2）每填一层经过压实符合规定要求之后，经监理工程师检验批准后方可填筑下一层。

（2）每层填土设专人严格掌握分层厚度、土壤性质。

（4）试验人员应跟班作业，严格控制土壤的含水量并测定压实度，确保每层压实度符合设计及规范要求。

7. 土石方外运注意事项

（1）进入高边坡部位施工的机械，应全面检查其技术性能，不得带病作业。

（2）施工机械进入施工区前，应对经过线路进行检查，确认路基基础、宽度、坡度、弯度等能满足安全条件后方可进行。

（3）施工机械工作时，严禁一切人员在工作范围内停留；机械运转中人员不得上、下车，严禁施工机械（运输车辆）驾驶室内超载，出渣车车厢内严禁载人。

（4）挖掘机械工作位置要平整，工作前履带要制动，挖斗回转时不得从汽车驾驶室顶部通过，汽车未停稳不得装车。

（5）机械在靠近边坡作业时，距边沿应保持必要的安全距离，确保轮胎（履带）压在坚实的地基上。

（6）装载机行走时，驾驶室两侧和铲斗内严禁载人。

（7）推土机在作业时，应将其工作水平度控制在操作规程的规定以内。下坡时，严禁空挡滑行。拖拉大型钻孔机械下坡时，应对钻机阻滑。

（8）运输车辆应保证方向、制动、信号等齐全可靠。装渣高度不得高出车厢，严禁超速超载。

（9）施工机械停止作业时，必须停放在安全可靠、基础牢固的平地，严禁在斜坡上停车，临时在斜坡上停车，必须用三角木等对车轮阻滑。

（10）施工设备应进行班前班后检查，加强现场维护保养，严禁“带病”运行，不得在斜坡上货危险地段进行设备的维修保养工作。

4.1.6 混凝土工程

拦挡坝工程涉及混凝土施工。混凝土施工一般工艺如图 4.1 所示。

1. 仓面清理

混凝土浇筑前，先清除岩基上的杂物、泥土及松动岩石，并用压力水将基岩面或老混凝土表面冲洗干净。施工缝采用人工凿毛，清除缝面上所有浮浆，松散物料及污染体，用压力水冲洗干净，保持清洁、湿润。

2. 测量放线

基面处理合格后，用全站仪、经纬仪、水准仪等进行测量放线检查规格，将建筑物体型的控制点线放在明显地方，并在方便度量的地方给出高程点，并做好标记。

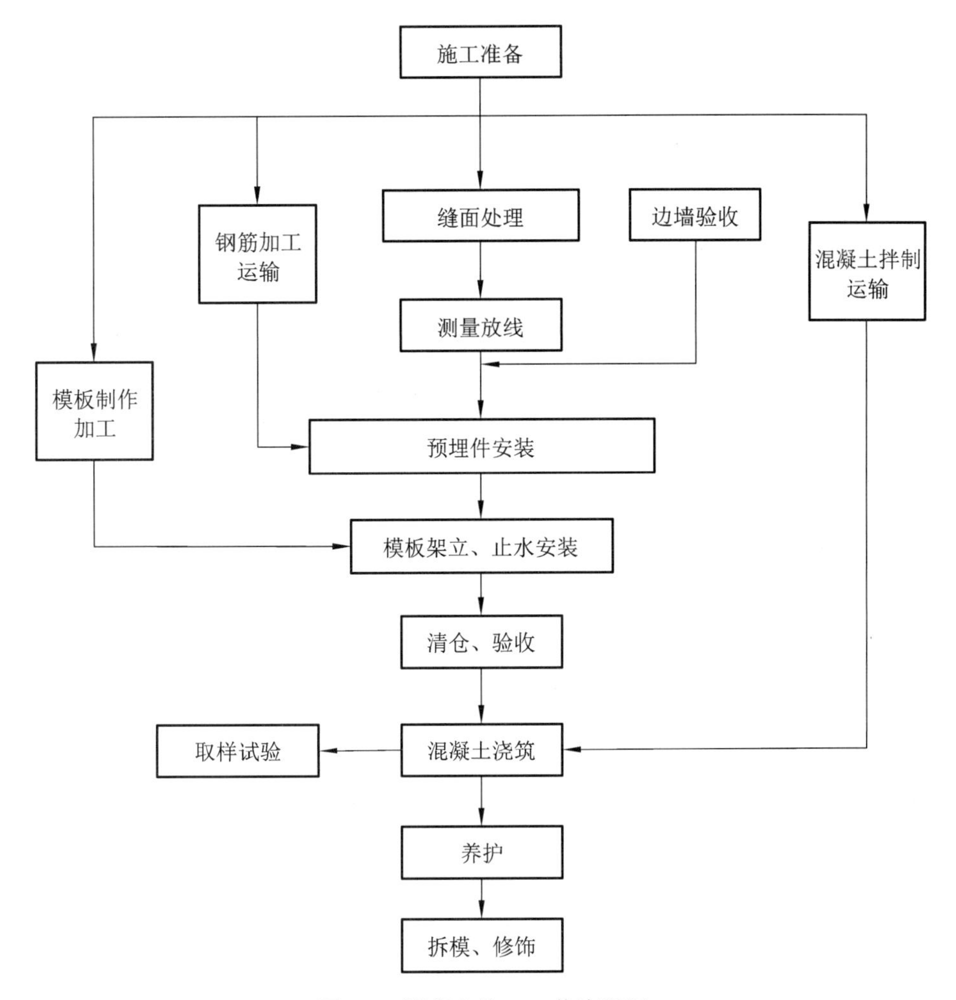

图 4.1　混凝土施工工艺流程图

3. 立模、校模

模板采用双排钢管支撑，内表面应光洁、平整，并应上油或刷脱模剂，尺寸准确，支撑牢固，严禁胀模变形。

各种特殊要求的模板均在模板加工厂制作，现场进行组装，利用塔机或汽车吊配合就位，千斤顶微调到准确位置，拉杆固定（或对拉）。小钢模在现场架立，扣件连接，钢管纵、横向背牢，拉杆固定，仓内设对撑，随浇筑混凝土上升时拆除。组合钢模板的围囹须有足够的刚度和强度，以防止模板变形过大影响建筑物结构尺寸及外观质量。

4. 清仓验收

清理仓号内的杂物、排除积水，将待浇面洒水湿润，同时提交有关验收资料进行仓位验收。混凝土浇筑前，检查脚手架、安全护栏等。

5. 混凝土拌制

混凝土由本标段设置的拌和站按现场试验室提供并经监理工程师批准的程序和混凝土配料单进行统一拌制，并在出机口和浇筑现场进行混凝土取样试验；各种不同类型结构物的混凝土配合比通过试验选定，并根据建筑物的性质、浇筑部位、混凝土运输、浇筑方法和气候条件等，选用不同的混凝土坍落度。

6. 混凝土浇筑

浇筑仓号首先由作业班组进行初检，提供原始资料，由质安部门进行复检，最后请监理工程师进行终检。仓面验收合格后，方可进行混凝土浇筑，基岩面浇筑仓，在浇筑第一层混凝土前，将层面松散物及积水清除干净后均匀铺设一层 2 ~ 3 cm 水泥砂浆，砂浆标号比同部位混凝土标号高一级，并保证混凝土与基岩面结合良好。仓号内注意薄层平铺，特别是边墙一定要对称下料，防止使模板整体变形；认真平仓，防止骨料分离；注意层间结合，加强振捣，确保连续浇筑，防止出现冷缝；浇筑过程中模板工要加强巡视维护，异常情况及时汇报，研究后及时处理。

7. 混凝土养护

混凝土浇筑结束后 12 h，洒水养护，使其保持湿润状态。养护时间一般为 14（见表 4.1），在干燥、炎热的气候条件下，适当延长养护时间。

表 4.1　混凝土养护期时间

混凝土所用的水泥种类	养护时间/天
硅酸盐水泥和普通硅酸盐水泥	14
火山灰质硅酸盐水泥、矿渣硅酸盐水泥、粉煤灰硅酸盐水泥	21

8. 拆模、修补

混凝土强度达到施工图纸要求及规范规定后，方可拆出模板。拆模后若发现混凝土有缺陷，提出处理意见，征得监理工程师同意后才能进行修补。对不同的混凝土缺陷，按相应的监理工程师批准的方法进行处理，直至满足设计和规范要求。

9. 注意事项

（1）混凝土在拌和站内搅拌，采用机械振捣直至不下沉、表面无气泡返出为止。振捣时振动棒不能碰撞钢筋，不能靠近模板。

（2）灌注混凝土不得直接倾倒，通过串筒或梭槽入模以免离析，须使混凝土能进入模板每个角落，包裹钢筋，同时应保证墙体混凝土表面平整。使用插入式振捣棒震动时，先从周边开始，间隔不得超过有效振动半径的 1.5 倍，不得跳花进行，振捣时以鼓出气泡很少为佳，不得漏振，重振和过振。

（3）在浇注混凝土前和作业过程中随时检查模板、支架是否变形，并能及时校正。

（4）在浇注混凝土终凝约 12 小时后注意养护，头 7 天尤为重要，昼夜须有专人负责，用麻袋或草袋覆盖，保持潮湿。

（5）模板配钢管支撑，混凝土浇筑完后，待标号达到 70%以上才能拆除模板，拆除时按顺序拆除，保持混凝土棱角完好，拆除的模板及时清洗，同时在浇灌混凝土前，模板涂脱模剂，便于拆除，拆模板后如发现混凝土表面粗糙，不平整，蜂窝或空洞，应立即报告监理工程师并将拟采用的补救办法报请工程师批准，不得自行盲目处理和隐瞒事实真相。

10. 浆砌工程

本治理工程设置在边坡工程中坡顶的截、排水沟工程中有 M10 浆砌块石工程，在泥石流治理工程中有 M10 砂浆抹面。浆砌块石施工工艺如下：

（1）石料的选用。

砌石体的石料应选用材质坚实，无风化剥落层或裂纹，石材表面无污垢、水锈等杂质，用于表面的石材，应色泽均匀。石料的物理力学指标应符合国家施工规范要求。

（2）浆砌石体砌筑。

① 砌筑前，应在砌体外将石料表面的泥垢冲洗干净，砌筑时保持砌体表面湿润。

② 浆砌石施工采用坐浆法分层砌筑。砌筑应先在基础面上铺一层 3 ~ 5 cm 厚的稠砂浆，然后安放石块。

③ 砌筑程序为先砌“角石”、再砌“面石”、最后砌“腹石”。

④ 角石用以确定建筑物的位置和开头，在选石与砌筑时须加倍注意，要选择比较方正的石块，先行试放，必要时须稍加修凿，然后铺灰安砌，角石的位置砌筑方法必须准确，角石砌好后，就可把样线挂到角石上。面石可选用长短不等的石块，以便与腹石交错衔接。

⑤ 面石的外露面应比较平整，厚度略同角石。砌筑面石也要先行试放和修凿，然后铺好砂浆，将石翻回座砌，并使灰浆挤紧。

⑥ 腹石可用较小的石块分层填筑，填筑前先铺坐浆。放填第一层腹石时，须大面向下放稳，尽量使石缝间隙最小，再用灰浆填满空隙的 1/3 ~ 1/2，并放入合适的石片，用锤轻轻敲击，使石块挤入灰缝中。

⑦ 砌筑时石块宜分层卧砌，每砌 3 ~ 4 匹为一个分层高度，每个分层高度找平一次。要求平整、稳定、密实、错缝、内外搭接，且两个分层高度间的错缝不得小于 8 cm。必要时设置拉结石，不得采用外面块石、中间填心的方法，不得有空缝，砌缝一般宽 2 ~ 3.5 cm，严禁石块间直接接触。

（3）勾缝。

勾缝应在砌筑施工 24 h 以后进行，先将缝内深度不小于 2 倍缝宽的砂浆刮去，用水将缝内冲洗干净，再用标号较高的砂浆进行填缝，要求勾缝砂浆采用细砂和较小的水灰比，其灰砂比控制在 1∶1 ~ 1∶2 之间。勾缝应保持块石砌合的自然接缝，严禁勾假缝，凸缝。力求美观、匀称，块石形态突出，表面平整，黏附的砂浆清理干净。

（4）浆砌石体养护。

砌体完成后，须用麻袋或草袋覆盖，并经常洒水养护，保持表面潮湿。养护时间一般不少于 5 ~ 7 d，冬季期间不再洒水，而应用麻袋覆盖保温。在砌体未达到要求的强度之前，不得在其上任意堆放重物或修凿石块，以免砌体受震动破坏。

4.1.7 模板工程

模板的接缝不应漏浆；在浇筑混凝土前，木模板应浇水湿润，但模板内不应有积水；模板与混凝土的接触面应清理干净并涂刷隔离剂；浇筑混凝土前，模板内的杂物应清理干净；用作模板的地坪、胎模等应平整光洁，不得产生影响构件质量裂缝、起砂或起鼓。

现浇结构模板安装的偏差应符合表 4.2 的规定。

表 4.2　预制构件模板安装的允许偏差及检验方法

项目	允许偏差/mm	检验方法
长度	0，−5	钢尺量两角边，取其中较大值
宽度	0，−5	钢尺量一端及中部，取其中较大值
高（厚）度	0，−5	钢尺量一端及中部，取其中较大值
侧向弯曲	l/1 500 且≤15	拉线、钢尺量最大弯曲处
对角线差	5	钢尺量两个对角线
翘曲	l/1 500	调平尺在两端量测

侧模拆除时的混凝土强度应能保证其表面及棱角不受损伤。拆除的模板和支架宜分散堆放并及时清运。

模板及其支撑系统在安装过程中，必须设置临时固定设施，严防倾覆。拆除模板严禁在同一垂直面上操作。拆除时应臆片拆卸不得成片松动和拉倒。拆除平台、楼层板的底模时，应设临时支撑，防止大片模板附落伤人。严禁站在悬臂结构上面敲拆底模。已拆除的模板，支撑等应及时运走，并清除钉子，以防伤人。

4.1.8　工程进度计划

1. 施工工期安排及进度计划

（1）施工总工期安排。

根据招标文件要求，倒排工期。

（2）施工进度计划。

根据本合同段各分类工程的工程数量、工程特点，结合现场自然条件及工期要求，考虑拟上场队伍的技术装备情况和综合施工能力，按照重难点项目和紧前工程提前安排施工，做到各分项工程的施工顺序科学合理、衔接紧密的原则，施工顺序安排上，主要考虑以下几个问题：人员设备投入与工期要求的协调，工程材料进场与施工进度的配合。

4.1.9　工期保证措施

本工程量较大、任务重、工期紧、质量优，施工必须有足够的资源投入，管理人员、生产工人要具有较高的素质，机械设备、周转材料配备齐全，资金备足，做到专款专用，公司在人、财、物的安排上必须优先供应，项目部施工中必须加强科学管理，具体措施如下：

1. 组织保证

本工程将按我公司较成熟的项目法管理体制，实行项目经理责任制，按施工项目法施工，对本工程行使计划、组织、指挥、协调、监督六项基本职能，并在公司系统内选择，能打硬仗的、并施工过大型地灾防治工程及质量、安全信誉好的项目部，承担本施工任务。

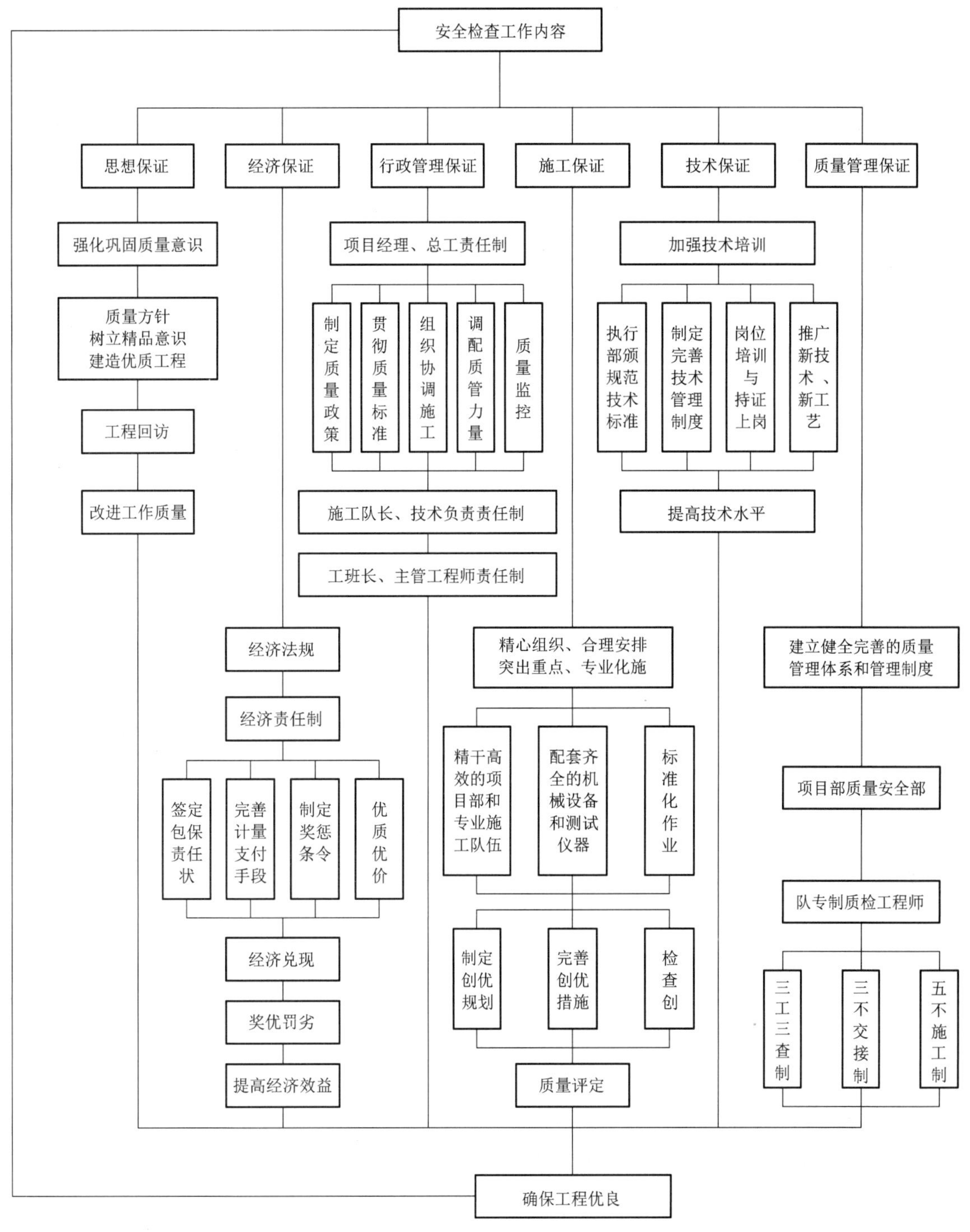

图 4.2 质量保证体系框图

2. 制度保证

建立生产例会制度，利用电脑动态管理实行三周滚动计划中必须加强每星期至少 2 次工程例会，检查上一次例会以来的计划执行情况，布置下一次例会前的计划安排，对于拖延进度计划要求的工作内容找出原因，并及时采用有效措施保证计划完成。举行与建设、设计、质监等部门的联合办公会议，及时解决施工中出现的问题。

3. 计划保证

采用施工进度总计划与月、周计划相结合的各级网络计划进行施工速度计划的控制与管理。在施工生产中抓主导工序、找关键矛盾，组织流水交叉、安排合理的施工程序，做好劳动组织调动和协调工作，通过施工网络节点控制目标的实现来保证各控制点工期目标的实现。

4.1.10 季节施工的保证措施

根据工程所在地气候环境的具体特点，分别对雨季、夏季的施工做如下安排：

1. 雨季施工

（1）项目部成立以项目分部经理为组长的防汛度汛领导小组，各施工队亦成立相应组织，并组织义务抢险。

（2）施工时及时与气象部门取得联系，掌握天气变化情况，并将气象记录每天发放到基层；便于提前做好非正常天气条件下的施工安排和防护措施。

（3）对施工人员配备雨天劳保用品。

（4）做好场内排水工作，经常派人疏通，以保证排水系统的畅通。排水沟内设集水坑，以适应大体积抽水的需要。

2. 夏季施工

（1）因夏季炎热，应根据实际情况调整工作时间，尽可能避开白天高温时间，保证职工有充分的休息时间。

（2）混凝土浇筑需连续作业时，应根据计算结果，采取降温措施，如采用覆盖、浇水养护等。

（3）混凝土浇筑因温度过高，凝固时间短，可根据实际情况在混凝土中掺加不同缓凝剂，以防混凝土浇筑时出现施工缝。

（4）施工中重点做好防雷电设施，切实做好接地设施，现场机电设备要做好防雨、防漏电措施。

（5）高温季节施工时，工人上下班避开中午，尽量利用一早一晚，并配置防暑药品。

（6）对易发生火险的材料库房等，应准备必要的消防材料，预防火灾。

4.2 水下灌筑混凝土施工

在进行基础施工中，如灌筑连续墙、灌注桩、沉井封底等，有时地下水渗透量大、大量抽水又会影响地基质量，或在江河水位较深，流速较快情况下修建取水构筑物时，常可采用直接在水下灌筑混凝土的方法。在水下灌注混凝土，应解决如何防止未凝结的混凝土中水泥流失的问题。当混凝土拌合物直接向水中倾倒，在穿过水层达到基底过程中，由于混凝土的各种材料所受浮力不同，将使水泥浆和骨料分解，骨料先沉入水底，而水泥浆则会流失在水中，以致无法形成混凝土。

混凝土水下施工方法须针对上述问题，并结合水深、结构形式和施工条件等选定。一般分为水下灌筑法和水下压浆法。

4.2.1 水下灌筑法

水下灌筑法有直接灌筑法、导管法、泵压法、柔性管法和开底容器法等。通常施工中使用较多的方法是导管法。导管法，是将混凝土拌合物通过金属管筒在已灌筑的混凝土表面之下灌入基础，这样，就避免了新灌筑的混凝土与水直接接触。导管，一般直径 200 ~ 300 mm，每节长为 1 ~ 2 m，各节用法兰盘连接，以防漏浆和漏水。使用前需将全部长度导管进行试压。导管顶部装有混凝土拌合物的漏斗，容量一般为 0.8 ~ 1 m^3。漏斗和导管使用起重设备吊装安置在支架上。导管下口安有活门和活塞从导管中间用绳或铅丝吊住，灌筑前用于封堵导管。活塞可用木、橡皮或钢制，如采用混凝土制成，可不再回收。开始灌注前，应先清理基底，除去淤泥和杂物，并符合设计要求的高程。

为使水下灌筑的混凝土有足够的强度和良好的和易性，应对材料和配合比提出相应要求，一般水泥采用普通硅酸盐水泥或矿渣硅酸盐水泥，标号不低于 325 号，并试验水泥的凝结时间。为了保障混凝土强度，水灰比不宜大于 0.6。混凝土拌合物坍落度为 15 ~ 20 cm，粗骨料可选用卵石，最大粒径不应超过管径的 1/8。为了改善混凝土性能，可掺入表面活性外掺剂，使形成粘聚性好，泌水性小的流态混凝土拌合物。

灌筑开始时，将导管下口降至距基底表面；H_1 约 30 ~ 50 mm 处，太近则容易堵塞。第一次灌入管内的混凝土拌合物数量应预先计算，要求灌入的混凝土能封住管口并略高出管口，H_2 应为 0.5 ~ 1 m。管口埋入过浅则导管容易进水；过深管内拌合物难以倾出。此外，管内混凝土顶面应高出水面 H_3 约 2.5 m，以便将混凝土压入水中。

当管内混凝土的体积及高度满足以上要求时，剪断铅丝，混凝土拌合物冲开塞子而进入水内，如用木塞则木塞浮起，可以回收。这一过程称为“开管”。此后一边均衡地灌筑，一边缓缓提起导管，并保持导管下口始终在混凝土表面之下。防止地下水把上、下两层混凝土隔开，影响灌筑质量。灌筑速度以每小时提升导管 0.5 ~ 3 m 为宜，灌筑强度每个导管可达 15 m^3/h。

开管以后，应注意保证连续灌筑，防止堵管。当灌筑面积较大时，可以同时用数根导管进行。导管的作用半径与混凝土坍落度及灌筑压头有关，一般为 3 ~ 4 m。导管的极限扩散半径亦可用下式计算：

$$R_{ex} = \frac{3t_h \cdot I}{i}$$

式中　R_{ex}——水下混凝土极限扩散半径；

t_h——水下混凝土拌和物流动性指标；

I——水下混凝土面上$速度（m/d）；

I——扩散平均坡率，被 1/5。

采用多根导管同时进行灌注，要合理布置导管，以混凝土顶面标高不致相差过大。水下混凝土灌筑完毕后，应对顶面进行清理，清除顶面厚约 20 cm 一层的松软部分然后再建造上部结构。

水下封底混凝土标号，相当强度等级 C15，考虑开始灌筑的混凝土会与水接触减低质量，因此，在开始时另加 10%的水泥用量配制。混凝土坍落度 18 ~ 22 cm，开始时采用 16 cm，正常施工后，改用 20 cm。该工程封底混凝土总量为 4 000 m^3，用两座水上凝土搅拌站与两座陆上搅拌厂共同供应，混凝土的供应量为 80 m^3/h。导管采用直径 15 cm 的钢管，导管间连接为法兰盘石棉垫圈。导管作用半径为 3.5 ~ 4.0 m，实际上在深水区施工时，可以增大至 6 m 以内。

在大体积水下灌注混凝土施工中，应保持连续作业以提高混凝土的均匀性；为了防止发生导管堵塞，导管插入混凝土的深度一般为 1 m 左右，并保证管内混凝土柱高超过水压到达水面以上的漏斗颈处。为此，就必须保持混凝土拌合物的灌筑速度这一关键环节。

根据施工经验，水下灌筑混凝土，其表面会产生厚约 10 cm 泡沫层，而在 30 ~ 40 cm 范围内质量较差，因此，必须用风铲铲除。

该泵站基础部分采用直径 55 cm 的预制钢筋混凝土管柱桩，经打入后管柱内混凝土灌注亦采用了导管法施工。

泵压法：当在水下需灌筑的混凝土体积较大时，可以采用混凝土泵将拌合物通过导管灌筑，加大混凝土拌合物在水下的扩散范围，并可减少导管的提升次数及适当减低坍落度（10 ~ 12 cm）。泵压法的一根导管的灌筑面积达 40 ~ 50 m^2，当水深在 15 m 以内时，可以筑成质量良好的构筑物。

4.2.2 水下压浆法

压浆法是先在水中抛填粗骨料，并在其中埋设注浆管，然后用水泥砂浆通过泵压入注浆管内并进入骨料中。骨料用带有拦石钢筋的格栅模板、板桩或沙袋定形。骨料应在模板内均匀填充，以使模板受力均匀，骨料面高度应大于注浆面高度 0.5 ~ 1 m，对处于动水条件下，骨料面高度应高出注浆面 1.5 ~ 2.0 m。此时，骨料填充和注浆可同时配合进行作业。填充骨料，应保持骨料粒径具有良好级配。注浆管可采用钢管，内径根据骨料最小粒径和灌注速度而定，通常为 25 mm、38 mm、50 mm、65 mm、75 mm 等规格。管壁开设注浆孔，管下端呈平口或 45 度斜口，注浆管一般垂直埋设，管底距离基底约 10 ~ 20 cm。

注浆管作用半径可由下式求得：

$$R=\frac{(H_{\mathrm{t}}\cdot R_{\mathrm{CB}}-H_{\mathrm{W}}\cdot\gamma_{\mathrm{W}})D_{\mathrm{h}}}{28K_{\mathrm{h}}\cdot R_{\mathrm{CB}}}$$

式中　R——注浆管作用半径；

H_{t}——注浆管长度；

R_{CB}——浆液密度；

H_{W}——灌浆处水深；

γ_{W}——水密度；

D_{h}——预填骨料平均粒径

K_{h}——预填骨料抵抗浆液运动附加阻力系数；卵石为 4.2；碎石为 4.5。

加压灌注时，注浆管的作用半径为

$$R=\frac{(1000P_0+H_{\mathrm{t}}R_{\mathrm{CB}}-H_{\mathrm{W}}\cdot\gamma_{\mathrm{W}})D_{\mathrm{h}}}{28K_{\mathrm{h}}\cdot\tau_{\mathrm{cs}}}$$

式中　P_0——注浆管进浆压力；

τ_{cs}——浆液极限剪应力。

注浆管的平面布置可呈矩形、正方形或三角形。采用矩形布置时，注浆管作用半径与管距、排距的关系为

$$(0.85R)^2=\left(\frac{B}{4}\right)^2+\left(\frac{L_t}{2}\right)^2$$

则
$$L_t<\sqrt{2.89R^2-\frac{B^2}{4}}$$

当宽度方向有几排注浆管时

$$L_t<\sqrt{2.89R^2-\frac{B^2}{n^2}}$$

式中　L_t——注浆管间距；

R——注浆管作用半径；

B——浇筑构筑物宽度；

n——沿宽度方向布置注浆管排数。

通常情况下，当预填骨料厚度超过 4 m 时，为了克服提升注浆管的阻力，防止水下抛石时碰撞注浆管，可在管外套以护罩。护罩一般由钢筋笼架组成，笼架的钢筋间距不应大于最小骨料粒径的 2/3。水下注浆分自动灌注和加压注入。加压注入由砂浆泵加压。为了提高注浆管壁润滑性，在注浆开始前先用水灰比大于 0.6 的纯水泥浆润滑管壁。开始注浆时，为了使浆液流入石骨料中，将注浆管上提 5 ~ 10 cm，随压、随注，并逐步提升注浆管，使其埋入已注砂浆中深度保持 0.6 m 以上。注浆管埋入砂浆深度过浅，虽可提高灌注效率，但可能会破坏水下预埋骨料中砂浆表面平整度；如插入过深，会降低灌注效率或已灌浆液的凝固，通常插入深度最小为 0.6 m，一般为 0.8 ~ 1.0 m。当注浆接近设计高程时，注浆管仍应保持原设定的埋入深度，注浆达到设计高程，将注浆管缓慢拔出，使注浆管内砂浆慢慢卸出。注浆管出浆压力，应考虑预埋骨料的种类（卵石、砾石、碎石），粒级和平均粒径，水泥砂浆在预填骨料和空隙间流动产生的极限剪应力值以及注浆管埋设间距（要求水泥砂浆的扩散半径）等因素而定，一般在 0.1 ~ 0.4 MPa 范围内。

水泥砂浆需用量，可用下式估计：

$$V_{CB}=K_N\cdot l\cdot V_C$$

式中　V_{CB}——水泥砂浆需用量（填充系数一般取值为 1.03 ~ 1.10）；

K_N——充填系数；

I——预填骨料的孔隙率；

V_C——水下压浆混凝土方量。

4.2.3　混凝土冬季施工

如前所述，混凝土的凝结硬化是要在正温度和湿润的环境下进行，其强度的增长将随龄期延长而提高。当新浇筑的混凝土处于负温环境时，拌和水开始冻结，水泥的水化作用停止，混凝土的强度将无法增长。由于水结冰后，体积膨胀（8% ~ 9%），混凝土内部产生很大的冰胀应力，破坏了内部结构而冻裂，致使混凝土的强度、密实性及耐久性显著降低，已不可能达到原设计要求的性能指标。

塑性混凝土如在凝结之前就遭受冻结，当恢复正温养护后的抗压强度约损失 50%，如在硬化初期遭受冻结，恢复正温养护后的抗压强度仍会损失而干硬性混凝土在相同条件下的强度损失却很小。因此，在冬季施工中，为保证混凝土的质量，必须使其在受冻结前，能获得足够抵抗冰胀应力的强度，这一强度称为抗冻临界强度。

根据规定，抗冻临界强度为：

采用硅酸盐水泥或普通硅酸盐水泥配制的混凝土，为标准强度（指在标准条件下养护 28 d 的混凝土抗压强度）的 30%；采用矿渣硅酸盐水泥配制的混凝土，为标准强度的 40%，但 C10 及 C10 以下的混凝土，不得低于 5 MPa。

为了掌握冬期施工的温度界限，应根据当地多年气温资料，凡昼夜室外平均气温连续 5 d 稳定低于 5 °C 和−3 °C 时，就应来取工技术措施。

1. 浇筑成型前混凝土拌合物预热措施

混凝土在浇筑成型前要经过拌制、运输、浇灌、振捣成型多道工序，因此，在冬季施工中，为了防止混凝土在硬化初期遭受冻害，就要使混凝土#合物具有一定的正温度，以延长混凝土在负温下的冷却时间，并使之较快地达到抗冻临界强度。为此需要对其进行加热。

对混凝土拌合物的加热，通常是先对混凝土的组成材料（水、砂、石）加热，使拌制成的浪凝土具有正温度。材料加热，应优先使水加热，方法简便，且水的比热是砂、石的 4 倍，加热效果好。水的加热温度不宜超过 80 °C，因为水温过高当与水泥拌制时，水泥颗粒表面会形成一层薄的硬壳，影响混凝土的和易性且后期强度低（称为水泥的假凝）。

当需要提高水温时，可将水与骨料先行搅拌，使砂石变热，水温降低后，再加入水泥共同搅拌。石料由于用量多，重量大，加热比较麻烦，当需要骨料加热时，应先加热砂，确有必要时再加热石料。水泥由于上述原因不得直接加热。拌合用水及骨料加热的温度，应符合拌和水及骨料最高温度如表 4.3 所示。

表 4.3　拌和水及骨料最高温度

水泥种类	拌和水/°C	骨料/°C
标号小于 525 号的普通硅酸盐水泥、矿渣硅酸盐水泥	80	60
标号大于及等于 525 号的硅酸盐水泥、普通硅酸盐水泥	60	40

（1）混凝土的拌制。

搅拌前，应先用热水或蒸汽冲洗搅拌机，使其预热，然后投入已加热的材料。为使搅拌过程中混凝土拌合物温度均匀，搅拌时间应比常温时间延长 50%。冬季施工应严格控制混凝土配合比，水泥应选用硅酸盐水泥或普通硅酸盐水泥，以增加水泥水化热和缩短养护时间。水泥用量每立方米混凝土中不宜少于 300 kg，水灰比不应大于 0.6。为了控制坍落度，可适当加入引气型减水剂。

拌制混凝土应严格掌握温度，使混凝土拌合物的出机温度不应低于 10 °C，入模温度应大于 5 °C。为此，需要进行有关的热工计算。为了能预计原材料加热后混凝土拌合物的温度约略数，可按下式预先计算出拌合物的理论温度：

$$T_0=[0.84(Ct_c+St_c+Gt_c)+4.19t_w(W-P_sS-P_gG)+bP_sSt_s+bP_sGt_g-BP_sS-BP_gG]/[4.19W+0.84(C+S+G)]$$

式中　T_0——混凝土拌合物的理论温度（°C）；

W、C、S、G——每 m^3 混凝土中水、水泥、砂、石的用量（kg）；

t_w，t_c，t_s，t_g——水、水泥、砂、石的温度（°C）；

P_s，P_g——砂、石的含水率；

b——水的比热[kJ/（kg.K）]；

B——水的溶解热（kJ/kg）。

当骨料 > 0 °C 时，b= 4.19，B=0；

当骨料≤0 °C 时，b = 2.10，B = 330。

混凝土经搅拌后的温度可按下式计算：

$$T_1 = T_0 - 0.16(T_0 - T_d)$$

式中　T_1——混凝土自搅拌机中倾出时的温度（°C）；

T_0——混凝土拌合物的理论温度（°C）；

T_d——搅拌棚内温度（°C）。

（2）混凝土拌合物的运输和浇筑。

冬季施工外界处于负温环境中，由于空气和容器的传导，混凝土拌合物在运输和浇筑过程中热量会有较大损失。因此，应尽量缩短运距，选择最佳运输路线；正确选择运输容器的形式、大小和保温材料；尽量减少装卸次数，合理组织装卸工作。

混凝土经过运输到浇筑成型后的温度，可按下式测算：

$$T_2 = T_1 - \alpha t(\alpha t + 0.032n)(T_1 - T_a)$$

式中　T_2——混凝土经过运输、成型后的温度（°C）；

T_1——混凝土自搅拌机中倾出时的温度（°C）；

t——混凝土自运输至成型的时间（h）;

n——混凝土倒运次数；

T_a——室外气温（t）;

α——温度损失系数。

当用搅拌运输车，α=0.25；开敞式大型自卸汽车，α=0.20；开敞式小型自卸汽车，α= 0.30；封闭式自卸汽车，α= 0.10；人力手推力，α=0.50。

混凝土浇筑入模后，由于模板和钢筋吸收热量而引起混凝土温度降低可按下式计算

$$T_3 = \frac{G_n C_n T_2 + G_m C_m T_m}{G_n C_n + G_m C_m}$$

式中　T_3——混凝土在钢模板和钢筋吸收热量后的温度（°C）；

G_n——1 m^3 混凝土的重量（kg）；

G_m——与 1 m^3 混凝土相接触的钢模板和钢筋的总重量（kg）；

C_n——混凝土比热，取 1 kJ/（kg.K）；

C_m——钢材比热，取 0.48 kJ/（kg.K）；

T_2——混凝土经过搅拌、运输、成型后的温度（°C）；

T_m——钢模板、钢筋的温度，即当时大气温度（°C）。

经过上述热工计算，可求出混凝土拌合物从搅拌、运输到浇筑成型的温度降低值，并作为施工设计的依据。但实上，由于影响因素很多，不易掌握，所以应加强现场实测温度，并依此进行温度调整，使混凝土开始养护前的温度不应低于 5 °C。在浇筑混凝土基础时，为防止地基土冻胀及混凝土冷却过快，浇筑前须先加热到 0 °C 以上，并将已冻胀变形部分消除。为保证混凝土在冻结前达到抗冻临界强度，混凝土的温度应比地基土温度高出 10 °C。

2. 加热混凝土的养护

将混凝土的组成材料经加热直到浇筑成型等过程，使混凝土仍具有一定温度后，即进入在负温度条件下的养护阶段。冬季施工对混凝土的养护方法有很多，可分为蓄热养护和加热养护两类。蓄热养护是最基本的养护方法，在采用加热养护时，为了节能和降低费用必须十分注意加强蓄热。

蓄热养护是指经材料预热浇筑后混凝土仍具有一定温度的条件下，采用保温措施，以防止热量外泄的方法，称为蓄热养护法。加热养护是当外界气温过低或混凝土散热过快时，须补充加热混凝土的养护方法。如暖棚法、蒸汽养护法、电热法、红外线加热法。

（1）蓄热养护法。

如上所述，是将经材料加热浇筑后的热混凝土四周用保温材料严密覆盖，利用这种预热和水泥的水化热量，使混凝土缓慢冷却，当混凝土温度降至 0 °C 时可达到抗冻临界强度或预期的强度要求。蓄热法具有节能、简便、经济等优点。采用此法宜选用标号较高、水化热较大的硅酸盐水泥和普通硅酸盐水泥，同时选用导热系数小、价廉耐用的保温材料，一般可用稻草帘、稻草袋、麦秆、高粱秸、油毛毡、刨花板、锯末等。覆盖地面以下的基础时，也可采用松土。当一种保温材料不能满足要求时，常采用几种材料或用石灰锯末保温。在锯末石灰上洒水，石灰就能逐渐发热，减缓构件热量散失。混凝土浇筑后，在养护中应建严格的测温制度，当发现混凝土温度下降过快或遇气温骤然下降，应立即采取补加保温或人工加热等措施，以保证工程质量。蓄热法养护适用于结构表面系数 7 以下及室外平均气温在 0 ~ −10 °C: 的季节。如将其他方法与蓄热法结合使用，可应用到表面系数达 18 以内的结构。当浇筑后的混凝土温度不低于 10 °C: 时，如保温适当，大约 5 ~ 7 d 混凝土可达到标准强度的 40%左右，能满足抗冻临界强度的要求。采用蓄热法养护应进行必要的热工计算。

结构表面系数 M 是表明结构体型的指标，可按下式计算：

$$M=\frac{F}{V}(1/m)$$

式中 F——构件的冷却表面面积（m^2）;

V——构件的体积（m^3）。

蓄热法养护的热工计算，是根据热量平衡原理，即每立方米混凝土从浇筑完毕时的温度下降到 0 °C: 的过程中，经由模板和保温层泄出的热量，等于混凝土预加热量和水泥在此期间所放出的水化热之和。同时，混凝土的强度增长也应达到抗冻临界强度。计算的程序为：根据结构特征、材料配比、浇筑后的混凝土温度和养护期的预测气温等施工条件，先初步选定保温材料的种类、厚度和构造，然后计算出混凝土冷却到 0 °C 的延续时间和混凝土在此期间的平均温度，如不能满足抗冻临界强度的要求时，需调整某些施工条件或改变保温层的构造，再进行计算。其热工计算式如下：

$$\gamma C \cdot T_2 + N_s R = MK\beta x(T_p - T_c)$$

将上式改写为 $x = \dfrac{600T_2 + N_s R}{MK\beta x(T_p - T_c)}$

式中　x——混凝土自初温降至 or 的时间（h）;

γ——混凝土密度（2 400 kg/m^3）;

C——混凝土比热[1 kJ/（kg.K）];

T_2——混凝土温度（°C）

N_s——每立方米混凝土的水泥用量（kg）;

R——每千克水泥的水化热（kJ）;

M——表面系数;

K——模板及保温材料的传热系数（查施工手册）;

β——透风系数（$1.3 < \beta < 3.1$）

T_P——混凝土由灌注到冷却至 0 °C 时的平均温度（°C）;

T_C——混凝土冷却时预计室外温度（°C）。

T_P 仅是个当量值，并非混凝土冷却过程中真正的平均温度。由于混凝土的温度是逐步降低的，其强度增长的速度也是不相同的，为了简化计算，假定混凝土处于某一恒温状态时，达到临界强度所需的时间正好等于上述冷却过程的时间。T_P 值可按表 4.4 中所列公式估算。

表 4.4　平均温度的计算

	混凝土的“平均温度”（T_p）			
表面系数	$M<3$	$3<M<8$	$8<M<12$	$M>12$
平均温度	$(T_2+5)/2$	$T_2/2$	$T_2/3$	$T_2/4$

（2）暖棚养护法。

暖棚法养护，是在施工的结构或构件周围搭建暖棚，当浇筑和养护混凝土时，棚内设置热源，以维持棚内的正温环境，使混凝土在正温下凝结硬化。这种方法的优点是：混凝土的施工操作与常温无异，方便可靠，缺点是：需大量材料和人工搭建暖棚，需增设热源，费用较高。适用于结构面积和高度不大且混凝土浇筑集中的工程。暖棚搭建应严密，不能过于简陋。为节约能源和降低成本，在便利施工的前提下，应尽量减少暖棚的体积。当采用火炉作为热源时，应注意安全防火。

（3）蒸汽加热法。

蒸汽加热，是利用低压湿饱和蒸汽（压力不高于 0.07 MPa，温度 95 °C，相对湿度 100%）的湿热作用来养护混凝土。这种方法的优点是：蒸汽含热量高，湿度大，当室外平均气温很低，构件表面系数大，养护时间要求很短的混凝土工程，可采用这种方法。缺点是：温度湿度不易保持均匀稳定，现场管道多，容易发生冷凝和冰冻，热能利用率低。蒸汽加热一般分为两种方式，一种是将蒸汽引至构件内部的空洞中对混凝土进行湿热养护，可称内热法。另一种是将蒸汽引到构件外部，使热量传导给混凝土使之升温，可称外热法。

① 内热法：常用的有蒸汽套法、蒸汽室法及内部通汽法等。其中蒸汽室法主要用于预制厂。内部通气法，是利用在混凝土结构或构件内部预留孔道，通入蒸汽进行加热养护的方法。

孔道在浇筑前在模板内预埋钢管或白铁皮管，混凝土浇筑后，待终凝，即可将钢管抽出。蒸汽养护结束后，将孔道用水泥砂浆填塞。该法可用于厚度较大的构件。

② 外热法：常用于垂直结构，如柱的混凝土加热养护。蒸汽通过在模板内开成的通汽槽（称为毛管模板）以加热混凝土。这种方法用汽少，加热均匀，温度易控制，养护时间较短。但设备复杂，花费多且模板损失也较大。采用蒸汽加热养护，由于矿渣硅酸盐水泥对蒸汽养护的适用性较好，养护后的最终强度损失也小，因此，常选用这种水泥进行蒸汽养护，其最高加热温度可超过 80 °C，达 85°C ~ 95 °C。蒸汽养护应确定加热的延续时间和升降温速度以及拆模时间等。蒸汽加热混凝土在不同水泥品种和加热温度下，强度增长率与时间关系。混凝土应冷却到+5 °C：以下方可拆模，同时还应考虑在混凝土与模板相互冻结前拆模，如混凝土温度与室外气温相差大于 20 °C 时，拆模以后混凝土表面应以保温材料覆盖，使构件表面缓慢冷却。未完全冷却的混凝土有较高的脆性，不得在冷却前，遭受冲击荷载或动力荷载的作用。

养护混凝土的蒸汽需用量，可按下式计算：

$$W = \frac{Q}{i}(1+\alpha)$$

式中　W——耗汽量（kg）；

Q——耗热量，包括混凝土、模板和保温材料升温所需热量以及通过围护层散失的热量（kJ）；

i——蒸汽发热量，取 2 500 kJ/kg；

α——损失系数，取 0.2 ~ 0.3。

（4）电热法。

电热法，是利用通过导体混凝土发出的热量，加热养护混凝土。电热法耗电量较大，附加费用较高。电热法分为电极法、电热毯加热法及工频涡流加热法。常用的电极法效果良好。

电热毯加热法，电热毯由四层玻璃纤维布中间夹以电阻丝制成，适用于以钢模浇筑的构件。在钢模板的区格内卡入电热毯其外覆盖保温材料。电热毯使用电压 60 V，功率每块 75 w，通电后表面温度可达 110 °C。

工频涡流加热法，是在钢模板的外侧布设钢管，并与板面紧贴焊牢，管内穿入导线，当导线中通电后，在管壁上产生热效应，通过钢模板将热量传导给混凝土，使之升温。在室外最低气温为-20 °C：的条件下，混凝土达到 40%标准强度的耗电量约为 130 kw · h/m^3。该法适用于以钢模板浇筑的混凝土墙体、梁、柱和接头。

电极法，在混凝土结构内部或表面设置电极，通以低压电流，由于混凝土的电阻作用，使电能变为热能，产生热量对混凝土进行加热。混凝土的导电率主要取决于混凝土中砂浆的游离水分，还取决于温度和混凝土的硬化程度。水灰比增加，导电性较高；水泥用量增加，因水泥水化时，析出的物质有助于导电性提高；石子含量减少，中间砂浆层增厚，也提高导电性；混凝土温度提高，导电性也提高。混凝土中加入少量盐或酸，可提高导电性，加入占水重 2% ~ 3%的氯化钙，可改善导电性，并使混凝土强度增加很快。混凝土逐渐硬化，因游离水减少，导电性降低。电热混凝土的电极布置，应保证温度均匀，一般用钢筋或薄钢片制成。薄片形电极固定在模板内壁，用于少筋的墙、池壁、带形基础、梁或大体积混凝土结构中。由于弯钩、搭接等原因，混凝土内钢筋配制的不均匀，采用钢筋做电极，将导致加温不匀，不能获得预期的加热效果。需采用专门作为电极的钢筋插入混凝土内部，会使混凝土加热均匀。电极较薄钢片的表面电极加热效果好。

电热时，混凝土中的水分蒸发，对最终强度影响较大，混凝土的密实度愈低，这种影响愈显著。水分过分蒸发，导致混凝土脱水。故养护过程中，应注意其表面情况，当开始干燥时，应先停电，随之浇洒温水，使混凝土表面湿润。为了防止水分蒸发，亦应对外露表面进行覆盖。

电热装置的电压一般为 50 ~ 110 V，在无筋结构或含筋量不大于 50 kg 的结构中，可采用 120 ~ 220 V。随着混凝土的硬化，游离水的减少，混凝土电阻增加，电压亦应逐渐增加见表 4.5 所示。

表 4.5　电热养护混凝土的温度

水泥标号	结构表面系数 M		
	＜10	10 ~ 15	＞15
325	70	50	45
425	40	40	35

加热过程中，混凝土体内应有测温孔，随时测量混凝土温度，以便控制电压。电热养护的非生产热耗少，设备也较蒸养法简单，加热期短，但耗电量较大。

3. 负温下的冷混凝土施工

上述的各种方法，是将混凝土加热以保持在正温条件下硬化，并尽快达到抗冻临界强度或预期的强度要求。此外，在冬季还可以采用配制冷混凝土的方法来施工，混凝土可在 0 ~ −10 °C: 温度下硬化，而无须加热养护。冷混凝土的应用范围，可用于不易蓄热保温和加热措施，对强度增长速度要求不高的结构，如圈梁、过梁、挑檐、地面垫层，以及围护管道结构、厂区道路、挡土墙等。冷混凝土的工艺特点，是将预先加热的拌合用水、砂（必要时也加热）、石、水泥及适量的负温硬化剂溶液混合搅拌，经浇筑成型的混凝土具有一定的正温度（不应低于 5 °C）。浇筑后用保温材料覆盖，不需加热养护，混凝土就在负温条件下硬化。负温硬化剂的作用，是能有效地降低混凝土拌合物中水的冰点，在一定的负温条件下，可以使含水率低于 10%，而液态水可以与水泥起水化反应，使混凝土的强度逐渐增长。同时，由于含冰率得到控制，防止了冰冻的破坏作用。硬化剂由防冻剂、早强剂和减水剂组成。常用的抗冻剂有无机和有机化合物两类。无机化合物如氯化钙、亚硝酸钠、氯化钠、碳酸钾等，有机化合物如氨水、尿素等，负温硬化剂的组成中，抗冻剂起主要作用，由它来保证混凝土中的液态水存在。掺加负温硬化剂的参考配方示例。冷混凝土的配制应优先选用 425 号或 425 号以上的普通硅酸盐水泥，以利强度增长砂石骨料不得含有冰雪和冻块及能冻裂的矿物质。应尽量配制成低流动性混凝土，坍落度控制在 1 ~ 3 cm 之间，施工配制强度一般要比设计强度提高 15%或提高一级。为了保证外掺硬化剂掺和均匀，必须采用机械搅拌。加料顺序应先投入砂石骨料、水及硬化剂溶液，搅拌 1.5 ~ 2 min 再加入水泥，搅拌时间应比普通混凝土延长 50%。硬化剂中掺入食盐仅用于素混凝土。混凝土浇筑后的温度应不低于 5 °C（应尽量提高），并及时覆盖保温，以延长正温养护时间和使混凝土温度在昼夜间波动较小。

在冷混凝土施工过程中，应按施工及验收规范的规定数量制作试块。试块在现场取样，并与结构物在同等条件下养护 28 d，然后转为标准养护 28 d，测得的抗压强度应不低于规范规定的验收标准。

4.3 钢筋混凝土构筑物渗漏及其处理

4.3.1 构筑物渗漏的主要原因

在实际工程中，常会遇见一些钢筋混凝土水池、泵房产生裂缝，引起渗漏等事故发生。其产生裂缝的原因是多种多样的：有的因对设计荷载估计不足，含钢量过小；不能满足抗裂性与控制裂缝要求；'有的因构件刚度不够，产生过大变形而开裂；有的在混凝土浇筑凝固过程中，因模板移动或由于地基软弱，产生不均匀沉降而引起；至于因施工不当产生裂缝的原因则是多方面的，如混凝土不密实，砌块砌筑质量不过关，选用材料不合设计要求，施工缝处理不当等均会导致裂缝的产生。其中，尤以温度应力及干缩应力对钢筋混凝土结构产生裂缝的影响最为复杂，而且较难控制。

1. 由变形变化引起的裂缝

混凝土的抗拉强度低，是由于其构件在拉应力甚小时即开裂的缘故。必须指出，除荷载应力作用外，在不利的温度与湿度条件下，还常因外部或内部多因素而产生较大的拉应力，从而使混凝土在承受荷载之前即产生裂缝。裂缝的危险主要是发生在浇注后的 10 ~ 40 h 内，即新浇注的混凝土还没有产生抗拉强度之前，便由于温度而承受较高的内应力或约束反力，钢筋混凝土水工构筑物多属较大体积混凝土。这样，混凝土内部的水泥水化热大量地积聚，且热量散发极慢，因而导致混凝土内部温度高，表面温度低而引起内外温差。例如拆模前后，当夜间气温低，混凝土表面温度下降极快；而内部温度较高，引起体积膨胀。这样，混凝土表面温度低，体积膨胀小，约束了内部体积膨胀，冰而在混凝土表面产生拉应力，当此种拉应力超过混凝土抗拉强度时，必然产生表面裂缝。混凝土表面干缩快，内部干缩慢，使得表面干缩受到内部干缩慢的约束，同样会在混凝土表面产生拉应力，当此拉应力超过混凝土抗拉强度时，亦会造成表面裂缝。此外，由于拆模后表面与内部湿差也增大，在温差与湿差形成表面拉应力的双重作用下，势必产生表面裂缝。温度应力按下述公式作近似计算：

$$\sigma=0.5\cdot E\cdot \alpha\cdot \Delta T\cdot R$$

式中 σ——混凝土温度应力（MPa）

E——混凝土弹性模量（采用 2.6×10^4 MPa）；

a——混凝土收缩系数（采用 1.0×10^{-5}/K）；

ΔT——混凝土温差（K）；

R——约束系数（采用 0.7）。

2. 伸缩缝间距控制不当引起裂缝

由于水平应力为裂缝产生之主要应力，构件截面中点 X=0 处出现的是最大值，侧壁板上产生的竖直裂缝往往处于截面之中点。而工程实际中发现，裂缝一旦出现，除截面中点处，还会出现数条尚有规律的裂缝。究其原因，当拉伸变形达到极限变形值时，于中部出现一条竖缝，壁板一分为二，而每块壁板又分布有水平应力，若应力值大于混凝土抗拉强度，则裂缝均于两壁板中部出现，一直开裂至应力值小于混凝土抗拉强度为止。由此可知，防止大型钢筋混凝土水池壁板开裂的重要条件之一是控制伸缩缝的最大间距。

3. 含钢量过小造成壁板开裂

混凝土随着温度变化发生膨胀或收缩，其膨胀或收缩系数 $\alpha_1 = 1.0\times10^{-5}/K$；而钢筋的线膨胀系数 $\alpha_2 = 1.2\times10^{-5}/K$。由于 $\alpha_1 \approx \alpha_2$，因此，当温度变化时，在钢筋与混凝土之间仅产生甚微的内应力，它们是共同变形的。

因此

$$\sigma_2 = \sigma_1 \cdot E_2 / E_1$$

式中 σ_2, σ_1——混凝土与钢筋的应力；

E_1, E_2——混凝土与钢筋的弹性模量。

应当指出，钢筋在其内有一定作用，但绝非在混凝土中配筋就保险不产生裂缝，然而，合理配筋可以提高混凝土极限拉伸，通过黏着力将混凝土垂直于开裂方向的变形沿配筋方向均匀分布，使裂缝趋向于分散、细微。参照齐斯克列里公式，列出计算最小含钢率公式：

$$\mu_{\text{pmin}} = \frac{2d\varepsilon_{\text{p}}}{R_{\text{e}}}\times10^4 - 1$$

4.3.2 构筑物渗漏的修补

1. 常用补漏方法

（1）水泥浆堵漏法。

采用空压机或活塞泵压浆，使水泥浆自压浆管进入裂缝，水泥浆水灰比为 0.6 ~ 2.0。开始注浆时，水灰比较大，而后逐渐减小。水泥浆稠度较大，流动性尚差；但结石率高，注浆效果好。压浆必须一次完成，发现水泥浆压力急剧增加，表明混凝土孔隙填满，即停止压浆，遇有地下水时，可采用快硬水，泥浆或四矾水泥浆。该法缺点是，水泥粒度较大，难以压入细缝中；水泥浆黏度较大，压入时会产生较大压力损失，灌入量与灌入深度受限制；非膨胀性水泥砂浆或水泥浆硬化时收缩会招致裂缝重现。因此，该法适用于裂缝宽度大于 0.3 mm 的条件下。

（2）环氧浆液补缝法。

此法是在混凝土裂缝处紧贴压嘴，采用压缩空气将环氧浆液由输浆管及压嘴压入裂缝中。环氧浆液是在环氧树脂中加入一定量的增塑剂、增初剂、稀释剂及硬化剂制成，可通过试验决定最佳配合比。参考配方为，环氧树脂：邻苯二甲酸二丁酯：二甲苯：环氧氯丙烷：聚硫橡胶：乙二胺=100：10：40：20：5：10。该法的具体操作是，先将裂缝表面去污，用环氧腻子将压嘴粘贴于裂缝处。粘贴压嘴的腻子配方可采用 6010 号环氧树脂：二丁酯：二甲苯：二胺：滑石粉=100：10：25：8：250 应当注意,环氧桨液与腻子均应在 40 °C 以下搅拌,并在 1 h 以内用毕，以防硬化。压嘴布置的间距可采用水平缝为 0.2 ~ 0.3 m，垂直缝或斜缝 0.3 ~ 0.4 m。在裂缝端部与交叉点处均应设置压嘴。

粘贴压嘴的操作方法是，将环氧腻子抹在压嘴底盘上（厚约 1 ~ 2 mm），静置 15 ~ 20 min 之后，粘贴于裂缝处，且于底盘四周用腻子封住。贴压嘴后，在裂缝表面与两侧各 0.1 ~ 0.2 m 范围内用腻子封闭。供作封闭裂缝表面的腻子的配方可采用 6010 号环氧树脂：二丁酯：二甲苯：乙二胺：硅酸盐水泥：滑石粉=100：10：40：10：350：150。

灌浆之前须进行试气。用肥皂水涂于封闭区，通入压缩空气（0.4 ~ 0.5 MPa），检查裂缝与压嘴封闭质量。灌浆的方法是自上至下或从一端至另一端进行，其灌浆压力可视裂缝宽度、深度与环氧浆黏度等因素确定。灌浆后，还要用 0.1 MPa 的压缩空气通入 10 ~ 15 min，灌浆即告结束。

（3）甲凝与丙凝补缝法。

甲凝的配方为，甲基丙烯酸甲酯：丙烯腈：甲基丙烯酸：过氧化二苯甲酰：二甲基苯胺：对甲苯亚磺：缺氧化钾=100 mL：15 mL：3g：1.5 mL：1.5 g：0.5 g：0.03 g。丙凝与甲凝均为固结性高分子化学灌浆材料。丙凝为双液，甲液配方为丙烯酰胺：NN1-亚甲基双丙烯酰胺：β-二甲氨基丙腈= 9.5 kg：0.5 kg：0.8 kg，加水共得溶液 50 L；乙液由过硫酸铵 1.2 kg，加水共得溶液 50 L。甲凝与丙凝在注入之前，应在裂缝处设置灌注口孔板，间距采用 0.1 ~ 0.2 m，孔板可用环氧树脂粘贴在混凝土表面，而后封闭裂缝表面试气。

（4）渗漏严重时的修补方法。

进行钢筋混凝土永工构筑物局部补漏宜在水池贮水条件下作业。根据对局部渗漏事故的观测发现，水池贮水后第一、二天渗水甚微，第三、四天渗漏明显，第五天之后渗漏减缓。为了让水能充分渗透至混凝土内部，为使渗漏充分暴露，贮水一般不能少于 2 天。

（5）四矾闭水浆补漏法。

对于渗漏的处理，可先将松软部分凿净，用水冲洗干净，由于带水作业，故可采用水玻璃掺加四矾拌合水泥进行堵漏。其闭水浆的参考配合比是，水玻璃（硅酸钠）：兰矾（硫酸铜）：红矾（重铬酸钾）：明矾（硫酸铝钾）：青矾（硫酸亚铁）：水= 400：1：1：1：1：60（重量比）然后用环氧树脂填实，外留 10 ~ 20 mm，用 1：2 防水水泥砂浆抹面。

（6）凿槽嵌铅修补法。

对渗漏较严重的处理，可推荐采用凿槽嵌铅修补法。该法是在池内贮水条件下，于壁板外壁面着手修补，即于池外壁渗漏处沿着裂缝凿槽，剔去混凝土表面毛刺，修理平整，槽内用清水洗净，必要时用丙酮将槽口擦洗一遍，然后用錾子及榔头锤打填入槽内的铅块，使铅块紧密嵌实于槽内。由于铅具有塑性强，易软化的特性，嵌入的铅固结性甚强。此法一经采用，其防漏寿命极长。

4.4 给水排水工程构筑物施工

各类水池、沉井、管井等是给水排水和水处理工程中的重要构筑物。由于这类构筑物本身的多样性、地区性和施工条件的不同，因而组织施工的工艺和施工方法也是多种多样的。随着我国经济和社会发展的需要，给水排水及水处理工程建设事业得到迅速发展。在全国各地修建了大量的这类工程构筑物，从规模、数量、质量和建设速度上；从新技术、新设备、新材料开发运用上；以及从施工新技术、新方法和施工组织管理等方面成绩显著，并积累了丰富的实践经验。

在施工实践中，常采用现浇钢筋混凝土建造各类水池构筑物以满足生产工艺、结构类型和构造的不同要求。

1. 提高水池混凝土防水性的措施

水池经常贮存水体埋于地下或半地下，一般承受较大水压和土压，因此，除须满足结构强度外，应保证它的防水性能，以及在长期正常使用条件下具有良好的水密性、耐蚀性、抗冻性等耐久性能。

浇筑水池结构的混凝土常采用外加剂防水混凝土和普通防水混凝土，以提高防水性能。外加剂防水混凝土是指用掺入适量外加剂方法，改善混凝土内部组织结构，以增加密实性来提高抗渗性的混凝土。

普通防水混凝土就是在普通混凝土骨料级配的基础上，以调整和控制配合比的方法，提高自身密实度和抗渗性的一种混凝土。由于普通混凝土是非匀质性材料，内部分布有许多大小不等以及彼此连通的孔隙。孔隙和裂缝是造成渗漏的主要因素，提高混凝土的抗渗性就要提高其密实性，控制孔隙，减少裂缝。普通防水混凝土是一种富砂浆混凝土，强调水泥砂浆的密实性，使具有一定数量和质量的砂浆能在粗骨料周围形成一定浓度的良好的砂浆包裹层，将粗骨料充分隔开，混凝土硬化后，密实度高的水泥砂浆不仅起着填充和黏结粗骨料的作用，并切断混凝土内部沿石子表面形成的连通毛细渗水通道，使混凝土具有较好的抗渗性和耐久性。可见，普通防水混凝土具有实用、经济、施工简便的优点。

研究和实践表明，采用普通防水混凝土，为了提高混凝土的抗渗性，在施工中应注意如下问题：

（1）选择合适的配合比。应合理选择调整混凝土配合比的各项技术参数，并须通过试配求得符合设计要求的防水混凝土最佳配合比。

① 水灰比。水灰比值的选择，应以保证混凝土抗渗性和与之相适应的和易性，便于施工操作为原则，水灰比过大或过小，均不利于防水混凝土的抗渗性。实践表明，当水灰比大于0.6时，抗渗和抗冻性将明显下降。一般以0.5 ~ 0.6较为适宜。

② 水泥用量。水灰比选定后，水泥用量是直接影响混凝土中水泥砂浆数量和质量的关键。在砂率已定条件下，如水泥用量过小，不仅使混凝土拌合物和易性差，而且会使混凝土内部产生孔隙，从而降低密实度。一般防水混凝土水泥用量以不小于320 kg/m^{3}为宜，水泥标号也不宜低于425号。

③ 砂率。防水混凝土的砂率以35% ~ 40%为宜。

④ 灰砂比。对于富砂浆的普通防水混凝土 *i* 灰砂比表示水泥砂浆的浓度，水泥包裹砂粒的情况，是衡量填充石子空隙的水泥砂浆质量的指标。灰砂比大小与抗渗性直接有关，根据经验，灰砂比应在1∶2 ~ 1∶2.5的范围为宜。.

⑤ 坍落度。在选定水灰比和砂率后，应控制坍落度。一般防水混凝土的坍落度以3 ~ 5 cm为宜。坍落度过大，易使混凝土拌合物产生泌水，泌水通遣在混凝土内部形成毛细孔道，使抗渗性下降。为了改善混凝土拌合物的施工和易性，可掺入适量外加剂。

（2）改善施工条件，精心组织施工。

普通防水混凝土水池结构的优劣，还与施工质量密切相关。因此，对施工中的各主要工序，如混凝土搅拌、运输、浇筑、振捣、养护等，都应严格遵守施工及验收规范和操作规程的规定组织实施。混凝土搅拌：防水混凝土应采用机械搅拌，搅拌时间比普通混凝土略长，一般不应少于120 s，以保证混凝土拌合物充分均匀。

混凝土运输：在运输过程中要防止漏浆和产生离析现象，常温下应在半小时内运至浇筑地点，并及时进行浇灌。在运距远或气温较高时，可掺入适量缓凝剂。混凝土浇筑和振捣：浇筑前，检查模板是否严密并用水湿润。如混凝土拌合物发生显著泌水离析现象，应加入适量的原水灰比的水泥浆复拌均匀，方可浇灌。浇筑时应采用串筒、溜槽，以防发生混凝土拌合物中粗骨料堆积现象。混凝土应分层浇筑，每层厚度不宜超过 30 ~ 40 cm，相邻两层浇筑时间间隔不应超过 2 h，夏季可适当缩短。防水混凝土应尽量采用连续浇筑方式，对于因结构复杂、工艺构造要求或体积庞大受施工条件限制的池类结构，而须间歇浇筑作业时，应选择合理部位设置施工缝混凝土的振捣应采用机械振捣，不应采用人工振捣。机械振捣能产生振幅不大，频率较高的振动，使骨料间摩擦力降低，增加水泥砂浆的流动性，骨料能更充分被砂浆所包裹，同时挤出混凝土拌合物中的气泡，以利增强密实性。

混凝土的养护：混凝土浇筑达到终凝（一般为 4 ~ 6 h）即应覆盖，浇水湿润养护不应少于 14 d。防水混凝土的养护对其抗渗性能影响极大，在湿润条件下，混凝土内部水分蒸发缓慢，可使水泥充分水化，其生成物将毛细孔堵塞，使水泥石结晶致密，特别是养护的前 14 d，水泥硬化快，强度增长几乎可达 28 d 标准强度的 80%。由于对防水混凝土的养护要求较严，故不宜过早拆除模、板。拆模时应使混凝土表面温度与环境温度之差不超过 15 °C，以防产生裂缝。

此外，为了确保水池的防水性良好，可在结构表面喷涂防护层或按重量比为 1∶2 的水泥砂浆（掺适量防水粉）抹面。为防止地下水渗透，亦可增加沥青防水层。

（3）做好施工排水工作。

在有地下水地区修建水池结构工程，必须作好排水工作，以保证地基土壤不被扰动，使水池不因地基沉陷而发生裂缝。施工排水须在整个施工期间不间断进行，防止因地下水上升而发生水池底板裂缝。

2. 水池整体浇筑的模板结构形式

水池构筑物一般都是壁薄、钢筋密、表面积大，其模板结构通常可采用工具式定型组合模板。但因结构类型或工艺构造要求等，又常需现场拼装木制模板，以保证结构和构件各部分形状、尺寸及相互位置的正确，并应具有足够的强度、刚度和稳定性。同时，模板拼装还要便于钢筋绑扎、混凝土浇筑和养护。对这类水池模板结构，常可采用如下形式。

（1）内模支设可有两种形式。一种是在池内设置立柱脚手架与水平撑木，池壁内模即设置其上，这种形式需要术料或金属材料较多但比较牢固；另一种是不设内部脚手架支撑，而采用多角形支撑结构，或用横箍带联结形式，这种方法用料省，但坚固性不如第一种结构。

（2）外模支撑也可有两种形式。一种采用直接支撑在土坡上的方法，但用料需要多，支撑比较牢固；另一种采用钢筋箍模法，但要求内模脚手架必须牢固，因为当外模箍好后，力量将集中于脚手架上。此法较前法省料，但稳定性较差。施工时钢筋必须箍紧，以防模板位移而变形。模板的拼合面板都应采用定型工具式模板，可以是木制、钢木组合或钢制面板，以及辅以构造所要求的特殊面板拼装而成。面板拼装的尺寸、安装程序与安装高度，则取决于混凝土的浇筑方案。一般内模板为一次架立，外模板分次安装，分次安装的时间间隔须小于已浇筑混凝土的开始凝结时间。

根据水泵和动力设备的不同，轻型井点分为干式真空泵、射流泵和隔膜泵三种。这三者的设备所配用的功率和能负担的总管长度亦不同各种轻型井点的配用功率和井点根数与总管长度，各井点配用功率如表 4.6 所示。

表 4.6　配用功率表

轻型井点类别	配用功率/kW	井点根数/根	总管长度/m
干式真空泵井点	18.5 ~ 22	70 ~ 100	80 ~ 120
射流泵井点	7.5	25 ~ 40	30 ~ 50
隔膜泵井点	3	30-50	40 ~ 60

井点管为直径 38 mm 或 51 mm、长 5 ~ 7 m 的钢管，可整根或分节组成。井点管的上端用弯联管与总管相连。端用弯联管与总管相连。

干式真空泵抽水机组由真空泵、离心泵和水气分离器（又叫集水箱）等组成，干式真空泵和离心泵根据土的渗透系数和涌水量选用。常用的干式真空泵为 W3 型，其抽气速率分别为 370 m^3/h、200 m^3/h。常用离心泵为 BA 型水泵，有各种型号（从 2BA-6 到 8BA-25），根据需要选用。

4.5　泥石流出口（管道）的特殊施工

当给排水管道通过铁路、河流及重要建筑物等障碍物时，不能采用一般开挖沟槽的施工方法，而应视具体条件与要求，采用诸如不开槽的顶管施工、架空管桥施工、倒虹管施工、围堰法施工等一些特殊的施工方法，以便高效优质地完成管道工程任务。

4.5.1　泥石流出口（管道）穿越铁路施工

管道穿越铁路施工除满足管道安装质量要求外，还须保证铁路的正常运行。通常采用套管顶管方法施工，即采用顶管法先将套管顶过铁路，穿越管则铺筑于套管内。套管直径视穿越管管径大小，在 1 000 ~ 1 500 mm 范围选用。当管道穿越车辆通过量小的厂矿专用铁路线时，征得铁道部门同意，也可不设套管，但要求给水管道采用经防腐处理的钢管，排水管道采用铸铁管；或采用架轨开槽法施工。穿越铁路的给水管道于铁路两侧应设置闸门井；排水管道于两侧应修建检查井。

1. 架轨开槽施工

开挖沟槽时，为了确保铁路的正常安全运行，对开挖段必须架轨加固。在沿钢轨纵向枕木上设置三组由三根钢轨组成的组合钢轨，枕木下用 80 mm×80 mm×10 mm 角钢做兜铁，用直径为 22 mm 螺栓将钢轨组与枕木固定，使枕木吊置于组合钢轨上。再沿沟槽中心部位设置一根钢轨和组合钢轨固定，起加强枕木的作用。

考虑火车通过，为防止发生沟槽塌方，挖沟时应随着挖深的增加逐段架设支撑。管道铺筑完毕，应严格按回填土要求进行填夯，填好之后，暂不拆除加固设施，待路基修复且不再下沉时方可拆除。

2. 直接顶进法

地处黏土及含水性黏土地区，DN=25 ~ 200 mm，在穿越Ⅲ级铁路时，宜采用直接顶进法。

采用直接顶进法可以不必开槽，不加套管；可省去挖土与运土工序；不影响铁路正常交通。但顶管阻力大；顶管平面与高程位置不易控制，易出现较大误差。

该法操作程序如下：

（1）开挖工作坑，处理基础，支设后背、导轨与顶进设备。为了减小前进阻力，在管端可以安装锥形管尖（管尖的长细比一般为 1∶0.3）；为了增加管端接触土的面积，使顶进中不易偏斜，也可在管端装置管帽。管尖固定在千斤顶的活塞上。夹持器由瓦楞筒与三瓣瓦楞铁组成，管子夹在瓦楞铁中间。其特点是，千斤顶顶进时，瓦楞铁也向前并挤紧管壁，声住管道顶进土层中；回程时，瓦楞铁的螺栓沿着滑槽向后滑，瓦楞铁与管壁即松脱，不致将已顶进管子运回。瓦楞筒与瓦楞铁的锥度通常采用 7° ~ 10°。

（2）启动千斤顶，将管子徐徐顶进。

（3）千斤顶行程终了，将千斤顶复位，在垫块空余部分再加塞垫块。

（4）再次启动千斤顶，继续将管子顶进，如此往复启动千斤顶，复位千斤顶，加塞垫块……即将管子顶过铁路，进入对面工作坑中。

3. 套管人工顶进法

此法适宜穿越Ⅰ、Ⅱ级铁路，其套管管径应较穿越管径大 600 mm，且不小于 1 000 mm；若穿越流沙地段，须采用带基础套管整体施工。

采用套管人工顶进法不影响铁路的正常交通；穿越管道发生故障时可进行检修，一般事故不致造成路基下沉；设置套管，穿越管道安全可靠；顶进平面与高程位置较易控制。但劳动强度较大，运土与挖土较困难；采用带基础套管整体顶入，增加费用。此法操作程序如下：

（1）开挖工作坑，处理基础，支设后背、导轨与顶进设备。

（2）将一节套管置于导轨上，用经纬仪、水准仪校正其平面与高程位置，使其满足设计要求。

（3）派两人至管内，一人在工作面挖土，一人用小车将松土运出管外至工作坑，再用电葫芦将土运至地面上。

（4）启动千斤顶，将套管顶进，千斤顶行程终了，复位千斤顶，加塞垫块后复顶。第一节套管顶入工作面后，使其预留 0.3 m 左右的管子在导轨上，供作第二节套管顶进前稳管用，第二节套管在导轨上就位后，即可续顶。

（5）顶进中应用水准仪监测管道是否偏离中心位置，否则，应进行纠偏后再行顶进。为防止顶进管管节错位，需在两管节之间的接口处加设内撑环，待管子全部顶进土中后拆除内撑环，换上内套管，并打塞填料予以接口。

4. 水平钻孔机械顶进法

此法适用条件与套管人工顶进法相同。对黏性土与淤泥土，在不降低地下水条件下均可采用此法。水平钻孔机械顶进法具有套管人工顶进法所有的上述优点，还减去了挖运土的操作，劳动强度低。但此法遇到地下障碍物无法排除；耗费专用机械，增加了一定的动力费用。水平钻孔机械顶进法是利用在被顶进管道前端安装上机械钻进的挖土设备，配上皮带等运土机械，以取代人工挖土与运土。当管前土方被切削成土洞孔隙时，利用顶力设备，将连接在钻机后部的管子徐徐顶入土中。管道顶进作业之前，亦应于工作坑内按设计的中线位置及标高安置导轨，支设后背，处理基础。

5. 水冲顶管法

水冲顶管主要设施由工作头部，高压水泵，高压进水管，排泥管，泥浆沉淀池等组成。其工作头部包括工具管，封板，中间喷射管，环向管，真空室，测杆及管路与闸门附件等。

此法的工作原理是以环向管喷出的高压水流，将顶入管内土壤冲散，并由中间喷射管将工具管前下方的粉碎土冲成泥浆。流至真空室回水管中的高速水流，使真空室产生负压，使泥浆自管内吸出，与高压水一并从排泥管泄出地面。启动顶进设备之后，即可将管子徐徐顶入土中。由于采用边顶进，边水冲，边排泥的操作过程，加快了顶进作业的进程。为了防止高压水流冲出管外，造成管外土层塌方，土壤冲散与粉碎作业宜在管内进行。顶入管内土壤应保持一定长度形成“土塞”，为掌握顶进情况，应随时采用测杆测量。

水冲顶管时射水水枪口距管子前端距离一般采用 1 ~ 2 m；在工作坑内应设集水井，以便采用泥浆栗将汇入井内的泥水混合物抽走。此法的优点是冲土、排泥连续作业，速度高，减轻劳动强度；设备制作简单，成本较低。其缺点是顶进中不易观测，方向较难控制；泥浆处理占地面积较大。此法适用于顶管工程任务较紧，顶进质量要求不甚高，且具有泥浆处理地方的工程。

4.5.2 顶管施工的技术问题

1. 顶管工作坑的布置

顶管工作坑通常设置在穿越地面障碍物的顶管作业地段的两侧，且与地上被穿越障碍物保持一定的安全距离。工作坑按其功能不同，通常可分为单向坑：尽向坑、多向坑、转向坑、交汇坑等几种。

当在地下水位以上且土质较好时，工作坑内一般采用方未基础；当在地下水位以下时，应浇筑混凝土基础。影响工作坑平面尺寸的因素有顶管的管径、管节长、接口方式、顶进方式与顶进长度等。

坑长

$$L= L_1+ L_2+ L_3+ L_4+ L_5+ L_6$$

式中 L_1——后背厚度；

L_2——顶进装置长度；

L_3——工作坑调头顶进时附加长度（m）；

L_4——管尾出土预留长度（取小铁车长约 0.6 m 左右）；

L_5——管节长度（m）；

L_6——稳管时，已顶进管预留在导轨上的长度（0.3 ~ 0.5 m 左右）。

坑宽

$$B=D_0+2b+2c$$

式中　D_0——待顶管外径（m）；

b——操作宽度（0.8 ~ 1.0 m）；

c——撑板厚度（0.2 m）。

2. 导轨的铺设

铺设导轨的作用是引导待顶管按设计中心线与坡度顶进土层中，保证管道在即将顶进土层前位置正确。

（1）导轨设置要求。

① 无论导轨铺设在那种基础上均要求稳固，顶进过程中不能疗生位置改变；

② 基底务求平整，满足设计高程要求；

③ 导轨材料必须直顺，一般采用 43 kg/m 重型钢轨制成，且附有固定螺栓，螺栓间距约为 800 mm，也可视实际条件采用 18 kg/m 的轻型钢轨。或采用木轨，木轨用 150 mm×150 mm 方木，刨角包铁皮或在方木两内侧包角铁。

④ 导轨铺设须严格控制内距、中心线与高程，其纵坡要求与管道纵坡一致。

（2）导轨间内距。

① 导轨铺设在基础之上的方木或钢轨，管中心至两钢轨圆心角在 70° ~ 90°之间。

② 两导轨内距可按式计算：

$$A = 2\sqrt{(D+2t)(h-c)-(h-c)^2}$$

式中　D——待顶管内径（m）；

T——待顶管壁厚（m）；

h——导轨高（m）；

c——管外壁与基础面垂直净距（约为 0.01 ~ 0.03 m）。

3. 支设后背与后座墙

管道在顶进过程中所受的全部阻力，通过千斤顶传给后背，居背再将这一反坐力均匀地传递给后座墙。后背作为受力结构，支设应满足设计要求，后座墙也必须有足够的稳定性。后背安装要求靠后背横排方木的面积，通常可按承压不超过 0.15 MPa 计算；方木应卧到混凝土基础以下 60 cm，使千斤顶着力中心高度不小于方木后背高度的三分之一；后背土壁铲修平整，应保证壁面与顶进方向垂直。

4. 后座墙类型与要求

设计后座墙时，其安全系数一般应不小于 1.5 倍的最大阻力。后座墙可分为原土的与人工的两大类。原土后座墙应有足够高度、宽度与长度，长度通常应保证不小于 7 m，使其具有可靠的稳定性。其许可顶力值可由土压力公式计算决定

4.5.3　顶管质量的检测

1. 水准仪测平面与高程位置

用水准仪测平面位置的方法是在待测管首端固定一小十字架，在坑内架设一台水准仪，使水准仪十字对准十字架，顶进时，若出现十字架与水准仪上的十字丝发生偏离，即表明管

道中心线发生偏差。用水准仪测高程位置的方法。在待测管首端固定一个小十字架，在坑内架设一台水准仪，检测时，若十字架在管首端相对位置不变，其水准仪高程必然固定不变，只要量出十字架交点偏离的垂直距离，即可读出顶管顶进中的高差偏差。

2. 垂球法测平面与高程位置

在中心桩连线上悬吊的垂球示出了管道的方位，顶进中，若管道出现左右偏离，则垂球与小线必然偏离；再在第一节管端中心尺上沿顶进方向放置水准器，若管道发生上下移动，则水准器气泡亦会出现偏移。

3. 顶管的纠偏作业

顶管作业中偏差的校正是保证顶进质量的有力措施，偏差是逐渐积累的，通过不断校正才行。当偏差过大时，会使校正困难，因而在顶进中发现偏差应当及时纠偏。

（1）挖土校正法。

于管子偏向设计中心的一侧适当超挖，以使迎面阻力减小，而在对方的一侧则不超挖或留坎，使迎面阻力加大，形成力偶，让首节管子调向，逐渐回到设计位置。高程检查结果如发现顶进管子“低头”时，则在砻顶处向上多挖土，管底处略挖出向上的斜坡；若管子顶进中发生“抬头”时，则在管前端下部稍多挖土，管顶少挖土，再行顶进即可得以纠正。此法适用于偏差为 10 ~ 30 mm 时。

（2）顶木校正法。

当偏差大于 30 mm 或利用挖土校正法无效时，可用圆木或方木一根，一端顶于管子偏向的另一侧内管壁上，另一端支在垫有钢板或木板的管前土壤上，支架稳固后开动千斤顶，利用顶进时斜支管子所产生的分力使管位得以校正。

（3）小千斤顶法。

此法基本与顶木校正法相同，配合挖土校正法在超挖一侧管内壁支设一个 5 ~ 15 t 的小千斤顶，千斤顶底座上接一短顶木，利用千斤顶顶力使首节管子调向下然后在继续顶进中逐渐回到设计位置。此法适用于偏差大于 30 mm，或采用挖土校正法无效时。

（4）加垫钢板校正法。

当采用挖土校正法无效时，亦可在顶管终端与顶铁之间的适当位置垫上一块相应厚度的楔形钢板，使顶管与顶铁之间形成一个角度，顶进时即可使顶管逐渐回到设计位置。

（5）激光导向法。

激光导拘是应用激光束的板高的方向准直性这一特点，利用激光准直仪发射出来的光束，通过光电转换和有关电子线路来控制指挥液压传动机构，达到顶进的方向测量与偏差校正自动化。

4.5.4 顶管的内接口

在内撑环连接之前即将麻辫填打进两管节平口之间，再支设内撑环，待顶进结束，拆除内撑环，在管内缝隙处填打石棉水泥（石棉：水泥= 3：7），或填塞膨胀水泥砂浆（膨胀水泥：砂：水=1：1：0.3）。

（1）企口石棉水泥或膨胀水泥砂浆接口。

在内撑环连接之前即将麻辫填打进两管节企口之间，管壁外侧顶紧中夹油毡 3 ~ 4 层，顶毕，拆除内撑环，于管内缝隙处填打石棉水泥或填塞膨胀水泥砂浆。

（2）企口聚氯乙烯胶泥与膨胀水泥砂浆接口。

（3）企口钢筋混凝土管内接口：在内接口的外半圈采用聚氯乙烯胶泥（煤焦油：聚氯乙烯树脂：邻苯二甲酸二丁酯：硬脂酸钙：滑石粉=100：15：1：1：5）填塞进去，填塞前在管口表面涂刷冷底子油（煤焦油：二甲苯=1：5），顶力将胶泥带条挤压密实。顶毕，于管口内半圈缝隙处填塞硫酸铝盐膨胀水泥砂浆。

4.5.5 顶管施工的排水

1. 边顶管边排水

管道在顶进中，地下水自顶进管道顶端流入管内，继而汇入工作坑内，最后集流至坑内集水井中用水泵抽掉。此法适用于被顶管四周地下水对顶管作业尚无影响，工作坑内设置有坡向集水井坡度的条件下。

2. 井管法排水

通常在顶管前端一段距离内布置 2 ~ 3 口管井，同时工作即可满足要求，随着管顶的延伸，管井点可相应地拆除或增加。管井深度、井距、井径取决于土壤渗透系数，地下水位要求降低的深度等因素。此法适用于顶进管段较长时，仅要求管顶前端附近与工作坑内的地下水位得以降低即可的条件下。

3. 边顶管边进行土壤加固

采用土壤矽化法，沥青法及冷冻法进行加固，土壤经过加固之后，即可保证施工条件，且增强了支承力。矽化法适用于砂质土壤（渗透系数为 2 ~ 80 m/d）与黄土；沥青法适用于流速较大的地下水与大孔性土壤；冷冻法适用于水分饱和的液化土。

4. 气压法排水

就是将地下水从土壤中局部挤压排除。犹如气压式排水沉箱式施工一样，顶管前端的取土作业是在一定气压的密闭状态下进行的。管顶含水覆盖层厚度的最低要求应取决于土壤的渗透系数。一般条件下，地下水位距机头顶部的高度至少应为直径的一半，以保证采用空气压力排除地下水。此法适用于地下水位较高，采用以上三种方法排水无效的情况。

当处于大量地下水的条件下，超过气压规定的允许限度的情况时，亦可采用气压法与井管法并用排水。即先借助井管法降低地下水，使顶管前端附近水位暂时降低，再进行气压顶进时，使空气压力与空气量降低，从而减少了动力费用。

4.5.6 套管与基础同时顶进施工

当地下水位较高时，为保证顶管施工质量，可采用套管与基础同时顶进的施工方法。在工作坑内铺筑枕木和钢轨，在钢轨上支设基础模板，基础侧向模板要包上套管一部分。在底部模板上铺两层油毡，两层油毡之间要均匀地涂以润滑黄油。于油毡上绑扎基础钢筋，浇筑混凝土作业，应将顶管首，顶进工作帽与基础混凝土浇筑在一起。

基础经养护后，使套管与工作帽相接，固定套管，绑扎套管两侧纵向钢筋，再浇筑套管两侧混凝土，并进行养护。待基础部分混凝土达到强度后，即可于套管内挖土，将套管与基础一并顶入土层。

4.5.7　套管内管道的安装

套管内安装钢管时，先在套管内浇筑 C15 混凝土，在钢管上焊置管托架，托架间距约为 0.3 m。于套管中安装铸铁管时，可在套管内用 C15 混凝土作为找平层，找平层与套环内表面持平。采用管座支承管道的滑动管座；底部设置排水口的管座，管座采用 C15 混凝土预制。当套管内管道安装完毕，套管末端应进行封口。

4.6　大体积混凝土施工

大体积混凝土是混凝土结构物实体最小尺寸不小于 1 m 的大体量混凝土，或预计会因混凝土中胶凝材料水化引起的温度变化和收缩而导致有害裂缝产生的混凝土。由于大体积混凝土硬化期间水泥水化过程释放的水化热所产生的温度变化和混凝土收缩，以及外界约束条件的共同作用，而产生的温度应力和收缩应力，是导致大体积混凝土结构出现裂缝的主要因素。因此大体积混凝土施工的关键是防止产生温度裂缝。

4.6.1　控制大体积混凝土裂缝的技术措施

1. 构造措施

采取分段浇筑。超长大体积混凝土施工，可采取分段浇筑，留置必要的施工缝或后浇带。合理配置钢筋。为提高混凝土结构的抗裂性，采取增加配置构造钢筋的方法，可使构造筋起到温度筋的作用，提高混凝土的抗裂性能。设置滑动层。在遇到约束强的岩石类地基、较厚的混凝土垫层时，可在接触面上设置滑动层。滑动层的做法，涂刷两道热沥青加铺一层沥青油毡；铺设 10 ~ 20 mm 厚的沥青砂；铺设 50 mm 厚的砂或石屑层等。

避免应力集中。在结构的孔洞周围、变截面转角部位、转角处会因为应力集中而导致混凝土裂缝。为此，可在孔洞四周增配斜向钢筋、钢筋网片；在变截面处避免截面突变，可作局部处理使截面逐步过渡，同时增配一定量的抗裂钢筋，对防止裂缝产生有很大作用。设置缓冲层。在高、低底板交接处、底板地梁处等，用 30 ~ 50 mm 厚的聚苯乙烯泡沫塑料作垂直隔离，以缓冲基础收缩时的侧向压力。设置应力缓和沟。在混凝土结构的表面，每隔一定距离（结构厚度的 1/5）设置一条沟。设置应力缓和沟后，可将结构表面的拉应力减少 20% ~ 50%，能有效地防止表面裂缝的发生。

2. 原材料和配合比要求

（1）大体积混凝土宜采用后期强度作为配合比设计、强度评定及验收的依据。基础混凝土，确定混凝土强度时的龄期取为 60 d（56 d）或 90 d；柱、墙混凝土强度等级不低于 C60 时，确定混凝土强度时的龄期取为 60 d（56 d）。确定混凝土强度时采用大于 28 d 的龄期时，龄期应经设计单位确认。

（2）在保证混凝土强度及工作性要求的前提下，应控制水泥用量，宜选用中、低水化热水泥，掺加粉煤灰、矿渣粉，并采用高性能减水剂。

（3）温度控制要求较高的大体积混凝土，其胶凝材料用量、品种等宜通过水化热和绝热温升试验确定。

3. 混凝土浇筑技术措施

（1）超长大体积混凝土施工，可采取分段浇筑，留置必要的施工缝或后浇带。施工时采取“跳仓法”施工，跳仓的最大分块尺寸不宜大于 40 m，跳仓间隔施工的时间不宜小于 7 d。

（2）大体积混凝土浇筑根据整体连续浇筑的要求，结合结构物的大小、钢筋疏密、混凝土供应条件（垂直与水平运输能力）等具体情况，选择如下方式：

① 全面分层。适用于结构平面尺寸 < 14 m、厚度 1 m 以上，分层厚度 300 ~ 500 mm 且不大于振动棒长 1.25 倍。

② 分段分层。适用于厚度不太大，面积或长度较大的结构物。分段分层多采取踏步式分层推进，按从远至近布灰（原则上不反复拆装泵管），一般踏步宽为 1.5 ~ 2.5 m。分层浇灌每层厚 300 ~ 350 mm，坡度一般取 1∶6 ~ 1∶7。

③ 斜面分层。适用于结构的长度超过宽度的 3 倍的结构物。振捣工作应从浇筑层的下端开始，逐渐上移。此时向前推进的浇筑混凝土摊铺坡度应小于 1∶3，以保证分层混凝土之间的施工质量。

④ 大体积混凝土基础由于其体形大，混凝土量大，而且流动性强，特别是上口浇筑点，当插入式振捣器振捣后，混凝土无法形成踏步式分段分层的浇筑方案，针对这种情况，可采取“分段定点、一个坡度、薄层浇筑、循序渐进、一次到顶”的方法。只有当基础厚度小于 1.5 m 以内，方可考虑采取分段分层踏步式推进的浇筑方法。

⑤ 局部厚度较大时先浇深部混凝土，然后再根据混凝土的初凝时间确定上层混凝土浇筑的时间间隔。

（3）大体积混凝土浇筑，宜采用二次振捣工艺。在混凝土浇筑后即将初凝前，在适当的时间和位置进行再次振捣，其中振捣时机选择以将运转的振捣棒以其自身重力逐渐插入混凝土进行振捣，混凝土在慢慢拔出时能自行闭合为宜。

4. 混凝土的表面处理措施

（1）基础底板大体积混凝土浇筑时，当混凝土大坡面的坡角接近顶端模板时，改变浇灌方向，从顶端往回浇筑，与原斜坡相交成一个集水坑，并有意识地加强两侧模板处的混凝土浇筑速度，使泌水逐步在中间缩小成水潭，并使其汇集在上表面，派专人用泵随时将积水抽出。

（2）当混凝土浇筑体的钢筋保护层厚度超过 40 mm 时，可采用在浇筑体表面加细钢丝网的构造措施，以防止混凝土表面裂缝产生。

（3）大体积混凝土浇筑施工中，其表面水泥浆较厚，为提高混凝土表面的抗裂性，在混凝土浇筑到底板顶标高后要认真处理，用大杠刮平混凝土表面，待混凝土收水后，再用木抹子搓平两次（墙、柱四周 150 mm 范围内用铁抹子压光），初凝前用木抹子再搓平一遍，以闭合收缩裂缝，然后覆盖塑料薄膜进行养护。

5. 混凝土的养护措施

（1）基础大体积混凝土养护。

① 基础大体积混凝土裸露表面，高温季节优先采用蓄水法（水深 50 ~ 100 mm）养护，后

用薄膜覆盖。

② 冬期施工的大体积混凝土养护先采用不透水、气的塑料薄膜将混凝土表面敞露部分全部严密地覆盖起来，塑料薄膜上面须覆盖一至两层防火草帘（或阻燃保温被）进行保温。

③ 塑料薄膜、防火草帘、阻燃保温被应叠缝、骑马铺放，以减少水分的散发，保持塑料薄膜内有凝结水、混凝土在不失水的情况下得到充分养护。

④ 对边缘、棱角部位的保温层厚度增加到 2 倍，加强保温养护。

⑤ 基础大体积混凝土内部温度与环境温度的差值小于 25 °C，可以结束蓄热养护。蓄热养护结束后宜采用浇水养护方式继续养护，蓄热养护和浇水养护时间不得少于 14 d，炎热天气还宜适当延长。

（2）柱、墙大体积混凝土养护。

① 地下室底层和上部结构首层柱、墙混凝土宜采用带模养护方法，带模养护时间不宜少于 7 d；带模养护结束后应继续采用直接浇水、覆盖麻袋或草帘浇水养护等方法，必要时可采用喷涂养护剂养护方法；

② 其他部位柱、墙混凝土宜采用直接浇水、覆盖麻袋或草帘浇水养护等方法，必要时可采用喷涂养护剂养护方法；

③ 带模养护和浇水养护时间或浇水养护时间不得少于 14 d，炎热天气还宜适当延长。

（3）养护注意事项。

① 日平均气温低于 5 °C 时，不得浇水养护。

② 在养护过程中，如发现遮盖不好，表面泛白或出现干缩细小裂缝时，要立即仔细加以覆盖，补救。

③ 保温覆盖层的拆除应分层逐步进行，当混凝土的表面内部温度与环境温差小于 30 °C 时，方可拆除。且应继续测温监控。必要时适当恢复保温。

4.6.2 大体积混凝土的温度控制及测温

1. 温度控制要求

（1）入模温度应尽可能低，不宜大于 30 °C，但不宜低于 5 °C；混凝土最大绝热温升不宜大于 50 °C。

（2）在覆盖养护或带模养护阶段，混凝土浇筑体表面以内 40 ~ 100 mm 位置处的温度与混凝土表面温度差值不应大于 25 °C，结束覆盖养护或拆模后，混凝土浇筑体表面以内 40 ~ 100 mm 位置处的温度与环境温度差值不应大于 25 °C。

（3）混凝土浇筑体内部相邻两侧温点的温度差值不应大于 25 °C。

（4）混凝土降温速率不宜大于 2 °C/d，当有可靠经验时，可适当放宽。

2. 测温要求

（1）测温基本要求：

① 宜根据每个测点被混凝土初次覆盖时的温度确定各测点部位混凝土的入模温度；

② 结构内部测温点应与混凝土浇筑、养护过程同步进行；

③ 结构表面测温点的布置应与养护层的覆盖同步进行，测温应与混凝土养护过程同步进行。

（2）基础大体积混凝土测温点布置应符合的规定：

① 宜选择具有代表性的两个竖向剖面进行测温，竖向剖面应从中部区域开始延伸至边缘，竖向剖面的四周边缘及内部应进行测温。

② 竖向测温点和横向测温点应从中部区域开始布置，竖向测温点布置不应少于 3 点，间距不应小于 0.4 m，且不宜大于 1.0 m；横向测温点布置不应少于 4 点，间距不应小于 0.4 m，且不应大于 1.0 m。

③ 位于竖向剖面上、下、外边缘的测温点应布置在距离基础表面内 40 ~ 100 mm 位置。

④ 基础厚度变化的位置测温点布置应根据结构特点进行调整。

⑤ 蓄热养护层底部的基础表面测温点宜布置在有代表性剖面的位置，每个剖面测温点布置不应少于 3 点；环境温度测温点布置应距基础边一定位置，且不应少于 2 点。

⑥ 对基础厚度不大于 1.6 m，裂缝控制技术措施完善，并具有成熟经验的工程可不进行测温。

（3）柱、墙大体积混凝土测温点得布置：

柱、墙断面中部区域至边缘最小尺寸大于 1 m 时，且采用 C80 强度等级的柱、墙大体积混凝土，测温点布置宜符合下列规定：

① 第一次浇筑宜进行测温，测温点宜布置在高度方向 1/3 处的两个横向剖面中

② 每个横向剖面的测温点应从中部区域开始布置，横向测温点布置不应少于 3 点，间距不宜大于 0.5 m；

③ 位于横向剖面边缘的测温点应布置在距离结构表面内 40 ~ 100 mm 位置；

④ 环境温度测温点布置应距结构边一定位置，不应少于 1 点；

⑤ 应根据第一次测温结果，完善技术措施，确认温度在可控范围，后续工程可不进行测温；

⑥ 混凝土浇筑体表面以内 40 ~ 100 mm 位置的温度与环境温度差值小于 20 °C 时，可停止测温。

（4）测温方法：

① 使用普通玻璃温度计测温：测温管端应用软木塞封堵，只允许在放置或取出温度计时打开。温度计应系线绳垂吊到管底，停留不少于 3 min 后取出并迅速查看记录温度值。

② 使用建筑电子测温仪测温：附着于钢筋上的半导体传感器应与钢筋隔离，保护测温探头的导线接口不受污染，不受水浸，接人测温仪前应擦拭干净，保持干燥以防短路。也可事先埋管，管内插人可周转使用的传感器测温。

（5）测温频率：

第 1 d 至第 4 d，每 4 h 不应少于一次；第 5 d 至第 7 d，每 8 h 不应少于一次；第 5 d 至测温结束，每 12 h 不应少于一次。

5 帷幕注浆

帷幕注浆是一种注浆技术，注浆技术是用液压或气压将能凝固的浆液按设计的浓度通过特设的注浆钻孔，压送到规定的岩土层中，填补岩土体中的裂缝或孔隙，旨在改善注浆对象的物理力学性质，以满足各类工程的需要。按其功能不同可分为防渗注浆和加固注浆，防渗注浆是为增强各种基础抗渗能力而被广泛采用的一种方法，它是在具有合理孔距的钻孔中，注入浆液，使各孔中注浆体相互搭接以形成一道类似帷幕的混凝土防渗墙，以此截断水流，从而达到防渗堵漏的目的，也称为帷幕注浆。

在地质灾害：地面塌陷，地面裂缝，地面沉降的防治工程施工工艺中，帷幕注浆为加固注浆。

帷幕灌浆是把一定配合比的具有流动性和胶凝性的浆液，通过钻孔压入岩层裂隙中，经胶结硬化后提高岩基的强度，改善岩基的整体性和抗渗性。21 世纪以来，帷幕灌浆一直是地面塌陷，地面裂缝，地面沉降的主要手段。

5.1 施工准备

帷幕灌浆施工前的准备检查工作：

（1）由生产指挥部负责检查灌浆前的各项准备工作，如机械设备、人员配置、输浆管路、工作面供排水情况。

（2）由施工队伍在灌浆施工前对灌浆部位的廊道底板进行冲洗干净后，由质量控制部负责检查混凝土是否有裂缝，在灌浆过程中随时检查是否有冒水、冒浆现象，如发现异常及时联系监理、设计，共同采取处理办法。

（3）灌浆管路的布设、仪器状态检查由质量控制部负责检测。

（4）施工专用主供电线路由施工队上报用电负荷，经生产管理部、工程技术部审批后，由机电大队负责架设并进行日常的维护。主供电线路形成后，由施工队根据自己的用电量，自行从主供电线路上的配电盘引线至施工工作面。

（5）施工用主供水管路由工程技术部根据总体施工强度分析用水量，统一规划布置，机电大队负责主供水管路的架设、维护及施工用水的供应。主供水管路形成后，由施工队根据自己的用水量，自行从主供水管路上接取至施工工作面。

（6）施工设备工况检查工作由施工队负责实施。

（7）施工作业部位配备有线电话，以方便施工工作面与外部的联系，电话线路的通畅情况由施工单位负责随时检查。

5.2 帷幕灌浆施工

5.2.1 钻孔

1. 浇筑施工平台

在帷幕灌浆区域采用混凝土浇筑施工平台，首先以上下两排帷幕的中心线为中心挖一条宽 2.5 m，深度为 0.3 m，长度超出帷幕孔位 2 m 的槽，然后在槽内浇筑 C15 混凝土，养护时间不少于 7 天，1 m^3 混凝土的配合比是：水——170 kg，水泥——250 kg，碎石——1 373 kg，砂——617 kg。

2. 固定钻机

立轴对准孔位，用罗盘、水平尺或吊线等方法将钻机调成水平，然用预埋地锚固定钻机。

3. 钻孔

采用 XY-2PC 型回转式地质钻机配硬质合金钻头钻进，先导孔开孔至第一段底孔径为 91 mm，以下各段为 76 mm。灌浆孔开孔至第一段孔径为 76 mm，以下各段为 56 mm。先导孔须取芯，为提高岩芯采取率，每钻最大进尺限度控制在 2.5 m 以内，一旦发现卡钻或磨损立即取出。若岩芯采取率小于 80%，则减少进尺 50%，直至减至 50 cm 为止，若采取率仍很低，立即向监理工程师报告。岩芯要进行统一编号，填牌编录装箱，进行岩芯描述并绘制岩芯柱状图。所有钻孔均作钻孔记录，对孔内特殊情况，如失水、涌水、塌孔、掉块、回水颜色变化等，应详细记录在钻孔报表中。钻孔过程中，按质检员或监理工程师的要求进行抽查测斜，全孔钻完后，必须测斜，孔深 10 ~ 20 m 每 5m 测 1 个点，20 m 以下每 10 m 测 1 个点。

5.2.2 洗孔

1. 灌前准备

灌浆孔灌前均应进行孔壁冲洗和裂隙冲洗。钻孔冲洗后孔底残存的沉积物厚度不得超过 20 cm。

2. 孔壁冲洗

采用自上而下分段灌浆方法和孔口封闭灌浆法时，每灌浆段钻完后均应进行孔壁冲洗；采用自下而上分段灌浆方法，全孔钻完后进行全孔孔壁冲洗。冲洗方法是用钻具或导管下到孔底通入大流量水流，从孔底向孔外返水直至回清水为止。

3. 裂隙冲洗

如果部位开挖后产生了较严重的卸荷松弛，连通率较大且裂隙发育并多次经污水浸泡，有大量泥浆带入裂隙内，是裂隙冲洗的重点，需要进行认真细致的裂隙冲洗。采用自上而下分段灌浆方法的孔段，每段单独进行裂隙冲洗。采用自下而上分段灌浆方法的孔段，全孔钻完后自下而上分段进行裂隙冲洗。

裂隙冲洗主要采用有压单孔脉动裂隙冲洗。冲洗方法：首先用高压水连续冲洗 6 ~ 12 min，再将孔口压力在极短时间内突然降到零，形成反向脉冲流，当回水由混变清后，再升到原来的冲洗压力，持续 6 ~ 12 min 后，再次突然降到零，如此一升一降，一压一放，反复冲洗，直至回水澄清。对回水达不到澄清要求的孔段，应继续冲洗直至满足要求。有压单孔冲洗压力宜控制在灌浆压力的 90%，压力超过 0.8 MPa 时，采用 0.8 MPa，但必须满足混凝土不抬动。当邻近有正在灌浆的孔或邻近孔灌浆结束不足 28 h 时，不得进行裂隙冲洗。灌浆孔段裂隙冲洗后应立即连续进行灌浆作业，因故中断时间间隔超过 28 h，应在灌浆前重新进行裂隙冲洗。

5.2.3 灌浆

1. 灌浆材料

帷幕灌浆通常采用 42.5R 普通硅酸盐水泥（以下简称普通水泥）。材料进场后，进行取样抽检，经具备有资质的试验室检测，各项指标均达到国家规定的标准；同时每月购买的水泥都有质保单（试验报告及质保单见后另附）。

2. 灌浆压力

灌浆第一段压力取 0.5 MPa，以下每段按 0.1 MPa 递增，复灌压力取 0.7 MPa。灌浆压力逐渐提升，当进浆量下降时，再提升灌压。出现灌段吕荣值小，而进浆量大的情况，灌浆时适当减压或“停停灌灌”，在进浆量小时，再逐级升压，最终使灌浆压力达到设计压力。实际施工各孔段灌浆压力均达到设计要求。

3. 浆液变换

按设计要求，灌浆的浆液浓度应由稀到浓逐级变换，采用 3∶1、2∶1、1∶1、0.8∶1、0.6∶1 五个比级。根据简易压水试验大小，选择合理的开灌比和不同初凝时间与细度的水泥，先期灌段要充分注意临界水灰比，以指导今后的灌浆，使灌入量达到要求。

压力不变，单位进浆量不变或增大，开灌水灰比的浆液累计灌入量达 400 L，第一次变浓一级；以后变浓一级，在上述条件下待灌入量达到上一级灌入量 1.25 倍后进行，当浆液较浓时尽量多灌一些，不采取立即变浓，有利于加大扩散范围。当单位进浆量超过每米灌段 30 L/min 时，可越级变浓；当灌量大，难于结束时，采取缩短初凝时间、降压、限流等措施，如仍不见改善，则改灌水泥砂浆。

4. 结束标准

（1）在该灌浆段最大设计压力下，注入率不大于 1 L/min 后，继续灌注 60 min，结束灌浆。

（2）在该灌浆段最大设计压力下，当注入率小于或等于 0.4 L/min 时，持续灌注 30 min，结束灌浆。

（3）在该灌浆段最大设计压力下，当注入率为 0 L/min 时，持续灌注 10 min，结束灌浆。

按照国家的有关政策、法规和条例、规定；超前帷幕注浆施工方法：超前帷幕注浆（地形较为平坦，埋深较浅，且发育存在断层，挤压性断裂，岩体破碎，且有沟水流经断层破碎带，有突水可能性）。采用孔口管和小导管注浆，钻孔长 30 m，孔口管采用直径 89 mm，壁厚 5.5 mm，作为止浆和孔口保护。注浆固结圈控制在 5.0 m，全断面注浆则注浆孔全断面布置。为保证注浆效果和均匀性，注浆应分段进行。

超前帷幕注浆参数根据设计和以往施工经验，先按照以下参数实施，在施工中再按照实际注浆效果进行调整。

① 断层破碎带注浆范围开挖轮廓线外 4 m，每一循环注浆长 30 m，开挖 25 m，并保留 5 m 的注浆岩盘。地质参数测定隧道开挖钻孔安注浆管现场试验确定配比及压力掌子面喷混凝土封闭安止浆塞浆液配制及拌合掌子面布置孔位实施注浆注浆设备安装、调试结束注浆效果检验。

② 采用多功能液压钻机施钻，注浆孔直径 ϕ 75。

③ 浆液扩散半径 2 m，每环孔底间距不大于 3 m，每一循环设 6 环 125 个注浆孔，正常注浆压力为静水压力加 0.5 MPa，注浆终压力不大于 2.5 倍的静水压力。施工中根据现场注浆试验进行调整。

注浆材料选择浆液主要采用纯水泥浆（可根据情况采用双液浆），水泥：42.5，普通硅酸盐水泥。水玻璃：40。水灰比：0.5∶1 ~ 0.8∶1 当裂隙发育，水量及水压大时，需根据具体情况选用有快凝、早强、抗流失。

帷幕注浆施工工艺施工中根据超前探水孔的出水量情况进行注浆设计，可根据压水试验对注浆 参数进行优化和调整，据此调整钻孔布置及孔数，同时施工中还可以根据自身机械配置、施工方便等对开孔位置进行调整，但应保证钻孔的终孔位置。注浆孔布 置中第一、二、三环孔对隧道周壁地下水封堵，采用前进式注浆；第四、五、六环孔及中心孔对每循环注浆的最后 5 m 岩体进行加固，以封堵正面水，并为下一循环注浆加固止浆岩盘，采用后退式注浆。施工中根据出水点位置对注浆终孔位 置进行调整。

5.2.4 进式注浆

前进式注浆这种方式是注浆钻孔钻进一段，注浆一段，由外向里依次推进。分段前进式注浆宜用于裂隙发育或破碎岩层，其优点是堵水效果好，缺点是注浆钻孔钻进重复，工程量较大。

浇注止浆墙→钻机就位并定孔位→钻孔安装孔口管→孔口管内重新钻孔→前进式分段注浆→局部→不合格→浆液制备→补充注浆→注浆效果检查→合格→开挖→开挖中局部渗漏→处补充注浆→从外圈向里圈注浆。每环注浆孔先施工奇数编号注浆孔，然后施工偶数编号注浆孔同时作为检查孔。成孔注浆采用前进式分段注浆，套管安装完成后，每钻进 5 ~ 7 m 即开始注浆，注浆达到设计要求后开始下一阶段钻孔注浆。注浆效果检查采用钻检查孔法，根据注浆状况，确定检查孔位置。对检查孔进行钻孔检查，检查孔钻深为开挖段长度以内并预留 3 m 段。根据检查孔涌水量 来决定是否需补设注浆孔。如果每孔每延米涌水量大于 0.15 L/min 或局部孔涌水量大于 3 L/min 的追加钻孔注浆，再次压注直到达到设计要求为止。5 ~ 10 m 套管。

① 挖孔口段安设套管；

② 第一步钻孔注浆；

③ 第二长压注浆管；

④ 最后一步钻孔注浆 20 m 5 ~ 7 m。

5.2.5 退式注浆

这种方式是将注浆钻孔一次钻完，由孔底向外分段注浆。宜用于裂隙不甚发育的岩层，其优点是注浆钻孔无重复钻进，工程量相对较小。每环注浆先注奇数编号的注浆孔，再注偶数编号的注浆孔，并以偶数编号的注浆孔作为检查孔。待本环所有注浆孔注完后，根据压浆孔的出水量确定局部是否需要补设注浆孔。一般每孔延米的出水量大于 0.5 L/min 或局部孔出水量大于 3 L/min 时，追加钻孔注浆。

钻机就位并定孔位→钻孔安装孔口管→跟管钻进、套管跟至设计深度→套管内插入袖阀管→拔出钢套管→袖阀管内插入注浆芯管→局部→不合格→补充注浆→从孔底起分段后退式注浆→注浆效果检查→合格→开挖→开挖中局部渗漏处补充注浆→二次衬砌→注浆芯管安设双止浆塞→浆液制备 ϕ 60 mm 套管。

① 钻孔、套管跟进至孔底 3 m ϕ 50 袖阀管。

② 插入袖阀管，退出套管孔口封塞 ϕ 50 袖阀管 ϕ 25 注浆芯管双液注浆塞管。

③ 袖阀管内插入注浆芯管（带双止浆塞），从孔底起分段后退式注浆，注一段将芯管退一段。注浆采用反复压注，稀浆与浓浆交替，压力与注入浆量相结合的方式进行。注浆压力从低到高逐步增压，起始压力取 1.7 MPa 左右。注浆时间根据浆液的注入速率进行调整。当注浆的压力和进浆量均小于规定后，结束该注浆。

注浆顺序：先注外圈，后注内圈，同一圈由下而上间隔施作。注浆结束标准及注浆效果分析。注浆结束标准注浆结束标准根据注浆压力和注浆量来控制。一般采用定压注浆。当注浆压力逐步升高，达到设计终压并继续注浆 10 min 以上，可结束本孔注浆；单孔注浆量与设计注浆量大致相同，注浆结束时的注浆量在 20 ~ 30 L/min 以下，可结束本孔注浆。注浆结束时，应先打开泄浆管阀门，再关闭进浆管阀门并汲清水将注浆管路 冲洗干净后方可停机。

5.2.6 注浆效果检查分析

全部注浆孔注浆完成后，于断面上下左右及中部各设一检查孔，每孔长约 30 m，孔径与注浆孔相同，测孔内涌水量或进行压水实验，若满足设计要求，则可以开挖，否则进行补注浆。注浆效果判断标准：

① 对注浆过程中的各种记录资料综合分析，注浆压力和注浆量变化是否合理，是否达到设计要求；

② 检查孔出水量小于 0.2 L/min，任一检查孔漏水量小于 10 L/min；

③ 检查孔钻取岩心，观察浆液充填情况；

④ 根据注浆前后地层声波速度的大小对比来判断浆液的充填密实程度；

⑤ 采用各种手段测定工作面注浆后的涌水量，涌水量小于规定值，则质量合乎要求。如不能达到以上要求，则要根据情况进行补孔注浆，直到满足上述要求为止。

5.2.7 异常情况处理

① 若钻孔过程中，遇见突泥情况，立即停钻，拔出钻杆，安装孔口管及高压阀，进行注浆。

② 若掌子面小裂隙漏浆，先用水泥浆浸泡过的麻丝填塞裂隙，并调整浆液配比，缩短凝胶时间；若仍跑浆，在漏浆处采用普通风钻钻浅孔注浆固结。

③ 若掌子面前方 8 m 范围内大裂隙串浆或漏浆，采用止浆塞穿过该裂隙进行后退式注浆。

④ 当注浆压力突然增高，则只注纯水泥浆或清水，待泵压恢复正常时，再进行双液注浆；

若压力不恢复正常，则停止注浆，检查管路是否堵塞。

⑤ 当进浆量很大，压力长时间不升高，则调整浆液浓度及配合比，缩短凝胶时间，进行小泵量、低压力注浆，以使浆液在岩层裂隙中有相对停留时间，以便凝胶；有时也可以进行间歇式注浆，但停注时间不能超过浆液凝胶时间。

6 地质灾害治理工程常用施工工法

6.1 混凝土特别天气施工

1. 雨季施工

（1）雨期施工时，应对水泥和掺合料采取防水和防潮措施，并应对粗、细骨料含水率实时监测，当雨雪天气等外界影响导致混凝土骨料含水率变化时，及时调整混凝土配合比。

（2）模板脱模剂应具有防雨水冲刷性能。

（3）现场拌制混凝土时，砂石场排水畅通，无积水，随时测定雨后砂石的含水率；搅拌机棚（现场搅拌）等有机电设备的工作间都要有安全牢固的防雨、防风、防砸的支搭顶棚，并做好电源的防触电工作。

（4）施工机械、机电设备提前做好防护，现场供电系统做到线路、箱、柜完好可靠，绝缘良好，防漏电装置灵敏有效。机电设备设防雨棚并有接零保护。

（5）采用水泥砂浆及木板做好结构作业层以下各楼层水平孔洞围堰、封堵工作，防止雨水从楼层进入地下室。

（6）地下工程，除做好工程的降水、排水外，还应做好基坑边坡变形监测、防护、防塌、防泡等工作，要防止雨水倒灌，影响正常生产，危害建筑物安全。地下车库坡道出人口需搭设防雨棚、围挡水堰防倒灌。

（7）底板后浇带中的钢筋如长期遭水浸泡而生锈，为防止雨水及泥浆从各处流到地下室和底板后浇带中，地下室顶板后浇带、各层洞口周围可用胶合板及水泥砂浆围挡进行封闭。并在大雨过后或不定期将后浇带内积水排出。而楼梯间处可用临时挡雨棚罩或在底板上临时留集水坑以便抽水。

（8）外墙后浇带用预制钢筋混凝土板、钢板、胶合板或不小于 240 mm 厚。

（9）除采用防护措施外，小到中雨天气不宜进行混凝土露天浇筑，并不应开始大面积作业面的混凝土露天浇筑；大到暴雨天气严禁进行混凝土露天浇筑。

（10）混凝土浇筑过程中，对因雨水冲刷致使水泥浆流失严重的部位，可采用补充水泥砂浆、铲除表层混凝土、插短钢筋等补救措施。

（11）混凝土浇筑完毕后，应及时覆盖塑料薄膜等，避免被雨水冲刷。

2. 混凝土高温施工

当室外大气温度达到 35 °C 及以上时，应按高温施工要求采取措施。

（1）原材料要求。

① 高温施工时，应对水泥、砂、石的贮存仓、料堆等采取遮阳防晒措施，或在水泥贮存仓、砂、石料堆上喷水降温。

② 根据环境温度、湿度、风力和采取温控措施实际情况，对混凝土配合比进行调整。调整时要考虑以下因素：应考虑原材料温度、大气温度、混凝土运输方式与时间对混凝土初凝

时间、坍落度损失等性能指标的影响，根据环境温度、湿度、风力和采取温控措施的实际情况，对混凝土配合比进行调整。

③ 且在近似现场运输条件、时间和预计混凝土浇筑作业最高气温的天气条件下，通过混凝土试拌合与试运输的工况试验后，调整并确定适合高温天气条件下施工的混凝土配合比。

④ 宜采用低水泥用量的原则，并可采用粉煤灰取代部分水泥。宜选用水化热较低的水泥。

⑤ 混凝土班落度不宜小于 70 mm。当掺用缓凝型减水剂时，可根据气温适当增加坍落度。

（2）混凝土搅拌与运输。

① 应对搅拌站料斗、储水器、皮带运输机、搅拌楼采取遮阳措施；

② 对原材料进行直接降温时，宜采用对水、粗骨料进行降温的方法；可采用冷却装置冷却拌合用水，并对水管及水箱加设遮阳和隔热设施，也可在水中加碎冰作为拌合用水的一部分。混凝土拌合时掺加的固体冰应确保在搅拌结束前融化，并应在拌合用水中扣除；且其重量原材料最高入机温度（°C），见表 6.1。

表 6.1　原材料最高入机温度表

原材料	最高温度/°C
水泥	60
骨料	30
水	25
粉煤灰等矿物掺合料	60

③ 必要时，可采取喷液态氮和干冰措施，降低混凝土出机温度。

④ 宜采用混凝土运输搅拌车运输混凝土，且混凝土运输搅拌车宜采用白色涂装；混凝土输送管应进行遮阳覆盖，并洒水降温。

（3）混凝土浇筑及养护。

① 混凝土浇筑入模温度不应大于 35 °C。

② 混凝土浇筑宜在早间或晚间进行，且宜连续浇筑。当混凝土水分蒸发较快时，应在施工作业面采取挡风、遮阳、喷雾等措施。

③ 混凝土浇筑前，施工作业面应遮阳，并应对模板、钢筋和施工机具采用洒水等降温措施，但在浇筑时模板内不得有积水。

④ 混凝土浇筑完成后，应及时进行保湿养护，防止水分蒸发过快产生裂缝和降低混凝土强度。侧模拆除前宜采用带模湿润养护。

（3）混凝土施工质量控制与检验。

① 质量检查。

混凝土施工质量检查可分为过程中控制检查和拆模后的实体质量检查。

② 施工过程中控制检查。

混凝土施工过程检查，包括混凝土拌合物坍落度、人模温度及大体积混凝土的温度测控；混凝土输送、浇筑、振捣；混凝土浇筑时模板的变形、漏浆；混凝土浇筑时钢筋和预埋件位置；混凝土试件制作及混凝土养护等环节的质量。

③ 实体质量检查。

混凝土拆模后质量检查，包括混凝土构件的轴线位置、标高、截面尺寸、表面平整度、垂直度；预埋件的数量、位置；混凝土构件的外观缺陷；构件的连接及构造做法；结构的轴线位置、标高、全高垂直度等。

（4）混凝土缺陷修整。

现浇结构的外观质量缺陷（表 6.2），应由监理（建设）单位、施工单位等各方根据其对结构性能和使用功能影响的严重程度。

表 6.2　混凝土缺陷表

名称	现象	严重缺陷	一般缺陷
露筋	构件内钢筋未被混凝土包裹而外露	纵向受力钢筋有露筋	其他钢筋有少量露筋
蜂窝	混凝土表面缺少水泥砂浆而形成石子外露	构件主要受力部位有蜂窝	其他部位有少量蜂窝
孔洞	混凝土中孔穴深度和长度均超过保护层厚度	构件主要受力部位有孔洞	其他部位有少量孔洞
夹渣	混凝土中夹有杂物且深度超过保护层厚度	构件主要受力部位有夹渣	其他部位有少量夹渣
疏松	混凝土中局部不密实	构件主要受力部位有疏松	其他部位有士量疏松
裂缝	缝隙从混凝土表面延伸至混凝土内部	构件主要受力部位有影响结构性能或使用功能的裂缝	其他部位有少量不影响结构性能或使用功能的裂缝
连接部位缺陷	构件连接处混凝土缺陷及连接钢筋、连接件松动	连接部位有影响结构传力性能的缺陷	连接部位有基本不影响结构传力性能的缺陷
外形缺陷	缺棱掉角、棱角不直 A 翘曲不平、飞边凸肋等	清水混凝土构件有影响使用功能或装饰效果的外形缺陷	其他混凝土构件有不影响使用功能的外形缺陷
外表缺陷	构件表面麻面、掉皮、起砂、玷污等	具有重要装饰效果的清水混凝土构件有外表缺陷	其他混凝土构件有不影响使用功能的外表缺陷

① 一般缺陷修整。

a. 对于露筋、蜂窝、孔洞、疏松、外表缺陷，应凿除胶结不牢固部分的混凝土，用钢丝刷清理，浇水湿润后用 1∶2～1∶2.5 水泥砂浆抹平。

b. 裂缝应进行封闭。

c. 连接部位缺陷、外形缺陷可与面层装饰施工一并处理。

d. 混凝土结构尺寸偏差一般缺陷，可采用装饰修整方法修整。

② 严重缺陷修整。

a. 应制定专门处理方案，方案经论证审批后方可实施。对可能影响结构性能的混凝土结构外观严重缺陷，其修整方案应经原设计单位同意。

b. 露筋、蜂窝、孔洞、夹渣、疏松、外表质量严重缺陷，应凿除胶结不牢固部分的混凝土至密实部位，用钢丝刷清理，支设模板，浇水湿润并用混凝土界面剂套浆后，采用比原混凝土强度等级高一级的细石混凝土浇筑并振捣密实，且养护不少于 7 d。

c. 开裂严重缺陷，对于民用建筑及无腐蚀介质工业建筑的地下室、屋面、卫生间等接触水介质的构件，以及有腐蚀介质工业建筑的所有构件，均应注浆封闭处理，注浆材料可采用环氧、聚氨酯、氰凝、丙凝等；对于民用建筑及无腐蚀介质工业建筑不接触水介质的构件，可采用注浆封闭、聚合物砂浆粉刷或其他表面封闭材料进行封闭。

d. 清水混凝土及装饰混凝土的外形和外表严重缺陷，宜在水泥砂浆或细石混凝土修补后用磨光机械磨平。

e. 钢管混凝土不密实部位，应采用钻孔压浆法进行补强，然后将钻孔补焊封固。

f. 混凝土结构尺寸偏差严重缺陷，修整方案宜应制定专项修复矫正方案，由原设计单位制订。

g. 混凝土结构缺陷修整后，修补或填充的混凝土应与本体混凝土表面紧密结合，在填充、养护和干燥后，所有填充物应坚固、无收缩开裂或产生鼓形区，表面平整且与相邻表面平齐，达到修整方案的目标要求。

6.2 沉井施工

抗滑桩在挖桩的过程中，如果遇见滑坡体发生滑动，流沙、软土、高地下水位等地质条件，护壁无法满足要求时采用沉井施工。

沉井施工就是先在地面上预制井筒然后在井筒内不断将土挖出，井筒借自身的重量或附加荷载的作用下，克服井壁与土层之间摩擦阻力及刃脚下土体的反力而不断下沉直至设计标高为止，然后封底，完成井筒内的工程。其施工程序有基坑开挖、井筒制作、井筒下沉及封底。

井筒在下沉过程中，井壁成为施工期间的围护结构，在终沉封底后，又成为地下构筑物的组成部分。为了保证沉井结构的强度、刚度和稳定性要求，沉井的井筒大多数为钢筋混凝土结构。常用横断面为圆形或矩形。纵断面形状大多为阶梯形。井筒内壁与底板相接处有环形凹口，下部为刃脚。为避免刃脚切土时破坏，刃脚应采用型钢加固。为了满足工艺的需要，常在井筒内部设置平台、楼梯、水平隔层等，这些可在下沉后修建，也可在井筒制作同时完成。但在刃脚范围的高度内，不得有影响施工的任何细部布置。

1. 沉井施工方法

（1）井筒制作。

井筒制作一般分一次制作和分段制作。一次制作指一次制作完成设计要求的井筒高度，适用于井筒高度不大的构筑物，一次下沉工艺。而分段制作是将设计要求的井筒进行分段现浇或预制，适用于井筒高度大的构筑物，分段下沉或一次下沉工艺。

井筒制作视修筑地点具体情况分为天然地面制作下沉和水面筑岛制作下沉。天然地面制作下沉一般适用于无地下水或地下水位较低时，为了减少井筒制备时的浇灌高度，减少下沉时井内挖方量，清除表土层中的障碍物等，可采用基坑内制备井筒下沉，其坑底最少应高出地下水位 0.5 m。水面筑岛制作下沉适用于在地下水位高，或在岸滩，或在浅水中制作沉井，先用砂土或土修筑土岛，井筒在岛上制作，然后下沉。

（2）基坑及坑底处理。

井筒制备时，其重量借刃角底面传递给地基。为了防止在井筒制备过程中产生地基沉降，应进行地基处理或增加传力面积。

当原地基承载力较大，可进行浅基处理，即在与刃脚底面接触的地基范围内，进行原土夯实，垫砂垫层、砂石垫层、灰土垫层等处理，垫层厚度一般为 30 ~ 50 cm。然后在垫层上浇灌混凝土井筒。这种方法称无垫木法。若坑底承载力较弱，应在人工垫层上设置垫木，增大受压面积。

所需垫木的面积，应符合下式：

$$F > \frac{Q}{P_0}$$

式中 F——垫木面积（m^2）；

Q——沉井制备重量，当井筒是分段制作时，应采用当前节井筒重量（N）；

P_0——地基允许承载力（Pa）。

铺设垫木应等距铺设，对称进行，垫木面必须严格找平，垫木之间用垫层材料找平。沉井下沉前拆除垫木亦应对称进行，拆出处用垫层材料填平，应防止沉井偏斜。

为了避免采用垫木，可采用无垫木刃脚斜土模的方法。井筒重量由刃脚底面和刃脚斜面传递给土台，增大承压面积。土台用开挖或填筑而成。与刃脚接触的坑底和土台处，抹 2 cm 厚的 1∶3 水泥砂浆，其承压强度可达 0.15 ~ 0.2 MPa，以保证刃脚制作的质量。

筑岛施工材料一般采用透水性好、易于压实的砂或其他材料，不得采用黏性土和含有大块石料的土。岛的面积应满足施工需要，一般井筒外边与岛岸间的最小距离不应小于 5 ~ 6 m。岛面高程应高于施工期间最高水位 0.75 ~ 1.0 m，并考虑风浪高度。水深在 1.5 m、流速在 0.5 m/s 以内时，筑岛可直接抛土而不需围堰。当水深和流速较大时，需将岛筑于板桩围堰内。

（3）井筒混凝土浇灌。

井筒混凝土的浇灌一般采用分段浇灌、分段下沉、不断接高的方法。即浇一节井筒，井筒混凝土达到一定强度后，挖土下沉一节，待井筒顶面露出地面尚有 0.8 ~ 2 m 左右时，停止下沉，再浇制井筒、下沉，轮流进行直到达到设计标高为止。该方法由于井筒分节高度小，对地基承载力要求不高，施工操作方便。缺点是工序多、工期长，在下沉过程中浇制和接高井筒，会使井筒因沉降不均而易倾斜。

井筒混凝土的浇灌还可采用分段接高、一次下沉。即分段浇制井筒，待井筒全高浇筑完毕并达到所要求的强度后，连续不断地挖土下沉，直到达到设计标高。第一节井筒达到设计强度后抽除垫木，经沉降测量和水平调整后，再浇筑第二节井筒。该方法可消除工种交叉作业和施工现场拥挤混乱现象，浇筑沉井混凝土的脚手架、模板不必每节拆除。可连续接高到井筒全高，可以缩短工期。缺点是沉井地面以上的重量大，对地基承载力要求较高，接高时易产生倾斜，而且高空作业多，应注意高空安全。

此外还有一次浇制井筒、一次下沉方案以及预制钢筋混凝土壁板装配井筒、一次下沉方案等井筒制作施工方案确定后，具体支模和浇筑与一般钢筋混凝土构筑物相同，混凝土级别不低于 C25。沿井壁四周均匀对称浇灌井筒混凝土，避免高低悬殊、压力不均，产生地基不均匀沉降而造成沉井断裂。井壁的施工缝要处理好，以防漏水。施工缝可根据防水要求采用平式、凸式或凹式施工缝，也可以采用钢板止水施工缝等。

（4）沉井下沉。

井筒混凝土达到 70%以上可以开始下沉。下沉前要对预留孔进行封堵，沉井下沉时，必须克服井壁与土间的摩擦力和地层对刃脚的反力。沉井下沉重量应满足下式：

$$G-B \geqslant T+R=K \cdot f \cdot \pi \cdot D \cdot [h+1/2(H-h)]+R$$

式中　G——沉井下沉重力（N）；

B——井筒所受浮力（N）；

T——井壁与土间的摩擦力（N）；

R——刃脚反力（N）；

K——安全系数，取 1.15 ~ 1.25；

F——单位面积上的摩擦力（Pa）；

D——井筒外径（m）；

H——井筒高（m）；

h——刃脚高度（m）。

如果将刃脚底面及斜面的土方挖空，则 R=0。

当下沉地点是由不同土层组成时，则单位面积上摩擦力的平均值 f_0 由下式决定：

$$f_0=\frac{f_1n_1+f_2n_2+\cdots+f_nn_n}{n_1+n_2+\cdots+n_n}$$

式中　f_1，f_2，…，f_n——各层土与井筒的摩擦系数

n_1，n_2，…，n_n——各土层的厚度

经测定 f 值可参用；① 混凝土与黏土：f= 15 kPa；② 混凝土与砂、砾石：f= 25 kPa；③ 砖砌体与黏土：f= 25 kPa；④ 砖砌体与砂、砾石：f= 35 kPa。

根据沉井受压条件而设计的井壁厚度，往往使井筒不能有足够的自重下沉，过分增加井壁厚度也不合理。可以采取附加荷载以增加井筒下沉重量，也可以采用震动法、泥浆套或气套方法以减少摩擦阻力使之下沉。

（5）排水下沉。

排水下沉是在井筒下沉和封底过程中，采用井内开设排水明沟，用水泵将地下水排除或采用人工降 J 氏地下水位方法排出地下水。它适用于井筒所穿过的土层透水性较差，涌水量不大，排水致产生流沙现象而且现场有排水出路的地方。井筒内挖土根据井筒直径大小及沉井埋设深度来确定施工方法。一般分为机械挖土和人工挖土两类。机械挖土一般仅开挖井中部的土，四周的土由人工开挖。常用的开挖机械有合瓣式挖土机、台令扒杆抓斗挖土等垂直运土工具有少先式起重机、台令扒杆、卷扬机、桅杆起重杆等。卸土，点应距井壁一般不小于 20 m，以免因堆土过近使井壁 ĭ 方坍塌，导致下沉摩擦力增大。当土质为砂土或砂性黏土时，可用高压水枪先将井内泥土冲松稀释成泥浆，然后用水力吸泥机将泥浆吸出排到井外。人工挖土应沿刃脚四周均匀而对称进行，以保持井筒均匀下沉。它适用于小型沉井，下沉深度较小、机械设备不足的地方。人工开挖应防止流沙现象发生。

（6）不排水下沉。

不排水下沉是在水中挖土。当排水有困难或在地下水位较高的亚砂土和粉砂土层，有产生流沙现象的地区的沉井下沉或必须防止沉井周围地面和建筑物沉陷时，应采用不排水下沉的施工方法 d.下沉中要使井内水位比井外地下位高 1 ~ 2 m，以防流沙。

不排水下沉时，土方也由合瓣式抓铲挖出，当铲斗将井的中央部分挖成锅底形状时，井壁四周的土涌向中心，井筒就会下沉。如井壁四周的土不易下滑时，可用高压水枪进行冲射，然后用水泥吸泥机将泥浆吸出排到井外。为了使井筒下沉均匀，最好设置几个水枪。每个水

枪均设置阀门以便沉井下沉不均匀时，进行调整。水枪的压力根据土质而定。

触变泥浆套沉井在井壁与土之间注入触变泥浆，形成泥浆套，以减少井筒下沉的摩擦力。为了在井壁与土之间形成泥浆套，井筒制作时在井壁内埋入泥浆管，或在混凝土中直接留设压浆通道。井筒下沉时，泥浆从刃脚台阶处的泥浆通道口向外挤出。在泥浆管出口处设置泥浆射口围圈，以防止泥浆直接喷射至土层，并使泥浆分布均匀。为了使井筒下沉过程中能储备一定数量的泥浆，以补充泥浆套失浆，同时预防地表土滑塌，在井壁上缘设置泥浆地表围圈。泥浆地表围圈用薄板制成，拼装后的直径略大于井筒外径。埋设时，其顶面应露出地表0.5 m左右。

选用的泥浆应具有较好的固壁性能。泥浆指标根据原材料的性质、水文地质条件以及施工工艺条件来选定，如表6.3所示。在饱和的粉细砂层下沉时，容易造成翻砂，引起泥浆漏失，因此，泥浆的黏度及静切力都应较高。但黏度和静切力均随静置时间增加而增大，并逐渐趋近于一个稳定值。为此，在选择泥浆配合比时，先考虑比重与黏度两个指标，然后再考虑失水量、泥皮、静切力、胶体率、含砂率及pH酸碱度。泥浆比重在1.15 ~ 1.20之间。泥浆可选用的配合比为：

① 纯膨润土用量23% ~ 30%；

② 水70% ~ 77%；

③ 化学掺合剂碱：（Na_2CO_3）0.4% ~ 0.6%，羧甲基纤维素0.03% ~ 0.06%。

表6.3　水枪冲土的水压与土质关系

土　质	水压/MPa	土　质	水压/MPa
松散细砂	0.25 ~ 0.45	中等密实黏土	0.6 ~ 0.75
软质黏土	0.25 ~ 0.45	烁　石	0.85 ~ 0.9
密实腐殖土或原状细砂	0.5	密实黏土	0.75 ~ 1.25
松散中砂	0.45 ~ 0.55	中等颗粒砾石	1 ~ 1.25
黄　土	0.6 ~ 0.65	硬黏土	1.25 ~ 1.5
原状中砂	0.6 ~ 0.7	原状粗砾石	1.35 ~ 1.5

下沉过程中，应对已压入的泥浆定期取样检查。施工过程中，泥浆套厚度不要轼大，否则易造成井筒倾斜和位移。泥浆套沉井，由于下沉摩擦力减少，容易造成下沉超过设计标高，应做好及时封底准备工作。尤其要注意在吸泥下沉过程中，避免由于翻砂而引起泥浆套破坏，应正确处理好井内外水位及泥浆面高.度等方面的关系。

（7）井筒封底。

一般地，采用沉井方法施工的构筑物，必须做好封底，保证不渗漏排水下沉的井筒封底，必须排除井内积水。超挖部分可填石块，然后在其上做混凝土垫层。浇注混凝土前应清洗刃脚，并先沿刃脚填充一周混凝土，防止沉井不均匀下沉。垫层上做防水层、绑扎钢筋和浇筑钢筋混凝土底板。封底混凝土由刃脚向井筒中心部位分层浇灌，每层约50 cm。

为避免地下渗水冲蚀新浇灌的混凝土，可在封底前在井筒中部设集水井，用水泵排水。排水应持续到集水井四周的垫层混凝土达到规定强度后，用盖堵封等方法封掉集水井，然后铺油毡防水层，再浇灌混凝土底板。不排水下沉的井筒，需进行水下混凝土的封底。井内水位应与原地下水位相等，然后铺垫砾石垫层和进行垫层的水下混凝土浇灌，待混凝土达到应有强度后将水抽出，再做钢筋混凝土底板。

2. 质量检查与控制

井筒在下沉过程中，由于水文地质资料掌握不全，下沉控制不严，以及其他各种原因，可能发生土体破坏、井筒倾斜、筒壁裂缝、下沉过快、或不继续下沉等事故，应及时采取措施加以校正。

（1）土体破坏。

沉井下沉过程中，可能产生破坏土的棱体。土质松散，更易产生。因此，当土的破坏棱体范围内有已建构筑物时，应采取措施，保证构筑物安全，并对构筑物进行沉降观察。

（2）井筒倾斜的观测。

井筒下沉时，可能发生倾斜，倾斜误差校正结果有可能使井筒轴线水平位移井筒超过表6.4所示偏差值。

表 6.4 下沉允许偏差

项目		允许偏差/mm
沉井刃脚平均标高与设计标高差		＜100
沉井水平偏差 α	下沉总深度为 H	＜1%H
	下沉总深度＜10 m	＜100
沉井四周任何两对称点处的刃脚底面标高差 h	二对称点间水平距离为 L	＜1%L 且＜300
	二对称点间水平距离＜10 m	＜100

井筒发生倾斜的主要原因是刃脚下面的土质不均匀，井壁四周土压力不均衡，挖土操作不对称，以及刃脚某一处有障碍物所造成。井筒是否倾斜可采用井筒内放置垂球观测、电测等方法确定，或在井外采用标尺测定、水准测量等方法确定。

由于挖土不均匀引起井筒轴线倾斜时，用挖土方法校正。在下沉较慢的一边多挖土，在下沉快的一边刃脚处将土夯实或做人工垫层，使井筒恢复垂直。如果这种方法不足以校正，就应在井筒外壁一边开挖土方，相对另一边回填土方，并且夯实。

在井筒下沉较慢的一边增加荷载也可校正井筒倾斜。如果由于地下水浮力而使加载失效，则应抽水后进行校正。在井筒下沉较慢的一边安装震动器震动或用高压水枪冲击刃脚，减少土与井壁的摩擦力，也有助子校正井筒轴线。

下沉过程中障碍物处理：下沉时，可能因刃脚遇到石块或其他障碍物而无法下沉，松散土中还可能因此产生溜方，引起井筒倾斜。小石块用刨挖方法去除，或用风镐凿碎，大石块或坚硬岩石则用炸药清除

（3）井筒裂缝的预防及补救措施。

下沉过程中产生的井筒裂缝有环向和纵向两种。环向裂缝是由于下沉时井筒四周土压力不均造成的。为了防止井筒发生裂缝，除了保证必要的井筒设计强度外，施工时应使井筒达到定强度后才能下沉。此外，也可在井筒内部安设支撑，但会增加挖运土方困难。井筒的纵向裂缝是由于在挖土时遇到石块或其他障碍物，井筒仅支于若干点，混凝土强度又较低时产生的。爆震下沉，亦可能；发生裂缝。如果裂缝已经发生，必须在井筒外面挖土以&少该向的土压力或撤除障碍物，防止裂缝继续扩大，同时用水泥砂浆、环氧树脂或其他补强材料涂抹裂缝缝进行补救。

（4）井筒下沉过快或沉不下去。

由于长期抽水或因砂的流动，使井筒外壁与土之间的摩擦力减少；或因土的耐压强度较小，会使井筒下沉速度超过挖土速度而无法控制。在流沙地区常会产生这种情况。防治方法一般多在井筒外将土夯实，增加土与井壁的摩擦力。在下沉将到设计标高时，为防止自沉，可不将刃脚处土方挖去，下沉到设计标高时立即封底。也可在刃脚处修筑单独式混凝土支墩或连续式混凝土圈梁，以增加受压面积。

沉井沉不下去的原因，一是有障碍，二是自重过轻，应采取相应方法处理。

混凝土是十分重要的建筑材料。钢筋混凝土结构在土木建筑工程中的应用是十分广泛的。如给水排水工程中的各类建筑物、构筑物及管道材料等：也大都采用钢筋混凝土来建造。所以在整个工程施工中钢筋混凝土工程占着相当重要的地位。

钢筋混凝土结构可以采用现场整体浇筑结构，也可以是预制构件装配式结构。现场浇筑整体性好，抗渗和抗震性较强，钢筋消耗量也较低，可不需大型起重运输机械等。但施工中模板材料消耗量大，劳动强度高，现场运输量较大，建设周期一般也较长。预制构件装配式结构，由于实行工厂化、机械化施工，可以减轻劳动强度，提高劳动生产率，为保证工程质量，降低成本，加快施工速度，并为改善现场施工管理和组织均衡施工提供了有利条件。无论采用哪种结构形式，钢筋混凝土工程都是由各具特点的钢筋工程、模板工程和混凝土工程所组成。它们的施工都要针对具体工程实际，选择最适宜的施工工艺和方法，采用不同的机械设备和使用不同性质的材料，经过多项施工过程由多个工种密切配合而共同完成。

随着我国科学技术的发展，在钢筋混凝土工程中，新结构、新材料、新技术和新工艺得到了广泛的应用与发展，并已取得了显著的成效。

6.3　管井施工

在人工开挖抗滑桩的过程中，遇到地下水层，必须排水才能施工。在施工现场一般采用的是管井的施工工艺。

管井是垂直安装在地下的取水构筑物。其一般结构主要由井壁管、滤水器、沉淀管、填砾层和井口封闭层等组成。管井的深度、孔径，井管种类、规格及安装位置，填砾层的厚度，井底的类型和抽水机械设备的型号等决定于取水地段的地质构造、水文地质条件及供水设计要求等。

6.3.1　管井的施工方法

管井施工是用专门钻凿工具在地层中钻孔，然后安装滤水器和井管。一般在松散岩层、深度在 30 m 以内。规模较小的浅井工程中，可以采用人力钻孔。深井通常采用机械钻孔。机械钻孔方法根据破碎岩石的方式不同有冲击钻进、回转钻进、锅锥钻进等；根据护壁或冲洗的介质与方法不同，分为泥浆钻进、套管钻进、清水水压钻进等。近年来随着科学技术的发展和建设的需要，涌现出许多新的钻进方法和钻进设备，如反循环钻进、空气钻进、潜孔锤钻进等，已逐步推广应用在管井施工中，并取得了较好的效果。在不同地层中施工应选用适合的钻进方法和钻具。管井施工的程序包括施工准备、钻孔、安装井管、填砾、洗井与抽水试验等。

1. 施工前的准备工作

施工前，应查清钻井场地及附近地下与地上障碍物的确切位置，选择井位和施工时应避开或采取适当保护措施。施工前，应做好临时水、电、路、通信等准备工作，并按设备要求范围平整场地。场地地基应平整坚实、软硬均匀。对软土地基应加固处理；当井位为充水的淤泥、细砂、流沙或地层软硬不均，容易下沉时，应于安装钻机基础方木前横铺方木、长杉杆或铁轨，以防钻进时不均匀下沉。在地势低洼，易受河水、雨水冲灌地区施工时，还应修筑特殊凿井基台。安装钻塔时，应将塔腿固定于基台上或用垫块垫牢，以保持稳定。绷绳安设应位置合理，地锚牢固，并用紧绳器绷紧。施工方法和机具确定后，还应根据设计文件准备黏土、砾石和管材等，并在使用前运至现场。

泥浆作业时应在开钻前挖掘泥浆循环系统，其规格根据泥浆泵排水量的大小、井孔的口径及深度、施工地区的泥浆漏失情况而定。一般沉淀池的规格为 1 m×1 m×1 m，设一个或两个。循环槽的规格为 0.3 m×0.4 m，长度不小于 15 m。贮浆池的规格为 3 m×3 m×2 m。遇土质松软，其四壁应以木板等支撑。开钻前，还应安装好钻具，检查各项安全设施。井口表土为松散土层时还应安装护口管。

2. 护壁与冲洗

（1）泥浆护壁作业。

泥浆是黏土和水组成的胶体混合物，它在凿井施工中起着固壁、携砂、冷却和润滑等作用。凿井施工中使用的泥浆，一般需要控制比重、黏度、含砂量、失水量、胶体率等几项指标。泥浆的比重越大、黏度越高，固壁效果越好，但对将来的洗井会带来困难。泥浆的含砂量越小越好。在冲击钻进中，含砂量大，会严重影响泥浆泵的寿命。泥浆的失水量越大，形成泥皮越厚，使钻孔直径变小。在膨胀的地层中如果失水量大，就会使地层吸水膨胀造成钻孔掉块、坍塌。胶体率表示泥浆悬浮性程度。胶体率大，可以减少泥浆在孔内的沉淀，并且可以减少井孔坍塌及井孔缩径现象。对制备泥浆用黏土的一般要求是：在较低的比重下，能有较大的黏度、较低的含砂量和较高的胶体率。将黏土制成 1∶1 比重的泥浆，如其黏度为 16～18 S，含砂量不超过 6%，胶体率在 80%以上，这种黏土即可作为凿井工程配制泥浆的黏土。配制泥浆用的水，凡自来水、河水、湖水、井水等淡水均可。配制泥浆时，先将大块状黏土捣碎，用水浸泡 1 h 左右，再置入泥浆搅拌机中，加水搅拌。在正式大量配制泥浆之前，应先根据井孔岩层情况，配制几种不同比重的泥浆，进行黏度、含砂量、胶体率试验。根据试验结果和钻进岩层的泥浆指标要求，决定泥浆配方，泥浆配方应包括钻进几种岩层达到要求黏度时的泥浆比重、含砂量、胶体率值和每立方米泥浆所需黏土量。

表 6.5　钻井不同岩层适用的泥浆性能指标

岩层性质	黏度（S）	密度/（g/cm^3）	含砂量/%	失水量/cm	胶体率
非含水层（黏性土类）	15～16	1.05～1.08			
粉、细、中砂层	16-17	1.08～1.1			冲击钻进
粗砂、细石层	17～18	1.1～1.2			大于等于

续表

岩层性质	黏度（S）	密度/（g/cm^3）	含砂量/%	失水量/cm	胶体率
卵石、漂石层	18～20	1.15～1.2			70%～80%；
承压自流水含水层	＞25	1.3～1.7	＜6	20～30	
遇水膨胀岩层	20～22	1.1～1.15			
坍塌、掉块岩层	22～28	1.15～1.3			回转钻进
一般基岩层	18～20	1.1～1.15			大于等于
裂隙、溶洞基岩层	22～28	1.15～1.2			80%

当地黏土配制的泥浆如达不到要求，可在搅拌时加碱（Na_2CO_3）处理。一般黏土加碱后，可提高泥浆的黏度、胶体率，降低含砂量：通常加碱量为泥浆内黏土量的 0.596%～1.0%，过多反而有害。

在高压含水层或极易坍塌的岩层钻进时，必须使用比重很大的泥浆。为提高泥浆的比重，可投加重晶石粉（$CaSO_4$）等加重剂。该粉末比重不小于 4.0，一般可使泥浆比重提高 1.4～1.8。在钻进中要经常测量、记录泥浆的漏失数量，并取样测定泥浆的各项指标。如不符合要求，应随时调整。遇特殊岩层需要变换泥浆指标时，应在贮浆池内加入新泥桨进行调整，不能在贮浆池内直接加水或黏土来调整指标。但由于调整相当费事故在泥浆指标相差不大时，可不予调整。钻进中，井孔泥浆必须经常注满，泥浆面不能低于地面 0.5 m。一般地区，每停工 4～8 h，必须将井孔内上下部的泥浆充分搅匀，并杯充新泥浆。泥浆既为护壁材料，又为冲洗介成，适用于基岩破碎层及水敏性地层的施工。泥浆作业具有节省施工用水、钻进效率高，便于砾石滤层回填等优点，但是含水层苛能被泥壁封死，所以成井后必须尽快洗井。

（2）套管护壁作业。

套管护壁作业是甩无缝钢管作套管，下入凿成的井孔内，形成稳固的护壁。井孔应垂直并呈圆形，否则套管不能顺利下降，也难保证凿弁的质量。

套管下沉有三种方法：

① 靠自重下沉。此法较简便，仅在钻进浅井或较松散岩层时才适用。

② 采用人力、机械旋转或吊锤冲打等外力，迫使套管下沉。

③ 在靠自重和外力都不能下沉时，可用千斤顶将套管顶起 1.0 m 左右，然后松开下沉（有时配合旋转法同时进行）。

同一直径的套管，在松散和软质岩层中的长度，视地层情况决定，通常为 30～70 m，太长则拔除困难。变换套管直径时，第一组套管的管靴，应下至稳定岩层，才不致发生危险；如下降至砂层就变换另一组套管，砂子容易漏至第一、二组套管间的环状间隙内，以致卡住套管，使之起拔和下降困难。除流沙层外，一般套管直径较钻头尺寸大 50 mm 左右。

套管应固定于地面，管身中心与钻具垂节中心一致，套管外壁与井壁之间应填实。套管护壁适用于泥浆护壁无效的松散地层，特别适用于深度较小、半机械化钻进及缺水地区施工时采用。在松散层覆盖的基岩中钻进时，上部覆盖层应下套管，对下部基岩层可采用套管或泥浆护壁，覆盖层的套管应在钻穿覆盖层进入完整基岩 0.5～2 m，并取得完整岩心后下入。套管护壁作业具有无需水源、护壁效果好、保证含水层透水性、可以分层抽水等优点，但是需用大量的套管、技术要求高，下降起拔困难，费用较高。

3. 清水水压护壁作业

清水水压钻井是近年来在总结套管护壁和泥浆护壁的基础上发展起来的一种方法。清水在井孔中相当于一种液体支撑，其静压力除平衡土压力及地下水压力外，还给井壁一种向外的作用力，此力有助于孔壁稳定。同时，由于井孔的自然造苹，加大了水柱的静压力，在此压力下，部分泥浆渗入孔壁，失去结合水，形成一层很薄的泥皮，它密实柔韧，具有较高的黏聚力，对保护井壁起很大作用。清水水压护壁适用于结构稳定的黏性土及非大量露水的松散地层，且具有充足水源的凿井施工。此法施工简单，钻井和洗井效率高，成本高，但护壁效果不长久。

6.3.2 凿井机械与钻进

1. 冲击钻进

冲击钻进的工作原理是靠冲击钻头直接冲碎岩石形成井孔。主要有以下两种：

（1）绳索式冲击钻机。

它适用于松散石砾层与半岩层，较钻杆式冲击钻机轻便。目前采用的多为 CZ-20 型和 CZ-22 型，其冲程为 0.45 ~ 1.0 m，每分钟冲击 40 ~ 50 次。

（2）钻杆式冲击钻机。

它由发动机供给动力，通过传动机构提升钻具作上下冲击。一般机架高度为 15 ~ 20 m，钻头上举高度为 0.50 ~ 0.75 m，每分钟冲击 40 ~ 60 次。冲击钻机的常用钻头有一字、工字、十字、角锥等几种形式，应根据所钻地层的性质和深度选择使用。

下钻时，先将钻具垂吊稳定后，再导正下入井孔。当钻具全部下入井孔后，盖好井盖，使钢丝绳置于井盖中间的绳孔中，并在地面设置标志，用交线法测定钢丝绳位。钻进时，应根据以下原则确定冲程、冲击次数等钻进参数：地层越硬，钻头底刃单位长度所需重量越大，冲程越高，所需冲击次数越少。钻进时，把闸者须根据扶绳者要求进行松绳，并根据地层的变化情况适当掌握，应勤松绳，少松绳，不应操之过急。扶绳者必须随时判断钻头在井底的情况（包括转动和钻头是否到底等）和地层变化情况，如有异常，应及时分析处理。钻进时，根据所钻岩层情况，及时清理井孔。冲击钻进多用掏泥筒进行清孔。

此外，还可采用把钻进和掏取岩屑两个工序合二为一的抽筒钻进，钻进过程中，应及时采取土样，并随时检查孔内泥浆搏量。

2. 回转钻进

回转钻机的工作原理是依靠钻机旋转，同时使钻具在地层上具有相当压力，而使钻具慢慢切碎岩层，形成井孔。其优点是钻进速度快、机械化程度高，并适用于坚硬的岩层钻进；缺点是设备比较复杂。国产大口径回转钻机有红星-300 型、红星-400 型和 SPJ-300 型等。回转钻机的常用钻头类型有：蛇形、勺形、鱼尾、齿轮钻头等。

开钻前，应检查钻具，发现脱焊、裂口、严重磨损时，应及时焊补或更换。水龙头与高压胶管连接处应系牢。每次开钻前，应先将钻具提离井底，开动泥浆栗，待冲洗液流畅后，再慢速回转至孔底，然后开始正常钻进。钻进开始深度不超过 15 m 时，不得加压，转速要慢，以免出现孔斜。在黏土层中钻进时，可采用稀泥浆，大泵量，并适当控制压力。在砂类地层中钻进时，宜采用较大泵量、较小钻压、中等转速，并经常清除泥浆中的砂。在卵石、砾石层中钻进时，应轻压慢转并附助使用提取卵石、砾石的沉淀管或其他装置。操作人员应根据地层变化情况调整操作。地层由软变硬，应少进轻压；由硬变软时，应将钻头上提，然后徐徐下放钻具再钻进，并及时取样。此外，还应常注意返出泥浆颜色及带出泥沙的特性，检查井孔圆直度，据此调整泥浆指标及采取相应措施。

3. 锅锥钻进

锅锥是人力与动力相配合的一种半机械化回转式钻机。这种钻机制作与修理都较容易，取材方便；耗费动力小，操作简单，容易掌握；开孔口径大，安装砾石水泥管、砖管、陶土管等井管方便，钻进成本较低。锅锥钻进适用于松散的冲积层，如亚砂土、亚黏土、黏土、砂层、砾石层及小卵石层等中钻进、效率较高。用于大卵石层中钻进效率较低，不适用于各类基层岩。锅锥钻进的开孔占径取决于锅锥钻头的直径，一般为 550 ~ 1 100 mm。钻进深度一般取决于采取含水层的深度和机械的凿掘能力。机械的凿掘能力为 50 ~ 100 m。钻进速度因岩层的软硬和钻进深度而不同，一般在松散岩层，每下一次能钻进 100 ~ 300 mm。

6.3.3 井管的安装

1. 井管安装前的准备工作

（1）井管安装之前，先用试孔器（一般选择试孔器尺度小于井孔设计尺寸 25 mm）试孔，检查井孔尺度是否满足设计要求，井孔是否垂直、圆整。

（2）由全部井管重与井管承受拉力的情况决定采用何种井管安装方法，并选择设备。

（3）检查井管有无缺陷，井管与管箍丝扣松紧程度与完好情况，并将井管与管箍丝扣刷净。

（4）按照岩层柱状图及井的结构图中井管次序排列井管，根管（沉淀管部分）在井底安好，并于适当位置装设找中器以便后续井管下入时居于井孔中心。

（5）将井底的稠泥用掏泥筒（冲击钻进时），掏出或用泥浆泵（回转钻进时）抽出，将井孔泥浆适当换稀，但切勿加入清水。

（6）丈量各井管长度与井孔深度，确认与柱状图吻合，始得安装井管。

2. 下管

下管方法，应根据下管深度、管材强度和钻探设备等因素进行选择：

（1）井管自重（浮重）不超过井管允许抗拉力和钻探设备安全负荷时，宜用直接提吊下管法。通常采用井架、管卡子、滑车等起重设备依次单根接送。

（2）井管自重（浮重）超过井管允许抗拉力或钻机安全负荷时，宜采用浮板下管法或托盘下管法。浮板下管法常在钢管、铸铁井管下管时使用。浮板一般为木制圆板，直径略小于井管外径，安装在两根井管接头处，用于封闭井壁管，利用泥浆浮力、减轻井管重量。

泥浆淹没井管的长度（L）可以有三种情况：

① 自滤水管最上层密闭。

② 在滤水管中间密闭。

③ 上述两种情况联合使用。

浮板如何设置可以按需要减轻的重量与浮板所能承受的应力来决定为了防止浮板在下管操作时突道破坏，可在浮板上邻近的管箍处，增设一块备用浮板。采用浮板下管时，密闭井管体积内排开的泥浆将由井孔溢出，为此，应准备一个临时贮存泥浆的坑，并挖沟使其与井孔相连。井管下降时，泥浆即排入此坑中。若浮板突遭破坏，井内须及时补充泥浆时，该坑应当便于泥浆倒流，避免产生井壁坍塌事故。井管下好后，即用钻杯捣破浮板。注意在捣破浮板之前，尚需向井管内注满泥浆，否则，一旦浮板捣破后，泥浆易上喷伤人，还可能由于泥浆补充不足产生井壁坍塌事故。托盘下管法常在混凝土井管，矿渣水泥管、砾石水泥管等允许抗拉应力较小的井管下管时采用。

下管时，首先将第一根井管（沉砂管）插入托盘，将钻杆一下端特制反扣接头与托盘反扣钻杆接箍相连，慢慢降下钻杆，井管随之降入井孔，当井管的上口下至井口处时，停止下降钻杆，于接口处涂注沥青水泥混合物，即可安装第二根井管。井管的接口处必须以竹、木板条用铅丝捆牢，每隔 20 m 安装一个扶正器，直至将全部井管下入井孔，将钻杆正转拧出，井盖好，下管工作即告结束。

（4）井身结构复杂或下管深度过大时，宜采用多级下管法。

将全部井管分多次下入井内。前一次下入的最后一根井管上口和后一次下入的第一根井管下口安装一对接头，下入后使其对口。

3. 填烁石与井管外封闭

为扩大滤水能力，防止隔水层或含水层塌陷而阻塞滤水管的滤网，在井壁管（滤水管）周围应回填砾石滤层。回填砾石的颗粒大小通常为含水砂层颗粒有效直径的 8 ~ 10 倍。滤层厚度一般为 50 ~ 75 mm。滤层通常做成单层。

表 6.6　回填砾石粒径参考值

含水层名称	特	性	回填砾石直径/mm
	粒径/mm	有效粒径所占%	
粗　砂	2 ~ 1	80	10 ~ 8
中　砂	1 ~ 0.5	60	5 ~ 4
细　砂	0.5 ~ 0.25	50	2.5 ~ 2.0
粉砂及亚砂土	0.25 ~ 0.05	30 ~ 40	1.0 ~ 0.5

回填砾石的施工方法，有直接投入法和成品下入法两种。直接投入法较简便。为了顺利投入砾石，可将泥浆比重加以稀释，一般控制在 1.10 左右。为了避免回填时砾石在井孔中挤塞而影响质量，除设法减小泥浆的比重外，还可使用导管将砾石沿管壁投下。

成品下入法是将砾石预装在滤水器的外围，如常见的笼状过滤器，就是这种结构。此时，由于过滤器直径较大，下管时容易受阻或撞坏，造成返工事故。因此，下管前必须作好修井孔、试井孔、换泥浆及清理井底等准备工作。回填砾石滤层的高度，要使含水层通连以增加出水量，并且要超过含水层几米。砾石层填好后，就可着手井管外的封闭。其目的是做好取水层和有害取水层隔离，并防止地表水渗入地下，使井水受到污染。封闭由砾石滤层最上部开始，宜先采用黏土球，后用优质黏土捣成碎块填上 5 ~ 10 m，以上部分采用一般泥土填实。特殊情况可用混凝土封闭。

6.3.4 洗井、抽水试验与验收

1. 洗井

洗井是为了清除在钻进过程中孔内岩屑和泥浆对含水层的堵塞，同时排出滤水管周围含水层中的细颗粒，以疏通含水层，借以增大滤水管周围的渗透性能，减小进水阻力，延长使用寿命。洗井必须在下管、填砾、封井后立即进行。否则将会造成孔壁泥皮固结，造成洗井困难，有时甚至失败。

洗井方法应根据含水层特性、管井结构和钻探工艺等因素确定。

（1）活塞洗井。

活塞洗井是靠活塞在孔内上下往复运动，产生抽压作用，将含水层中的细砂及泥浆液抽出而达到疏通含水层的目的。洗井的顺序自上而下逐层进行，活塞不宜在井内久停，以防因细砂进入而淤堵活塞。操作时要防止活塞与井管相撞，提升活塞速度控制在 0.5 ~ 1.0 m/s。此外应当掌握好洗井的持续时间。这种方法适用于松散井孔，井管强度允许，管井深度不太大的情况。

（2）压缩空气洗井。

采用空压机作动力，接入风管，在井管中吹洗。此法适用于粗砂、卵石层中管井的冲洗。由于耗费动力费用大，一般常和活塞洗井结合使用。

（3）水泵和泥浆泵洗井。

在不适宜压缩空气洗井的情况下，可用水泵或泥浆泵洗井。这种方法洗井时间较长，也常与活塞洗井交替使用。泥浆泵结合活塞洗井适用于各种含水层和不同规格的管井。

（4）化学洗井

化学洗井主要用于泥浆钻孔。洗井前首先配制适量的焦磷酸钠溶液（重量配比为水：焦磷酸钠=100：0.6 ~ 0.8），待砾料填完后，用泥浆泵向井内灌入该溶液，先管外，后管内，最后向管外填入止水物和回填物至井口，静止 5 ~ 6 h，即可用其他方法洗井。此法对溶解泥皮、稀释泥浆、洗除泥浆对含水层的封闭，均有明显的效果。此外，还有二氧化碳洗井法、高速水喷射洗井法等，也可在一定条件下使用。

2. 抽水试验

抽水试验的目的在于正确评定单井或井群的出水量和水质，为设计施工及运行提供依据。

抽水试验前应完成如下准备工作：选用适宜的抽水设备并做好安装；检查固定点标高，以便准确测定井的动水位和静水位；校正水位测定仪器及温度计的误差；开挖排水设施等。

试验中水位下降次数一般为三次，最低不少于两次。要求绘制正确的出水量与水位下降值（Q-s）关系曲线和单位出水量与水位下降值（q-s）关系曲线，借以检查抽水试验是否正确。

表 6.7 抽水试验的延续时间与土壤的透水性有关。

含水 S 岩性成分	稳定水位延续时间（h）		
	第一次抽降	第二次抽降	第三次抽降
裂隙岩层	72	48	24
中、细、粉砂层	24	48	64
粗砂、砾石层	24	36	48
卵石层	36	24	12

抽水试验的最大出水量，最好能大于该井将来生产中的出水量，如限于设备条件不能满足此要求时，亦应不小于，生产出水量的 75%。三次抽降中的水位下降值分别为 $S_3/3$，$2S_3/3$，S_3 且各次水位抽降差和最小一次抽降值最好大于 1 m。

另外，抽水试验中还应做好水质、水位恢复时间间隔等各项观测工作。

3. 管井的验收

二管井验交时应提交的资料包括：管井柱状图、颗粒分析资料、抽水试验资料、水质分析资料及施工说明等。

管井竣工后应在现场按下列质量标准验收：

（1）管井的单位出水量设计值基本相符。管井揭露的含水层与设计依据不符时，可按实际抽水量验收。

（2）管井抽水稳定后，井水含砂量不得超过二百万分之一（体积比）。

（3）超污染指标的含水层应严密封闭。

（4）井内沉淀物的高度不得大于井深的 0.5%。

（5）井身直径不得小于设计直径 20 mm，井深偏差不得超过设计井深的±0.2%。

（6）井管应安装在井的中心，上口保持水平。井管与井深的尺寸偏差，不得超过全长的±0.2%，过滤器安装位置偏差，上下不超过 300 mm。

6.3.5 凿井常见事故的预防和处理

1. 井孔坍塌

（1）预防

施工中应注意根据土层变化情况及时调整泥聚指标，或保持高压水护孔；做好护口管外封闭，以防泥浆在护口管内外串通；特殊岩层钻进时须储备大量泥浆，准备一定数量的套管；停工期间每 4 ~ 8 h 搅动或循环孔内泥浆一次，发现漏浆及时补充；在修孔、扩孔时，应加大泥浆的比重和黏度。

（2）处理。

发现井孔坍塌时，应立即提出钻具，以防埋钻。并摸清塌孔深度、位置、淤塞深度等情况，再行处理。如井孔下部坍塌，应及时填入大量黏土，将已塌部分全部填实，加大泥浆比重，按一般钻进方法重新钻进。

2. 井孔弯曲

（1）预防。

钻机安装平稳，钻杆不弯曲；保持顶滑轮、转盘与井口中心在同一垂线上；变径钻进时，要有导向装置；定期观测，及早发现。

（2）处理。

冲击钻进时可以采用补焊钻头，适当修孔或扩孔来纠斜。当井孔弯曲较大时，可在近斜孔段回填土，然后重新钻进。

回转钻进纠斜可以采用扶正器法或扩孔法。在基岩层钻进时，可在粗径钻具上加扶正器，把钻头提到不斜的位置，然后采用吊打、轻压、慢钻速钻进。在松散层钻进时，可选用稍大的钻头，低压力、慢进尺、自上而下扩孔。另外，还可采用灌注水泥法和爆破法等。

3. 卡钻

（1）预防。

钻头必须合乎规格；及时修孔；使用适宜的泥浆保持孔壁稳定；在松软地层钻进时不得进尺过快。

（2）处理。

在冲击钻进中，出现上卡，可将冲击钢丝绳稍稍绷紧，再用掏泥筒钢丝绳带动捣击器沿冲击钢丝绳将捣击器降至钻具处，慢慢进行冲击，待钻具略有转动，再慢慢上提。出现下卡可将冲击钢丝绳绷紧，用力摇晃或用千斤顶、杠杆等设备上提。出现坠落石块或杂物卡钻，应设法使钻具向井孔下部移动，使钻头离开坠落物，再慢慢提升钻具。

在回转钻进中，出现螺旋体卡钻，可先迫使钻具降至原来位置，然后回转钻具，边转边提，直到将钻具提出，再用大"钻耳"的鱼尾钻头或三翼刮刀钻头修理井孔。当出现掉块、探头石卡钻或岩屑沉淀卡钻时，应设法循环泥浆，再用千斤顶、卷扬机提升，使钻具上下窜动，然后边回转边提升使钻具捞出。较严重的卡钻，可用振动方法解除。

4. 钻具折断或脱落

（1）预防。

合理选用钻具，并仔细检查其质量；钻进时保持孔壁圆滑、孔底平整，'以消除钻具所承受的额外应力；卡钻时，应先排除故障再进行提升，避免强行提升；根据地层情况，合理选用转速、钻压等钻进参数。

（2）处理。

钻具折断或脱落后，应首先了解情况，如孔内有无坍塌淤塞情况；钻具在孔内的位置、钻具上断的接头及钻具扳手的平面尺度等。了解情况常采用孔内打印的方法。钻具脱落于井孔，应采用扶钩先将脱落钻具扶正，然后立即打捞。打捞钻具的方法有很多，最常用的有套筒打捞法、捞钩打捞法和钢丝绳套打捞法。

6.4 钢筋工程

6.4.1 钢　筋

钢筋混凝土结构中使用的钢筋种类很多，通常按生产工艺、力学性能等分成不同的品种。钢筋按生产工艺可分为：热轧钢筋、冷拉钢筋、冷拔钢丝、热处理钢筋、碳素钢丝和钢绞线等。其中后三种用于预应力混凝土结构。

钢筋按化学成分分为：碳素钢钢筋和普通低合金钢钢筋。碳素钢钢筋按含碳量多少，可分为：低碳钢钢筋（含碳量低于 0.25%，如 3 号钢）、中碳钢钢筋（含碳量 0.25%～0.7%）和高碳钢钢筋（含碳量 0.7%～1.4%）普通低碳钢钢筋是在低碳钢和中碳钢的成分中加入少量合金元素，获得强度高和综合性能好的钢种，其主要品种有 20 锰硅、40 硅 2 锰钒、45 硅 2 锰钛等。

钢筋按力学性能分为：Ⅰ级钢筋（235/370 级，即屈服点为 235 N/mm^2；抗拉强度为 370 N/mm^2）。Ⅱ级钢筋（335/510 级）、Ⅲ级钢筋（370/570 级）和Ⅳ级钢筋（540/835 级）等。此外，钢筋还可按轧制外形分为：光圆钢筋和变形：钢筋（月牙形、螺旋形、人字形钢筋）；按供应形式分为：盘圆钢筋（直径不大于 10 mm）和直条钢筋（长度为 6 ~ 12 m）；钢筋按直径大小可分为：钢丝：(直径 3 ~ 5 mm)、细钢筋(直径 6 ~ 12 mm)、中粗钢筋(直径 12 ~ 20 mm)和粗钢筋（直 4 径大于 20mm）。[HPB235（Ⅰ级），为热轧普通钢筋；HRB335（Ⅱ级），为热轧带肋钢筋；HRB400（Ⅲ级），为热轧带肋钢筋；RRB400（余热处理Ⅲ级），为余热处理带肋钢筋]。钢筋出厂应有出厂证明书或试验报告单。钢筋运到工地后，应根据品种按批分别堆存，不得混杂，并应按施工规范要求对钢筋进行机械性能检验，不符合规定时，应重新分级。钢筋在使用中如发现脆断、焊接性能不良或机械性能显著不正常时，还应检验其化学成分，检验有害成分硫，磷、砷的含量是否超过允许范围。

钢筋工程主要包括：钢筋的加工、钢筋的制备及钢筋的安装成型等。其中钢筋加工一般又包括钢筋的冷处理（现在基本不用）、调直、剪切、弯曲、绑扎及焊接等工序。

随着建筑施工预制装配化和生产工厂化的日益发展，钢筋加工一般都先集中在车间采用流水作业，以便于合理组织生产工艺和采用新技术，实现钢筋加工的联动化和自动化。

钢筋的加工包括冷拉、冷拔、调直、除锈、切断、弯曲成型、焊接、绑扎等。钢筋加工过程：钢筋的冷加工，有冷拉、冷拔和冷轧，用以提高钢筋强度设计值（表 6.8），能节约钢材，满足预应力钢筋的需要。

表 6.8　钢筋品种及机械性能

表面形状	钢筋级别	屈服强度/抗拉强度	公称直径	伸长率/%		冷弯试验	
		/MPa	/mm	δ_5	δ_{10}	冷弯角度 α	弯心直径 D
光圆	HPB235	235/370	8 ~ 20	25	21	180°	1d
月牙肋	HRB335	335/510	8 ~ 25	16	—	180°	3*d*
		335/490	28 ~ 40			180°	4*d*
	HRB400	400/570	8 ~ 25	14	—	90°	3*d*
			28 ~ 40			90°	4*d*
等高肋	RRB400	540/835	10 ~ 25	10	8	90°	5*d*
			28 ~ 32			90°	6*d*

1. 钢筋的冷拔，冷拉

钢筋冷拔是用强力将直径为 6 ~ 8 mm 的Ⅰ级光圆钢筋在常温下通过特制的钨合金拔丝模，多次拉拔成比原钢筋直径小的钢丝，使其发生塑形变形。冷拉是纯拉伸的线应力，而冷拔是拉伸和压缩兼有的立体应力。钢筋经过冷拔后，横向压缩、纵向拉伸，钢筋内部晶格产生滑移，抗拉强度标准值可提高 50% ~ 90%。但塑性降低，硬度提高。这种经冷拔加工的钢筋称为冷拔低碳钢丝。冷拔低碳钢丝分为甲、乙级，甲级钢丝主要用作预应力混凝土构件的预应力筋，乙级钢丝用于焊接网片和焊接骨架、架立筋、箍筋和构造钢筋。

钢筋的冷拉是在常温下对钢筋进行强力拉伸，拉应力超过钢筋的屈服强度，使钢筋产生塑性变形，以达到调直钢筋适用于混凝土结构中的受拉钢筋：冷拉 HRB335、HRB400、RRB400 级钢筋适用于预应力混凝土结构中的预应力筋。

冷拉后钢筋有内应力存在，内应力会促进钢筋内的晶体组织调整，经过调整，屈服强度又进一步提高。该晶体组织调整过程称为“时效”。HPB235、HRB335钢筋的时效过程在常温下需15～20 d（称自然时效），但温度在100 °C时只需2 h即完成，因而为加速时效可利用蒸汽、电热等手段进行人工时效。HRB400、RRB400钢筋在自然条件下一般达不到时效的效果，宜用人工时效。一般通电加热至150～200 °C，保持20 min左右即可。

不同炉批的钢筋，不宜用控制冷拉率的方法进行冷拉。多根连接的钢筋，用控制应力的方法进行冷拉时，其控制应力和每根的冷拉率均应符合规定；当用控制冷拉率方法进行冷拉时，实际冷拉率按总长计.钢筋冷拉速度不宜过快，一般以每秒拉长5 mm或每秒增加5 N/mm^{2}拉应力为宜。当拉至控制值时，停车2～3 min后，再行放松，使钢筋晶体组织变形较为完全，以减少钢筋的弹性回缩。预应力钢筋由几段对焊而成时，应在焊接后再进行冷拉，以免因焊接而降低冷拉所获得的强度。

冷拉设备：冷拉设备由拉力设备、承力结构、测量设备和钢筋夹具等部分组成，拉力设备可采用卷扬机或长行程液压千斤顶；承力结构可采用地锚；测力装置可采用弹簧测力计、电子秤或附带油表的液压千斤顶。

$$Q = \frac{T}{K'} - F$$

式中　Q——冷拉设备能力（kN）；

T——卷扬机能力（kN）；

K'——滑轮组省力系数；

F——冷拉小车与地面的阻力，可实测（kN）。

K'可按下式计算：

$$K' = \frac{f^{n-1}(f-1)}{f^n - 1}$$

式中　f——单个滑车的阻力系数，对青铜轴套的滑车$f=1.04$；

n——滑车组的工作线数。

2. 钢筋接头连接

钢筋接头连接方法有：绑扎连接、焊接连接和机械连接。绑扎连接由于需要较长的搭接长度，浪费钢筋，且连接不可靠，故宜限制使用。焊接连接的方法较多，成本较低，质量可靠，宜优先选用。机械连接无明火作业，设备简单，节约能源，不受气候条件影响，可全天候施工，连接可靠，技术易于掌握，适用范围广，尤其适用于现场焊接有困难的场合。

3. 绑扎连接

钢筋搭接处，应在中心及两端用20～22号铁丝扎牢。受拉钢筋绑扎连接的搭接长度，应符合表的规定。

各受力钢筋之间采用绑扎接头时，绑扎接头位置应相互错开。从任一绑扎接头中心至搭接长度l_1的1～3倍区段范围内，有绑扎接头的受力钢筋截面面积占受力钢筋总截面面积百分率，应符合下列规定：① 受拉区不得超过25%；② 受压区不得超过50%。绑扎接头中钢筋的横向净距s不应小于钢筋直径d且不应小25 mm。采用绑扎骨架的现浇柱，在柱中及柱与基础交接处，其接头面积允许百分率，经设计单位同意，可适当放宽。绑扎接头区段的长度l

范围内，当接头受力钢筋面积百分率超过规定时，应采取专门措施。

表 6.9　钢筋绑扎接头长度

钢筋类别		混凝土强度等级			
		C15	C20～C25	C30～C35	C40
光面钢筋	HPB235 级	45*d*	35*d*	30*d*	25*d*
带肋钢筋	HRB335 级	55*d*	45*d*	35*d*	30*d*
	HRB400 级 RRB400 级	—	55*d*	40*d*	35*d*

6.4.2　连接钢筋的焊接

钢筋的连接与成型采用焊接加工代替绑扎，可改善结构受力性能，节约钢材和提高工效。钢筋焊接加工的效果与钢材的可焊性有关，也与焊接工艺有关。钢材的可焊性是指被焊钢材在采用一定焊接材料和焊接工艺条件下，获得优质焊接接头的难易程度。钢筋的可焊性与其含碳及含合金元素量有关，含碳量增加，可焊性降低；含锰量增加也影响焊接效果。含适量的钛，可改善焊接性能。Ⅳ级钢筋的碳、锰、硅含量较高，可焊性就差，但其中硅钛系钢筋的可焊性尚好。

钢筋的焊接效果与焊接工艺有关，即使较难焊的钢材，如能掌握适宜的焊接工艺也可获得良好的焊接质量。因此改善焊接工艺是提高焊接质量的有效措施。钢筋焊接的方法，常用的有对焊、点焊、电弧焊、接触电渣焊、埋弧焊等。

钢筋焊接方法有闪光对焊、电弧焊、电渣压力焊和电阻点焊。典外还有预埋件钢筋和钢板的埋弧压力焊及最近推广的钢筋气压焊。受力钢筋采用焊接接头命，设置在同一构件内的，接接头应相互错落在任一焊接接头中心至长度为钢筋直径 *d* 的 35 倍，且不小于 500 mm 的区段 *l* 内同一根钢筋不得有两个接头；在该区段内有接头的受力钢筋截面面积占受力钢筋面面积的百分率，应符合下列规定：

（1）非预应力筋、受拉区不宜超过 50%；受压区和装配式构件连接处不限制。

（2）预应力筋受拉区不宜超过 25%，当有可靠保证措施时，可放宽至 50% ；受压区和后张法的螺丝端杆不限制。

1. 闪光对焊

闪光对焊广泛用于钢筋接长及预应力钢筋与螺丝端杆的焊接。热轧钢筋的接长宜优先用闪光对焊。钢筋闪光对焊的原理是利用对焊机使两段钢筋接触，通过低电压的强电流，待钢筋被加热到一定温度变软后，进行轴向加压顶锻，形成对焊接头。钢筋闪光对焊工艺可分为：连续闪光焊、预热闪光焊、闪光-预热-闪光焊三种。对Ⅳ级钢筋有时在焊接后进行通电热处理。闪光对焊的工艺参数，包括调伸长度、闪光留量、预热留量、顶锻留量、闪光速度、顶锻速度、顶锻压力、变压器级次等。这些工艺参数的取定，取决于钢筋的品种和直径的大小。钢筋闪光对焊后，除对接头进行外观检查（无裂纹和烧伤；接头弯折不大于 4°；接头轴线偏移不大于 1/10 的钢筋直径，也不大于 2 mm）外，还应按同规格接头 6%的比例，做三根拉伸试验和三根冷弯试验，其抗拉强度实测值不应小于母材的抗拉强度，且断于接头的外处。钢筋对焊原理是利用对焊机使两段钢筋接触，通以低电压的强电流，把电能转化为热能。当钢筋加热到一定程度后，即施加轴向压力顶锻，便形成对焊接头。对焊广泛应用Ⅰ～Ⅳ级钢筋的接长及预应力钢筋与螺丝端杆的焊接。

常用对焊机型号有 UN_1-75（LP-75），可焊小于 ϕ36 的钢筋；UN_1-100（LP-100），UN_2-150（LP-150-2）及 UN_{17}-150-1 等，可焊小于 ϕ50 的钢筋。

（1）钢筋对焊工艺。

钢筋对焊应采用闪光焊。根据钢筋品种、直径和所用焊机功率等不同，闪光对焊可分连续闪光焊、预热闪光焊和闪光-预热-闪光焊三种工艺。

① 连续闪光焊。

连续闪光焊工艺过程包括：连续闪光和顶锻过程。施焊时，先闭合电源，使两钢筋端面轻微接触，此时端面的间隙中即喷射出火花般熔化的金属微粒——闪光，接着徐徐移动钢筋使两端面仍保持轻微接触，形成连续闪光。当闪光到预定的长度，使钢筋接头加热到将近熔点时，以一定的压力迅速进行顶锻。先带电顶锻，再无电顶锻到一定长货，焊接接头即告表成。

② 预热闪光焊。

预热闪光嫜是在连续闪光焊前增加一次预热过程^以扩大焊接热影响区。其工艺过程包括：预热、闪光和顶锻过程。施焊时先闭合电源，然后使两钢筋端面交替地接触和分开，这时钢筋端面的间隙中即发生断续的闪光，而形成预热的过程。当钢筋达到预热的温度后进入闪光阶段，随后顶锻而成。

③ 闪光—预热—闪光焊。

闪光—预热—闪光焊是在预热闪光焊前加一次闪光过程，以便使不平整的柄筋端面烧化平整，使预热均匀。其工艺过程包括：一次闪光、预热、二次闪光及顶锻过程。钢筋直径较粗时，宜采用预热闪光焊和闪光-预热-闪光焊。

（2）对焊参数。

为了获得良好的对焊接头，应该合理选择焊接参数。焊接参数主要包括：调伸长度、闪光留量、闪光速度、顶锻留量、顶锻速度、顶锻压力及变压器级次等。采用预热闪光焊时，还要有预热留量与预热频率等参数。调伸长度、闪光留量和顶锻留量。

（3）Ⅳ级钢筋对焊。

Ⅳ级钢筋碳、锰、硅等含量高，焊接性能较差，焊后容易产生淬硬组织，降低接头的塑性性能。为了改善以上情况，采取扩大焊接时的加热范围，防止接头处温度梯度过大和冷却过快，采用较大的调伸长度和较低的变压器级数，以及较低的预热频率。Ⅳ级钢筋采用预热闪光焊或闪光—预热—闪光焊，其接头的力学性能不能符合质量要求时，可在焊后进行通电热处理。

（4）质量检验。

钢筋对焊接头的外观检查，每批抽查10%的接头，并不得少于10个。对焊接头的力学性能试验，应从每批成品中切取6个试件，3个进行拉伸试验，3个进行弯曲试验。

在同一班内，由同一焊工，按同一焊接参数完成的200个同类型接头作为一批。对焊力学性能试验：包括拉力和弯曲试验拉力试验应符合同级钢筋的抗拉强度标准值。在三个试件中至少有两个试件断于焊缝之外，并呈塑性断裂。当试验结果不符合要求时，应取双倍数量的试件进行复验。当复验不符合要求时，则该批接头即为不合格品。

弯曲试验应将受压面的金属毛刺和镦粗变形部分去除 *i* 与母材的外表齐平。弯曲试验焊缝应处于弯曲的中心点，弯心直径见表3-6。弯曲到90°时，接头外侧不得出现宽度大于0.15 mm

的横向裂纹。弯曲试验结果如有两个试件未达到上述要求应取双倍数量试件进行复验，如有三个试件仍不符合要求，该批接头即为不合格品。

表 6.10　钢筋对接接头弯曲试验指标

项 次	钢筋级别	弯心直径/mm	弯曲角/°
1	Ⅰ级	2d	90
2	Ⅱ级	4d	90
3	Ⅲ级	5d	90
4	Ⅳ级	7*d*	90

注：① *d* 为钢筋直径；

② 直径大于 25 mm 的钢筋对焊接头，作弯曲试验时弯心直径应增加一个钢筋直径。

2. 点焊

点焊的工作原理，是将已除锈污的钢筋交叉点放入点焊机的两电极间，使钢筋通电发热至一定温度后，加压使焊点金属焊牢。

采用点焊代替人工绑扎，可提高工效，成品刚性好，运输方便。采用焊接骨架或焊接网时，钢筋在混凝土中能更好地锚固，可提高构件的刚度及抗裂性，钢筋端部不需弯钩，可节约钢材。因此钢筋骨架应优先采用点焊。常用点焊机有单点点焊机（用以焊接较粗的钢筋）、多头点焊机（一次可焊接数点，用以焊接钢筋网）和悬挂式点焊机（可焊平面尺寸大的骨架或钢筋网）。施工现场还可采用

手提式点焊机。点焊机类型较多，但其工作原理基本相同。当电流接通踏下踏板，上电极即压紧钢筋，断路器接通电流，在极短的时间内强大电流经变压器次级引至电极，使焊点产生大量的电阻热形成熔融状态，同时在电极施加的压力下，使两焊件接触处结合成为一个牢固的焊点。

（1）点焊工艺与参数

点焊过程可分为预压、加热熔化、冷却结晶三个阶段。钢筋点焊工艺，根据焊接电流大小和通电时间长短，可分为强参数工艺和弱参数工艺。强参数工艺的电淹强度较大（120 ~ 360 A/mm^2），通电时间短（0.1 ~ 0.5 s）；这种工艺的经济效果好，但点焊机的功率要大。弱参数工艺的电流强度较小（80 ~ 160 A/mm^2），而通电时间较长（0.5 秒至数秒）。点焊热乳钢筋时，除因钢筋直径较大，焊机功率不足，需采用弱参数外，一般都可采用强参数，以提高点焊效率。点焊冷处理钢筋时，为了保证点焊质量，必须采用强参数。

钢筋点焊参数主要包括：焊接电流、通电时间和电极压力。在焊接过程中，应保持一定的预压时间和锻压时间。点焊焊点的压入深度：对热轧钢筋应为较小钢筋直径的 30% ~ 45%；对冷拔低碳钢丝点焊应为较钢丝直径的 30% ~ 35%。点焊过程中如发现下列现象，可以调整点焊参数：

① 焊点周围没有铁浆挤出，可增大焊接电流；

② 焊点的压入深度不足，可增大电极压力；

焊点表面发黑（过烧），可缩短通电时间或减小焊接电流；

焊点熔化金属飞溅，表面有烧伤现象，应清刷电极和钢筋的接触表面，并适当地增大电极压力或减小焊接电流。

（2）质量检验。

① 外观检查。

点焊制品的外观检查，应按同一类型制品分批抽验。一般制品每批抽查 5%；梁、柱、桁架等重要制品每批抽查 10%且不得小于 3 件。钢筋级别、直径及尺均相同的焊接制品，即为同一类制品，每 200 件为一批外观检查主要包括：焊点处熔化金属均匀；无脱落、漏焊、裂纹、多孔性缺陷及日月显的烧伤现象；量测制品总尺寸，并抽纵横方向 3 ~ 5 个网格的偏差。

表 6.11 钢筋点焊制品外观尺寸允许偏差

<table>
<tr><th>项 次</th><th colspan="2">量测项目</th><th>允许偏差/mm</th></tr>
<tr><td rowspan="3">1</td><td rowspan="3">焊接网片</td><td>长</td><td rowspan="3">±10</td></tr>
<tr><td>宽</td></tr>
<tr><td>网格尺寸</td></tr>
<tr><td rowspan="3">2</td><td rowspan="3">焊接骨架</td><td>长</td><td>±10</td></tr>
<tr><td>宽</td><td>±5</td></tr>
<tr><td>高</td><td>±5</td></tr>
<tr><td>3</td><td colspan="2">骨架箍筋间距</td><td>±10</td></tr>
<tr><td>4</td><td colspan="2">网片两对角线之差</td><td>10</td></tr>
<tr><td rowspan="2">5</td><td rowspan="2">受力主筋</td><td>间 距</td><td>+ 10</td></tr>
<tr><td>排 距</td><td>±5</td></tr>
</table>

当外观检查不符合上述要求时，则逐件检查，剔除不合格品，对不合格品经检修后，可提交二次验收。

② 强度检验。

点焊制品的强度检验，应从每批成品中切取。热轧钢筋焊点作抗剪试验，试件为 3 件；冷拔低碳钢丝焊点除作抗剪试验外，还应对较小的钢丝作拉力试验，试件各为 3 件。焊点的抗剪试验结果，应符合规定。拉力试验结果，应不低于乙级冷拔低碳钢丝的规定数值。

表 6.12 钢筋焊点抗剪力指标 单位：kN

<table>
<tr><th rowspan="2">项次</th><th rowspan="2">钢筋级别</th><th colspan="9">较小一根钢筋直径/mm</th></tr>
<tr><th>3</th><th>4</th><th>5</th><th>6</th><th>6.5</th><th>8</th><th>10</th><th>12</th><th>14</th></tr>
<tr><td>1</td><td>Ⅰ级</td><td rowspan="3">2.5</td><td rowspan="3">4.5</td><td rowspan="3">7.0</td><td rowspan="3">6.8</td><td rowspan="3">8.0</td><td>12.1</td><td>18.8</td><td>27.1</td><td>36.9</td></tr>
<tr><td>2</td><td>Ⅱ级</td><td>17.1</td><td>26.7</td><td>38.5</td><td>52.3</td></tr>
<tr><td>3</td><td>冷拔低碳钢丝</td><td></td><td></td><td></td><td></td></tr>
</table>

试验结果如有一个试件达不到上述要求，则取双倍数量的试件进行复验。

3. 电弧焊

电弧焊是利用弧焊机使焊件之间产生高温电弧，使焊条和电弧燃烧范围内的焊件熔化待其凝固便形成焊缝与接头，钢筋骨架焊接、装配式结构接头的焊接、钢筋与钢板的焊接及各种钢结构焊接。钢筋电弧焊的接头形式有搭接接头（单面焊缝或双面焊缝）、帮条接头（单面焊缝或双面焊缝）、坡口接头（平焊或立焊）、熔槽帮条焊接头和水平钢筋窄间隙焊接头。水平钢筋窄间隙焊是将两钢筋的连接处置于 U 形铜模中，留出一定间隙予以固定，随后采取电弧焊连续焊接，填满空隙而形成接头的一种焊接方法。与其他电弧焊接头相比，可减少帮条钢筋和垫板材料，减少焊条用量，降低焊接成本。采用低氢型碱性焊条，焊条要按照使用说明书的要求进行烘焙。

表 6.13 电弧焊接时使用焊条规定

项次	焊接形式	钢筋级别		
		Ⅰ级钢	Ⅱ级钢	Ⅲ级钢
1	搭接焊、绑条焊	结 380 结 420	结 500	结 500 结 550
2	坡口焊	结 420	结 550	结 550 结 600

弧焊机有直流与交流之分，工程中常用交流弧焊机。焊接电流是根据钢筋和焊条的直径进行选择。焊条的种类很多，根据钢材等级和焊接接头形式选择焊条。焊条表面涂有焊药，它可保证电弧稳定，使焊缝免致氧化，并产生熔渣覆盖焊缝以减缓冷却速度。采用帮条或搭接焊时，焊缝长度不应小于帮条或搭接长度，焊缝高度 $h>0.3d$，并不得小于 4 mm；焊缝宽度 $b>0.7d$，并不得小于 10 mm。电弧焊一般要求焊缝表面平整，无裂纹，无较大凹陷、焊瘤，无明显咬边、气孔、夹渣等缺陷。在现场安装条件下，每一层楼以 300 个同类型接头为一批，每一批选取三个接头进行拉伸试验。如有一个不合格，取双倍试件复验，再有一个不合格，则该批接头不合格。如对焊接质量有怀疑或发现异常情况，还可进行非破损方式（X 射线、γ 射线、超声波探伤等）检验。电弧焊的主要设备是弧焊机，可分为交流弧焊机和直流弧焊机两类。交流弧焊机（焊接变压器）具有结构简单、价格低、保养维护方便的优点，建筑工地多采用，其常用型号有 $BX_3$120-1、BX_3-300-2、BX_3-500-2 和 BX_2-1000 等。

表 6.14 焊条直径和焊接电流选择见表

搭接焊、绑条焊				坡口焊			
焊接位置	钢筋直径/mm	焊条直径/mm	焊接电流/A	焊接位置	钢筋直径/mm	焊条径/mm	焊接电流/A
平	10～12	3.2	90～130	平	16～20	3.2	140～170
	14～22	4	130～180		22～25	4	Γ70～190
焊	25～32	5	180～230	焊	28～32	5	190～220
	36～40	5	190～240		36～40	5	200～230
立	10～12	3.2	80～110	立	16～20	3.2	120～150
	14～22	4	110—150		22～25	4	150～180
焊	25～32	4	120～170	焊	28～32	4	180～200
	36～40	5	170～220		36～40	5	190～210

（1）电弧焊工艺。

钢筋电弧焊接头主要形式有：

① 帮条焊与搭接焊。

帮条接头与搭接接头。施焊时，引弧应在帮条或搭接钢筋的一端开始，收弧应在帮条或搭接钢筋端头上，弧坑应填满。多层施焊时第一层焊缝应有足够的熔深，主焊缝与定位焊缝，特别是在定位焊缝的始端与终端应熔合良好。

采用帮条焊或搭接焊的钢筋接头，焊缝长度不应小于帮条或搭接长度，焊缝高度 $h>0.3d$，并不得小于 4 mm；焊缝宽度 $b>0.7d$ 并不得小于 10 mm。钢筋与钢板接头采用搭接焊时，焊缝高度 $h>0.35d$，并不得小于 6 mm；焊缝宽度 $b>0.5d$ 并不得小于 8 mm。

② 坡口焊。

坡口焊接头。适用于在施工现场焊接装配现浇式构件接头中直径 16 ~ 40 mm 的钢筋。坡口焊可分为平焊和立焊两种。施焊时，焊缝根部、坡口端面以及钢筋与钢垫板之间均应熔合良好。为了防止接头过热，采用几个接头轮流焊接。为加强焊缝的宽度应超过 V 形坡口的边缘 2 ~ 3 mm，其高度也为 2 ~ 3 mm。

如发现接头有弧坑、未填满、气孔及咬边等缺陷时，应补焊。Ⅲ级钢筋接头冷却补焊时，需用氧乙炔预热。

③ 预埋件 T 形接头的钢筋焊接预埋件 T 形接头电弧焊的接头形式分贴角焊和穿孔塞焊两种。采用贴角焊时，焊缝的焊脚 K 不小于 $0.5d$（Ⅰ级钢筋）~ $0.6d$（Ⅱ级钢筋）。采用穿孔塞焊时，钢板的孔洞应作成喇叭口，其内口直径比钢筋直径 d 大于 4 mm，倾斜角为 45°，钢筋缩进 2 mm。施焊时，电流不宜过大，严禁烧伤钢筋。

（2）质量检验。

钢筋电弧焊接头外观检查时，应在接头清渣后逐个进行目测或量测，并应符合下列要求：焊缝表面平整，不得有较大的凹陷、焊瘤；接头处不得有裂纹；咬边、气孔、夹渣等数量与大小，以及接头尺寸偏差不得超过相关规定；坡口焊的焊缝加强高度为 2 ~ 3 mm。

钢筋电弧焊接头拉力试验，应从成品中每批切取三个接头进行拉伸试验。对装配式结构节点的钢筋焊接接头，可按生产条件制作模拟试件。接头拉力试验结果，应符合三个试件的抗拉强度均不得低于该级别钢筋的抗拉强度标准值；至少有两个试件呈塑性断裂。

当检验结果有一个试件的抗拉强度低于规定指标，或有两个试件发生脆性断裂时，应取双倍数量的试件进行复验。

4. 电渣压力焊

电渣压力焊在建筑施工中多用于现浇混凝土结构构件内竖向钢筋的接长。与电弧焊比较，它工效高，成本低，在一些高层建筑施工中应用，已取得良好的效果。

表 6.15　钢筋电弧焊焊条牌号

项次	钢筋级别	搭接焊、帮条焊、熔槽帮条焊	坡口焊
1	HPB235	结 42X	结 42X
2	HRB335	结 42X	结 50X
3	HRB400	结 50X	结 55X

电渣压力焊所用焊接电源，宜采用 BX2-1000 型焊接变压器。焊接大直径钢筋时，可将同型号同功率的几台焊接变压器并联。夹具需灵巧，上下钳口同心，使焊接接头上下钢筋的轴

线应尽量一致，其最大偏移不得超过 0.1d（为钢筋直径），同时也不得大于 2 mm。焊接时，先将钢筋端部约 120 mm 范围内的铁锈除尽夹具夹牢在下部钢筋上，并将上部钢筋扶直夹牢于活动电极中，上下钢筋间放一钢丝小球或导电剂，再装上药盒并装满焊药，接通电路，用手柄使电弧引燃（引弧），然后稳定一定时间，使之形成渣池并使钢筋熔化（稳弧）。随着钢筋的熔化，用手柄使上部钢筋缓缓下送，稳弧时间的长短视电流、电压和钢筋直径而定。如电流 850 A，工作电压 40 V 左右，ϕ30、ϕ32 钢筋的稳弧时间约 50 s。当稳弧达到规定时间后，在断电同时用手柄进行加压顶锻（顶锻），以排除夹渣和气泡，形成接头。待冷却一定时间后，即拆除药盒，回收焊药，拆除夹具和清理焊渣。引弧、稳弧、顶锻三个过程连续进行，约 1 min 时间完成。电渣压力焊的焊接参数为焊接电流、渣池电压和通电时间，根据钢筋直径选择。电渣压力焊的接头不得有裂纹和明显的烧伤缺陷，轴线偏移不得大于 0.1 倍钢筋直径，同时不得超过 2 mm；接头弯折不得超过 4°。每 300 个接头为一批（不足 300 个也为一批），切取三个试件做拉伸试验，如有一根不合格，则再双倍取样，重做试验，如仍有一根不合格，则该批接头为不合格。

5. 气压焊

所谓气压焊，是以氧气和乙炔火焰来加热钢筋的结合端部，不待钢筋熔融使其在高温下加压接合。适用于Ⅰ、Ⅱ、Ⅲ级热轧钢筋，直径相差不大于 7 mm 的不同直径钢筋及各种方向布置的钢筋的现场焊接。气压焊的设备包括供气装置、加热器、加压器和压接器等。

（1）压接用气。压接用气是氧气和乙炔的混合气体。氧气的纯度在 99.5%以上，乙炔气体的纯度在 98%以上。氧气的工作压力为 0.6 ~ 0.7 MPa，乙炔的工作压力为 0.05 ~ 0.01 MPa，氧气和乙炔分别忙存在氧气瓶和乙炔气瓶内。

（2）加热器。加热器由混合气管（握柄）和火钳两段组成，火钳中火口数按焊接钢筋直径大小的不同，从 4 个火口到 16 个火口。

（3）加压器和压接器。加压器有电动和手动两种，均为油泵。

（4）气压焊操作工艺。施焊前钢筋端头用切割机切齐。压接面应与钢筋轴线垂直。钢筋切平后，端头周边用砂轮磨成小八字角。施焊时先将钢筋固定于压接器上，并加以适当的压力，使钢筋接触，然后将火钳火口对准钢筋接缝处，加热钢筋端部至 1 100 ~ 1 300 °C 表面发深红色时，当即加压油泵，对钢筋施以 40 MPa 以上的压力。压接部分的膨鼓直径为钢筋直径的 1.4 倍以上，其形状呈平滑的圆球形。变形长度为钢筋直径的 1.3 ~ 1.5 倍。待钢筋加热部分火色退消后，即可拆除压接器。

6.4.3 钢筋配料

钢筋配料就是根据结构施工图，分别计算构件各钢筋的直线下料长度、根数及质量，编制钢筋配料单作为备料、加工和结算的依据。

结构施工图中所指钢筋长度是钢筋外边缘至外边缘之间的长度，即外包尺寸，这是施工中度量钢筋长度的基本依据。钢筋加工前按直线下料，经弯曲后，外边缘伸长，内边缘缩短，而中心线不变。这样，钢筋弯曲后的外包尺寸和中心线长度之间存在一个差值，称为“量度差值”。在计算下料长度时必须加以扣除。否则势必形成下料太长，造成浪费，或弯曲成型后钢筋尺寸大于要求，造成保护层不够，甚至钢筋尺寸大于模板尺寸而造成返工。因此，钢筋下料长度应为各段外包尺寸之和减去各弯曲处的量度差值，再加上端部弯钩的增加值。

1. 配料计算注意事项

（1）在设计图纸中，钢筋配置的细节问题没有注明时，一般可按构造要求处理；

（2）配料计算时，要考虑钢筋的形状和尺寸在满足设计要求的前提下有利于加工安装；

（3）配料时，还要考虑施工需要的附加钢筋。例如，后张预应力构件预留孔道定位用的钢。

筋井字架、基础双层钢筋网中保证上层钢筋网位置用的钢筋撑脚、墙板双层钢筋网中固定钢筋间距用的钢筋撑铁、柱钢筋骨架增加四面斜撑等。

2. 钢筋代换注意事项

钢筋代换时，应征得设计单位同意，并应符合下列规定：

（1）对重要受力构件，如吊车梁、薄腹梁、桁架下弦等，不宜用 HPB235 光面钢筋代换变形钢筋，以免裂缝开展过大。

（2）钢筋代换后，应满足混凝土结构设计规范中所规定的钢筋间距、锚固长度、最小钢筋直径、根数等要求。

（3）当构件受裂缝宽度或挠度控制时，钢筋代换后应进行刚度、裂缝验算。

（4）梁的纵向受力钢筋与弯曲钢筋应分别代换，以保证正截面与斜截面强度。偏心受压构件（如框架柱、有吊车的厂房柱、桁架上弦等）或偏心受拉构件作钢筋代换时，不取整个截面配筋量计算，应按受力面（受拉或受压）分别代换。

（5）有抗震要求的梁、柱和框架，不宜以强度等级较高的钢筋代换原设计中的钢筋。如必须代换时，其代换的钢筋检验所得的实际强度，尚应符合抗震钢筋的要求。

（6）预制构件的吊环，必须采用未经冷拉的 I 级热乳钢筋制作，严禁以其他钢筋代换。

3. 钢筋的制备与安装

钢筋的制备包括钢筋的配料、加工、钢筋骨架的成型等革工过程。钢筋的配料要确定其下料的长度；配料中又常会遇到钢筋的规格、品种与设计要求不符，还需进行钢筋的代换。这是钢筋制备中需要预先解决的主要问题。

（1）钢筋的配料。

钢筋配料是根据施工图中的构件配筋图，分别计算各种形状和规格的单根钢筋下料长度和根数，填写配料单，申请加工。

钢筋下料长度计算：

钢筋因弯曲或弯钩会使其长度变化，在配料中不能直接根据图纸尺寸下料，必须了解对混凝土保护层、钢筋弯曲、弯钩等规定，再按图中尺寸计算其下料长度。各种钢筋下料长度计算如下：

直钢筋下料长度=构件长度-保护层厚度+弯钩增加长度

弯起钢筋下料长度=直段长度+斜段长度-弯曲调整值+弯钩增加长度

箍筋下料长度=箍筋周长+箍筋调整值

上述钢筋需要搭接时，还应增加钢筋搭接长度。钢筋下料长度计算式中的增加长度和，整值按如下方法确定

钢筋弯曲后轴线长度不变，在弯曲处形成圆弧。钢筋的量度方法是沿直线量外包尺寸，

因此弯起钢筋的量度尺寸大于下料尺寸，两者之差值称为弯曲调整值。

弯曲调整值，根据理论推算并结合实践经验，列于表 6.16。

表 6.16　弯曲调整值

钢筋弯曲角度	30°	40°	45°	90°	135°
钢筋弯曲调整值	0.35*d*	0.5*d*	0.85*d*	2*d*	2.5*d*

钢筋弯曲调整值　　注：*d* 为钢筋直径。

钢筋的弯钩形式有：半圆弯钩、直弯钩及斜弯钩。弯钩增加长度，其计算值为：半圆弯钩 6.5d，心直弯钩 3.5d，斜弯钩 4.9d。

在生产实践中，由于实际弯心直径与理论弯心直径有时不一致，钢筋粗细和机具条件不同等而影响平直部分的长短（手工弯钩时平直部分可适当加长，机械弯钩时可适当缩短），因此在实际配料计算时，对弯钩增加长度常根据具体条件，采用经验数据，如表 6.17。

表 6.17　半圆弯钩增加长度参考表（用机械弯）

钢筋直径/mm	≤6	8～10	12～18	20～28	32～36
一个弯钩长/mm	4*d*	6*d*	5.5*d*	5*d*	4.5*d*

（2）钢筋的代换。

当施工中遇有钢筋的品种或规格与设计要求不符时，可按下述原则进行代换：

① 等强度代换。当构件受强度控制时，钢筋可按强度相等原则进行代换。

② 等面积代换。当构件按最小配筋率配筋时，钢筋可按面积相等原则进行代换。

③ 当构代缝宽度或抗裂性要求控制时，代换后应进行裂缝或抗裂性验算。先钢筋代换后，还应满足构造方面的要求（如钢筋间距，最小直径、最少根数、锚固长度、对称性等）及设计中提出的特殊要求（如冲击韧性 I 抗腐蚀性等）。

6.4.4　钢筋的加工、绑扎与安装

1. 钢筋加工

钢筋加工包括调直、除锈、下料剪切、接长、弯曲等工作。

钢筋调直可采用冷拉的方法，若冷拉只是为了调直，而不是为了提高钢筋的强度，则冷拉率可采用 0.7%～1%，或拉到钢筋表面的氧化铁皮开始剥落时为止。除冷拉的调直方法外，粗钢筋还可采用锤直或扳直的方法。ϕ4～ϕ14 的钢筋可采用调直机进行调直。经冷拉或机械调直的钢筋，一般不必再行除锈，但如保管不良，产生鳞片状锈蚀时，则应进行除锈。除锈可采用钢丝刷或机动钢丝刷，或在沙堆中往复拉擦，或喷砂除锈，要求较高时还可采用酸洗除锈。钢筋下料时须按下料长度剪切。钢筋剪切可采用钢筋剪切机或手动剪切器。手动剪切器一般只用于小于 ϕ12 的钢筋，钢筋剪切机可切断小于 ϕ40 的钢筋。大于 ϕ40 的钢筋需用氧-乙炔焰或电弧割切。

钢筋下料之后，应按弯曲设备的特点及工地习惯，进行划线，以便将钢筋准确地加工成所规定的（外包）尺寸。钢筋弯曲宜采用弯曲机，弯曲机可弯 ϕ6～ϕ40 的钢筋。大于 ϕ25 的钢筋当无弯曲机时也可采用扳钩弯曲。为了提高工效，工地常自制多头弯曲机（一个电动机带动几个钢筋弯曲盘）以弯曲细钢筋。受力钢筋弯曲后，顺长度方向全长尺寸允许偏差不应

超过±10 mm，弯起位置允许偏差不应超过±20 mm。

2. 钢筋绑扎、安装

钢筋加工后，进行绑扎、安装。

钢筋的接长、钢筋骨架或钢筋网的成型应优先采用焊接，如不可能采用焊接（如缺乏电焊机或焊机功率不够）或骨架过重过大不便于运输安装时，可采用绑扎的方法。钢筋绑扎一般采用 20 ~ 22 号铁丝。铁丝过硬时，可经退火处理。绑扎时应注意钢筋位置是否准确，绑扎是否牢固，搭接长度及绑扎点位置是否符合规范要求。在同一截面内，绑扎接头的钢筋面积占受力钢筋总面积的百分比，在受压区中不得超过 50%，在受拉区或拉压不明的区中，不得超过 25%。不在同一截面中的绑扎接头，中距不得超过搭接长度。绑扎接头与钢筋弯曲处相距不得小于钢筋直径的 10 倍；也不得放在最大弯矩处。

钢筋网外围两行钢筋交点应每点扎牢，除双向都配主筋的钢筋网之外，其中间部分可每隔一点扎一点使成梅花形。柱或梁中箍筋转角与主筋的交点应每点扎牢，但箍筋平直部分与主筋的交点则可隔点扎成梅花形。柱角竖向钢筋的弯钩应放在柱模内角的等分线上，其他竖筋的弯钩则应与柱模垂直。如柱截面较小，为避免震动器碰到钢筋，弯钩可放偏一些，但与模板所成角度不应小于 15°。钢筋安装或现场绑扎应与模板安装配合，柱钢筋现场绑扎时，一般在模板安装前进行，柱钢筋采用预制安装时，可先安装钢筋骨架，然后安柱模。或先安三面模板，待钢筋骨架安装后，再钉第四面模板。梁的钢筋一般在梁模安装好后，再安装或绑扎。当梁断面高度较大（大于 600 mm）或跨度较大、钢筋较密的大梁，可留一面侧模，待钢筋绑扎（或安装）完后再钉。楼板钢筋绑扎应在楼板模板安装后进行，并应按设计先划线，然后摆料、绑扎。

钢筋在混凝土中应有一定厚度的保护层（一般指主筋外表面到构件外表面的厚度）。保护层厚度应按设计或规范确定。工地常用预制水泥砂浆垫块垫在钢筋与模板间，以控制保护层厚度。垫块应布置成梅花形，其相互间距不大于 1 m。上下双层钢筋之间的尺寸可绑扎短钢筋或垫预制块来控制。钢筋工程属于隐蔽工程，在灌筑混凝土前应对钢筋及预埋件进行验收，并记好隐蔽工程记录，以便查考。

6.4.5 钢筋车间工艺布置

随着工程施工生产工厂化的日益发展，钢筋加工一般都集中在车间采用流水作业进行，以便于合理组织生产工艺和采用新技术，实现钢筋加工的联动化和自动化。钢筋车间工艺布置，应根据所承担的任务特点、设备条件、原材料供应方式、施工习惯等加以设计。

1. 工程队钢筋车间工艺布置

钢筋车间工艺线是由细钢筋一条线、粗钢筋一条线和预应力钢筋冷拉一条线组成。细钢筋一条线是加工 6 ~ 8 mm 的盘圆钢筋，通过附墙式放线机，用卷扬机冷拉调直后，按下料长度；用钢筋切断机切断，再送到四头弯筋机弯曲成型。

粗钢筋一条线是加工 10 mm 以上的直条钢筋，先用钢筋切断机下料切断，然后用钢筋弯曲机弯曲成型。必要时，粗钢筋需在工作台上平直，并用对焊机接长。

预应力钢筋一条线是由钢筋切断机（设在原材料场内）、对焊机和卷扬机冷拉设备等组成。由于预应力铜筋冷拉一条线不经常使用，因此该线布置在车间外，其设备部分设在坡屋内。

此外，车间内还配备一台钢筋调直机和点焊机，供制备少量冷拔低碳钢丝网片用。

2. 公司钢筋车间工艺布置

车间布置是由粗钢筋、中粗钢筋和细钢筋各一条线及冷拔低碳钢丝两条线等组成。其主要特点是热轧钢筋全部经过冷拉，以节约钢材并提高工效；冷拔低碳钢丝调直与点焊设备较多，并采用点焊网片生产联动线。

6.5 模板工程

（1）保证工程结构和构件各部分形状、尺寸和相互位置的正确性；

（2）具有足够的强度、刚度和稳定性。能可靠地承受新浇筑混凝土的重量和侧压力，以及在施工过程中所产生的荷载；

（3）构造应力求简单，装拆方便，能多次周转使用，便于钢筋安装和绑扎、混凝土浇筑和养护等后续工艺的操作；

（4）模板接缝应严密不宜漏浆。在钢筋混凝土工程中，模板工程的费用占有很大比重，常会超过混凝土的费用，甚至超过钢筋和混凝土费用的总和。因此，模板工程应力求革新，在保证质量基础上改善其经济性。模板依其形式不同，可分为整体式模板、工具式模板、翻转模板、滑动模板、胎模等。依其使用材料不同，可分为木模板、钢模板、钢木组合提板、竹木模板、塑料模板、玻璃钢模板等。其中，木模板的应用较为普遍。但它的缺点是木料消耗大、周转次数少、成本高。随着先进技术的采用，目前国内已大量推广组合式定型钢模板及钢木模板。定型模板及支承工具　使用定型模板代替施工现场散板拼钉模板，可以使模板制作工厂化，节约材料和提高工效。定型模板的规格不宜太多，要能尽量拼装成多种尺寸。

6.5.1 定型模板

定型模板一般有木定型模板、钢木定型模板、钢定型模板、竹木定型模板和钢丝网水泥定型模板等。

1. 木定型模板

可利用短、窄、废旧板材拼制，构造简单，制作方便。缺点是耐久性差。模板尺寸一般为 1 000 mm×500 mm

2. 钢木定型模板

钢边框的制作尺寸及钻孔位置要准确，面板可用防水胶合板或木屑板，板面要与边框做平，钢材表面涂防锈漆。模板尺寸一般为 1 000 mm×500 mm。

3. 钢定型模板

钢定型模板由钢模板和配件两部分组成，称为组合钢模板。其中钢模板包括平面模板、阴角模板、阳角模板和连接角模。配件的连接件包括 U 形卡、L 形插销、钩头螺栓、紧固螺栓、对拉螺栓、扣件等；配件的支承件包括柱箍、钢楞、支柱、斜撑、钢桁架等。钢板厚度宜采用 2.3 mm 或 2.5 mm，封头横肋板及中间加肋板厚度用 2.8 mm。定型模板的连接除木模采用螺栓与圆钉外，一般采用 U 形卡、L 形插销、钢板卡等定型模板使用的卡具和柱箍如下：

（1）钢管卡具。

适用于矩形护面墙、承重挡土墙等模板，用以固定侧模板于底板上，节约斜撑等木料，也可用于侧模上口的卡固定位。

（2）板墙撑头。

撑头是用作保持模板与模板之间的设计厚度的，常用的有：

① 钢板撑头：用来保持模板间距

② 混凝土撑头：带有穿墙栓孔的使用较普遍。单纯作支撑时，有采用两头设有预埋铁丝，将铁吊在横向钢筋上。

③ 螺栓撑头：用于有抗渗要求的混凝土墙，由螺帽保持两侧模板间距，两头用螺栓拉紧定位，待混凝土达到一定强度后，拆去两头螺栓，脱模后用水泥砂浆补平

④ 止水板撑头：用于抗渗要求较高的工程，拆模后将垫木凿去，螺栓两端沿止水板面割平，用水泥砂浆补平。

（3）柱箍：常用的有木制柱箍、角钢柱箍、扁钢柱箍等。

（4）支承工具。

改革模板支架系统的结构形式是节约材料，扩大施工空间的一个重要措施。目前许多工地已普遍采用工具式支模，如各种定型桁架（支柱、托具等代替传统的木）。

（5）支架系统。

① 钢桁架：可根据施工常用尺寸制作。可搁置在钢筋托具上、墙上、梁侧模板横挡上、柱顶梁底横挡上，用以支承梁或板的模板使用前应根据荷载作用对桁架进行强度和刚度的验算。

② 钢管支柱（琵琶撑）：由内外两节钢管制成。其高低调节距模数为 100 mm，支柱底部除垫板外，均用木楔调整零数，并利于拆卸。

③ 钢筋托具：混合结构楼面的梁、板模板可以通过钢筋托具支撑在墙伴上以简化支架系统，扩大施工空间。托具随墙体砌筑时安放在需要位置

6.5.2 现浇钢筋混凝土结构模板系统的构造

在现浇钢筋混凝土工程中，现已广泛采用了定型木模板、木制和钢制定型模板，以及与之配套的体系。通常是预先加工成元件，在施工现场拼装。现结合工地上常见的一些结构物支设模板系统的构造介绍如下。

1. 基础的模板支设

基础的特点是高度木太，但体积一般：较大。当土质较好，基础的模板可利用地基或基坑进行支撑，其最下一级可不支，模板而在原槽内灌筑。阶梯形基础支设模板要保证上下层不发生相对移动。

2. 柱模板的支设

柱子的特点是断面尺寸不大而比较高，其模板构造和安装主要考虑须保证垂直度及抵抗混凝土的水平侧压力；此外，也还要考虑便灌筑混凝土和钢筋绑扎等。

木模一般用两块长柱头板加两面门子板，或四面均用柱头板。为了抵抗混凝土侧压力，

在柱模外面每隔 50 ~ 100 cm；加柱箍。钢模板已大量用于矩形柱的施工，尤其是组合式定型钢模。柱子的四面边长均按设计宽度由钢平模拼装，四角采用连接角模或阳角模板，上下左右均用 U 型卡（或拉紧螺栓）连接。提升模板由四块贴面模板用螺栓连接而成。使用时将四块贴面模板组成柱的断面尺寸，安装在小方盘上，四根柱子组成一组，校正固定用木料搭牢，每次浇筑混凝土为 1 节模板高度。待混凝土强度达到不致因拆模而损坏表面及棱角时即可拆模。拆除时松动两对角螺栓即可使模板脱开，然后用人工或提升架提升模板到上一段，其下口与已浇捣混凝土搭接 30 cm，拧紧螺栓并校正固定，继续浇筑上段混凝土。此种模板对柱面宽为 30 ~ 80 cm 的矩形柱，高度 4 m 以内是适用的。

3. 冠梁模板的支设

梁模板是由底板加两侧板组成，一般有矩形梁、T 形梁、花篮梁及圈梁等模板。梁底均有支承系统，采用支柱（琵琶撑）或桁架支模。

4. 墙体模板

墙体模板一般由侧板、立档、横档、斜撑和水平撑组成。为了保持墙的厚度，墙板内加撑头。防水混凝土墙则加有止水板的撑头或采用临时撑头，在混凝土浇灌过程中逐层逐根取出。在混凝土墙体较多的工程中，宜采用定型模板施工以利多次周转使用。

5. 水池定型组合钢模板

在现浇钢筋混凝土水池施工中，已推广使用定型组合钢模板（如 SZ 系列模板）。定型组合钢模板由钢模面板、支撑结构和连接件三部分组成。组装后的池壁模板，板的侧压力主要靠对拉螺栓承担池壁支模采用的花梁和连接件，池顶浇筑混凝土模板的支设，支撑结构采用桁架梁及支撑杆件。支撑杆件包括立柱和斜杆两部分。立柱为 $\phi 8\times 3.5$ 钢管长度有 3 m、1.5 m、1 m、0.5 m 四种规格。立柱上部焊有卡板，为连接横杆用，上端铆 438 mm 插头，为纵向连接用。斜杆的截面尺寸同立柱，轴距长度有 3.1 m、2.5 m、2 m 三种规格，两端铆有万向挂钩，可与立柱任一部位扣接，最后用螺栓拧紧。

6. 拉模

大型钢筋混凝土管道施工，可在沟槽内利用拉模进行混凝土浇筑。拉模分为内模和外模两部分。内模是根据管径、一次浇筑长度和施工方法等因素，采用钢模和型钢连接而成。一般内模由三块拼板组成，各拼板间由花篮螺栓固定，脱模时将花篮螺栓收缩后，使板面与浇筑的混凝土脱离。外模为一列车式桁架，浇筑混凝土时，在操作中台上从外模上部的缺口将其灌入。浇筑时可采用附着式及插入式震动器。当混凝土达到一定强度后，将已松动的内模由沟槽内的卷扬机拉到另筋架设完成后，将外模移位至下一段，继续浇筑。

6.5.3 模板的隔离剂与模板的拆除

1. 模板的隔离剂

为了减少模板与混凝土构件之间的黏结，方便拆模降低模板的损耗，在模板内表面应涂刷隔离剂。常用的隔离剂有：肥皂下脚料，纸筋灰膏，黏土石灰膏，废机油，滑石粉等。

2. 模板的拆除

及时拆除模板，将有利于模板的周转和加快工程进度，拆模要掌握时机，应使混凝土达到必要的强度。

不承重的侧模，只要能保证混凝土表面及棱角不致因拆模而损坏时，即可拆除。对于承重模板，应在混凝土达到设计强度的一定比例以 后，方可拆除。这一期限决定于构件受力情况、气温、水泥品种及振捣方法等因素。当构件的混凝土强度达到设计标号的下列百分数后，就可拆去承重模板。已拆除承重模板的结构，应在混凝土达到设计标号以后，才允许承受全部设计荷载。拆除模板时不要用力过猛过急，拆模程序一般应是后支先拆，先支后拆，先拆除非承重部分，后拆除承重部分。重大复杂模板的拆除，事先应制定拆模方案。拆除跨度较大的梁下支柱时，应先从跨中开始，分别拆向两端。定型模板、特别是组合钢模板，要加强保护，拆除后逐块传递下来，不得抛掷，拆下后即清理干净，板面涂油。按规格分类堆放整齐，以利再用。倘背面油漆脱落，应补刷防锈漆。

模板支设应符合下列要求：

（1）模板及其支承结构的材料、质量，应符合规范规定和设计要求。

（2）模板及支撑应有足够的强度、刚度和稳定性，并不致发生不允许的下沉与变形，模板的内侧面要平整，接缝严密不得漏浆。

（3）模板安装后应仔细检查各部构件是否牢固，在浇灌混凝土过程中要经常检查，如发现变形、松动要及时修整加固。

（4）现浇整体式结构模板安装的允许偏差。

（5）固定在模板上的预埋件和预留洞均不得遗漏，安装必须牢固，位置准确。

（6）组合钢模板在浇灌混凝土前，还应检查下列内容：

① 扣件规格与对拉螺栓、钢楞的配套和紧固情况；

② 斜撑、支柱的数量和着力点；

③ 钢楞、对拉螺栓及支柱的间距；

④ 各种预埋件和预留孔洞的规格尺寸、数量、位置以及固定情况；

3. 模板结构的整体稳定性

允许偏差见表 6.18。

表 6.18 现浇结构模板安装的允许偏差

项次	项目		允许偏差/mm
1	轴线位置		5
2	底模上表面标高		±5
3	截面内部尺寸	基础	±10
		柱、墙、梁	+4，−5
4	层高垂直	全高小于等于 5 m	6
		全高大于 5 m	8
5	相邻两板表面高低差		2
6	表面平整（2 m 长度上）		5

6.6 混凝土工程

混凝土工程施工包括配料、搅拌、运输、浇筑、养护等施工过程。各个施工过程紧密联系又相互影响，任一施工过程处理不当都会影响混凝土的最终质量。而混凝土工程一般是建筑物的承重部分，因此，确保混凝土工程质量非常重要。要求混凝土构件不但要有正确的外形，而且要获得良好的强度、密实性和整体性。混凝土的强度等级按规范规定为 14 个，即 C15、C20、C25、C30、C35、C40、C45、C50、C55、C60、C65、C70、C75、C80。C50 及其以下为普通混凝土；C60 ~ C80 为高强混凝土。

1. 混凝土施工配制强度的确定

混凝土的施工配料，应保证结构设计对混凝土强度等级的要求外，还要保证施工对混凝土和易性的要求，并应符合合理使用材料、节约水泥的原则。必要时，还应符合抗冻性、抗渗性等的要求。

2. 混凝土的施工配料

施工配料必须加以严格控制。因为影响混凝土质量的因素主要有两方面：一是称量不准；二是未按砂、石骨料实际含水率的变化进行施工配合比的换算。这样必然会改变原理论配合比的水灰比、砂石比（含砂率）及浆骨比。当水灰比增大时，混凝土粘聚性、保水性差，而且硬化后多余的水分残留在混凝土中形成水泡，或水分蒸发留下气孔，使混凝土密实性差，强度低。若水灰比减少，则混凝土流动性差，甚至影响成型后的密实，造成混凝土结构内部松散，表面产生蜂窝、麻面现象。同样，含砂率减少时，则砂浆量不足，不仅会降低混凝土流动性，更严重的是将影响其粘聚性及保水性，产生粗骨料离析、水泥浆流失，甚至溃散等不良现象。而浆骨比是反映混凝土中水泥浆的用量多少（即每立方米混凝土的用水量和水泥用量），如控制不准，亦直接影响混凝土的水灰比和流动性。所以，为了确保混凝土的质量，在施工中必须及时进行施工配合比的换算和严格控制称量。

3. 施工配合比换算

混凝土实验室配合比是根据完全干燥的砂、石骨料制定的，但实际使用的砂、石骨料一般都含有一些水分，而且含水量又会随气候条件发生变化。所以施工时应及时测定现场砂、石骨料的含水量/并将混凝土的实验室配合比换算成在实际含水量情况下的施工配合比。

设实验室配合比为水泥：砂子：

石子=1：x：y，水灰比为$\dfrac{\omega}{c}$并测得砂子的含水量为ω_x；

石子的含水量为ω_y则施工配合比应为 1：x（$1+\omega_x$）：y（$1+\omega_y$）。

按实验室配合比 1 m³混凝土水泥用量为 C（kg），计算时确保混凝土水灰比（$\dfrac{\omega}{c}$）不变（ω 为用水量），则换算后材料用量为：

水泥：$C'=C$；

砂子：C'砂$=C_x(1+\omega_x)$；

石子：C'石$=C_y(1+\omega_y)$；

水：$\omega' = \omega - C_x\omega_x - C_y\omega_y$。

4. 施工配料

求出每立方米混凝土材料用量后，还必须根据工地现有搅拌机出料容量确定每次需用几整袋水泥，然后按水泥用量来计算砂石的每次拌用量。为严格控制混凝土的配'合比，原材料的数量应采用质量计量，必须准确。其质量偏差不得超过以下规定：水泥、混合材料为±2%；细骨料为±3%；水、外加剂溶液±2%各种衡量器应定期校验，经常保持准确。骨料含水量应经常测定，雨天施工时，应增加测定次数。

5. 混凝土搅拌机

混凝土搅拌机按其搅拌原理分为自落式搅拌机和强制式搅拌机两类。根据其构造的不同，又可分为若干种。自落式搅拌机搅拌筒内壁装有叶片，搅拌筒旋转，叶片将物料提升一定高度后自由下落，各物料颗粒分散拌和均匀，是重力拌和原理，宜用于搅拌塑性混凝土。锥形反转出料和双锥形倾翻出料搅拌机还可用于搅拌低流动性混凝土。

强制式搅拌机分立轴式和卧轴式两类。

强制式搅拌机是在轴上装有叶片，通过叶片强制搅拌装在搅拌筒中的物料，使物料沿环向、径向和竖向运动，拌和成均匀的混合物，是剪切拌和原理。强制式搅拌机拌和强烈，多用于搅拌干硬性混凝土、低流动性混凝土和轻骨料混凝土。立轴式强制搅拌机是通过底部的卸料口卸料，卸料迅速，但如卸料口密封不好，水泥浆易漏掉，所以不宜用于搅拌流动性大的混凝土。

混凝土搅拌机以其出料容量（m^3）×1 000 标定规格。常用的为 150、250、350（L）等数种。选择搅拌机型号，要根据工程量大小、混凝土的坍落度和骨料尺寸等确定。既要满足技术上的要求，亦要考虑经济效果和节约能源。

6. 搅拌作业

为了获得均匀优质的混凝土拌合物，除合理选择搅拌机的型号外，还必须正确地确定搅拌时间、进料容量以及投料顺序等。

（1）搅拌时间。

搅拌时间应从全部材料投入搅拌筒起，到开始卸料为止所经历的时间。它与搅拌质量密切相关。搅拌时间过短，混凝土不均匀，强度及和易性将下降；搅拌时间过长，不但降低搅拌的生产效率，同时会使不坚硬的粗骨料，在大容量搅拌机中因脱角、破碎等而影响混凝土的质量。对于加气混凝土也会因搅拌时间过长而使所含气泡减少。混凝土搅拌的最短时间可按表 6.19 采用。

表 6.19　混凝土搅拌的最短时间　　单位：s

混凝土坍落度/cm	搅拌机机型	觉拌机容量/L		
		＜250	250～500	＞500
＜3	自落式	90	120	150
	强制式	60	90	120
＞3	自落式	90	90	120
	强制式	60	60	90

（2）投料顺序。

投料顺序应从提高搅拌质量，减少叶片、衬板的磨损，减少拌合物与搅拌筒的黏结，减少水泥飞扬，改善工作环境，提高混凝土强度，节约水泥等方面综合考虑确定。常用一次投料法、二次投料法和水泥裹砂法等。

① 一次投料法。这是目前最普遍采用的方法。它是将砂、石、水泥和水一起同时加人搅拌筒中进行搅拌。为了减少水泥的飞扬和水泥的粘罐现象，对自落式搅拌机常采用的投料顺序是将水泥夹在砂、石之间，最后加水搅拌。

② 二次投料法。它又分为预拌水泥砂浆法和预拌水泥净浆法。预拌水泥砂浆法是先将水泥、砂和水加人搅拌筒内进行充分搅拌，成为均匀的水泥砂浆后，再加人石子搅抨成均匀的混凝土。预拌水泥净浆法是先将水泥和水充分搅拌成均匀的水泥净浆后，再加人砂和石搅拌成混凝土。国内外的试验表明，二次投料法搅拌的混凝土与一次投料法相比较，混凝土强度可提高约 15%。在强度等级相同的情况下，可节约水泥 15% ~ 20%。

③ 水泥裹砂法。又称为 SEC 法，用这种方法拌制的混凝土称为造壳混凝土（又称 SEC 混凝土）。这种混凝土就是在砂子表面造成一层水泥浆壳。主要采取两项工艺措施：一是对砂子的表面湿度进行处理，控制在一定范围内；二是进行两次加水搅拌。第一次加水搅拌称为造壳搅拌，就是先将处理过的砂子、水泥和部分水搅拌，使砂子周围形成黏着性很高的水泥糊包裹层。加入第二次水及石子，经搅拌，部分水泥浆便均匀地分散在已经被造壳的砂子及石子周围，水泥裹砂法的投料顺这种方法的关键在于控制砂子表面水率及第一次搅拌时的造壳用量。国内外的试验结果表明：砂子的表面水率控制在 4% ~ 6%内，第一次搅拌加水为总加水量的 20% ~ 26%时，造壳混凝土的增强效果最佳。此外，与造壳搅拌时间也有密切关系。时间过短，不能形成均匀的低水灰比的水泥浆使之牢固地黏结在砂子表面，即形成水泥浆壳；时间过长，造壳效果并不十分明显，强度并无较大提高，而以 45 ~ 75 s 为宜。在对造壳混凝土增强机理以及对二次投料法做进一步研究的基础上，我国又开发了裹石法、裹砂石法、净浆裹石法等，这些方法都在搅拌过程中生成了紧挨骨料的一层水灰比较小的浆体，造成了浆体内水灰比的梯度，都可以达到提高混凝土强度、节约水泥等目的。

（3）进料容量。

进料容量是将搅拌前各种材料的体积累积起来的容量，又称干料容量。进料容量为出料容量的 1.4 ~ 1.8 倍（通常取 1.5 倍）。进料容量超过规定容量的 10%以上，就会使材料在搅拌筒内无充分的空间进行掺和，影响混凝土拌合物的均匀性；反之，装料过少，则不能充分发挥搅拌机的效能。

（4）搅拌要求。

严格控制混凝土施工配合比。砂、石必须严格过秤，不得随意加减用水量。在搅拌混凝土前，搅拌机应加适量的水运转，使拌筒表面润湿，然后将多余水排干。搅拌第一盘混凝土时，考虑到筒壁上黏附砂浆的损失，石子用量应按配合比规定减半。搅拌好的混凝土要卸尽，在混凝土全部卸出之前，不得再投入拌合料，更不得采取边出料边进料的方法。

混凝土搅拌完毕或预计停歇 1 h 以上时，应将混凝土全部卸出，倒入石子和清水，搅拌 5 ~ 10 min，把粘在料筒上的砂浆冲洗干净后全部卸出。料筒内不得有积水，以免料筒和叶片生锈，同时还应清理搅拌筒以外的积灰，使机械保持清洁完好。

7. 混凝土的浇筑成型

混凝土的浇筑成型工作包括布料摊平、捣实和抹面修整等工序。它对混凝土的密实性和耐久性、结构的整体性和外形正确性等都有重要影响。混凝土浇筑前应做好必要的准备工作，对模板及其支架、钢筋和预埋件、预埋管线等必须进行检查，并做好隐蔽工程的验收，符合设计要求后方能浇筑混凝土。

8. 混凝土浇筑的一般规定

（1）混凝土浇筑前不应发生初凝和离析现象，如已发生，可进行重新搅拌，使混凝土恢复流动性和粘聚性后再进行浇筑。

（2）为了保证混凝土浇筑时不产生离析现象，混凝土自高处倾落时的自由倾落高度不宜超过 2 m。若混凝土自由下落高度超过 2 m，要沿溜槽或串筒下落。当混凝土浇筑深度超过 8 m 时，则应采用带节管的振动串筒，即在串筒上每隔 2 ~ 3 节管安装一台振动器。

（3）为了使混凝土振捣密实，必须分层浇筑，浇筑厚度如表 6.20，每层浇筑厚度与捣实方法、结构的配筋情况有关。

表 6.20　混凝土浇筑层厚度

项次	捣实混凝土的方法		浇筑层的厚度/mm
1	插入式振捣		振捣器作用部分长度的 1.25 倍
2	表面振动		200
3	人工捣固	在基础、无筋混凝土或配筋稀疏的结构中	250
		在梁、墙板、柱结构中	200
		在配筋密列的结构中	150
4	轻骨料混凝土	插入式振捣器	300
		表面振动（振动时需加荷）	200

（4）混凝土的浇筑工作应尽可能连续作业，如上下层或前后层混凝土浇筑必须间歇，其间歇时间应尽量缩短，并要在前层（下层）混凝土凝结（终凝）前，将次层混凝土浇筑完毕。间歇的最长时间应按所用水泥品种及混凝土凝结条件确定，即混凝土从搅拌机中卸出，经运输、浇筑及间歇的全部延续时间不得超过 210 min（气温部高于 25 °C）的规定，当超过时，应按留置施工缝处理。在竖向结构（如墙、柱）中浇筑混凝土，若浇筑高度超过 3 m 时，应采用溜槽或串筒。

（5）浇筑竖向结构混凝土前，应先在底部填筑一层 50 ~ 100 mm 厚、与混凝土内砂浆成分相同的水泥浆，然后再浇筑混凝土。这样既使新旧混凝土结合良好，又可避免蜂窝麻面现象。混凝土的水灰比和坍落度，宜随浇筑高度的上升酌予递减。

（6）施工缝的留设与处理。如果因技术上的原因或设备、人力的限制，混凝土不能连续浇筑，中间的间歇时间超过混凝土的凝结时间，则应留置施工缝。留置施工缝的位置应事先确定。由于该处新旧混凝土的结合力较差，是构件中薄弱环节，故施工缝宜留在结构受力（剪力）较小且便于婢工的部位。柱应留水平缝，梁、板应留垂直缝。根据施工设置的原则，柱子的施工缝宜留在基础与柱子的交接处的水平面上，或梁的下面，或吊车梁牛腿的下面，或吊车梁的上面，或无梁楼盖柱帽的下面。框架结构中，如果梁的负筋向下弯人柱内，施工缝也可设置在这些钢筋的下端，以便于绑扎。高度大于的混凝土梁的水平施工缝，应留在楼板底面以下 20 ~ 30 mm 处，当板下有梁托时，留在梁托下部；单向平板的施工缝，可留在平行于短边的任何位置处；对于有主次梁的楼板结构，宜顺着次梁方向浇筑，施工缝应留在次梁跨度的中间 1/3 范围内。施工缝处继续浇筑混凝土时，应待混凝土的抗压强度不小于 1.2 MPa 方可进行。混凝土达到这一强度的时间决定于水泥标号、混凝土强度等级、气温等，可以根据试块试验确定，也可查阅有关手册确定。

施工缝处浇筑混凝土之前，应除去表面的水泥薄膜、松动的石子和软弱的混凝土层，并加以充分湿润和冲洗干净，不得积水。浇筑时，施工缝处宜先铺水泥浆（水泥：水=1：0.4）或与混凝土成分相同的水泥砂浆一层，厚度为 10 ~ 15 mm，以保证接缝的质量。浇筑混凝土过程中，施工缝应细致捣实，使其结合紧密。

（7）框架结构混凝土的浇筑框架结构一般按结构层划分施工层和在各层划分施工段分别浇筑，一个施工段内的每排柱子应从两端同时开始向中间推进，不可从一端开始向另一端推进，预防柱子模板逐渐受推倾斜使误差积累难以纠正。每一施工层的梁、板、柱结构，先浇筑柱和墙，并连续浇筑到顶。停歇一段时间（1 ~ 1.5 h）后，柱和墙有一定强度再浇筑梁板混凝土。梁板混凝土应同时浇筑，只有梁高 1 m 以上时，才可以单独先行浇筑。梁与柱的整体连接应从梁的一端开始浇筑，快到另一端时，反过来先浇另一端，然后两段在凝结前合拢。

9. 混凝土的密实成型

混凝土拌合物浇筑之后，需经密实成型才能赋予混凝土制品或结构一定的外形和内部结构。强度、抗冻性、抗渗性、耐久性等皆与密实成型的好坏有关。混凝土密实成型的途径有以下三种：一是利用机械外力（如机械振动）来克服拌合物的黏聚力和内摩擦力而使之液化、沉实；二是在拌合物中适当增加用水量以提高其流动性，使之便于成型，然后用离心法、真空作业法等将多余的水分和空气排出；三是在拌合物中掺入高效能减水剂，使其搏落度大大增加，可自流成型。下面介绍前两种方法。

（1）机械振捣密实成型。

混凝土振动密实的原理在于产生振动的机械将一定的频率、振幅和激振力的振动能量通过某种方式传递给混凝土拌合物时，受振混凝土中所有的骨料颗粒都受到强迫振动，它们之间原来赖以保持平衡，并使混凝土拌合物保持一定塑性状态的黏聚力和内摩擦力随之大大降低，受振混凝土拌合物呈现出所谓的“重质液体状态”，因而混凝土拌合物中的骨料犹如悬浮在液体中，在其自重作用下向新的稳定位置沉落，排除存在于混凝土拌合物中的气体，消除空隙，使骨料和水泥浆在模板中得到致密的排列和迅速有效的填充。振动机械按其工作方式分为内部振动器、表面振动器、外部振动器和振动台。

内部振动器又称为插入式振动器，其工作部分是一棒状空心圆柱体，内部装有偏心振子，在电动机带动下高速转动而产生高频微幅的振动，多用于振实梁、柱、墙、厚板和大体积混凝土等厚大结构。表面式振动器又称平板振动器，它由带偏心块的电动机和平板（木板或钢板）等组成。在混凝土表面进行振捣，适用于楼板、地面等薄型构件。外部振动器又称附着式振动器，它通过螺栓或夹钳等固定在模板外部，是通过模板将振动传给混凝土拌合物，因而模板应有足够的刚度。它宜用于振捣断面小且钢筋密的构件。振动台是混凝土制品厂中的固定生产设备，用于振捣预制构件。

（2）挤压法成型。

挤压成型是生产预应力混凝土多孔板的一种工艺，多用于长线台座的先张法。这种工艺的构件成型用挤压机来完成，挤压机工作原理是用旋转的螺旋铰刀把由料斗倒下的混凝土向后挤送，在挤送过程中，由于受到振动器的振动和已成型的混凝土空心板的阻力（反作用力）而被挤压密实。挤压机也在这一反作用力的作用下，沿着与挤压方向相反的方向被推动自行前进，在挤压机后面即形成一条连续的预应力混凝土空心板带。用挤压机连续生产空心板，有两种切断方法：一种是在混凝土达到可以放松预应力筋的强度时，用钢筋混凝土切割机整体切断；另一种是在混凝土初凝前用端头挡板把混凝土隔开

（3）离心法成型。

离心法是将装有混凝土的模板放在离心机上，使模板以一定转速绕自身的纵轴线旋转，模板内的混凝土由于离心力作用而远离纵轴，均匀分布于模板内壁，并将混凝土中的部分水分挤出，使混凝土密实，如此法一般用于管道、电杆、桩等具有圆形空腔构件的制作。离心机有滚轮式和车床式两类，都具有多级变速装置。离心成型过程分为两个阶段：第一阶段是使混凝土沿模板内壁分布均匀，形成空腔，此时转速不宜太高，以免造成混凝土离析现象；第二阶段是使混凝土密实的阶段，此时可提高转速，增大离心力，压实混凝土。

（4）真空作业法成型。

真空作业法是借助于真空负压，将水从刚成型的混凝土拌合物中排出，同时使混凝土密实的一种成型方法，可分为表面真空作业与内部真空作业两种。此法适用于预制平板、楼板、道路、机场跑道，薄壳、隧道顶板，墙壁、水池、桥墩等混凝土成型。

10. 混凝土的养护

浇捣后的混凝土之所以能逐渐凝结硬化，主要是因为水泥水化作用的结果，而水化作用需要适当的湿度和温度。如气候炎热，空气干燥，不及时进行养护，混凝土中水分蒸发过快，出现脱水现象，使已形成凝胶体的水泥颗粒不能充分水化，不能转化为稳定的结晶，缺乏足够的黏结力，从而会在混凝土表面出现片状或粉状剥落，影响混凝土的强度。此外，在混凝土尚未具备足够的强度时，其中水分过早的蒸发还会产生较大的收缩变形，出现干缩裂纹，影响混凝土的整体性和耐久性。所以浇筑后的混凝土初期阶段的养护非常重要。在混凝土浇筑完毕后，应在 12 h 以内加以养护；干硬性混凝土和真空脱水混凝土应于浇筑完毕后立即进行养护。养护方法有自然养护、蒸汽养护、蓄热养护等。

（1）自然养护。

对混凝土进行自然养护，是指在平均气温高于+5 °C：的条件下使混凝土保持湿润状态。自然养护又可分为洒水养护和喷洒塑料薄膜养生液养护等。洒水养护是用吸水保温能力较强的材料（如草帘、芦席、麻袋、锯末等）将混凝土覆盖，经常洒水使其保持湿润。养护时间长短取决于水泥品种，普通硅酸盐水泥和矿渣硅酸盐水泥拌制的混凝土，不少于 7 d；火山灰质硅酸盐水泥和粉煤灰硅酸盐水泥拌制的混凝土不少于 14 d；有抗渗要求的混凝土不少于 14 d。洒水次数以能保持混凝土具有足够的润湿状态为宜。

喷洒塑料薄膜养生液养护适用于不易洒水养护的高耸构筑物和大面积混凝土结构及缺水地区。它是将养生液用喷枪喷洒在混凝土表面上，溶液挥发后在混凝土表面形成一层塑料薄膜，使混凝土与空气隔绝，阻止其中水分的蒸发，以保证水化作用的正常进行。在夏季，薄

膜成型后要防晒，否则易产生裂纹。对于表面积大的构件（如地坪、楼板、屋面、路面等），也可用湿土、湿砂覆盖，或沿构件周边用黏土等围住，在构件中间蓄水进行养护。混凝土必须养护至其强度达到 1.2 N/mm^2 以上，才准在上面行人和架设支架、安装模板，且不得冲击混凝土。

（2）蒸汽养护。

蒸汽养护就是将构件放置在有饱和蒸汽或蒸汽空气混合物的养护室内，在较高的温度和相对湿度的环境中进行养护，以加速混凝土的硬化，使混凝土在较短的时间内达到规定的强度标准值。蒸汽养护过程分为静停、升温、恒温、降温四个阶段。

① 静停阶段。混凝土构件成型后在室温下停放养护叫作静停。时间为 2 ~ 6 h，以防止构件表面产生裂缝和疏松现象。

② 升温阶段。是构件的吸热阶段。升温速度不宜过快，以免构件表面和内部产生过大温差而出现裂纹。对薄壁构件（如多肋楼板、多孔楼板等）每小时不得超过 25 °C 其他构件不得超过 20 °C 用干硬性混凝土制作的构件，不得超过 40 °C。

③ 恒温阶段。是升温后温度保持不变的时间。此时强度增长最快，这个阶段应保持 90% ~ 100%的相对湿度；最高温度不得大于 95 °C，时间为 3 ~ 8 h。

④ 降温阶段。是构件散热过程。降温速度不宜过快，每小时不得超过 10 °C，出池后，构件表面与外界温差不得大于 20 °C。

11. 混凝土质量的检查

混凝土质量的检查包括施工过程中的质量检查和养护后的质量检查。施工过程的质量检查，即在制备和浇筑过程中对原材料的质量、配合比、对落度等的检查，每一工作班至少检查两次，遇有特殊情况还应及时进行检查。混凝土的搅拌时间应随时检查。

混凝土养护后的质量检查，主要包括混凝土的强度、表面外观质量和结构构件的轴线、标高、截面尺寸和垂直度的偏差。如设计上有特殊要求时，还需对其抗冻性、抗渗性等进行检查。

混凝土强度的检查，主要指抗压强度的检查。混凝土的抗压强度应以边长为 150 mm 的立方体试件，在温度为 20 °C±3 °C 和相对湿度为 90%以上的潮湿环境或水中的标准条件下，经 28d 养护后试验确定。评定结构或构件混凝土强度质量的试块，应在浇筑处随机抽样制成，不得挑选。试件留置规定为：① 每拌制 100 盘且不超过 100 m^3 的同配合比的混凝土，其取样不得少于一次；② 每工作班拌制的同配合比的混凝土不足 100 盘时，其取样不得少于一次；③ 每一现浇楼层同配合比的混凝土，其取样不得少于一次；④ 同一单位工程每一验收项目中同配合比的混凝土，其取样不得少于一次。每次取样应至少留置一组标准试件，同条件养护试件的留置组数根据实际需要确定。预拌混凝土除应在预拌混凝土厂内按规定取样外，混凝土运到施工现场后，尚应按上述的规定留置试件。若有其他需要，如为了抽查结构或构件的拆模、出厂、吊装、预应力张拉和放张，以及施工期间临时负荷的需要，还应留置与结构或构件同条件养护的试块，试块组数可按实际需要确定。每组三个试件应在同盘混凝土中取样制作，并按下列规定确定该组试件的混凝土强度代表值：

（1）取三个试件强度的平均值；

（2）当三个试件强度中的最大值或最小值之一与中间值之差超过中间值的 15%时，取中间值；

（3）当三个试件强度中的最大值和最小值与中间值之差均超过中间值的 15%时，该组试件不应作为强度评定的依据。混凝土结构强度的评定应按下列要求进行：

混凝土强度应分批进行验收。同一验收批的混凝土应由强度等级相同、生产工艺和配合比基本相同的混凝土组成，对现浇混凝土结构构件，尚应按单位工程的验收项目划分验收批，每个验收项目应按现行国家标准《建筑安装工程质量检验评定统一标准》确定。对同一验收批的混凝土强度，应以同批内标准试件的全部强度代表值来评定。

12. 混凝土质量缺陷的修补

（1）表面抹浆修补。

对于数量不多的小蜂窝、麻面、露筋、露石的混凝土表面，主要是保护钢筋和混凝土不受侵蚀，可用 1∶2 ~ 1∶2.5 水泥砂浆抹面修整。在抹砂浆前，须用钢丝刷或加压力的水清洗润湿，抹浆初凝后要加强养护工作。对结构构件承载能力无影响的细小裂缝，可将裂缝处加以冲洗，用水泥浆抹补。如果裂缝开裂较大较深时，应将裂缝附近的混凝土表面凿毛，或沿裂缝方向凿成深为 15 ~ 20 mm、宽为 100 ~ 200 mm 的 V 形凹槽，扫净并洒水湿润，先刷水泥净浆一层，然后用 1∶2 ~ 1∶2.5 水泥砂浆分 2 ~ 3 层涂抹，总厚度控制在 10 ~ 20 mm 内，并压实抹光。

细石混凝土填补当蜂窝比较严重或露筋较深时，应除掉附近不密实的混凝土和突出的骨料颗粒，用清水洗刷干净并充分润湿后，再用比原强度等级高一级的细石混凝土填补并仔细捣实。对孔洞事故的补强，可在旧混凝土表面采用处理施工缝的方法处理，将孔洞处疏松的混凝土和突出的石子剔凿掉，孔洞顶部要凿成斜面，避免形成死角，然后用水刷洗干净，保持湿润 72 h 后，用比原混凝土强度等级高一级的细石混凝土捣实。混凝土的水灰比宜控制在 0.5 以内，并掺水泥用量万分之一的铝粉，分层捣实，以免新旧混凝土接触面上出现裂缝。

（2）水泥灌浆与化学灌浆。

对于影响结构承载力，或者防水、防渗性能的裂缝，为恢复结构的整体性和抗渗性，应根据裂缝的宽度、性质和施工条件等，采用水泥灌浆或化学灌浆的方法予以修补。一般对宽度大于 0.5 mm 的裂缝，可采用水泥灌浆；宽度小于 0.5 mm 的裂缝，宜采用化学灌浆。化学灌浆所用的灌浆材料，应根据裂缝性质、缝宽和干燥情况选用。作为补强用的灌浆材料，常用的有环氧树脂浆液（能修补缝宽 0.2 mm 以上知干燥裂缝）和甲凝（能修补 0.05 mm 以上的干燥细微裂缝）等。作为防渗堵漏用的灌蓼材料，常用的有丙凝（能灌入 0.01 mm 以上的裂缝）和聚氨酯（能灌入 0.015 mm 以上的裂缝）等。

6.7　预应力混凝土工程

预应力混凝土是近几十年发展起来的一门新兴科学技术，自 1928 年法国的弗来西奈首先研究成功预应力混凝土后，经过数十年的推广应用与改进提高，已成为一项专门技术。我国自 1956 年开始采用预应力混凝土结构以来，至今已有 40 年历史。50 ~ 60 年代，预应力混凝土主要用于单层工业厂房的屋面板、屋架和吊车梁，而用于柱子、基础和地坪则较少；60 ~

70 年代，我国结合民用建筑和农村住宅的发展，研制与推广了冷拔低碳钢丝预应力混凝土中、小型构件，如平板、空心板、小梁等，与此同时发展了板梁合一的预应力构件，如 T 形板梁、V 形折板和马鞍形壳板等。1977 年以后，随着建筑工业化的发展，大开间与大跨度层结构体系的研究与应用，预应力技术从单个构件阶段发展到预应力结构新阶段.主要的结构体系有：装配整体预应力板柱结构、无黏结预应力现浇平板结构、预应力薄板叠合板结构、大跨度部分预应力框架结构、竖向预应力剪力墙结构等。预应力混凝土与普通混凝土相比，除能提高构件的抗裂度和刚度外，还具有减轻自重，节约材料，增加构件的耐久性，降低造价和扩大预制装配化程度的优点。预应力混凝土按施工方法不同可分为先张法、后张法两大类；按钢筋张拉方式不同又可分为机械张拉、电热张拉与自应力张拉。

6.7.1 先张法

先张法是在浇筑混凝土前张拉预应力筋，并将张拉的预应力筋临时固定在台座或钢模上，待混凝土达到一定强度，混凝土与预应力筋已经具备有足够的黏结力，即可放松预应力筋。先张法一般适合生产中小型预应力混凝土构件，其生产方式有台座法和机组流水法（模板法）。

1. 墩式台座

墩式台座由台墩、台面与横梁等组成。目前常用的是台墩与台面共同夸受力的墩式台座。台座的长度宜为 100 ~ 150 m，这样既可利用钢丝长的特点，张拉一次可生产多根构件，又可减少因钢丝滑动或台座横梁变形引起的应力损失。台墩一般由现浇钢筋混凝土制成。台座稍有变形、滑移或倾角，均会引起较大应力损失。台座的强度与刚度应按设计的要求，对稳定性的验算包括抗倾覆验算与抗滑移验算。

2. 槽式台座

槽式台座由钢筋混凝土压杆、上下横梁和砖墙等组成，既可承受张拉力，又可作蒸汽养护槽，适用于张拉吨位较高的大型构件，如吊车梁、薄腹梁等。槽式台座长度一般为 45 m（可生产 6 根 6 m 吊车梁）或 76 m（可生产 10 根 6 m 吊车梁）。为便于混凝土运输与蒸汽养护，台座宜低于地面。

3. 夹具

夹具是先张法施工过为保持预应力筋拉力并将其固定在台座上的临时性锚固装置。按其作用分为固定用夹具和张拉用夹具。对各种夹具的要求是：工作方便可靠、构造简单、加工方便。夹具种类很多，各地使用不一。

4. 张拉设备

先张法张拉设备常用油压千斤顶、卷扬机、电动螺杆张拉机等。对张拉设备的要求是：工作可靠、能准确控制张拉应力、能以稳定的速率加大拉力。

采用油压千斤顶张拉时，可从油压表读数直接求得张拉应力值。千斤顶一般张拉力较大，适于预应力筋成组张拉。单根张拉时，由于拉力较小，一般多用电动张拉机张拉。应力控制可采用弹簧测力计或电杠杆测力计进行。目前，随着电阻应变测试技术的日益广泛的应用，有些预制厂已采用电阻应变式传感器控制张拉，可达到很高的精度。

5. 先张法施工工艺

先张法施工工艺可大致分为三个阶段：张拉预应力筋—浇筑混凝、养护—预应力筋放张，张拉前应先做好台面的隔离层，隔离剂不得玷污钢丝，以免影响钢丝与混凝土的黏结。预应力筋的张拉控制应力，应符合设计要求，施工中预应力筋需要超张拉时，可比设计要求提高5%，但其最大张拉控制应力不应超过表 6.21 的规定值。

表 6.21　最大张拉控制应力允许值

钢 种	张拉	方法
	先张法 f_{ptk}	后张法
碳素钢丝、刻痕钢丝、钢绞线	$0.80f_{ptk}$	$0.75f_{ptk}$
热处理钢筋、冷拔低碳钢丝	$0.75f_{ptk}$	$0.70f_{ptk}$
冷 拉钢筋	$0.95f_{ptk}$	$0.90f_{pyk}$

注：f_{ptk} 为预应力筋极限抗拉强度标准值；f_{pyk} 为预应力筋屈服强度标准值。

预应力筋的张拉程序可采用两种不同方式：在第一种张拉程序中，超张拉 5%并持荷 2 min，其目的是加速钢筋松弛早期发展，以减少应力松弛引起的预应力损失（约减少 50%）；第二种张拉程序，超张拉 3%，是为了弥补应力松弛所引起的应力损失。预应力钢筋张拉后，一般应校核其伸长值，其理论伸长值与实际伸长值的误差不应超过+10%、−5%。若超过，则应分析其原因，采取措施后再继续施工。

预应力筋实际伸长值，宜在初应力为张拉控制应力 10%左右时开始量测，但必须加上初应力以下的推算伸长值（推算方法见后张法）。采用钢丝作预应力筋时，不做伸长值校核。但应在钢丝锚固后，用钢丝测力计检查其钢丝应力，其偏差按一个构件全部钢丝的预应力平均值计算，不得超过设计值的±5%。预应力筋发生断裂或滑脱的数量严禁超过结构同一截面内预应力钢材总根数的 5%，且严禁相邻两根断裂或滑脱。在混凝土浇筑前发生预应力筋断裂或滑脱必须予以更换。预应力筋的位置不允许有过大偏差，其限制条件是：偏差不大于 5 mm，且不得大于构件截面最短边长的 4%。

预应力筋的放张预应力筋放张时，混凝土应达到设计规定的放张强度，若设计无规定，则不得低于设计的混凝土强度标准值的 75%。预应力筋的放张顺序，应符合设计要求，当设计无要求时，应符合下列规定：

（1）对承受轴心预压力的构件（如压杆、桩等），所有预应力筋应同时放张。

（2）对承受偏心预压力的构件，应先同时放张预应力较小区域的预应力筋，再同时放张预压力较大区域的预应力筋。

（3）当不能按上述规定放张时，应分阶段、对称、相互交错地放张，以防止在放张过程中构件发生翘曲、裂纹及预应力筋断裂等情况。对配筋不多的中小型预应力混凝土构件，钢丝可用剪切、锯割等方法放张；配筋多的预应力混凝土构件，钢丝应同时放张。如逐根放张，最后几根钢丝将由于承受过大的拉力而突然断裂，且构件端部易发生开裂。预应力筋为钢筋时，若数量较少可逐根加热熔断放张，数量较多且张拉力较大时，应同时放张。

采用千斤顶放张是利用千斤顶拉动单根钢筋，松开螺母。放张时由于混凝土与预应力筋已结成整体，松开螺母所需间隙只能是最前端构件外露钢筋的伸长，故所需施加的应力往往超过控制应力约 10%，因此应拟定合理的放张顺序并控制每一循环的放张吨位，以免构件在放张过程受力不均。

6. 楔块放张方法

楔块装置放置在台座与横梁之间，放松预应力筋时，旋转螺母使螺杆向上运动，带动楔块向上移动，钢块间距变小，横梁向台座方向移动，便可放松所有预应力筋。砂箱放张。砂箱装置由钢制套箱和活塞组成，内装石英砂或铁砂，将其放置在台座与横梁之间。张拉时，砂箱中的砂被压实，承受横梁反力。预应力筋放张时，将出砂口打开，砂缓慢流出，从而使预应力筋慢慢地放张。砂箱装置中的砂应采用干砂，选用适宜的级配，防止出现砂子压碎引起流不出的现象，或者增加砂的空隙率，使预应力筋的预应力损失增大。楔块装置放张方法适用于预应力筋张拉力不超过 300 kN 的情况，砂箱放张可用于张拉力超过 1 000 kN 的情况。

6.7.2　后张法

后张法的施工程序是先制作混凝土构件，后张拉预并用铺具将预应力筋锚固在构件端部，后张法由此而得名。后张法施工不受地点限制。

1. 锚具与张拉机械

（1）锚具。

描具是进行张拉预应力筋和永久固定在预应力混凝土构件上传递预应力的工具。要求锚具工作可靠，构造简单，施工方便，预应力损失小，成本低廉。按锚固性能不同分为两类：Ⅰ类锚具：适用于承受动载、静载的预应力混凝土结构；Ⅱ类锚具：仅适用于有黏结预应力混凝土结构，且锚具只能姓于预应力筋应力变化不大的部位。Ⅲ类锚具的静载锚固性能，应由预应力锚具组装件静载试验测定的锚具效率系数队和达到实测极限拉力时的总应变确定，其值应符合规定。

静载锚固性能试验采用的预应力筋锚具组装件，应由锚具的全部零件和预应力筋组装而成。组装应符合设计要求，预应力筋应等长平行，使之受力均匀，其受力长度不得小于 3 m。

对于锚具尚有下列要求：

① 当预应力筋锚具组装件达到实测极限拉力时，除锚具设计允许的现象外，全部零件均不得出现肉眼可见的裂缝或破坏；

② 除能满足分级张拉及补张拉工艺外，宜具有能放松预应力筋的性能；

③ 锚具或其附件上宜设置灌浆孔道。

④ Ⅰ类锚具组装件尚应满足疲劳性能试验，若使用在抗震结构中，还应满足周期荷载试验。

（2）锚具的种类。

后张法锚具种类较多，各种锚具适用于锚固不同类型预应力筋。

① 螺丝端杆铺具。

螺丝端杆锚具适用于锚固直径不大于 36 mm 的冷拉Ⅱ与Ⅳ级钢筋，其由螺丝端杆、螺母及垫板组成螺丝端杆铺具与预应力筋对焊，用张拉设备张拉螺丝端杆，然后用螺母锚固。螺杆用冷拉的同类钢筋制作，或用冷拉 45 号钢或热处理 45 号钢制作。用冷拉钢材制作时，先冷拉后切削加工，冷拉后的机械性能不得低于预应力筋冷拉后的性能。用热处理 45 号钢制作时，先粗加工至接近设计尺寸，再进行热处理，然后精加工至设计尺寸，热处理后不能有裂纹和伤痕。螺母可用 3 号钢制作。螺丝端杆与预应力筋的焊接，应在预应力筋冷拉前进行。

② 帮条锚具。

帮条铺具一般用在单根粗钢筋作预应力筋的固定端，由一块方形衬板与三根帮条组成。衬板采用普通低碳钢板，帮条采用与预应力筋同级别的钢筋。帮条的焊接，可在预应力筋冷拉前或冷拉后进行。帮条安装时，三根帮条与衬板相接触的截面应在一个垂直平面上，以免受力时产生扭曲。

③ 锥形螺杆锚具。

锥形螺杆铺具适用于锚固 14 ~ 28 根 ϕ^s5 组成的钢丝束。由锥形螺杆、套筒、螺母、垫板组成。

④ 镦头锚具。

镦头锚具适用于锚固任意根数 ϕ^s5 钢丝束。其形式与规格，可根据需要自行设计。常用的镦头锚具有 A 型与 B 型两种。A 型由锚环与螺母组成，用于张拉端。B 型为锚板，用于固定端。

⑤ 钢质锥形锚具。

钢质锥形锚具（又称弗氏锚具），适用于锚固 6 ~ 24 根 ϕ^s5 钢丝束。由锚环与锚塞组成。

⑥ KT-Z 型锚具。

KT-Z 型锚具（可锻铸铁锥形锚具），适用于锚固直径 12 mm 的螺纹钢筋束与钢绞线束。

⑦ JM 型锚具。

JM 型锚具适用于锚固 3 ~ 6 二级 12 钢筋束与 4 ~ 6 ϕ^j12-15

⑧ 单根钢绞线锚具。

单根钢绞线锚具适用于锚固 ϕ^j12 和 ϕ^j15 钢绞线，也可用作先张法夹具。

⑨ XM 型锚具。

XM 型锚具是中国建筑科学研究院结构所研制的一种新型锚具，适用于锚固 1 ~ 12 根 ϕ^j 钢绞线，也可用于锚固钢丝束。这种锚具的特点是每根钢绞线都是分开锚固的，任何一根钢绞线的锚固失效（如钢绞线拉断、夹片碎裂等），不会引起整束锚固失效。

⑩ QM 型锚具。

QM 型锚具也是中国建筑科学研究院结构所研制的一种新型锚具，适用于锚固 4 ~ 31 ϕ^j12 和 3 ~ 19 ϕ^j15 钢绞线束。

（3）张拉机械。

后张法的张拉设备主要有各种型号的拉杆式千斤顶、锥锚式千斤顶和穿心式千斤顶，以及高压油泵。

① 拉杆式千斤顶。

拉杆式千斤顶主要用于张拉带有螺丝端杆锚具的单根粗钢筋，其工作原理当高压油液从油孔 3 进入主缸 1 时，推动主缸活塞 2 而张拉钢筋；待钢筋张拉完毕用螺帽锚固在构件端部后，则改由副缸油孔 6 进入副缸 4，使主缸活塞又恢复到张拉前的位置。目前工地上常用的为 600 kN 拉杆式千斤顶。

② 锥锚式千斤顶。

锥锚式千斤顶主要用于张拉 KT-Z 型锚具锚固的预应力钢筋束（或钢绞线束）和使用锥形

锚具的预应力钢丝束。其张拉钢筋和推顶销塞的原理是当主缸进油时，主缸被压移，使固定在其上的钢筋被张拉杆式千斤顶主要性能，如表 6.22。

表 6.22　千斤顶主要性能

项　目	单　位	技术性能
最大张拉力	ft（kN）	60（600）
张拉行程	mm	150
主缸活塞面积	cm^2	152
最大工作油压	kgf/cm^2（MPa）	400（40）
质　量	kg	68

钢筋张拉后，改由副缸进油，随即由副缸活塞将锚塞顶入锚圈中。主缸和副缸的回油，则是借助设置在主缸和副缸中弹簧的作用来进行的。

③ YC-60 穿心式千斤顶。

YC-60 穿心式千斤顶主要由张拉油缸、顶压油缸、顶压活塞和弹簧四个部分组成。预应力筋通过沿轴线的穿心孔道用工具锚锚固在张拉油缸的端头上，当张拉油缸进油时，钢筋被张拉，主要技术性能见表 6.23。当顶压油缸进油时，顶压活塞即将夹片顶人锚环锚固钢筋当张拉油缸回油，顶压油缸同时进油即可放松工具锚，将张拉油缸回复到初始位置。当顶压油缸回油时，则由于弹簧作用而将顶压活塞推回到初始位置。

目前常用的 YC-60 穿心式千斤顶的主要技术性能。适用于张拉 JM12 型锚具的钢筋束或钢绞线束和 KT-Z 型锚具的钢绞线束，还可改装成拉杆式千斤顶使用。

表 6.23　YC-60 型穿心式千斤顶主要技术性能

张拉力	600 kN	张拉油缸液压面积	200 cm^2
顶压力	350 kN	顶压油缸液压面积	114 cm^2
张拉行程	200 mm	工作油压	320 kgf/cm^2（约 32 MPa）
顶压行程	50 mm	穿心孔径	55 mm

④ 高压油泵。

高压油泵的作用是向液压千斤顶各个油缸供油，使其活塞按照一定速度伸出或回缩油泵与千斤顶一起工作组成预应力张拉机组。高压油泵按驱动方式分为手动与电动两种。电动油泵因其工作效率高，操作方便，劳动强度小等优点，在一般工程中得到普遍采用。手动油泵只是在无电源情况下使用。采用千斤顶张拉预应力筋，预应力的大小是通过油压表的读数控制。油表读数表示千斤顶活塞单位面积的油压力。如张拉力是 N，活塞面积是心则油表的相应读数是 P。即

$$P=\frac{N}{F}$$

由于千斤顶活塞与油缸之间存在着一定的摩阻力，故实际张拉力往往比上式计算的小，为保证预应为筋张拉应力的准确性，应定期校验千斤顶与油表读数的关系。校验时千斤顶活塞方向应与实际张拉时的活塞运行方向一致。校验期不应超过半年。

2. 预应力筋的制作

后张法使用的预应力筋种类有：单根粗钢筋（冷拉热乳钢筋）、钢筋束或钢绞线束、钢丝束。预应力筋的下料长度，应该由计算确定。

（1）单根预应力筋。

单根预应力粗钢筋一般为冷拉Ⅱ～Ⅲ级热轧钢筋，其制作包括配料、对焊、冷拉等工序。配料时应根据钢筋的品种测定冷拉率，若在一批钢筋中冷拉率变化较大时，应尽可能把冷拉率相接近的钢筋对焊在一起，以保证钢筋冷拉力的均匀性。由于预应力筋的对焊接长是在冷拉前进行，因此预应力筋下料长度应计算准确。当两端同时用螺丝端杆张拉时，预应力筋下料长度为

$$L=\frac{L_{\mathrm{K}}+4H+2h-2L_{\mathrm{L}}+1}{1+\gamma-\delta}+n\varDelta$$

当一端用螺丝端杆张拉，另一端用帮条锚具或镦头锚具固定时，预应力筋下料长度为

$$L=\frac{L_{\mathrm{K}}+2H+h+L_{\mathrm{B}}-L_{\mathrm{L}}+0.5}{1+\gamma-\delta}+n\varDelta$$

表 6.24　螺丝端杆张拉锚固体系基本参数

钢筋直径/mm	锚具型号	螺丝端杆螺纹尺寸/mm	六角螺母对边距离×高度/mm	垫板尺寸/mm	孔道直径不小于/mm	钢筋品种	张拉力/kN		千斤顶
							先张法	后张法	
18	LM18	M22×1.5	32×32	75×75×14	48	Ⅱ	103	97	
						Ⅲ	115	108	
20	LM20	M24×2	36×36	85×85×16	48	Ⅱ	127	120	YL（25、60）
						Ⅲ	141	134	YC（20、60）
22	LM22	M27×2	41×40	90×90×16	48	Ⅱ	154	145	
						Ⅲ	171	162	
25	LM25	M30×2	46×45	90×90×16	48	Ⅱ	199	188	YL（25、60）
						Ⅲ	221	209	YC60
28	LM28	M33×2	50×50	18×18×16	56	Ⅱ	238	225	
						ⅢI	277	262	
32	LM32	M39×3	55×55	105×105×16	63	Ⅱ	311	294	YL60
						Ⅲ	362	342	YC60
36	LM36	M42×3	65×60	110×110×16	63	Ⅱ	394	372	
						Ⅲ	458	433	

当两端都用螺丝端杆，仅一端张拉时，预应力筋下料长度为

$$L=\frac{L_{\mathrm{K}}+3H+2h-2L_{\mathrm{L}}+1}{1+\gamma-\delta}+n\varDelta$$

式中　L_{K}——孔道长度；

H——螺母高度；

h——垫板厚度；

L_{L}——螺丝端杆长度；

Y——试验确定的预应力筋的冷拉伸长率；

δ——试验确定的预应力筋的冷拉弹性回缩率；

n——对焊接头的数量；

Δ——每个对焊接头对材料的压缩长度，取一个钢筋直径；

L_B——帮条或镦头锚具所需钢筋长度。

（2）钢筋束或钢绞线束。

钢筋束由直径 12 mm 的细钢筋（光圆或螺纹）编束而成，钢绞线束由直 12 mm 或者 15 mm 的钢绞线编束而成。每束 3 ~ 6 根，一般不需对焊接长，下料是冷拉后进行（钢筋束）下料长度是构件孔道长度再增加张拉端与固定端的留量。

当一端张拉时，下料长度为

$$L = L_K + a + b$$

两端张拉时 $L = L_K + 2a$

式中 a——张拉端留量，当千斤顶长度 435 mm 时，a 取 600 mm

b——固定端留量，b 取 80 mm；

L_K——孔道长度。

为保证穿筋时和张拉时不发生扭结，应对预应力钢筋和钢绞线进行编束。编束时一般把钢筋理顺后，用 18 ~ 22 号铅丝每隔 1 m 左右绑扎一道，形成束状。

（3）钢丝束。

钢丝束的制作随锚具形式的不同，其方法也有差异。用锥形锚具的钢丝束，其制作和下料长度计算基本上与钢筋束相同。用锥形螺杆锚具和镦头锚具的钢丝束，则应保证每根铜丝下料长度相等，以保证张拉时各钢丝应力均匀，控制应力为 3 000 MPa。为了防止钢丝扭结，必须进行编束，先用 22 号铅丝将钢丝每隔 1 m 编成帘子状，然后每隔 1 m 放置 1 个螺旋衬圈，再将编好的钢丝帘绕衬圈围成圆束。

当采用锥形螺杆锚具时，下料长度为：

$$L = L_K - 200 - 6\Delta L_1$$

式中 L_K——孔道长度；

ΔL_1——构件长度超过 30 m 时的增量，$\Delta L_1 = 0.003L_K$。当孔道长度小于 30 m 时，$\Delta L_1 = 0$。

3. 后张法施工工艺

后张法预应力制作过程，可分为三个阶段：混凝土构件制作（预留孔道）—预应力筋张拉、锚固—孔道灌浆。

预留孔道一般采用钢管抽芯法、胶管抽芯法和预埋管等方法。

（1）钢管抽芯法。

本法是预先把钢管埋设在模板内的孔道位置处，在混凝土浇筑过程中和浇筑后，间隔一定时间慢慢转动钢管，避免混凝土黏结钢管，待混凝土初凝后、终凝前将钢管抽出，形成孔道。此法适用于直线孔道。

使用的钢管必须表面光滑，预埋前除诱、刷油。然后将钢管埋设在模板内孔道位置处。为保证钢管位置准确，可使用钢筋井字架固定，井字架间距不宜大于 1 m。混凝土浇筑时，每隔十几分钟转动钢管，破坏混凝土对钢管的黏结。要正确掌握抽管时间。抽管过早，会造成塌孔事故；过迟，混凝土与钢管黏结力过大，造成抽管困难，甚至抽不出来。

抽管顺序宜先上后下、先曲后直。抽管可用人工或卷扬机，注意速度均匀，边抽边转。抽管用力方向应与孔道在同一直线上。抽管后应及时检查孔道，进行适当清理，以利预应力筋穿筋张拉。

（2）胶管抽芯法。

胶管一般有五层或七层夹布胶管和供预应力混凝土专用的钢丝网橡皮管两种。前者质软，必须在管内充气或充水后，才能使用。后者质硬，且有一定弹性，预留孔道时与钢管一样使用，不同的是灌注混凝土后不需转动，抽管时利用其有一定弹性的特点，在拉力作用下使断面缩小，即可把胶管抽拔出来。

胶管抽芯不仅可以预留直线孔道，而且可留曲线孔道。用钢筋井子架固定胶管的位置，井子架间距不大于 0.5 m。灌注混凝土前，往胶皮管中充入压力为 0.6 ~ 0.8 N/mm^2 的压缩空气或压力水，此时胶皮管道直径可增大 3 mm 左右，然后灌注混凝土。待混凝土初凝后，放出压缩空气或压力水，胶管孔径变小并与混凝土脱离，以便于抽出形成孔道。

（3）预埋管法。

预埋管法是利用与孔道直径相同的金属管埋入混凝土构件中，无须抽出。一般采用黑铁皮管、薄钢管或镀锌双波纹金属软管制作。预埋管法因省去抽管工序，且孔道留设的位置、形状也易保证，故目前应用较为普遍。金属波纹管因质量轻、刚度好、弯折方便且与混凝土黏结好，它不但用于直线孔道，更适用于各种曲线孔道。留设孔道的同时还要在设计规定位置留设灌浆孔。一般在构件两端和中间每隔 12 m 留一个直径 20 mm 的灌浆孔，并在构件两端各设一个排气孔。

6.7.3 预应力筋张拉

预应力筋张拉时，结构的混凝土强度应符合设计要求，当设计无具体要求时，不应低于设计强度标准值的 75%。

1. 张拉控制应力

控制应力（δ_{con}）直接影响预应力的效果，控制应力越高，建立的预应力值就越大，构件的抗裂性也越好。如果控制应力过高，则预应力筋在使用过程中经常处于高应力状态，构件出现裂缝的荷载与破坏荷载很接近，往往构件破坏前没有明显预兆，这是不允许的。而且当控制应力过高，构件混凝土预压应力过大而导致混凝土的徐变应力损失增加。故控制应力应严格按照设计要求确定。在施工中预应力筋需超张拉时，可比设计要求提高 5%。

下列情况可考虑采用超张拉：

（1）为了提高构件在施工阶段的抗裂性能而在使用阶段受压区内设置的预应力筋。

（2）为了部分抵消由于应力松弛、摩擦、钢筋分批张拉以及预应力钢筋与张拉台座之间的温差因素产生的预应力损失。当采用超张拉方法减少预应力筋的松弛损失时，预应力筋的张拉程序可为：

$$0 \rightarrow 1.05\sigma_{con}(\text{持荷2 min}) \rightarrow \sigma_{con} \text{ 或者 } 0 \rightarrow 1.03\sigma_{con}$$

2. 张拉端设置

预应力筋张拉端的设置，应按设计要求确定。当设计无具体要求时，应符合下列规定：

（1）抽芯形成孔道：对曲线预应力筋和长度大于 24 m 的直线预应力筋，可在一端张拉。

（2）预埋波纹管孔道：对曲线预应力筋和长度大于 30 m 的直线预应力筋，宜在两端张拉。对长度不大于 30 m 的直线预应力筋可在两端张拉。

当同一截面中有多根一端张拉的预应力筋时，张拉端宜分别设在结构的两端，以使构件受力均匀。

3. 张拉顺序

张拉过程中，为避免产生过大偏心力，预应力筋应对称张拉。对配筋较多的构件，要分批、分阶段对称张拉，张拉顺序应符合设计要求。

分批张拉时，由于后批张拉的作用力，使混凝土再次产生弹性压缩而导致先批预应力筋应力下降，此应力损失可按下式计算后加到先批预应力筋的张拉应力中去。

$$\Delta\sigma = \frac{E_s}{E_c}\frac{(\sigma_{con} - \sigma_1)A_p}{A_n}$$

式中 $\Delta\sigma$ ——先批张拉钢筋应增加的应力；

E_s ——预应力筋弹性模量；

E_c ——混凝土弹性模量；

σ_{con} ——预应力筋张拉控制应力；

σ_1 ——后批张拉预应力筋的第一批应力损失（包括锚具变形与摩擦损失）；

A_p ——后批张拉的预应力筋面积；

A_n ——构件混凝土净截面面积（包括构造钢筋折算面积）。

分批张拉的损失也可采取对先批预应力筋逐根复拉补足的办法处理。

4. 预应力筋伸长值校核

预应力筋在张拉时，通过伸长值的校核，可以综合反映出张拉应力是否满足，孔道摩阻损失是否偏大，以及预应力筋是否有异常现象等。因此规范规定当采用应力控制方法张拉时，应校核预应力筋伸长值。如实际伸长值比计算伸长值大 10%或小 5%，应暂停张拉，分析原因后应采取措施。

实测伸长值应在建立初应力之后进行，其实际伸长值应为

$$\Delta L' = \Delta L_1' + \Delta L_2' - \Delta$$

式中 $\Delta L'$ ——预应力筋实测伸长值；

$\Delta L_1'$ ——从初应力至最大张拉力之间的实测伸长值；

$\Delta L_2'$ ——初应力以下推算伸长值；

Δ ——施加应力后，后张法构件混凝土弹性压缩值引起预应力筋内缩，当其值微小时，可略去不计。

初应力取值应不低于 10%的 σ_{con}，以保证预应力筋拉紧。

对于初应力以下的推算伸长值 $\Delta L_2'$，可根据弹性范围内应力应变成正比的关系，用计算法确定。计算法是根据张拉时预应力筋应力与伸长值的关系来推算。如某预应力筋张拉应力从 0.3 σ_{con} 增加到 0.4 σ_{con}，钢筋伸长量 4 mm，若初应力确定为 10% σ_{con} 则其从 $\Delta L_2'$ 为 4mm。

5. 叠层构件的张拉

后张法预应力混凝土构件，一般在工地平卧重叠制作，重叠层数一般限制在 3 ~ 4 层。由于构件混凝土接触面摩阻力的存在，使得张拉时构件的弹性压缩变形受到限制，而当构件起吊后，摩阻力消失，构件混凝土弹性压缩变形将产生一个增量，引起预应力损失。该损失值与构件形式、隔离层和张拉方式有关。为减少和弥补该项预应力损失，可自上而下逐层加大张拉力。底层张拉力，对钢丝、钢绞线、热处理钢筋，不宜比顶层张拉力大 5%；对冷拉Ⅱ、Ⅲ、Ⅳ级钢筋，不宜比顶层张拉力大 9%。为了使逐层加大的张拉力符合实际情况，最好在正式张拉前对某叠层第一、二层构件的张拉压缩值进行实测，然后按下式计算各层应增加的张拉力：

$$\Delta N = (n-1)\frac{\Delta_1 - \Delta_2}{L} E_s A_p$$

式中　ΔN——层间摩阻力；

n——构件所在层数（自上而下计）；

Δ_1——第一层构件张拉压缩值；

Δ_2——第二层构件张拉压缩值；

L——构件长度；

E_s——预应力筋弹性模量；

A_p——预应力筋截面面积。

6. 孔道灌浆

预应力筋张拉锚固后，即可进行孔道灌浆。孔道灌浆的目的是为了防止钢筋的锈蚀，增加结构的整体性和耐久性，提高结构的抗裂性和承载能力。灌浆用的水泥浆应有足够强度和黏结力，且应有较好的流动性、较小的干缩性和泌水性。应采用强度不低于 42.5 MPa 普通硅酸盐水泥，水灰比宜控制在 0.4 左右搅拌后 3 h 泌水率宜控制在 2%，最大不得超过 3%。由于纯水泥浆的干缩性和泌水性都较大，凝结后往往形成月牙空隙，故对空隙大的孔道，可采用砂浆灌浆。砂浆宜选用细砂，并宜掺入水泥重量万分之一的铝粉或 0.25%的木质素磺酸钙，以增加灌浆的密实性和灰浆的流动性。水泥浆及砂浆强度，均不应小于 20 N/mm^2。灌浆用的水泥浆或砂浆要过筛，在灌浆过程中应不断搅拌，以免沉淀析水。灌浆工作应连续进行，不得中断，并应防止空气压入孔道而影响灌浆质量。灌浆压力以 0.5 ~ 0.6 N/mm^2 为宜，如压力过大，易胀裂孔壁。灌浆前，应用压力水将孔道冲刷干净，湿润孔壁。灌浆顺序，应先下后上，以免上层孔道漏浆把下层孔道堵塞。直线孔道灌浆时，应从构件一端灌到另一端。曲线孔道灌浆时，应从孔道最低处向两端进行。如孔道排气不畅，应检查原因，待故障排除后重灌。当灰浆强度达到 15 N/mm^2 时，方能移动构件，灰浆强度达到 100%设计强度时，才允许吊装。

6.8 电热张拉法

电张法缩的原理，对预应力钢筋通以低电压的强电流，由于钢筋电阻较大，致使钢筋遇热伸长，当伸长到一定长度，立即进行锚固并切断源，断电后钢筋降温而冷却回缩，则使混凝土建立预压应力。

电张法施工的主要优点是：操作简便，劳动强度低，设备简单，效率高；在电热张拉过程中对冷拉钢筋起到电热时效作用，还可消除钢筋在轧制过程中所产生的内应力，故对提高钢筋的强度有利。它不仅可应用于一般直线配筋的预应力混凝土构件，而且更适合于生产曲线配筋及高空作业的预应力混凝土构件。但由于电张法是以控制预应力筋伸长而建立预应力值，而钢筋材质不均匀又严重影响着预应力值建立的准确性，故在成批施工前，应用千斤顶对电张后的预应力筋校核其应力，摸索出钢筋伸长与应力间的规律，作为电张时的依据。

电张法适用于冷拉Ⅰ、Ⅱ、Ⅲ级钢筋的构件，可用于先张，也可用于后张。当用于后张时，可预留孔道，也可不预留孔道。不预留孔道的做法是：在预应力筋表面涂上一层热塑冷凝材料（如沥青、硫黄砂浆），当钢筋通电加热时，热塑涂料遇热熔化，钢筋可自由伸长，而当断电锚固后，涂料也随之降温冷凝，使预应力筋与构件形成整体。

1. 预应力筋伸长值计算

伸长值的计算是电张法的关键，构件按电张法设计，在设计中已经考虑了由于预应力筋放张而产生的混凝土弹性压缩对预应力筋有效应力值的影响，故在计算钢筋伸长时，只需考虑电热张拉工艺特点。电热张拉时，由于预应力筋不直以及钢筋在高温和应力状态下的塑性变形，将产生应力损失。因此，预应力筋伸长值按下式计算：

$$\Delta L = \frac{\sigma_{con} + 30}{E_s} \cdot l$$

式中 σ_{con}——设计张拉控制应力；

30——由于预应力筋不直和热塑变形而产生的附加预应力损失值（N/mm^2）；

E_s——电热后预应力筋弹性模量，当条件允许时，可由试验确定；

l——电热前预应力筋总长度。

对抗裂要求较高的构件，在成批生产前，根据实际建立的预应力值的复核结果，对伸长值进行必要的调整。

2. 电热设备选择

电热设备的选择包括：预应力筋电热温度的计算，变压器功率计算与选择，导线与夹具选择。

3. 预应力筋电热温度计算

预应力筋通电后，其随温度升高而伸长，当其伸长值为 ΔL 时，其电热后温度为

$$T = T_0 + \frac{\Delta L}{\alpha \cdot l}$$

式中 T——预应力筋电热温度；

T_0——预应力筋初始温度（一般为环境温度）；

α——预应力筋线膨胀系数（取 1.2×10^{-5}）；

l——电热前预应力筋全长（mm）。

对预应力筋的电热温度应加以限制，温度太低，伸长变形缓慢，功效低。若温度过高，对冷拉预应力筋起退火作用，影响预应力筋强度，因此，限制预应力筋电热温度不超过 350 °C。

4. 变压器功率计算

变压器功率应根据电热时间、预应力筋质量、伸长值与热工指标等因素确定，按下式计算：

$$P=\frac{GC}{380t}\cdot\frac{\Delta L}{\alpha l}$$

式中　P——变压器计算功率（kW）；

G——预应力筋质量（同时电热）（kg）；

C——预应力筋热容，取 0.46 kJ/（kg·°C）；

t——通电时间（h）。

其他同上。根据计算功率选择变压器，考虑到不可避免的损耗，则选择变压器容量应比计算值稍大些。

5. 变压器应符合下列要求：

一次电压为 220 ~ 380 V，二次电压为 30 ~ 65 V。电压降应为 2 ~ 3 V/m；二次额定电流值不宜小于：冷拉Ⅱ级钢筋为 120 A/cm^2；冷拉Ⅲ级钢筋为 150 A/cm^2；冷拉Ⅳ级钢筋为 200 A/cm^2。

6. 导线和夹具的选择

从电源接至变压器导线叫作一次导线，一般采用绝缘硬铜线；从变压器接至预应力筋的导线叫作二次导线。导线不应过长，一般不超过 30 m。导线的截面积由二次电流的大小确定，铜线的控制电流密度不超过 5 A/mm^2 铝线不超过 3 A/mm^2，以控制导线温度不超过 50 °C。夹具是供二次导线与预应力筋连接用的工具。对夹具的要求是：导电性能好，接头电阻小，与预应力筋接触紧密，接触面积不小于预应力筋截面积的 1.2 倍，且构造简单，便于装拆。夹具用紫铜制作。

7. 电热法施工工艺

电热张拉的预应力筋锚具，一般采用螺丝端杆锚具、帮条描具或镦头锚具，并配合 U 形垫板使用。预应力筋应作绝缘处理，以防止通电时电流的分流与短路。分流系指电流不能集中在预应力筋上，而分流到构件的其他部分；短路是指电流未通过预应力筋全长而半途折回的现象。因此，预留孔道应保证质量，不允许有非预应力筋与其他铁件外露。通电前应用绝缘纸垫在预应力钢筋与铁件之间做好绝缘处理，不得使用预埋金属波纹管预留孔道。

预应力筋穿人孔道并做好绝缘处理后，必须拧紧螺母，以减小垫板松动和钢筋不直的影响。拧紧螺母后，量出螺丝端杆在螺母外的外露长度，作为测定伸长的基数。当达到伸长控制值后，切断电源，拧紧螺母，电热张拉即告完成。待钢筋冷却后再进行孔道灌浆。

预应力筋电热张拉过程中，应随时检查预应力筋的温度，并做好记录，并用电流表测定电流。冷拉钢筋作预应力筋其反复通电次数不得超过三次，否则会影响预应力筋的强度。为保证电热张拉应力的准确性，应在预应力筋冷却后，用千斤顶校核应力值。校核时预应力值偏差不应大于相应阶段预应力值的-5% ~ 10%。

8. 无黏结预应力混凝土的施工

在高层或超高层建筑中，一般采用大空间。为解决大柱网现饶整体楼盖问题，大都采用后张无黏结预应力混凝土梁、板结构。所谓无黏结预应力混凝土，就是在浇筑混凝土之前，将钢丝束的表面覆裹一层涂塑层，并绑扎好钢丝束，埋在混凝土内。待混凝土达到设计强度之后，用张拉机具进行张拉，当张拉达到设计的应力后，两端再用特制的锚具锚固。这种借用锚具传递预先施加的应力，无须预留孔道，也不必在孔道内灌浆，使之产生预应力效果。

这样做的优点：一是可以降低楼层高度；二是空间大，可以提高使用功能；三是提高了结构的整体刚度；四是减少材料的用量。

9. 无黏结预应力筋的制作

无黏结预应力筋：一般由 7 根 $\phi 5$ 高强度钢丝组成，或成钢丝束，或拧成钢绞线，通过专用设备，涂包防锈油脂，再套上塑料套管。

（1）涂料及外包层：涂料层的作用：一是使预应力筋与混凝土隔离，减少张拉时的摩擦应力损失；二是阻止预应力筋的锈蚀。这就要求涂料具有：

① 不流淌，不变脆产生裂缝，防腐性能好；

② 化学成分稳定，防腐性能好；

③ 对周围材料无腐蚀；

④ 不透水，不吸潮。

外包层具有：

① 高温时，化学性能稳定；低温时，不变脆；

② 韧性和耐磨性强；

③ 对周围材料无腐蚀作用。

（2）无黏结预应力筋的制作

用于制作无黏结筋，钢丝束或钢绞线要求不应有死弯，每根必须通长，中间没有接头。

其制作工艺为：

编束放盘—涂上涂料层—覆裹塑料套—冷却—调直—成型。

10. 无黏结预应力筋的敷设

敷设之前，仔细检查钢丝束或钢绞线的规格，若外层有轻微破损，则用塑料胶带修补好；若外包层破损严重，则不能使用。敷设时，应符合下列要求：

（1）预应力筋的绑扎。

与其他普通钢筋一样，用铁丝扎牢固。

（2）双向预应力筋的敷设。

对各个交叉点票比较其标高，先敷设下面的预应力筋，再敷设上面的预应力筋。总之，不要使两个方向的预应力筋相互穿插编结。

（3）控制预应力筋的位置。

在配制预应力筋时，为使位置准确，不要单根配置，而要成束或先拧成钢绞线再敷设；在配置时，为严格竖向、环形、螺旋形的位置，还应设支架，以固定预应力筋的位置。

11. 预应力筋的端部处理

根据锚具而定。采用镦头锚具时，锚环被拉出后，塑料套管会产生空隙，必须注满防腐油脂。当采用夹片式锚具时，张拉后，切除多余外露的预应力筋，只保留 200 ~ 600 mm 的长度，并分散弯折在混凝土的圈梁内，以加强锚固。

12. 预应力筋的张拉

（1）张拉前的准备。

检查混凝土的强度，达到设计强度的100%时，才开始张拉；此外，还要检查机具、设备。

（2）张拉要点。

① 张拉中，严防钢丝被拉断，要控制同一截面的断裂不得超过2%，最多只允许1根。

② 当预应力筋的长度小于25 m时，宜采用一端张拉；若长度大于25 m时，宜采用两端张拉。

③ 张拉伸长值，按设计要求进行。

13. 张拉设备的测定及选用

① 所用张拉设备与仪表，应由专人负责使用与管理，并定期进行维护与检验。

② 张拉设备应配套，以确定张拉力与表读数的关系曲线。

③ 测定张拉设备用的试验机或测力计精度，不得低于±2%，压力表的精度不宜低于1.5级，最大量程不宜小于设备额定张拉力的1.3倍。

④ 测定时，千斤顶活塞运行方向，应与实际张拉工作状态一致。

⑤ 设备的测定期限不超过半年，否则必要时及时重新测定。

⑥ 施工时根据预应力筋种类等合理选择张拉设备。

⑦ 预应力筋张拉力不应大于设备额定张拉力。

⑧ 所用高压油栗与千斤顶，应符合产品说明书的要求。

⑨ 严禁在负荷时，拆换油管或压力表。

⑩ 接电源时，机壳必须接地，经检查绝缘可靠后，才可试运转。

14. 预应力的施工

（1）先张法施工。

① 张拉时，张拉机具与预应力筋应在一条直线上；顶紧锚塞时，用力不要过猛，以防钢丝折断；拧紧螺母时，应注意压力表读数，一定要保持所需张拉力。

② 台座法生产，其两端应设有防护设施，并在张拉预应力筋时，沿台座长度方向每隔4～5 m设置一个防护架，两端严禁站人，更不准进入台座。

③ 放张前，应先拆除构件侧模，使其能自由伸缩。

④ 放张时钢丝回缩值不应超过0.6 mm（冷拔低碳钢丝）或1.2 mm（碳素钢丝）。测试数据不得超过上述规定的20%。

（2）后张法施工。

① 预应力筋张拉时，任何人不得站在预应力筋两端，同时在千斤顶后面设立防护装置。

② 操作千斤顶的人员应严格遵守操作规程，应站在千斤顶侧面工作。在油泵开动过程中，不得擅自离开岗位，如需离开，应将油阀全部松开或切断电路。

③ 张拉时应做到孔道、锚环与千斤顶三对中，以使张拉工作顺利进行。

④ 钢丝、钢绞线、热处理钢筋及冷拉Ⅳ级钢筋，严禁采用电弧切割。

（3）电热张拉。

① 做好钢筋的绝缘处理。

② 调好初应力，使各预应力筋松紧一致，初应力值为（5%～10%）σ_{con}且做好测量伸长

值的标记。

③ 先进行试张拉，检查线路及电压、电流是否符合要求。

④ 测量伸长值应在一端进行，另一端设法顶紧或用小锤敲紧预应力筋。

⑤停电冷却 12 h 后，将预应力筋、螺母、垫板等互相焊牢，然后灌浆。

⑥ 构件两端必须设置安全防护设施。

⑦ 操作人员必须穿绝缘鞋，戴绝缘手套，操作时站在构件侧面。

⑧ 电热张拉时如发生碰火现象应立即停电，查找谭因，采取措施后再进行。

⑨ 冷拉钢筋采用电热张拉时，重复张拉不得超过三次。

⑩ 采用预埋金属波纹管作预留孔洞时不得采用电热施工。

⑪ 孔道灌浆必须在钢筋冷却后进行。

15. 事故处理

（1）先张法施工中常发生预应力钢丝滑动、构件翘曲、刚度差及脆性破坏等质量事故，其处理方法及原因分析见表 6.25。

表 6.25　先张法常见的质置事故及处理

现　象	原因分析	防治方法
钢丝滑动（钢丝向构件内收缩）	1. 钢丝表面被油污染； 2. 钢丝与混凝土之间的黏结力遭到破坏； 3. 放松钢丝的速度过快； 4. 超张拉值过大	1. 保持钢丝表面洁净； 2. 振捣混凝土一定要密实； 3. 待混凝土的强度达 80%以上才放松钢丝
钢丝被拉断	1. 钢丝的强度过高； 2. 其质不匀； 3. 超张拉值过大	1. 一般不用高强钢丝，只用国产的，其抗拉强度为 750 MPa；不用进口的 1 500 MPa 的钢丝； 2. 张拉时，施工人员不得站在张拉台座的两边，只能站在张拉台座的两端，以免高强钢丝断裂而伤人
构件脆断或构件翘曲	1. 钢丝应力、应变性能差； 2. 配筋率低；张拉控制应力过高； 3. 台座不平；预应力筋位置不准； 4. 构件刚度差	1. 控制冷拔钢丝截面的总压缩率，以改善应力、应变性能； 2. 避免过高的预应力值； 3. 不要用增加冷拔次数来提高钢丝的强度； 4. 增大混凝土构件的截面

（2）后张法施工中常发生的质量事故及处理：在后张法施工中，常发生的质量事故有：孔道位置不正，孔道塌陷、堵塞、预应力值不足，孔道灌浆不通畅、不密实，无黏结预应力混凝土摩阻损失大，张拉后，构件产生弯曲变形等，见表 6.26。

表 6.26　后张法施工常见的质置事故及处理

现象名称	产生原因	防治方法
孔道位置不正（孔道位置偏斜，引起构件在施加应力时，发生侧弯和开裂）	1.芯管未与钢筋固定牢，井字架间距过大；2.浇筑混凝土时，振动棒的振动芯管偏移	在浇筑混凝土前，应检查预埋件及芯管位置是否正确，芯管应用钢“井”字架支垫，“井”字架尺寸应正确，并应绑扎在钢筋骨架上，其间距不得大于 1.0 m；灌注混凝土时，防止振动棒振动芯管偏移；需起拱的构件，芯管应同时起拱，以保证保护层厚度

续表

现象名称	产生原因	防治方法
孔道塌陷、堵塞（后张法构件预留孔道塌陷或堵塞，使预应力筋不能顺利穿过，不能保证灌浆质量）	1. 抽芯过早，混凝土尚未凝固 2. 孔壁受外力和振动影响，如抽管时，因方向不正而产生的挤压和附加振动等；3.抽管的速度过快	钢管抽芯宜在混凝土初凝后、终凝前进行；浇灌混凝土后，钢管应每隔 10～15 min 转动一次，转动应始终顺同一方向；用两根钢管对接的管子，两根管子的旋转方向应相反；抽管程序宜先上后下，先曲后直；抽管速度要均匀，其方向应与孔道走向保持一致；芯管抽出后，应及时检查孔道成型质量，局部塌陷处，可用特制长杆及时加以疏通
预应力值不足（重叠生产构件，如屋架等张拉后，常出现应力值不足情况，对Ⅱ级冷拉钢筋的应力损失，最大可达 10%以上）	后张法构件施加预应力时，混凝土弹性压缩损失值在张拉过程中同时完成，结构设计时，可不必考虑；而采用重叠方法生产构件，由于上层构件重量和层间黏结力，将阻止上、下层构件张拉时的弹性压缩，当构件起吊后，层间摩阻力消除，从而产生附加预应力损失	采取自上而下分层进行张拉，并逐层. 加大张拉力；但底层张拉力不宜超过顶层张拉力 5%（对钢丝、钢绞线和热处理钢筋），或 9%（对冷拉Ⅱ～Ⅳ级钢筋）；做好隔离层（用石灰膏加废机油或铺油毡、塑料薄膜）；浇捣上层混凝土，防止振动棒触及下层构件
孔道灌浆不密实（孔道灌浆不饱满，强度低）	1.灌浆的水泥强度过低，或过期，受潮，失效 2.灌浆的顺序不当：宜先灌下层后灌上层，避免将下层孔道堵住；3.灌浆压力过小；4.未设排气孔，部分孔道被空气阻塞；5.灌浆未连续进行，部分孔道被堵	灌浆水泥强度应采用 32.5 MPa 以上普通水泥或矿渣水泥；灰浆水灰比宜控制在 0.4 左右，为减少收缩，可掺入 0.01%的铝粉或 0.25%的减水剂；铝粉应先和水泥拌匀使用；灌浆前用压力水冲洗孔道，灌浆顺序应先下后上；直线孔道灌浆，可从构件一端到另一端，曲线孔道应从最低点开始向两端进行；孔道末端应设排气孔，灌浆压力以 0.3～0.5 MPa 为宜，每个孔道一次灌成，中途不成停顿；重要预应力构件可进行二次灌浆，在第一次灌浆初凝后进行
孔道裂缝（构件灌浆前后，沿孔道方向产生水平裂缝）	1. 抽管、灌浆操作不当，产生裂缝； 2. 冬期施工灰浆受冻膨胀，将孔道胀裂	防止抽管、灌浆操作不当产生孔道裂 缝的措施参见防止“孔道塌陷、堵塞”有关部分；混凝土应振捣密实，特别是保证孔道下部的混凝土密实；尽量避免在冬期进行孔道灌浆，必须在冬期灌浆时，应在孔道中通人蒸汽或热水预热，灌浆后做好构件的加热和保温措施

7 质量检测

7.1 超声法检测混凝土缺陷

混凝土结构的缺陷，是指那些在宏观材质不连续、性能参数有明显变异，而且对结构的承载能力和使用性能产生影响的区域。混凝土结构物，由于设计、施工等原因或受使用环境、自然灾害的影响，在内部可能会存在不密实区域或空洞，在外部可能形成蜂窝麻面、裂缝或损伤层等缺陷，这些缺陷的存在会严重影响结构的承载能力和耐久性。采用简便有效的方法查明混凝土各种缺陷的性质、范围及大小，以便进行技术处理，是工程建设、运营养护过程中一个重要问题。目前，在诸多混凝土缺陷的无损检测方法中，应用最广泛、最有效的是超声法检测。

7.1.1 超声法检测

1. 超声波检测混凝土缺陷的基本原理

采用超声脉冲波检测混凝土缺陷的基本依据是：利用超声波在技术条件相同（指混凝土原材料、配合比、龄期和测试距离一致）的混凝土中传播的时间（或速度）、接收波的振幅和频率等声学参数的变化，来判定混凝土的缺陷。因为超声脉冲波传播速度的快慢，与混凝土的密实程度有直接关系，对于技术条件相同的混凝土来说，声速高则混凝土密实，相反则混凝土不密实。当有空洞、裂缝等缺陷存在时，破坏了混凝土的整体性，由于空气的声阻抗率远小于混凝土的声阻抗率，超声波遇到蜂窝、空洞或裂缝等缺陷时，会在缺陷界面发生反射和散射，因此传播的路程会增大，测得的声时会延长，声速会降低。其次，在缺陷界面超声波的声能被衰减，其中频率较高的部分衰减更快，因此接收信号的波幅明显降低，频率明显减小或频率谱中高频成分明显减少。再次，经缺陷反射或绕过缺陷传播的超声波信号与直达波信号之间存在相位差，叠加后互相干扰，致使接收信号的波形发生畸变。根据上述原理，在实际测试中，可以利用混凝土声学参数测量值和相对变化综合分析，判别混凝土缺陷的位置和范围，或者估算缺陷的尺寸。

2. 超声波检测混凝土缺陷的方法

超声脉冲波检测混凝土缺陷技术一般根据被测结构的形状、尺寸及所处环境，确定具体测试方法。常用的测试方法大致分为以下几种。

（1）平面测试（用厚度振动式换能器）。

对测法：一对发射（T）和接收（R）换能器，分别置于被测结构相互平行的两个表面，且两个换能器的轴线位于同一直线上。

斜测法：一对发射和接收换能器分别置于被测结构的两个表面，但两个换能器的轴线不在同一直线上；单面平测法：一对发射和接收换能器分别置于被测结构同一表面上进行测试。

（2）测试孔测试（采用径向振动式换能器）。

孔中对测：一对换能器分别置于两个对应测试孔中，位于同一高度进行测试；孔中斜测：一对换能器分别置于两个对应测试孔中，但不在同一高度进行而是在保持一定高程差的条件下进行测试。

孔中平测：一对换能器分别置于同一测试孔中，以一定的高程差同步移动进行测试。本节将简述混凝土浅裂缝、深裂缝、混凝土匀质性、不密实和空洞区域、两次绕灌混凝土结合面等缺陷的超声波检测方法。

7.1.2 混凝土浅裂缝检测

所谓浅裂缝，系指局限于结构表层，开裂深度不大于 500 mm 的裂缝。实际检测时一般可根据结构物的断面尺寸和裂缝在结构表面的宽度，大致估计被测的是浅裂缝还是深裂缝。对一般工程结构中的梁、柱、板和机场跑道等出现的裂缝，都属于浅裂缝。在测试时，根据被测结构的实际情况，浅裂缝可分为单面平测法和对穿斜测法。

1. 平测法

当结构的裂缝部位只具有一个表面可供检测时，可采用平测法进行裂缝深度检测。平测时今在裂缝的被测部位以不同的测距同时按跨缝和不跨缝布置测点进行声时测量。首先将发射换能器 T 和接收换能器 R 置于被测裂缝的同一侧，并将 T 耦合好保持不动，以 T、R 两个换能器内边缘间距为 l_i'=100 mm，150 mm，200 mm…依次移动 R 并读取相应的声时值 t_i。也可用统计方法求 l' 与 t 之间的回归直线式 $l' = a + bt$，式中 a、b 为待求的回归系数。

每一个测点的超声实际传播距离为

$$l_i = l_i' + a$$

式中 l_i——第 i 点的超声波实际传播距离（mm）；

l_i'——第 i 点的 T、R 换能器内边缘间距（mm）；

a——“时—距”图中轴的截距或回归所得的常数项（mm）。

其次，进行跨缝的声时测量。将 T、R 换能器分别置于以裂缝为轴线的对称两侧，两换能器中心连线垂直于裂缝走向，以 l' = 100 mm、150 mm、200 mm……，分别读取声时值 t_i^0。该声时值便是超声波绕过裂缝末端传播的时间。根据几何关系，可推算出裂缝深度的计算式为

$$d_{ci} = \frac{l_i}{2}\sqrt{\left(\frac{t_i^0}{2}\right)^2 - 1}$$

式中 d_{ci}——裂缝深度（mm）；

t_i，t_i^0——分别代表测距为 l_i 时不跨缝、跨缝平测的声时值（μs）。

以不同测距取得的心的平均值作为该裂缝的深度值如所得的元值大于原测距中任一个 l_i 则应该把该 l_i 距离的 d_{ci} 舍弃后重新计算 d_c 值。

以声时推算浅裂缝深度，是假定裂缝中充柯空气，声波绕过裂缝末端传播。若裂缝中有

水或泥浆，则声波经水介质耦合穿裂缝而过，不能反映裂缝的真实深度。因此检测时，裂缝中不得有填充水和泥浆。当有钢筋穿过裂缝且与 T、R 换能器的连线大致平行靠近时，则沿钢筋传播的超声波首先到达接收换能器，测试结果也不能反映裂缝的深度。因此，布置测点时应注意使 T、R 换能器的连线至少与该钢筋的轴线相距 1.5 倍的裂缝预计深度。

2. 斜测法

一当结构物的裂缝部位具有两个相互平行的测试表面时，可采用斜测法检测。保持 T、R 换能器的连线通过缝和不通过缝的测试距离相等、倾斜角一致的条件下，读取相应的声时；波幅和频率值。当 T、R 换能器的连线通过裂缝时，由于混凝土失去了连续性，超声波在裂缝界面上产生很大衰减，接收到的首波信号很微弱，其波幅和频率与不过缝的测点值比较有很大差异。据此便可判断裂缝的深度及是否在水平方向贯通。斜测法检测裂缝深度具有直观、可靠的特点，若条件许可宜优先选用。

7.1.3 混凝土深裂缝检测

所谓深裂缝，系指混凝土结构物表面开裂深度在 500 mm 以上的裂缝。对于水坝桥墩、大型设备基础等大体积混凝土结构，在浇筑混凝土过程中，由于水泥的水化热散失较慢，混凝土的内部温度比表面高，使结构断面形成较大的温差，当由此产生的拉应力大于混凝土抗拉强度时，便在混凝土中产生裂缝。

1. 测试方法

深裂缝的检测一般是在裂缝两侧钻测试孔，用径向振动式换能器置于测试孔中进行测试。在裂缝两侧分别钻测试孔 *A*、*B*。应在裂缝一侧多钻一个较浅的孔 *C*，测试无缝混凝土的声学参数，供对比判别之用。测试孔应满足下列要求：孔径应比换能器直径大 5 ~ 10 mm；孔深应至少比裂缝预计深度深 700 mm，经测试如浅于裂缝深度，则应加深测试孔；对应的两个测试孔，必须始终位于裂缝两侧，其轴线应保持平行；两个对应测试孔的间距宜为 2 m，同一结构的各对应测孔间距应相同；孔中粉末碎屑应清理干净。

检测时应选用频率为 20 ~ 40 kHz 的径向振动式换能器，并在其接线上做出等距离标志(一般间隔 100 ~ 500 mm)。测试前要先向测试孔中注满清水作为耦合剂，然后将 T、R 换能器分别置于裂缝两侧的对应孔中，以相同高程等间距从上至下同步移动，逐点读取声时、波幅和换能器所处的深度。

2. 裂缝深度判定

以换能器所处深度 d 与对应的波幅值 A，随着换能器位置的下移，波幅逐渐增大，当换能器下移至某一位置后，波幅达到最大并基本稳定，该位置所对应的深度便是裂缝深度 d_c。

7.1.4 混凝土不密实区和空洞检测

混凝土和钢筋混凝土结构物在施工过程中，有时因漏振、漏浆或因石子架空在钢筋骨架上，导致混凝土内部形成蜂窝状不密实区或空洞。这种结构物内部的隐蔽缺陷，应及时检查出并进行技术处理。

1. 测试方法

混凝土内部的隐蔽缺陷情况，无法凭直觉判断，因此这类缺陷的测试区域，一般总要大于所怀疑的有缺陷的区域，或者首先作大范围的粗测，根据粗测情况再着重对可疑区域进行细测。根据被测结构实际情况，可按下列方法布置换能器进行检测。

（1）平面对测。

当结构被测部位具有两对平行表面时，可采用对测法。在对测法换能器布置示意图

测区的两对相互平行的测试面上，分别画出间距为 200 ~ 300 mm 的网格，并编号确定对应的测点位置，然后将 T、R 换能器分别置于对应测点上，逐点读取相应的声时（t_i）、波幅（A_i）和频率（f_i），并量取测试距离（l_i）。

（2）平面斜测。

结构中只有一对相互平行的测试面或被测部位处于结构的特殊位置，可采用斜测法进行检测。

（3）测试孔检测法。

当结构的测试距离较大时，为了提高测试灵敏度，可在测区适当位置钻一个或多个平行于侧面的测试孔。测孔的直径一般为 45 ~ 50 mm，测孔深度视检测需要而定。结构侧面采用厚度振动式换能器，一般用黄油耦合，孔中用径向振动式换能器，用清水作耦合剂。检测时根据需要，可以将孔中和侧面的换能器置于同一高度，也可将二者保持一定的高度差，同步上下移动，逐点读取声时、波幅和频率值，并记下孔中换能器的位置。

2. 不密实区和空洞的判定

由于混凝土本身的不均匀性，即使是没有缺陷的混凝土，测得的声时、波幅等参数值也在一定范围内波动。因此，不可能有一个固定的临界指标作为判断缺陷的标准，一般都利用统计方法进行判别。一个测区的混凝土如果不存在空洞、蜂窝区或其他缺陷，则可认为这个测区的混凝土质量基本符合正态分布，虽因混凝土质量的不均匀性，使声学参数测量值产生一定离散，但一般服从统计规律。若混凝土内部存在缺陷，则这部分混凝土与周围的正常混凝土不属于同一母体，其声学参数必然存在明显差异。

（1）混凝土声学参数的统计计算。

测区混凝土声时（或声速）、波幅、频率测量值的平均值（m_{x}）和标准差（s_{x}）应按下式计算：

$$m_{\mathrm{x}} = \frac{1}{n}\sum_{i=1}^{n} X_i$$

$$S_{\mathrm{x}} = \sqrt{\left(\sum_{i=1}^{n} X_i^2 - n m_{\mathrm{x}}^2\right) / (n-1)}$$

式中 X_{i}——第 i 点的声时（或声速）、波幅、频率的测量值；

N——一个测区参与统计的测点数。

（2）测区中异常数据的判别。

将一测区中各测点的声时值由小到大按顺序排列，即 $t_1 < t_2 < \cdots < t_{\mathrm{n}} < t_{\mathrm{n+1}} \cdots$，将排在后面明显大的数据视为可疑，再将这些可疑数据中最小的一个（假定为 t_{n}）连同其前面的数据计算出 m_{t} 及 s_{t}，算出异常情况的判断值（X_0）

$$X_0=m_t+\lambda_1 s_t$$

式中　λ——异常值判定系数，应按表 7.1 取值。

表 7.1　统计数的个数 n 与对应的 λ_1 值

n	14	16	18	20	22	24	26	28	30
λ_1	1.47	1.53	1.59	1.64	1.69	1.73	1.77	1.80	1.83
n	32	34	36	38	40	42	44	46	48
λ_1	1.86	1.89	1.92	1.94	1.96	1.98	2.00	2.02	2.04
n	50	52	54	56	58	60	62	64	66
λ_1	2.05	2.07	2.09	2.10	2.12	2.13	2.14	2.16	2.17
n	68	70 •	72	74	76	78	80	82	84
λ_1	2.18	2.19	2.20	2.21	2.22	2.23	2.24	2.25	2.26
n	86	88	90	92	94	96	98	100	102
λ_1	2.27	2.28	2.29	2.30	2.30	2.31	2.32	2.32	2.33

把 X_0 值与可疑数据中的最小值（t_n）相比较，若 t_n 大于或等于 X_0，则 t_n 及排在其后的声时值均为异常值；当 t_n 小于 X_0 时，应再将 t_{n+1} 放进去重新进行统计计算和判别。

同样，将一测区测点的波幅、频率或由声时计算的声速值按由大到小的顺序排列，即 $X_1>X_2>\cdots>X_n>X_{n+1}>\cdots$排在后面明显小的数据视为可疑，再将这些可疑数据中最大的一个（假定为 X_n）连同其前面的数据计算出 m_t 及 s_t，算出异常情况的判断值（X_0）。

$$X_0=m_x-\lambda_1 s_t$$

把判断值（X_0）与可疑数据中的最大值（X_n）相比较，若 X_n 小于或等于 X_0，则及排在其后的各数据均为异常值；当 X_n 大于 X_0，应再将 X_{n+1} 放进去重新进行统计计算和判别。

7.1.5　两次浇筑的混凝土结合面质置检测

对于一些重要的混凝土和钢筋混凝土结构物，为保证其整体性，应该连续不间断地一次浇筑完混凝土。但有时因施工工艺的需要或意外因素，在混凝土浇筑的中途停顿的间歇时间超过 3 h 后再继续浇筑；还有已有的混凝土结构物因某些原因需加固补强，进行第二次混凝土浇筑等。在同一构件上，两次浇筑的混凝土之间，应保持良好的结合，使其形成一个整体，方能确保结构的安全使用。因此，一些结构构件新旧混凝土结合面质量的检测就非常必要，超声波检测技术的应用为其提供了有效途径。

1. 检测方法

超声波检测两次浇筑的混凝土结合面质量一般采用斜测法，通过穿过与不穿过结合面的超声波声速、波幅和频率等声学参数相比较进行判断。布置测点时应注意以下几点：

（1）测试前应查明结合面的位置及走向，以正确确定被测部位及布置测点；

（2）所布置的测点应避开平行超声波传播方向的主钢筋或预埋钢板；

（3）使测试范围覆盖全部结合面或有怀疑的部位；

（4）为保证各测点具有一定的可比性，每一对测点应保持其测线的倾斜度一致，测距相等；

（5）测点间距应根据被测结构尺寸和结合面外观质量情况而定，一般为 100 ~ 300 mm，间距过大易造成缺陷漏检的危险。

2. 数据处理及判定

两次浇筑的混凝土结合面质量的判定与混凝土不密实区和空洞的判定方法基本相同。把超声波跨缝与不跨缝的声时（或声速）、波幅或频率的测量值放在一起，分别进行排列统计。当混凝土结合面中有局部地方存在缺陷时，该部位的混凝土失去连续性，超声脉冲波通过时，其波幅和频率会明显降低，声时也有不同程度增大。因此，凡被判为异常值的测点，查明无其他原因影响时，可以判定这些部位结合面质量不良。

7.1.6 混凝土表面损伤层检测

混凝土和钢筋混凝土结构物，在施工和使用过程中，其表面层会在物理和化学因素的作用下受到损害，如火灾、冻害和化学侵蚀等。从工程实测结果来看，一般总是最外层损伤程度较为严重，越向内部深入，损伤程度越轻。在这种情况下，混凝土强度和超声声速的分布应该是连续的。但为了计算方便，在进行混凝土表面损伤层厚度的超声波检测时，把损伤层与未损伤部分简单地分为两层来考虑。

1. 测试方法

超声脉冲法检测混凝土表面损伤层厚度宜选用频率较低的厚度振动式换能器，采用平测法检测。将发射换能器 T 置于测试面某一点保持不动，再将接收换能器 R 以测距 100 mm、150 mm、200 mm……，依次置于各点，读取相应的声时值 t_i。R 换能器每次移动的距离不宜大于 100 mm，每一测区的测点数不得少于 5 个。

检测时测区测点的布置应满足以下要求：

（1）根据结构的损伤情况和外观质量选取有代表性的部位布置测区；

（2）结构被测表面应平整并处于自然干燥状态，且无接缝和饰面层；

（3）测点布置时应避免 T、R 换能器的连线方向与附近主钢筋的轴线平行。

2. 损伤层厚度判定

以各测点的声时值 t_i 和相应测距值 l_i 绘制“时-距”坐标图（图 7.1），两条直线的交点 B 所对应的测距定为 l_0，直线 AB 的斜率便是损伤层混凝土的声速 v_1，直线 BC 的斜率便是未损伤层混凝土的声速巧 v_2，则

$$v_1 = c\tan\alpha = \frac{l_1 - l_2}{t_1 - t_2}$$

$$v_2 = c\tan\beta = \frac{l_5 - l_3}{t_5 - t_3}$$

损伤层厚度可按下式计算

$$d = \frac{l_0}{2}\sqrt{\frac{v_2 - v_1}{v_2 - v_1}}$$

式中 d——损伤层厚度（mm）；

l_0——声速产生突变时的测距（mm）；

v_1——损伤层混凝土的声速（km/s）；

v_2——未损伤层混凝土的声速（km/s）。

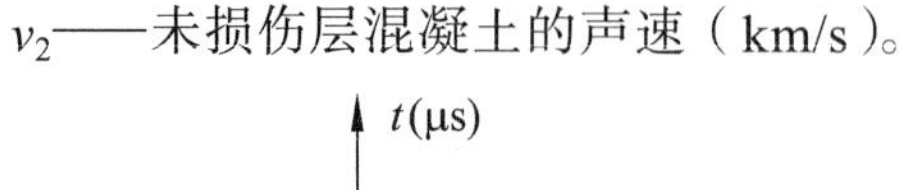

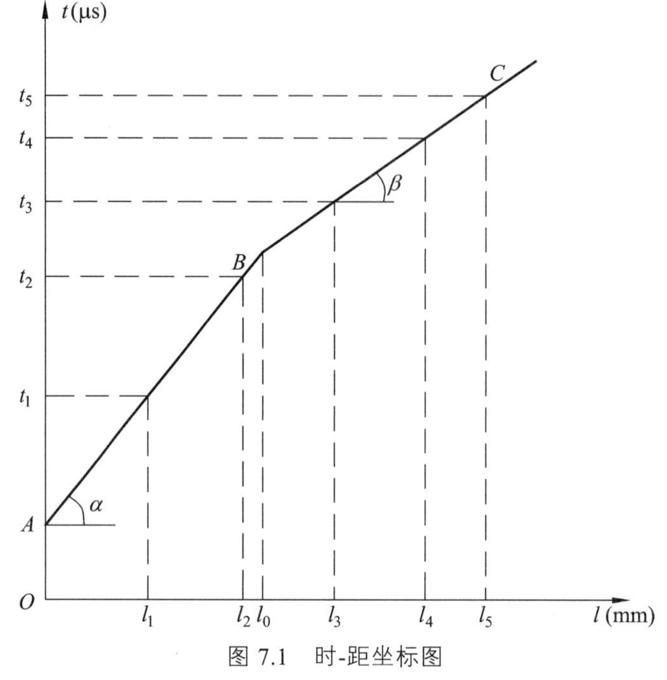

图 7.1　时-距坐标图

7.1.7　混凝土匀质性检测

所谓混凝土匀质性检测，是对整个结构物或同一批构件的混凝土质量均匀性的检测。混凝土匀质性检测的传统方法是，在结构物浇筑混凝土现场取样制作混凝土标准试块，以其破坏强度的统计值来评价混凝土的匀质性。应该指出：这种方法存在一些局限性，例如，试块的数量有限；因结构的几何尺寸、成型方法等不同，结构物混凝土的密实程度与标准试块会存在较大差异，可以说标准试块的强度很难全面反映结构混凝土质量均匀性。为克服这些缺点，通常采用超声脉冲法检测混凝土的匀质性。超声脉冲法直接在结构上进行检测，具有全面、直接、方便、数据代表性强的优点，是检测混凝土匀质性的一种有效的方法。

1. 测试方法

一般采用厚度振动式换能器进行穿透对测法检测结构混凝土的匀质性。要求被测结构应具备一对相互平行的测试表面，并保持平整、干净。先在两个测试面上分别画出等间距的网格，并编上对应的测点序号。网格的间距大小取决于结构的种类和测试要求，一般为 200～500 mm。对于测距较小，质量要求较高的结构，测点间距宜小些。测点布置时，应避开与超声波传播方向相一致的钢筋。测试时，应使 T、R 换能器在对应的测点上保持良好耦合状态，逐点读取声时值 t_i 并测量对应测点的距离 l_i 值。

2. 计算和分析

混凝土的声速值、混凝土声速的平均值、标准差及离差系数分别按下列公式计算：$v_i=\frac{t_i}{l_i}$

$$m_{\mathrm{v}}=\frac{1}{n}\sum_{i=1}^{n}v_i$$

$$S_{\mathrm{V}}=\frac{1}{n}\sqrt{\left(\frac{1}{n}\sum_{i=1}^{n}v_i^2-n\cdot m_{\mathrm{V}}^2\right)/(n-1)}$$

$$C_{\mathrm{V}}=\frac{S_{\mathrm{V}}}{m_{\mathrm{V}}}$$

式中　v_{i}——第 i 点混凝土声值（km/s）；

l_{i}——超声检测距离（mm）；

t_{i}——第 i 点声时值（p）；

m_{v}——混凝土声速平均值（km/s）；

S_{V}——混凝土声速的标准差（km/s）；

C_{V}——混凝土声速的离差系数；

n——测点数。

根据声速的标准差和离差系数（变异系数），可以相对比较相同测距的同类结构或各部位混凝土质量均匀性的优劣。

7.2　混凝土钻孔灌注桩完整性检测

混凝土钻孔灌注桩是高层建筑、桥梁等工程结构常用的桩基形式之一。桩基属于地下隐蔽工程，施工技术比较复杂，工艺流程相互衔接紧密，施工时需灌注大量水下混凝土稍有不慎极易出现缩颈、夹泥、断桩等多种形态复杂的质量缺陷，影响桩身的完整性和桩的承载能力，从而直接影响上部结构的安全。据统计国内外钻孔灌注桩的事故率高达 5%～10%。因此，对钻孔灌注桩质量无损检测，具有特别重要的意义。

灌注桩的成桩质量通常应包含两方面内容，一是桩基的承载能力；二是桩身的完整性，桩基的承载能力检验有两种方法，一为静载试验，它具有直接、可靠等优点，但也存在试验费用高、试验过程长等不足；一为高应变检测法（又名大应变法），即根据土动力学和波动理论来推断桩基的承载能力，它具有试验简单、快速、费用低等优点，但可靠性稍差。桩身的完整性检测是通过现场动力试验来判断桩身质量、内部缺陷的一种测试方法，常见的内部缺陷有夹泥、断裂、缩颈、混凝土离析及桩顶混凝土密实性较差等。桩身的完整性检测主要采用低应变检测法（又名小应变法），它具有速度快、设备轻便、费用低等优点，目前在国内外已得到广泛的应用。

按其所依据的检测原理，常用的方法有反射波法、超声波透射法和机械阻抗法等。目前应用最为广泛的是反射波法。本节将分别介绍这三种方法。

7.2.1　反射波法

1. 基本原理

反射波法源于应力波理论，基本原理是在桩顶进行竖向激振，弹性波沿着桩身向下传播，在桩身存在明显波阻抗界面（如桩底、断桩或严重离析等部位）或桩身截面积变化（如缩径或扩径）部位，将产生反射波。经接收、放大滤波和数据处理，可识别来自桩身不同部位的反射信息，据此判断桩身的完整性。

通常，桩被假定为一维弹性杆件，由压缩波传播理论可推得不连续面两侧的波阻抗比为

$$\alpha=\frac{v_{p2}A_2E_2}{v_{p1}A_1E_1}=\frac{v_{p2}\bar{m}_2}{v_{p1}\bar{m}_1}=\frac{v_{p2}\rho_2}{v_{p1}\rho_1}$$

式中 v_{p1}，v_{p2}——不连续面上、下段的弹性波波速；

ρ_1，ρ_2——不连续面上、下段的质量密度；

A_1，A_2——不连续面上、下段的杆件截面积；

E_1，E_2——不连续面上、下段的弹性模量；

$\bar{m}_1$，$\bar{m}_2$——不连续面上、下段的质量。

因此，$v_{p1}\rho_1$ 及 $v_{p2}\rho_2$ 为上、下段的阻抗。当 $a=1$ 时，弹性杆连续，无突变。然后，截面 A 变化（缩、扩颈），或者质量密度 ρ 变化（孔隙、夹泥等），或者弹性波传播速度 v_p 变化（疏松与硬化），都会使 a 不为 1，形成不连续面，产生反射，如表 7.2。

表 7.2　波阻抗比 a 变化情况表

a	反射波与入射波的相位	杆的状态
0	同相	杆端为自由端
∞	反相	杆端为固定端
>1	反相	$A_2E_2/A_1E_1>1$，扩颈
<1	同相	$A_2E_2/A_1E_1<1$ 缩颈

其次，由弹性杆件振动理论，可以得到

$2f_nL=v_p$（两端自由）

$4f_nL=v_p$（一端固定）

式中 L——桩长；

f_n——桩的固有频率。

当桩的持力层是土层时，可视作二端自由的弹性杆件，只有当桩与新鲜基岩（或微风化）良好固结时，才可视作一端固定。

2. 测试设备

反射波检测系统主要由传感器、信号采集及处理器构成测桩仪设备，弹性波激发设备由各类力锤组成，传感器可选用宽频带的速度型或加速度型传感器。

3. 现场布置与测试

（1）对于灌注桩，混凝土应达到养护龄期，测试时须将上部的浮浆及松散碎屑清理干净。

（2）桩头不平整时，应予整平，其面积至少应可放置一个传感器。

（3）检测前应对仪器设备进行检查，性能正常方可使用。

（4）激振点宜选择在桩头中心部位。传感器与桩头应采用石膏、橡皮泥或电磁铁紧密连

接，避免用手在桩头上按压传感器，导致各种干扰。对于大直径的桩可设置两个或两个以上的传感器。

（5）根据桩位图及预定的百分比确定被测桩号及位置，并加以标识。检测混凝土灌注桩桩身完整性时，抽测数不得少于该批桩总数的 20%，且不少于 10 根；对混凝土预制桩，抽测数不小于 10%，且不少于 5 根。抽测不合格数超过抽测数的 30%时，应加倍抽测。被测桩的确定可按随机方法，或参考施工记录，抽测有疑问的桩；或按桩的作用抽取如角桩边桩等.也可几种方法结合起来确定。

（6）每一根被检测的桩均应进行两次以上重复测试，重复测试的波形应与原波形具有相似性。出现异常波形应在现场研究，排除影响测试的不良因素后再复测。每根桩检测的波形记录不少于 3 条，以备分析。

4. 检测资料的分析整理

（1）分析资料前，必须收集到下列资料：工程地质勘查报告、桩的设计资料非正常桩的施工记录、桩身混凝土标号检测报告、压桩试验报告等。

（2）按式即可得

$$\frac{2L}{t_r} = v_p$$

式中　t_r——桩的固有周期，也即桩底反射波到达时间（s）；

L——桩身全长（m）；

v_p——桩身混凝土波速。

如反射波由不连续面（缺陷）反射时，则可转换成

$$L' = \frac{1}{2} v_{pm} t'_r$$

式中　L'——缺陷的深度（m）；

t'_r——缺陷反射波到达时间（s）；

v_{pm}——同一工地内多根合格桩桩身的平均值。

根据相应的混凝土波速 v_p，即可得到桩底反射波到达时间。混凝土标号越高，v_p 越大。由于混凝土的骨料、水泥类型不同，相同标号的混凝土波速、有一定离散性。

因此，波速与标号之间只是参考关系，如表 7.3。

表 7.3　混凝土标号与压缩波波速近似关系

混凝土标号	40	35	30	25	20
v_p/（m/s）	＞4 200	＞4 000	3 800	3 200	2 600

（3）如波形中有桩底反射波出现，说明该桩未断；如桩底反射波之前无其他反射波出现，说明该桩为完整桩。

（4）如在桩底反射波之前，尚有其他反射波出现，说明桩身存在不连续面。该反射波出现越早，说明不连续面越近桩头。其深度可以求得。每一个反射反映一个不连续面。如几个反射波的时间间隔相等，即为一个面的多次反射。

（5）对不连续面必须加以鉴别。如反射波与激发波同相位，即为缺陷（如缩颈空洞等）；

如反向，则为扩颈。判断是否缺陷应结合工程地质资料及施工记录综合分析。

（6）如反射波出现较早，又无桩底反射，则断桩的概率极高。为避免误判，可横向激振，如出现低频振动，即为断桩。

（7）对于钻孔灌注桩，考虑到桩身与承台连接，桩头常有钢筋露出，这对实测波形有一定影响，严重时可影响反射信息的识别。这是因为在桩头激振时，钢筋所产生的回声极易被检波器接收，之后又与反射信息叠加在一起。克服这一因素影响的方法是，将检波器用细砂或粒土屏蔽起来，使检波器收不到声波信息。

7.2.2 超声透射法

钻孔灌注桩超声脉冲检测法的基本原理与超声测缺和测强技术基本相同。但由于桩深埋土内，而检测只能在地面进行，因此又有其特殊性。

1. 检测方式

为了使超声波能横穿各不同深度的横截面，必须使超声换能器伸入桩体内部。为此，需事先预埋声测管，作为换能器进入桩内的通道。根据声测管埋置的不同情况，可以有如下三种检测方法。

（1）双孔检测。

在桩内预埋两根以上管道，把发射换能器和接收换能器分别置于两根管道中。检测时超声脉冲波穿过两管道之间的混凝土，实际检测范围即为超声波从发射到接收换能器所扫过的区域。为了尽可能扩大在桩横截面上的有效检测控制面积，必须使声测管的布置合理。双孔检测时根据两换能器高程的变化，又可分为平测、斜测、扇形扫测等方式。

（2）单孔检测。

在某些特殊情况下，只有一个孔道可供检测使用，这时可采用单孔测量方式。两换能器放置在一个孔中，其间用隔声材料隔离。这时超声波从水中和混凝土中分别绕射到接收换能器，接收信号为从水及混凝土等不同声通路传播而来的信号的叠加，分析这一叠加信号即可获得孔道周围混凝土质量的信息。运用这一检测方式时，必须运用信号分析技术，排除管中的影响干扰。当孔道内有钢制套管时，不能采用这种方法检测。

（3）桩外孔检测。

当桩的上部结构已施工，或桩内未预埋管道时，可在桩外的土基中钻一孔作为检测通道。检测时在桩顶放置一较强功率的低频平探头，向下沿桩身发射超声脉冲波，接收换能器由桩外孔中慢慢放下。超声脉冲沿桩身混凝土并穿过桩与测孔之间的土进入接收换能器，逐点测出声时波幅等参数，作为判断依据。这种方式的可测深度受仪器发射功率的限制，一般只能测到 10 m 左右。

以上三种方式中，双孔检测是桩基超声脉冲检测的基本形式。其他两种方式在检测和结果分析上都比较困难，只能作为特殊情况下的补救措施。

2. 主要设备

目前常用的检测装置有两种。一种是用一般超声检测仪和发射及接收换能器所组成。换能器在声测管内的移动由人工操作，数据读出后再输入计算机处理。这套装置与一般检测装置通用，但检测速度慢、效率较低。

另一种是全自动智能化测桩专用检测装置。它由超声发射及接收装置、换能器自动升降装置、测量控制装置、数据处理计算机系统等四大部分所组成。数据处理计算机系统是测控装置的主控部件，具有人机对话、发布各类指令、进行数据处理等功能。它通过总线接口与测量控制装置联系，发出测量的控制命令，以及进行信息交换；升降机构根据指令通过步进电机进行上升、下降及定位等操作，移动换能器至各测点；超声发射和接收装置发射并接收超声波，取得测量数据，传送到数据处理计算机，进行数据处理、存储、显示和打印。由于测试系统由计算机控制，测量过程无需人工干预，因此可自动、迅速地完成全桩测量工作。

在桩基超声脉冲检测中，换能器在声测管内用清水耦合，因此应采用水密式的径向发射和接收换能器。常用的换能器有圆管式或增压式的水密型换能器，其共振频率为 25 ~ 50 kHz。

3. 超声波检测管的预埋

检测管是桩基超声检测的重要组成部分，它的埋置方式及在横截面上的布置形式，将影响检测结果。检测管材质的选择，以透声率最大及便于安装、费用低廉为原则。一般可采用钢管、塑料管和波纹管等，其内径宜为 50 ~ 60 mm。

检测管的埋置数量和横截面上的布局涉及检测的控制面积。一般桩径小于 1 m 时沿直径布置两根；桩径为 1 ~ 2.5 m 布置三根，呈等边三角形分布；桩径大于 2.5 m 时布置四根，呈正方形分布。

超声波检测管可焊接或绑扎在钢筋笼的内侧，检测管之间应基本上保持平行，不平行度控制在 1%以下.检测管底部应封闭，其接头和底部封口都不应漏浆，接口内壁应保持平整，不应有焊渣等凸出物，以免妨碍换能器移动。

4. 检测数据分析与判断

根据所测得的声学参数判断桩基缺陷是超声脉冲检测法的关键。目前常用的方法有两大类，一类为数值判据法，如概率法、PSD 判据法、多因素概率分析法等，根据测试值经适当的数学处理后，找出一个存在缺陷的临界值作为判断的依据。这种方法能对大量测试数据做出明确的分析和判断，若利用计算机进行，判断会十分迅速，通常用于全面扫测时缺陷有无的判断。另一类为声场阴影区重叠法，即从不同的方向测出缺陷背面所形成的声阴影区，这些声阴影的重叠区即为缺陷的所在位置。这类方法通常用于数值判据法确定缺陷位置后的细测判断，以便详细划定缺陷的区域和性质。

下面仅介绍应用较方便的 PSD 判据法，其他方法可参考有关文献。

（1）判据的形式。

鉴于钻孔灌注桩的施工特点，混凝土的均匀性往往较差，超声声时值较为离散。同时，声测管不可能完全保持平行，有时由于钢筋笼扭曲，声测管位移较大，因而导致声时值的偏离。为了消除这些非缺陷因素的影响可能造成的误判，在实际测试中常采用“声时深度曲线相邻两点间的斜率和差值的乘积”作为判断依据，简称 PSD 判据。

设测点的深度为 H，相应的声时为 t，则声时随深度变化规律可用 t-H 曲线表示，设其函数式为

$$t=f(H)$$

当桩内存在缺陷时，在缺陷与完好混凝土界面处超声传播介质的性质产生突变，声时值也相应突变，函数不连续，故该函数的不连续点即为缺陷界面的位置。但在实际检测中总是每隔一定距离检测一点，即深度增量（即测点间距）ΔH 不可能趋向于零，而且由于缺陷表面凹凸不平以及孔洞等缺陷是由于波线曲折而引起声时变化的，所以实测 t-H 曲线在缺陷界面处只表现为斜率的变化。该斜率可用相邻测点的声时差值与测点间距离之比求得，即

$$S_i = \frac{t_i - t_{i-1}}{H_i - H_{i-1}}$$

式中 S_i——第 i–1 测点与第 i 测点之间 t–H 曲线的斜率；

t_i，t_{i-1}——相邻两测点的声时值；

H_i，H_{i-1}——相邻两点的深度（或高程）。

通常，斜率仅能反映测点之间声时值变化的速率。当检测过程中测点间距不同时，虽所求，的斜率可能相同，但所对应的声时差值是不同的，而声时差值是与缺陷大小有关的参数。换言之，斜率只能反映该点缺陷的有无，为了使判据进一步反映缺陷的大小，就必须加大声时差值在判据中的权数。因此判据可写成

$$K_i = S_i(t_i - t_{i-1}) = \frac{(t_i - t_{i-1})^2}{H_i, H_{i-1}}$$

式中，K 即为 i 点的 PSD 判据值，其余各项同前。显然，当 i 点处相邻两点的声时值没有变化或变化很小时，K_i 等于或接近于零；当声时值有明显变化或突变时，K_i 与 $(t_i–t_{i-1})^2$ 成正比，因此 K_i 将大幅度变化。

实测表明，PSD 判据对缺陷十分敏感，而对于因声测管不平行或混凝土不均匀等非缺陷因素引起的声时变化则不敏感，因为这二者都是渐变过程，相邻两测点间的声时差值都很小。因此，运用 PSD 判据可基本上消除声测管不平行或混凝土不均匀等非缺陷因素所造成的影响。

为了对全桩各测点进行判别，首先应将各测点的&值求出，并绘制“K_i-H”曲线进行分析，凡是在 K_i 值较大的地方，均可列为缺陷可疑点，做进一步的细测。

（2）临界判据值及缺陷大小与 PSD 判据的关系。

PSD 临界判据值实际上反映了测点间距、声波穿透距离、介质性质、测量的声时值等参数之间的综合关系，该关系随缺陷的性质不同而不同，现分别介绍如下：

① 定缺陷为夹层。

设混凝土的声速为 V_1，夹层中夹杂物的声速为 V_2，声程为 L（两声测管的中心距离），测点间距为 ΔH（$=H_i–H_{i-1}$）若测量结果在完好混凝土中的声时值为 $t_{i–1}$，夹层中的声时值为 t_i，即可推导出遇有声速为 V_2 的夹杂物时，夹层断桩的临界判据值 K_C

因 $$t_{i-1} = L/V_1, t_i = L/V_2$$

则 $$K_C = \frac{t_i - t_{i-1}}{H_i - H_{i-1}} = \frac{L^2(V_2 - V_2)^2}{V_1^2 - V_2^2 \Delta H}$$

若某点 i 的 PSD 判据 K_i 大于该点的临界判据值 K_C，则该点可判为夹层或断桩。

实际测试时，一般可取所测桩身混凝土声速的平均值，K_2 则应根据预估夹杂物取样实测。例如，某桩混凝土平均声速 V_1=3 700 m/s，两管间距 L = 0.5 m，根据地质条件及施工记录分析，该桩可能形成夹层的夹杂物为砂、砾石的混合物，取样实测 V_2= 3 210 m/s，测点间距采用 ΔH = 0.5 m，可求得该粧产生砂砾夹层的临界判据值 K_C=851.037（将声时值单位化为 m/μs）。

因此，当检测结果中，若某点的判据值 K_i 大于 K_C，则该点可判为砂砾夹层。

② 定缺陷为空洞。

当桩内缺陷是半径为开的空洞时，声波将绕过空洞或折线传播。以 t_{i-1} 代表超声波在完好混凝土中直线传播时的声时值，t_i 代表声波遇到空洞或成折线传播时的声时值，则可导得判据值尺 K_i 与空洞半径 R 之间的关系式

因 $$t_{i-1}=\frac{L}{V}, t_i=\frac{2\sqrt{R^2+(L/2)^2}}{V_1}$$

则 $$K_i=\frac{4R^2+2L^2-2L\sqrt{4R^2+L^2}}{\Delta HV_1^2}$$

应用时，将实测 K_i 代入上式，即可解方程求得空洞的半径 R。

③ 假定缺陷为“蜂窝”或被其他介质填塞的孔洞，这时超声波在缺陷区的传播有两条途径。一部分声波穿过缺陷介质到达接收换能器，另一部分沿缺陷绕行。当绕行声时小于穿行声时，可按空洞处理。反之，则缺陷半径 R 与 PSD 判据的关系可按相同的方法求出：

$$K_i=\frac{4R^2(V_1-V_3)^2}{\Delta HV_1^2V_3^2}$$

式中，V_3 为缺陷内夹杂物声速。大量试验表明：一般蜂窝状疏松区的声速约为密实混凝土声速的 80%～90%，若取 $V_3=0.85V_1$，则公式可写成：

$$K_i=\frac{0.125R^2}{\Delta HV_1^2}$$

由于声通路有两个途径，只有当穿行声时小于绕行声时时，才能用上式计算。通过上述临界判据值以及各种缺陷大小与判据值的关系式，用它们与各点的实测值所计算的判据值作比较，即可确定缺陷的位置、性质与大小。

7.2.3 机械阻抗法

1. 基本原理

机械阻抗法适用范围较为广泛，可用于各种工程结构的动力分析。在桩基检测中，机械阻抗法有稳态激振和瞬态激振两种方式，适用于检测桩身混凝土的完整性，推定缺陷类型及其在桩中的部位。

机械阻抗的定义是，作用于某结构物上的力 F 与该结构的响应 S 之比，即机械阻抗 $Z=F/S$，而这种响应既可以是位移、速度，又可以是加速度。如果在桩头施加幅值为 $|F|$ 的正弦激振力时，相应于每一激振频率的弹性波在桩身混凝土中传播速度为 v_p 则 F/v_p 就是机械阻抗 Z，其倒数为机械导纳 N，即

$$N=1/Z$$

$$N_{(jw)}=\frac{v_{p(jw)}}{F_{(jw)}}$$

式中　N——机械导纳；

F——结构施加的作用力；

v_p——结构的运动速度。

系统在动态力作用下的阻抗（或导纳）是以激振频率 ω 为自变量的复函数 $Z_{(jw)}$ 或 $N_{(jw)}$。对不同的 ω 值，阻抗（或导纳）的幅值和幅角也就不同，这就提供了用阻抗和导纳随频率变化的图像来研究系统（如桩基础）动态特性的可能性。由于桩的动力特性与桩身完整性密切相关，通过对桩的动态特性的分析计算，可估计桩身混凝土的缺陷类型及其在桩身中的部位。

2. 测试设备

稳态阻抗法用的设备有：由频率计控制的电磁式激振器、力传感器、加速度（或速度）传感器、电荷放大器、信号采集处理计算机、输出设备（打印机、绘图仪等）；瞬态阻抗法用的设备是将稳态法的激振器换成力棒。

3. 现场布置与测试

（1）将桩头清理平整干净，检查仪器设备的工作状态；

（2）激振点应尽量接近桩顶中心位置，速度或加速度传感器可置于桩顶边缘位置；

（3）力传感器与桩的接触面必须安置垫块，垫块可由橡胶、塑胶或其他材料组成；

（4）对于稳态激振，则由频率计调节激振频率，由低到高，将速度（或加速度）以及激振力的信号由数据采集器记录、处理；

（5）在瞬态激振中，重复测试的次数应大于 4 次。

4. 检测资料的分析整理

机械阻抗法的资料分析主要是对导纳曲线的分析。总之，判别桩基质量是一个综合分析过程。在分析中也常用对比法，即从多根桩的检测中找出质量良好的桩的导纳曲线及其判据作为参考标准。同时为了便于进一步分析判断，常事先收集有关桩位处的地质剖面、施工设备和成桩工艺、施工过程中曾发生过的各种事故和处理情况等。

7.3 局部破损检测方法简介

局部破损检测方法，是以不影响构件的承载能力为前提，在构件上直接进行局部破坏性试验，或直接钻取芯样、拔出混凝土锥体等手段检测混凝土强度或缺陷的方法。属于这类方法的有钻芯法、拔出法、射击法、拔脱法、就地嵌注试件法等。这类方法的优点是以局部破坏性试验获得混凝土性能指标，因而较为直观可靠，缺点是造成结构物的局部破坏，需进行修补，因而不宜用于大面积的检测。

在我国，钻取芯样法应用已比较广泛，拔出法近几年发展较快，射击法即贯入阻力法的研究也已取得可喜进展，本节仅对这三种方法进行简介。

7.3.1 钻芯法

1. 钻芯法的应用及特点

钻芯法是利用专用钻机，从结构混凝土中钻取芯样以检测混凝土强度或观察混凝土内部质量的方法。用钻芯法检测混凝土的强度、裂缝、接缝、分层、孔洞、或离析等缺陷，具有直观、精度高等特点，因而广泛应用于工业与民用建筑、大坝、桥梁、公路、机场跑道等混凝土结构或构筑物的质量检测。但这种方法对构件的损伤较大、检测成本较高，只有在下列情况下才进行钻取芯样检测其强度。

（1）对试块抗压强度的测试结果有怀疑时；

（2）因材料、施工或养护不良而发生混凝土质量问题时；

（3）混凝土遭受冻害、火灾、化学侵蚀或其他损害时；

（4）需检测经多年使用的建筑结构或构筑物中混凝土强度时；

（5）对施工有特殊要求的构件，如机场跑道测量厚度。

另外，对混凝土强度等级低于 10 号的结构，不宜采用钻芯法检测。因为当混凝土强度低于 10 MPa 时，在钻取芯样的过程中容易破坏砂浆与粗骨料之间的黏结力，钻出的芯样表面变得较粗糙，甚至很难取出完整芯样。

2. 混凝土芯样选取

（1）钻芯位置的选择。

钻芯时会对结构混凝土造成局部损伤，因此在选择钻芯位置时要特别慎重。芯样应在构件的下列部位钻取：构件受力较小部位；混凝土强度质量具有代表性的部位；便于钻芯机安装与操作的部位；芯样钻取应避开主筋、预埋件和管线的位置，并尽量避开其他钢筋。另外，在使用回弹、超声或综合等非破损方法与钻芯法共同检测结构混凝土强度时，取芯位置应选择在具有代表性的非破损检测区内。

（2）芯样尺寸。

应根据检测的目的选取适宜尺寸的钻头，当钻取的芯样是为了进行抗压试验时，则芯样的直径与混凝土粗骨料粒径之间应保持一定的比例关系，一般情况芯样直径为粗骨料粒径的 3 倍。在钢筋过密或因取芯位置不允许钻取较大芯样的特殊情况下，芯样直径可为粗骨料直径的 2 倍。为了减少结构构件的损伤程度，确保结构安全，在粗骨料最大粒径限制范围内，应尽量选取小直径钻头。如取芯是为了检测混凝土的内部缺陷或受冻害、腐蚀层的深度等，则芯样直径的选择可不受粗骨料最大粒径的限制。

（3）钻芯数量的确定。

取芯的数量，应根据检测要求而定。按单个构件检测时，每个构件的钻芯数量不应少于 3 个，取芯位置应尽量分散，以减少对强度的影响；对于较小构件，钻芯数量可取 2 个。对构件的局部区域进行检测时，一般应由要求检测的单位提出钻芯位置及芯样数量。

3. 混凝土强度推定

芯样试件的抗压强度等于试件破坏时的最大压力除以截面积，截面积用平均直径计算。我国是以边长 150 mm 的立方体试块作为标准试块，因此，由非标准尺寸圆柱体（芯样）测得的试件强度应换算成标准尺寸立方体试件强度。

$$f_{cu}^{c}=\alpha\frac{4F}{\pi d^{2}}$$

式中　f_{cu}^{c}——芯样试件混凝土强度换算值（MPa），精确至 0.1 MPa；

F——芯样试件抗压试验得到的最大压力（N）；

D——芯样试件的平均直径（mm）；

α——不同高径比的芯样试件混凝土强度换算系数。

表 7.4　芯样试件混凝土强度换算系数

高径比（h/d）	1.0	1.1	1.2	1.3	1.4	1.5	1.6	1.7	1.8	1.9	2.0
系数（a）	1.00	1.04	1.07	1.10	1.13	1.15	1.17	1.19	1.21	1.22	1.24

7.3.2　拔出法

拔出法是使用拔出仪器拉拔埋在混凝土表层内的锚件，将混凝土拔出一锥形体，根据混凝土抗拔力推算其抗压强度的方法。该法分为两类，一类是预埋拔出法，是浇筑混凝土时预先将锚杆埋人，混凝土硬化后需测定其强度时拔出；另一种是后装拔出法，即在硬化后的混凝土上钻孔，装人（黏结或胀嵌）锚固件进行拔出。拔出法是一种测试结果可靠、适用范围广泛的微破损检测方法。我国从 1985 年开始进行后装拔出法的研究工作，并已制订了相关的行业规范《出法检测混凝土强度技术规程》（CECS 69—2011）。

1. 预埋拔出法

预埋拔出法是在混凝土表层以下一定距离处预先埋人一个钢制锚固件，混凝土硬化后，通过铺固件施加拔出力。当拔出力增至一定限度时，混凝土将沿着一个与轴线呈一定角度的圆锥面破裂，并最后拔出一个圆锥体。预埋拔出装置包括锚头、拉杆和拔出试验仪的支承环。

预埋拔出试验的操作步骤可分为：安装预埋件、浇筑混凝土、拆除连接件、用拔出仪拉拔锚头。当拔出试验达到拉拔力时，混凝土将大致沿 2α 的圆锥面产生开裂破坏，最终有一个截头圆锥体脱离母体。预埋拔出法必须在浇灌混凝土前预先埋设锚头，主要用于混凝土施工控制和特殊混凝土的强度检测，如决定拆除模板、支架或加置荷载的适当时间；决定施加或放松预应力的适当时间；决定构件吊运的适当时间；决定停止湿热养护、终止保温的适当时间；也可用于喷射混凝土等特种混凝土的强度检测。

2. 后装拔出法

后装拔出法是在硬化后的混凝土上钻孔，装入（黏结或胀嵌）锚固件进行拔出。这种方法不需要预先埋设锚固件，使用时只要避开钢筋或预埋钢板位置即可。因此，后装拔出法在新旧混凝土的各种构件上都可以使用，适应性较强，检测结果的可靠性也较高，已成为许多国家注意和研究的现场混凝土强度检测方法之一。后装拔出法可分为几种，如丹麦的 CAPO 试验法，日本的安装经过改进的膨胀螺栓试验，我国的 TYL 型拔出仪等。各种试验方法虽然并不完全相同，但差别不大。以丹麦的 CAPO 拔出试验为例。试验时先在混凝土检测部位钻一直径 18 mm、深 50 mm 的孔，在孔深 25 mm 处用特制的带金刚石磨头的扩孔装置磨出一环形沟槽，将可以伸张的金属胀环送入孔中沟槽，并使其张开嵌入沟槽内，再将千斤顶与锚固件连接，并施加拉力直至拔出一混凝土圆锥体，用测力计测读其极限抗拔力。

3. 混凝土强度推定

拔出法检测混凝土强度，一个重要的前提就是预先建立混凝土极限拔出力和抗压强度的相关关系，即测强曲线。在建立测强曲线时，一般是通过大量的试验，将试验所得的拔出力和抗压强度按最小二乘法原理，进行回归分析。回归分析一般是采用直线回归方程

$$f_{cu}=A+B\cdot F_p$$

式中 A，B——回归系数；

f_{cu}——混凝土立方体试块抗压强度（MPa）；

F_P——极限拔出力（kN）。

直线方程使用方便、回归简单、相关性好，是国内外普遍采用的方程形式。有了回归方程后，混凝土强度推定值就可按前述测强方法（如回弹法）进行计算，详见有关技术规程。

7.3.3 射击法

射击法又名射钉法或贯入阻力法，其测试仪器是美国于1964年最早研制出来的。这种方法是用一个被称作温泽探针的射击装置，将一硬质合金钉打人混凝土中，根据钉的外露长度作为混凝土贯入阻力的度量并以此推算混凝土强度。钉的外露长度愈多，表明其混凝土强度愈高。这种方法在美国和加拿大应用相当普遍，主要用于测定混凝土早期强度发展情况，也适用于同一结构不同部位混凝土强度的相对比较。该法的优点是测量迅速简便，由于有一定的射入深度（20 ~ 70 mm），受混凝土表面状况及碳化层影响较小，但受混凝土粗骨料的影响十分明显。

1. 基本原理

射击法检测混凝土强度是通过精确控制的动力将一根特制的钢钉射人混凝土中，根据贯入阻力推定其强度。由于被测试的混凝土在射钉的冲击作用下产生综合压缩、拉伸、剪切和摩擦等复杂应力状态，要在理论上建立贯入深度与混凝土强度的相关关系是很困难的，一般均借助于试验方法来确定。射击检测法的基本原理是：发射枪对准混凝土表面发射子弹，弹内火药燃烧释放出来的能量推动钢钉高速进入混凝土中，一部分能量消耗于射钉与混凝土之间的摩擦，另一部分能量由于混凝土受挤压、破碎而被消耗。子弹爆发的初始动能被全部吸收，因而阻止了射钉的回弹作用。如果发射枪引发的子弹初始动能固定，射钉的尺寸不变，则射钉贯入混凝土中的深度取决于混凝土的力学性质。因此测出钢钉外露部分的长度，即可确定混凝土的贯入阻力。通过试验，建立贯入阻力与混凝土强度的试验相关关系，便可据以推定混凝土强度。

2. 主要设备及操作

射击法检测混凝土强度所用设备如下：

（1）发射枪，是引发火药实现射击的装置。火药燃烧后产生气体作用在活塞上，活塞推动射钉射击。

（2）子弹，与发射枪配套使用。按装药量不同分几种型号，应根据需要选用。

（3）射钉，是用泮火的合金钢制成的钉，尖端锋利，顶端平整并带有金属垫圈，便于量测和试验后拔出。钉身上带塑料垫圈，发射时起导向作用。

（4）其他辅助工具如钉锤、挠棍、游标卡尺等，以量测射人深度，将射进混凝土中的钢钉拔出。操作步骤如下：由发射管口将射钉装入，用送钉器推至发射管底部；拉出送弹器装

上子弹，再推回原位；将发射枪对准预定的射击点，把钢钉射人混凝土中；然后用游标卡尺量出钢钉外露部分的长度。量测前应检查钢钉嵌入混凝土中的情况，嵌入不牢的应予废弃，再补充发射。最后利用混凝土抗压强度与射钉外露长度的相关关系式，计算混凝土强度。

超前地质预报针对断层地质条件，采用 TSP203 地质预报系统、红外线探测仪、地质雷达、超前钻孔探测及地质素描等综合地质预报技术，预测开挖工作面前方一定范围内的工程地质。由地质预报队具体负责超前地质预报工作，主要资源配置：TSP203 超前预报仪，SIR-3000 型地质雷达，红外探水仪，DTS-1 型防爆音频电穿透仪，KSY-1 型钻孔窥视仪，GLP150 型全液压钻机（超前水平地质钻机），超前地质预报的重点内容：预测开挖面前方地质情况，围岩整体性、断层、软弱围岩破碎带在前方的位置和对施工的影响，地下水活动情况等。地质预报计划断层施工过程中必须将超前地质预报纳入施工工序管理，做到先探测、后施工，不探测不施工。实施计划总的思路是：长期预报和短期预报相结合，采用 TSP203 超前地质预报系统进行长距离宏观控制，红外探水连续实施，地质雷达进一步强化、补充和验证，加大超前水平钻探和孔内数码成像的力度，加强常规地质综合分析，根据地质预报结果，经专业人员进行分析研究后，拟定相应对策以指导施工。多管齐下，力争把断层发生地质灾害的概率降至最低。中长距离预报对已揭露出的岩层进行地质素描（观察岩石的矿物成分及其含量，结构构造特征和特殊标志），给予准确定名，测量岩层产状和厚度。TSP203 技术对开挖面围岩级别、岩性、围岩风化变质情况，地质素描在每次开挖地下水等情况进行观察和测定后，绘制地质数码相机等简单后进行素描图，通过对洞内围岩地质特征变化分析，工具推测开挖面前方地质情况。每隔 100 m 用 TSP203 超前预报重点探查规模较大的破碎带、裂隙发育带等。探测一次仪重点进行隧道周边的地质体探测，查找破碎带及其他不良地质体，防止开挖通过后，每隔 30 ~ 40 m 内测质雷达隧道顶板、底板及侧壁出现灾害性的突水突泥。根据构造探测结果，趋近不良地质体和地质异常体时，利用便携式红外线探水仪进行含水构造探测。将该岩层与地表实测地层剖面图和地层柱状图相比，确定其在地表地层（岩层）层序中的位置和层位。依据实测地层剖面图和地层柱状图的岩层层序，结合 TSP 探测成果，反复比较分析，最终推断出掌子面前方一定范围内即将出现的不良地质在区域内中的位置和规模。施工过程中，每次爆破后由地质工程师进行地质素描，内容包括正面及侧面稳定状态、岩层产状、岩性风化程度、节理裂隙发育程度（产状、间距、长度、充填物、数量）、喷射混凝土开裂、掉块现象、涌水情况、水质情况、水的影响、不良气体浓度等。同时定期对地表水文环境进行观测和监测记录，及时了解施工对地表水的影响，确定施工控制措施，最终做出掌子面地质和洞身地质展示图。及时对洞内涌水进行水质分析和试验，提交分析和试验结果，对影响结构的水质提出处理意见，上报技术部门，以利采取有效的防护措施。

8　地质灾害治理工程案例

地质灾害治理工程，必须严格按照地质条件进行施工组织。严格按照施工图设计及相关规范作业。在实际施工过程中因为地质条件多样性和地质灾害施工属于动态施工，施工现场也许与原施工图存在差异，必须按照现场实际情况与设计，勘查，监理等单位技术核定（图纸会审后）实施。

8.1　泥石流治理工程案例

（1）施工目的：根据泥石流的危害程度及地质勘查报告对泥石流的分析评价结果，在勘查与防治方案施工图设计的基础上，依据现行国家规定的泥石流治理工程进行施工，并通过治理工程的实施，防止并减小泥石流活动造成的危害与损失。

（2）施工内容："拦挡为主，输排为辅，拦排结合"的治理方法，拟建梳齿坝坝顶轴线全长 21.405 m，坝顶宽度 2.50 m，迎水面坡度为 1∶0.36，背水面坡度为 1∶0.23。采用天然地基筏板基础，基础长 9.00 m，宽 11.15 m，厚 2.00 m。在坝顶中部设置梯形溢流口，溢流口上口宽度为 11.50 m，下口宽度为 6.50 m，溢流口深度 1.50 m。

拟建排导槽选用"V"形断面，横断面面积为 10.65 m^2，排导槽上部为矩形断面，宽 4.00 m，侧墙高 2.50 m，槽底按 1∶0.16（桥涵段为 1∶0.22）放坡做成"V"形，深 0.32 m。基础厚 0.50 m，基础埋深 1.70 m；排导槽长 97 m，每间隔 10 m 采用沥青麻绳设置伸缩缝均采用 C25 混凝土浇筑。

8.1.1　排导槽工程施工

施工放线→沟槽开挖→验槽→排导槽施工→竣工验收。

1. 施工放线

根据设计控制点，放出排导槽具体位置。

（1）土石方施工放线：包括平整场地的放线和自然地形的放线。平整场地的放线，即是施工范围的确定。地形的放线是野外环境中一个重要的因素，是整个工程的骨架，它直接影响着工程治理区域，治理效果等，是其他要素的基底和依托。放线采用全站仪放线。

（2）构筑物放线：排导槽是泥石流治理工程的主要构成元素。放线时一定要按照施工图设计作业。

该排导槽位于原始泥石流冲沟内，基本以输排洪水与挟沙水为主，相对落差 12 m，采用一个测量放线小组（测量工程师 4 人，定桩划线 2 人），采用 TOPCO 型全站仪 N211D，激光经纬仪（JZ2）控制，检测轴线和垂直度；用 1 台水准仪（DZS3-1）型自动安平水准仪控制，检测水准点标高和平整度，标高的传递采用标准长钢尺和水准仪相结合进行。

测量工程师已事先熟悉控制点坐标，排导槽规划红线的间距符合现场施工要求，已算出排导槽各特征点与规划红线之间的距离尺寸并正确标注在施工总平面图上。

测量工程主要用一些零星、辅助材料，包括：白灰、木桩、铁钉、钢条、油漆、图纸、水、砂、石子、水泥等。

根据施工设计总平面布置图确定平面控制方案和施测精度，以设计部门指定的建筑红线桩，国家高程标准桩及现场放点进行现场轴线控制网和标高控制点的引测。根据排导槽平面形状的特点，利用给定现场放点定出主控轴线。定位放线时精确测出控制轴线网，并将标桩设在即便于观测又不易遭到破坏地方加以固定、保护。根据图纸算出各物特征点与红线控制（点）间的距离、角度、高差等放线数据。依据线控制的桩（点），确定并布设施工控制网。依据施工控制网，测设排导槽的主轴线。最后进行建筑物的细部放线。在施工放线应严格按照相关规范与设计要求进行，其精度应满足规范与设计的要求。控制好断面尺寸、槽底标高、深度与坡度，确保断面尺寸、深度与坡度满足设计要求。放线完成后，应组织设计，监理，等相关部门和单位对放线结果进行复核。

2. 沟槽开挖

经过现场实际情况，决定采用“挖掘机开挖与人工开挖结合”方案，采用挖掘机按照设计尺寸开挖出大概尺寸，再采用人工修正，最终达到设计开挖要求.按照设计要求，每开挖 10 m，施工 10 m。不能采用全开挖后施工，防止发生垮塌情况。在开挖过程中遇到大块石（花岗斑岩），采用挖掘机破碎。严禁爆破（该地质特殊性，如果爆破，会诱发排导槽两岸垮塌）。按照排导槽上部为矩形断面，宽 4.00 m，侧墙高 2.50 m，槽底按 1∶0.16（桥涵段为 1∶0.22）放坡做成“V”形，深 0.32 m。基础厚 0.50 m，基础埋深 1.70 m；开挖完成后，组织设计，监理，等相关部门和单位对基槽进行验收，验收合格后，才能进行施工。

3. 排导槽施工

根据现场实际情况，决定排导槽 10 m 一段，采用整体浇筑。因为水沟常年流水，采取土坝挡水管道泄水的方法（在沟道上游挡水，然后采用管道分流，保证施工区域无流水）。

模板要具有足够的强度、刚度及稳定性，使其能承受混凝土的浇筑和振幅的侧压力与振动力；表面光洁平整，接缝严密，不漏浆，以保证混凝土表面的质量；模板安装按设计图纸测量放样，不承重的侧面模板，应在混凝土强度达到 2.5 MPa 以上方可拆模，承重模板，应在混凝土达到设计强度的 70%方可拆模。

模板制作到结构简单，制作、拆装方便，周转次数高。钢模采用标准化的组合模板，组合模板的拼装应符合现行国家标准《组合模板技术规范》（GB 50214），各种螺栓连接件符合现行国家有关标准。木模在施工现场制作，木模与混凝土接触的表面要平整、光滑，木模接缝采用平缝，在浇筑时采取夹薄海绵的办法防止漏浆，每班组开工前首先要进行模具检验，检验合格后方可进行混凝土施工。使用模板隔离剂应可靠有效，外露面混凝土模板的脱模剂采用同一品种，不得使用废机油等油料，不得污染钢筋及混凝土的施工缝处。

混凝土施工前进行上道工序交接检验，对模板、支架钢筋、预埋件、预留孔进行复检，符合规范和设计要求。模板内杂物和钢筋上油污应清净，板缝应堵严，木模板应湿润但不得积水。在地基和基土上浇筑混凝土时，先清除淤泥和杂物，应有排水措施。

混凝土严格按照质量检测站给的配比施工（水泥：砂：石：水=356：718：1 123：203），原材料每盘称量偏差：水泥和外加掺合料的允许偏差应为±2%，砂子和石子的重量允许偏差为±3%，外加剂的允许偏差应为±2%。混凝土浇筑前应先检验混凝土坍落度：基础、地面等大体积结构坍落度为 10 ~ 30 mm。

搅拌混凝土必须有一定的时间保证，才能使混凝土均匀，颜色一致。混凝土搅拌最短时间从全部材料入筒算起。出料量小于 250 L 强制式搅拌机 60 s 以上，自落式 90 s 以上；出料量 250 ~ 500 L，坍落度≤30 mm 时强制式 90 s，自落式 120 s。浇筑混凝土连续进行，每浇筑 50 cm 厚，采用振动棒捣实。必须间歇时尽量缩短时间并在前层混凝土凝结之前，将次层混凝土浇筑完毕。混凝土运至浇筑点有离析现象时，必须在浇筑前进行二次搅拌，超过规定时间时应留施工缝。

混凝土浇筑后 12 h 内加以覆盖和浇水不得少于 7 昼夜。干硬性混凝土或气温较高、湿度较低时，应浇筑混凝土后立即养护，在初始三昼夜中，白天每 3 h 一次，夜间二次，以后养护期为每昼夜三次，并保持覆盖物湿润。可根据构件实际情况采用其他养护方法：湿土、湿砂覆盖注蓄水或养护剂养护混凝土。养护不少于 14 天。

每 10 m 取混凝土试压块 3 组（排导槽堤身一边一组，槽底一组）委托测试中心进行测试鉴定。

人工依据伸缩缝槽位线进行切缝，在切缝过程中要保证切缝机按预先放好的线位切割，同时切缝深度要保证便于沥青混合料的凿除且不破坏成品。人工进行伸缩缝预留槽内杂物的清理，必要时可使用风镐。为了防止污染已铺筑完的油面，路上机具下均须采取垫护措施，同时预留槽两侧铺垫彩条布，用来盛放预留槽内杂物。伸缩缝预留槽清理完成后，立即将现场打扫干净，并用水车冲洗预留槽。

8.1.2 梳齿坝工程施工

测量放线→开挖基槽→验槽→基础施工→基础回填→主体施工→竣工验收，如图 8.1 所示。

1. 测量放线

该梳齿坝位于原始泥石流冲沟内，采用一个测量放线小组（测量工程师 2 人，定桩划线 2 人），根据测量控制点坐标，准确放出坝体位置，特别是坝体欢迎挡方向也就是坝体中轴线一定要垂直与泥石流冲击方向。为便于施工控制，在坝体外设置一控制站（通过设计给定的控制点设置）。

2. 基槽开挖

因为该坝体位置经过泥石流多次下割，已经裸露出基岩（花岗斑岩）。人工开挖，过于缓慢，不能保证进度要求。因为不能破坏生态，不能修建施工便道，机械不能到达施工区域。最后决定采用局部爆破点，最后形成面的方法施工。

爆破作业做到统一指挥信号，信号使用事先取得书面批准的爆炸警告信号。人员撤离到安全距离外，不受有害气体冲击。其安全距离为距爆破工作面不少于 200 m。所有动力及照明电路断开或改移到距爆破点不小于 150 m 的地点。施工放炮，由取得“安全技术合格证”的

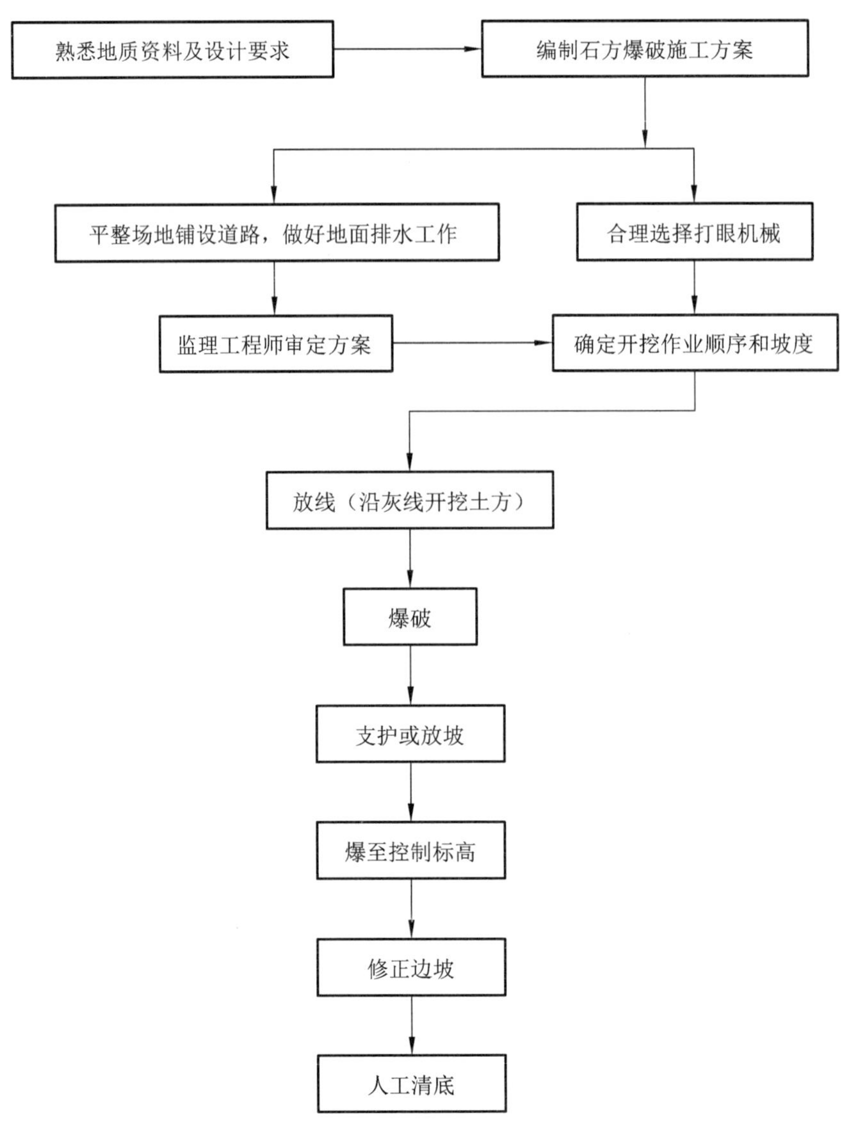

图 8.1　爆破石方工程工艺流程图

爆破工担任，严格防护距离和爆破警戒。放炮后 10 min 才准许人员进入工作面，经清除危石后方能继续施工。每日放炮时间及次数根据施工条件明确规定，装药离放炮时间不应过久。爆破前爆破人员严格检查爆破网络，确保一次起爆。遇到下列情况严禁装药爆破：工作面岩石破碎尚未支护；发现可能有高压水涌出地段。爆破后必须经过排烟，且其相距时间不少于 15 min，并经过以下各项检查和妥善处理后，其他工作人员才准进入工作面。有无瞎炮及可疑现象，有瞎炮必须由原爆破人员按规定处理；有无残余炸药或雷管；顶板两帮有无松动石块；支护有无损坏与变形。装炮时严禁火种，严禁明火点炮，严禁装药与打眼同时进行。两端工作面接近贯通时，加强两端的联系与统一指挥。当两端工作面距离余留八倍循环进尺时，停止一端作业，并将人员机具撤走，在安全距离处设立警告标志。配备可靠的仪器，组织量测人员和资料分析人员，监测并记录每次爆破的震动情况及空气增压情况，调整爆破作业，使震速不超过允许值，并防止开挖失稳。

3. 主体施工

（1）脚手架。

本工程外架采用双排扣件式钢管落地式脚手架，主要用于结构阶段的安全防护和提供操作平台。

搭设顺序为：做好搭设的准备工作→地基处理→放置纵向扫地杆→逐根树立立杆，随即与纵向扫地杆扣牢→安装横向扫地杆，并与立杆或纵向扫地杆扣牢安装第一步大横杆→安装第一步小横杆→第二步大横杆→第三步小横杆→加设临时抛撑（上端与第二步大横杆扣牢，在装设两道联墙杆后方可拆除）→第三、四步大横杆和小横杆→设置联墙杆→接立杆→加设剪刀撑铺脚手板→绑护身栏杆和挡脚板→立挂安全网。

拆除顺序为：安全网→护身栏杆→挡脚板→脚手板→小横杆→大横杆→立杆 联墙杆→纵向支撑。

脚手架的防护，悬挑式脚手架底部采用木夹板全封闭，架体与建筑物的空隙采用平网防护，脚手架外架立面采用密目式绿色安全网，水平方向作业层按结构进度满铺脚手板，由于架体较高，需加设防雷击措施，具体方法是：在主体底层选定四个转角，将转角处的结构钢筋与脚手架连接。

脚手架的验收，脚手架应由架子工严格按规范搭设，搭设前进行安全技术交底，脚手架主要受力杆件材质应一致，严禁钢木混用。脚手架应分部、分段按施工进度验收，验收合格后方可投入使用。

验收内容主要有：模板的接缝不应漏浆；在浇筑混凝土前，木模板应浇水湿润，但模板内不应有积水；模板与混凝土的接触面应清理干净并涂刷隔离剂；浇筑混凝土前，模板内的杂物应清理干净；用作模板的地坪、胎模等应平整光洁，不得产生影响构件质量裂缝、起砂或起鼓。现浇结构模板安装的偏差应符合表 8.1 的规定。

表 8.1　预制构件模板安装的允许偏差及检验方法

项目	允许偏差/mm	检验方法
长度	0，−5	钢尺量两角边，取其中较大值
宽度	0，−5	钢尺量一端及中部，取其中较大值
高（厚）度	0，−5	钢尺量一端及中部，取其中较大值
侧向弯曲	l/1 500 且≤15	拉线、钢尺量最大弯曲处
对角线差	5	钢尺量两个对角线
翘曲	l/1500	调平尺在两端量测

（2）立模。

基础侧模采用木模、钢管和木支撑，支撑间距不大于 50 cm。模板在安装前必须打磨、并刷脱模剂。为保证浇筑过程中不出现位移、爆模等现象，采用对拉镙杆进行模板加固。模板支撑完毕后，在侧模上用红漆做好标高记号，控制混凝土的浇筑高度。

采用通用化组合钢模，如用木模应在内侧加钉镀锌铁皮，以保证混凝土表面平整光滑。木材可按各地区实际情况选用，但木质不低于Ⅲ等材。制作木模板时，事先应熟悉图纸，核对各部尺寸，其类型应尽量统一，便于重复使用，但始终须保持表面平整、形状正确，有足够强度和刚度。木模的接缝可做成平模或企口缝，当采用平缝时，应采取措施，防止漏浆。安装模板时，须考虑浇筑混凝土的工作特点与浇筑的方法相适应，在必要的地方可以设置活板或天窗，以便于混凝土的灌注，振捣及模板内杂物的清扫。坝体模板一般由侧板、立挡、横挡、斜撑和水平组成。斜撑的下端需有垫板，垫板的固定，在泥地上用木桩，在混凝土上可用预埋件或筑临时水泥墩子。坝体较高所以采用对拉螺栓固定，或与斜撑结合使用，但斜撑与模板横带水平交角不宜大于 45°。先弹出中心线和二边线，选择一边先装竖立挡、横挡及斜撑并钉侧板，在顶部用线锤吊直，拉线找平，撑牢钉实，待基面清理干净，在竖另一端模板。为保证墙体混凝土厚度，一般情况均加撑头或内撑。为便于拆模和混凝土表面整洁光滑，应在模板上涂刷隔离剂.施工中搭设的脚手架与模板不应发生联系。侧模拆除时的混凝土强度应能保证其表面及棱角不受损伤。拆除的模板和支架宜分散堆放并及时清运。模板工程施工的安全措施模板及其支撑系统在安装过程中，必须设置临时固定设施，严防倾覆。

拆除模板严禁在同一垂直面上操作。拆除时应膛片拆卸不得成片松动和拉倒。拆除平台、楼层板的底模时，应设临时支撑，防止大片模板附落伤人。严禁站在悬臂结构上面敲拆底模。已拆除的模板，支撑等应及时运走，并清除钉子，以防伤人。

浇筑混凝土时采用插入式振动器（采用 70 棒）捣实。浇筑时应水平分层进行，浇筑层厚度（系指捣实后的厚度）不宜超过振动器作用部分长度的 1.25 倍，并应符合下列规定：振捣棒距离模板的距离为 25 ~ 30 cm，振捣棒棒距为 40 ~ 50 cm，振捣时梅花状布置振捣棒的插棒位置，振捣棒应快插慢拔，并不得出现漏振、欠振和过振现象。振捣时不得碰撞模板和锚拉部件。每一振点的振捣延续时间宜为 20 ~ 30 s，以混凝土不再沉落，不出现气泡，表面呈现浮浆或发亮为度。当发现表面浮现水层，应立即设法排除，并须检查发生的原因或调整混凝土配合比。混凝土的浇筑宜连续进行，如必须间断，间断时间不宜超过 45 min。

在混凝土浇筑过程中，当混凝土表面出现析水时，需采取措施予以清除，可采取酌量减少混凝土的用水量等办法进行处理。已析出的浮水（清水）应在不扰动已浇筑混凝土的条件下及时排除，但不得将水引向模板边缘或从模板缝隙中放出。

混凝土浇筑时，设置看模人员，发现漏浆及模板变形、跑模等现场时及时通知现场施工负责人，并尽快组织人员进行加固抢修。对于危险地段或已出现滑坡的地段，浇筑片石混凝土挡墙时应在上方安排看守人员密切注视边坡，防止人员施工过程中出现危险。

混凝土施工时，技术人员要按照 100 m^3 混凝土制作一组标养抗压试块、两组同条件试块，每增加 100 m^3增做一组试块，不足 100 m^3 也应增作一组试块的规定制作试件。试模内表面应加以处理，除锈并涂刷脱模剂等，同时做好试块的养护工作。

严格按实验确定的配合比计量搅拌和 C25 混凝土。施工时应严格控制模板变形，准确控制外形尺寸，并派专人在四周观摩，防止跑浆，暴模，以保持线形顺适。浇筑时如果采用分层浇筑，每层厚度不超过 50 cm，大致水平，分层振捣。混凝土浇筑工作宜连续进行，一次浇完，并应在前层所浇的混凝土尚未初凝以前，即将此层混凝土浇筑捣实完毕。混凝土的最大间歇时间是根据水泥凝结时间、水灰比及水泥的硬化条件等情况而定，当缺乏资料难以确定时，可通过实验测定。若混凝土的间歇时间已经超过上述规定，而前层混凝土已开始凝结，此时应中断浇筑，但必须按施工缝处理，其方法如下：须待前层混凝土具有一定强度后，一般达到 2.5 MPa 时方可进行；凿除混凝土表面的水泥砂浆和松弱层，并凿毛后用水冲洗干净；对垂直施工缝应刷一层水泥净浆，水平缝铺一层后 1 ~ 2 cm 的 1∶2 砂浆。为增加混凝土界面强度，代替凿毛处理的传统做法，可采用界面剂或 ZV 胶聚合物砂浆，则效果更佳。当浇注完毕后，挡墙表面要保证光滑、无通病，注意截面变化时的顺接，保证靠近路基侧线形通顺。

8.2　滑坡（不稳定斜坡）治理工程案例

滑坡（不稳定斜坡）治理工程的措施有许多种，本书重点介绍常见的施工措施：锚索框格梁，抗滑桩（桩板墙），锚杆框架梁，挡土墙，排水沟等。

8.2.1　不稳定斜坡治理工程施工

锚索框格梁施工要求：在滑坡体上设预应力锚索框架。框架横梁竖向间距 4 m，竖梁横向间距 4 m，横、竖梁截面 0.6 m×0.6 m，采用 C25 钢筋混凝土现浇，竖梁伸入地面下 1 m。框架结点设预应力锚索，锚索长 20 ~ 24 m（含 2 m 长的预留张拉线），锚索成孔孔径 170 mm，锚固段长度均为 10 m，锚索俯倾角 15°。

根据现场实际情况，框架和锚墩嵌入坡内局部有一定困难，因此施工时，按设计坡率布置好竖梁，竖梁与挡墙间充填 C25 混凝土。

（1）不稳定斜坡区仰斜排水孔施工：

在不稳定斜坡区内的框架、肋柱间布置 ϕ 90 mm 的泄水孔，倾角 6°，每孔施工深度 1.5 m，外露 0.3 m，进入挡墙内部 15 m，采用底端包裹土工布的 ϕ 80PVC 管排水，孔壁间用 M10 砂浆固定。

施工前准备，应认真检查原材料的品种、型号、规格及各部件的质量，并应有原材料主要技术性能的检验报告。

① 水泥：宜使用普通硅酸盐水泥，其质量应符合现行国家标准规定，不得使用高铝水泥。

② 砂：应采用耐风化、水稳定性好的中砂，其含泥量不得大于全重的 3%，且砂中所含云母、有机质、硫化物及硫酸盐等有害物质的重量，不得大于全重的 1%。

③ 水：施工用水，不应含有影响水泥正常凝结硬化的有害物质，不得使用污水，或者化学废水。

施工过程：泄水孔施工有两种方法。

① 预留孔洞：按照施工要求，在修建挡墙时，采用 PVC 管道，预留 ϕ 90 mm 孔洞。

② 钻进孔洞：施工完成后，采用钻机按照施工要求，钻孔后。安装花管（PVC 管底部梅花型打），为防止泥石堵塞，管内填充海绵，并使其稳固。仰斜排水孔施工技术要求：仰斜排水孔仰斜角为 6°，钻机应准确就位，确保仰斜角不小于 6°。根据开挖坡面出水位置和水量对排水孔间距和孔口标高可做适当调整。ϕ 90 mm 孔内套 ϕ 80 mm PVC 管，并用 M10 水泥砂浆固定。

（2）预应力锚索施工要求：锚索长 20 ~ 24 m（含 2 m 长的预留张拉线），锚索成孔孔径 170 mm，锚固段长度均为 10 m，锚索俯倾角 15°准确测放锚索孔位，偏差不得超过±3cm；钻孔倾角误差不大于±2°；为确保锚索有效锚固深度，实际钻孔深度须大于锚索长度 1 m，作为沉渣段。

① 锚索成孔禁止开水钻进，钻进过程中应详细记录岩粉变化、钻进速度、地下水等情况。若遇坍孔，应立即停钻进行固壁灌浆处理。成孔过程中技术人员应核对地质情况，如发现与设计情况不符时，应及时与监理及设计人员联系，以便及时调整锚索长度。

② 锚索孔孔径：不得小于设计值 ϕ 170 mm，钻孔完成后须用高压空气（不小于 0.5 MPa）清孔。

③ 锚筋采用强度标准值为 1 860 MPa 的高强度、低松弛 ϕ 15.2 mm 预应力钢绞线制作，要求顺直、无损伤和死弯；钢绞线采用砂轮切割机切割，避免电焊切割；考虑到锚索张拉工艺要求，钢绞线实际下料长度应比锚索设计长度长 2 m，即钢绞线长度 $L=L_1+L_2+2$ m（其中 L_1 为锚固段长度，L_2 为自由段长度）。

④ 锚固段钢绞线须除锈、除油圬，按设计要求绑扎架线环和紧箍环；自由段钢绞线除锈后涂抹黄油，并立即外套塑料管，两端用铁丝扎紧，并用电工胶布缠封，按设计要求绑扎架线环。

⑤ 下锚后锚孔内灌注 M30 水泥砂浆，水灰比 0.42 ~ 0.45，灰砂比 1∶1，砂浆体强度不低于 30 MPa。应采用从孔底到孔口返浆式注浆，注浆压力不低于 0.5 MPa。当砂浆体强度和锚头混凝土达到设计强度 80%后进行锚索张拉锁定封锚。

（3）预应力锚索张拉

本工程锚索设计荷载为：560 kN，张拉荷载 615.5 kN，锁定荷载 499.5 kN。锚索张拉设备经有资质的部门标定。正式张拉前先进行 1 ~ 2 次试张拉，荷载等级为 0.1 倍设计荷载。锚索张拉分五级进行，各级荷载依次为设计荷载的 0.25、0.5、0.75、1.0 和 1.1 倍，除最后一级需要稳定 10 ~ 20 min 外，其余每级需要稳定 5 min。张拉时应分别记录每级荷载下钢绞线的伸长量。在每级荷载的稳定时间内须测读锚头位移三次。由于锚固段均位于土层之上，锚索可能发生较大预应力损失，张拉后暂不封锚，2 周后进行第二次张拉。当张拉到最后一级荷载且变形稳定后，卸荷至锁定荷载锁定锚索。锚索锁定后，切除多余钢绞线，用 C25 混凝土及时封闭锚头。在进行工程锚索施工前，应在锚固区域内按照现行《建筑边坡工程技术规范》（GB50330）中 C“锚杆试验”的要求进行现场试验，确定锚固体与岩土间的粘结强度特征值，通过试验结果调整锚工程锚索的设计参数和施工工艺。试验锚索 3 根，每根长约 22 m，锚固段 10 m，按施工图中设计的锚索施工。

（4）锚索框架及锚墩施工技术要求：施工前须整平坡面，准确测放框架或锚墩位置，按施工图要求进行局部回填。框架和锚墩采用 C25 钢筋混凝土现场浇筑，浇筑时按要求预埋锚具和孔口 PVC 管。框架和每个锚墩应一次整体浇筑。框架和锚墩应在锚索施工完成后进行，待锚固体和框架或锚墩达到设计强度的 80%后进行锚索张拉锁定，并用 C25 混凝土封闭锚头。所用水泥、集料、钢筋等材料和混凝土试件均须按规定进行检验，满足相关要求方可用于施工。

治理工程施工的同时，建立施工期监测预警系统，确保施工安全。

8.2.2 滑坡治理工程施工

抗滑桩应严格按设计图施工。应将开挖过程视为对滑坡进行再勘查的过程，及时进行地质编录，以利于反馈设计。

1. 施工内容

（1）抗滑桩共 14 根 A 型抗滑桩和 7 根 B 型抗滑桩。A 型抗滑桩截面尺寸 1 500 mm×2 000 mm，桩中心间距 6.0 m，抗滑桩总长 11.5 m，悬壁段长度 7.0 m，嵌固段长度 4.5 m；B 型抗滑桩截面尺寸 1 000 mm×1 500 mm，桩中心间距 6.0 m，抗滑桩总长 8.0 m，悬壁段长度 5.0 m，嵌固段长度 3.0 m。挡土板采用 C30 混凝土，截面尺寸 4 500 mm×2 000 mm，厚度 300 mm，挡土板要求嵌入公路路面下 1.0 m。

（2）挡土墙：挡土墙采用 C15 毛石混凝土，墙高 4.0 m，顶宽 1.0 m，墙背竖直，面坡 1∶0.25。

（3）锚杆框架：锚杆框架总高度 10 m，框架间距 3.0 m×3.0 m，竖梁截面尺寸 400 mm×400 mm，横梁截面尺寸 400 mm×400 mm，竖梁与横梁均采用 C30 混凝土浇筑。锚杆长 5 m，钻孔直径 150 mm，M30 水泥砂浆注浆，锚杆体采用 ϕ 25 钢筋。

（4）截排水沟：沿桩板墙及挡土墙侧做公路排水沟，长 150 m；截水沟设于滑坡后缘，截水沟采用倒梯形，梯形截面底宽 0.4 m，深 0.6 m，边坡坡率 1∶0.5，厚度 0.2 m，采用 C20 混凝土浇筑。

2. 抗滑桩施工过程

施工准备→桩孔开挖→地下水处理→护壁→钢筋笼制作与安装→混凝土灌注→混凝土养护。

（1）施工准备应按下列要求进行：按工程要求进行备料，选用材料的型号、规格符合设计要求，有产品合格证和质检单；钢筋应专门建库堆放，避免污染和锈蚀使用普通硅酸盐水泥。

（2）桩孔开挖采用人工开挖，并按下列原则进行：开挖前应平整孔口，并做好施工区的地表截、排水及防渗工作。雨季施工时，孔口应加筑适当高度的围堰；采用间隔开挖方式开挖，每次间隔 1～2 孔；按由浅至深、由两侧至中间的顺序施工；松散层段原则上以人工开挖为主，孔口做锁口处理，桩身作护壁处理。基岩或坚硬孤石段可采用少量药量、多炮眼的松动爆破方式，但每次剥离厚度不宜大于 30 cm。开挖基本成型后再人工凿孔壁至设计尺寸。

（3）根据岩土体的自稳性、可能日生产进度和模板高度，经过计算确定一次最大开挖深度。一般自稳性较好的可塑—硬塑状黏性土、稍密以上的碎块石土或基岩中为 1.0～1.2 m；软弱的黏性土或松散的、易垮塌的碎石层为 0.5～0.6 m；垮塌严重段宜先注浆后开挖。

（4）每开挖一段应及时进行岩性编录，仔细核对滑面（带）情况，综合分析研究，如实际情况与设计有较大出入时，应将发现的异常及时向建设和设计单位报告，及时变更设计，实挖桩底高程应会同设计、勘查等单位现场确定。

（5）弃渣可用卷扬机吊起，吊斗的活门应有双套保险装置，吊出后应立即运走，不得堆放在滑坡体上，防止诱发次生灾害。挖孔开挖过程中应及时排除孔内积水。当滑体的富水性较差时，可采用坑内直接排水；当富水性好、水量很大时，宜采用桩孔外管泵降排水。

（6）钢筋笼的制作与安装可根据场地实际情况按下列要求进行：钢筋笼尽量在孔外预制成型，在孔内吊放坚筋并安装，孔内安装钢筋笼应考虑焊接时的通风排烟。坚筋的接头采用双面搭接焊、对焊或冷挤压、机械套管连接，接头点需错开；钢筋的搭接处不得齐在土石分界和滑动面（带）处；孔内渗水量过大时，应采取强行排水、降低地下水位措施。

（7）桩芯混凝土灌注，符合下列要求：待浇注的桩孔应经检查合格；所准备的材料应满足单桩连续灌注；当孔底积水厚度不小于 100 mm 时，可采用干法灌注，否则应采取措施处理；

当采用干法灌注时，混凝土应通过串筒或导管注入桩孔，串筒或导管的下口与混凝土面的距离为 1 ~ 3 m；桩身混凝土灌注，应连续进行，不留施工缝；桩身混凝土，每连续灌注 0.5 ~ 0.7 m 时，应插入振动器捣密实一次；因为落差比较大，为防止混凝土出现离析，在浇筑过程中，必须采用串筒或者溜槽。出露地表的抗滑桩应按有关规定进行养护，养护期在 7 d 以上。

（8）桩身混凝土灌注过程中，应取样做混凝土试块。每班、每百立方米或每搅百盘取样应不少于一组，不足百立方米时，每班都应取。当孔内积水深度大于 10 cm，但有条件排干时，应尽可能采取增大抽水能力或增加抽水设备等措施进行处理。当孔内积水难以排干时，应采用水下灌注方法进行混凝土施工，以保证桩身混凝土质量，水下混凝土的灌注应符合相关规范要求。若桩壁渗水并有可能影响桩身混凝土质量时，灌注前宜采取下列措施：使用堵漏技术堵住渗水口。使用胶管、积水箱（桶），并配以小流量水泵排水。渗水面积大，则应采取其他有效措施堵位渗水。

抗滑桩属于隐蔽工程，施工过程中，应做好滑带的位置、厚度等各种施工和检查记录，对于发生的故障及其处理情况，应记录备案。

3. 挡土板施工工序

挡土板采取跳槽开挖施工，防止全面开挖诱发边坡变形失稳；挡板施工工序：挡板钢筋预埋→护壁混凝土开凿→钢筋绑扎→支模→混凝土浇筑→卵石或碎石反滤层。

（1）挡土墙施工说明：

① 挡板钢筋预埋：桩芯钢筋笼制作安装前，在护壁上预埋挡板钢筋，护壁混凝土开凿：在挡板开挖时，边开挖边开凿护壁混凝土，连同桩前护壁混凝土钢筋一同开凿。钢筋绑扎：挡板钢筋制与预埋钢筋搭接处采用搭接电弧焊，接头双面焊缝长度不小于 200 mm。

② 支模：待挡板钢筋绑扎完成后，采用钢模板支模。混凝土浇筑：现浇 C30 混凝土，挡土板钢筋保护层厚 50 mm。挡板达到设计强度拆模后，在板后设 0.5 m 厚的卵石或碎石反滤层，顶部、底部各设计 0.5 m 厚的黏土层，采用 0.6 m 长的 ϕ 100 mm PVC 导水管，把板后积水引至斜坡下。回填土应选择内摩擦角大、容重小的填料，优先选用砂砾石土，禁止用膨胀性土、高塑性土等不良地基土回填。回填压实系数要求不小于 0.85。

③ 挡土墙墙身采用 C20 毛石混凝土，毛石粒径 20 ~ 40 cm，含量体积比 25%。单元段挡土墙施工应一次性完成，不得留施工缝。挡土墙基槽采用分段跳挖，开挖一段，砌筑、回填一段，严禁全段开挖。基础埋置深度：边坡高度不超过 5.0 m 时，基础埋深不小于 1.0 m，边坡高度超过 6.0 m 时，基础埋深 1.5 m。挡土墙不得以填土层作为基础持力层。基础开挖后，施工方应及时通知业主、监理、设计四方同时到场验槽，验槽合格后，方可进行全部挡土墙施工。

④ 挡土墙基底横坡坡度超过 1∶0.2 时，基底应开挖成台阶状。沿墙长每隔 10 ~ 20 m 或与其他建（构）筑相接处应设置伸缩缝，在基底的地层变化处应设置沉降缝。伸缩缝和沉降缝可合并设置。缝宽 20 mm，缝内沿墙的内、外、顶三边填土塞沥青麻筋或沥青板，塞入深度不得小于 0.2 m。

⑤ 挡土墙泄水孔呈梅花形布置，泄水孔间距 2.0 m，最下排泄水孔高出地面 0.5 m。泄水孔采用直径 100 mm 的 PVC 管，泄水孔进口端采用渗流土工布包裹。挡土墙墙背设置厚度 0.5 m 的反滤层，反滤层采用砂卵石回填。墙背回填应选择内摩擦角大、容重小的填料，优先选用

砂砾石土，禁止用膨胀性土、高塑性土等不良地基土回填。回填压实系数要求不小于 0.94。

（2）施工安全要求：人工挖孔桩施工前应先做好桩孔的支挡措施，以避免山体落石跌落孔中。人工挖孔桩施工前应编制专项施工方案，严格按方案规定的程序组织实施。开挖深度超过 16 m 的人工挖孔桩工程还要对专项施工方案进行专家论证。桩孔内必须设置应急软爬梯供人员上下井，使用的电葫芦、吊笼等应安全可靠，并配有自动卡紧保险装置。每日开工前必须对井下有毒有害气体成分和含量进行检测，并应采取可靠的安全防护措施。桩孔开挖浓度超过 10 m 时，应配置专门向井下送风的设备。挖出的土石方应及时运离孔口，不得堆放在孔口四周 1 m 范围内。机动车辆通行应远离孔口。挖孔桩各孔内用电严禁一闸多用。孔上电缆必须架空 2.0 m 以上，严禁拖地和埋压土中，孔内电缆线必须有防磨损、防潮、防断等措施。照明应采用安全矿灯或 12 V 以下的安全电压。

（3）质量检验与工程验收：滑坡防治工程质量检验评定标准，适用于中间检查和竣（交）工验收。由专门的具有地质灾害勘察设计咨询资质的单位，或业主认定的专家组对各阶段的设计文件进行审查。滑坡防治工程应进行监理制。监理工作应由专门的具有地质灾害防治监理资质的监理单位承担，负责检查、督促工程的施工。施工单位应在每道工序完成后进行相应的自检和评定，自检合格后，监理工程师应参加验收，并做好隐蔽工程记录。不合格时，不允许进入下道施工工序。重要的中间工程和隐蔽工程检查应由建设单位代表、监理工程师和设计代表共同参加检查验收。工程完成后，施工单位应对工程质量进行自检和评定，自检合格后，将竣工验收报告和有关资料提交建设单位。由建设单位或承包单位组织当地工程质量监督部门、监理工程师、设计代表进行检查、验收和质量评定。验收文件应经过以上各方签字认可。工程验收应检查竣工档案、工程数量和质量，填写工程质量检查评定表，评定工程质量等级。工程检查项目由保证项目、基本项目、允许偏差项目和竣工档案资料四角部分组成。保证项目应符合质量评定标准的规定。在该前提下根据其他项目的情况定质量等级。

8.3 崩塌治理工程案例

崩塌治理工程常见的施工措施：清理危岩，锚杆锚固，主动网，被动网等。

（1）清理危岩：主要是将危险的岩石进行排危清理，方法主要有以下两种：

① 危岩—人工清危：针对该边坡危岩分布情况，对危岩采取人工清危的办法进行处理，人工清危采取搭设脚手架后人工打眼，利用风钻将试块解小清理。

② 危岩—机械清危：如果对周边安全及环境不产生影响（或者做好防护工作）可以采取定向爆破、机械等暴力手段。

（2）危岩—锚固：设置锚杆间距 2.0 m×2.0 m，锚杆长 5.5 m，锚固段长 3.0 m，倾角 20°，锚杆孔径 60 mm，杆体为一根 HRB400 ϕ 20 钢筋，用 M30 砂浆注浆；考虑工程耐久性要求，锚杆按年 0.03 mm 考虑其锈蚀厚度，按工程结构设计基准期五十年计算其锈蚀厚度为 1.5 mm，选用的锚杆及锚索在计算值的基础上半径增加不小于 1.5 mm，并按此值选择标准型材。

① 钻孔：将坡面钻孔位置标注出来（最大锚杆间距 a，b）。根据实地情况允许锚杆间距出现+/-10%的位置偏移（凹坑，卡钻岩石处等等）；根据不同的覆盖层特性选用不同的钻进设备和钻进方法。如果条件允许，可部分选用手持风钻钻孔，但多数情况下仍建议采用大型固

定式钻孔设备进行干钻，钻孔施工工作建议从边坡顶部向底部进行；在坚硬地层进行钻孔作业时可不带套管，但在钻进过程中应保证可随时转换成跟管钻进（主要针对那些松散地层），成孔后应立即将花管或稳定套管插入钻孔（防止垮孔），如果条件允许，还可采用自进式锚杆。

② 注浆：在系统锚杆和钢绞线锚杆的安装过程中应该使用对中器以保证锚杆处于钻孔的中心位置。如果预计会出现漏浆现象，可以考虑用一个特制的麻袋将锚杆套在其中。水泥砂浆应该进行相关的力学实验，以保证其达到设计要求的强度。为了保证无空隙注浆，必须使注浆管顺着锚杆一直插到钻孔的底部，而在灌浆过程中，注浆管应一点一点地向上拉，这样才能保证浆液从下到上地填满钻孔。

（3）危岩带—支撑：支撑墙墙体兼并支撑及防风化两种作用，所以在施工中支撑结构均为沿坡面的满布墙体结构，而非常用的间隔支撑墙及支撑柱，按照 C20 混凝土结构强度大于粉砂岩结构，且嵌入下部基岩，可以将支撑体与危岩与下部岩体看作一个整体，上部危岩重力将被支撑体承担，完全能达到治理危岩的目的。

① 对危岩带采取支撑墙支撑的方案进行处置；支撑墙材料为 C20 混凝土，外侧坡比 1∶0.3；支撑墙高 2.4 m，顶宽 0.8 m，内侧以现有坡面为主；墙体施工前对凹腔进行清理，清理表层浮土及松散层，对上部残留的页岩层进行清理，下部基础和要完全和基岩接触；支撑墙顶部 0.3 m，采用膨胀性混凝土，保证墙体与岩体的紧密接触。

② 对危岩体底部发育的岩腔，应采用间歇跳槽施工方法，间距根据现场危岩体裂隙发育情况确定，一般不超过 4 m，严禁全段大开挖，长时间不支护。施工前应按照跳槽施工法清除腔体内松动岩块、表层残积土及强风化岩体，清理后的腔顶和腔底应力求粗糙，逆坡应内倾 5°，使岩体与混凝土接触面内倾，有利于危岩体及支撑体的稳定。顺墙方向的地面坡度大于 5%时，基础应作成高宽比不大于 1∶2 的台阶，基槽开挖应尽量减少对崖脚岩体损伤，开挖后应及时封闭施工撑填。支撑体采用 C20 现浇混凝土，浇筑前，应按设计的配合比，做混凝土试块，并做抗压强度试验，其强度设计值满足规范要求后，方可按设计的配合比拌制混凝土进行浇筑。在支撑体顶部与危岩体底部接触位置高度为 300 mm 内混凝土应掺入少量微膨胀剂，使墙顶应与危岩体底部充填密实。

③ 支撑体长度较大或支撑体后部裂隙较发育的区段设置泄水孔，间距 2.0 m，外斜 5%，孔眼尺寸 ϕ 100 mm，上下左右交错布置，最下排泄水孔口应高出地面（或排水沟顶面）300 mm，泄水孔材料采用 PVC 管。支撑体及支撑墙基础应置入中等风化岩石。支撑墙身持力层变化处应设置沉降缝，缝宽 30 mm。支撑体长度大于 15 m 时应设置伸缩缝，缝宽 30 mm，缝中填浸透沥青的木板或沥青麻筋，填塞深度 150 mm。

（4）挂网喷浆：挂网喷浆：在平整坡面后对危岩带进行挂网喷浆，防治裸露基岩再进一步的风化形成危岩体，产生崩落。

坡面采用一网一筋喷射混凝土护面，钢筋网采用 ϕ 8@100×100，混凝土护面厚 150 mm，喷射混凝土强度 C25，坡面每 15.0 ~ 30.00 m 设置变形缝一道，宽 40 mm，采用沥青麻绳塞填饱满，挂网喷浆面积 193 m^2。坡面布置泄水孔，矩形状布置在锚杆之间，间距 3.00 m×1.50 m，泄水孔用 ϕ 50 mm PVC 管，伸出坡面长 5 cm，外倾斜率 5%，ϕ 50 mm PVC 管尽量采用预埋。

（5）危岩带—被动防护网：被动网的选型依据为危岩带边坡的冲击动能及弹跳计算结果，根据拟设支挡部位的冲击动能和弹跳高度，选择被动防护网型号及网高。

① 被动防护网选型：根据计算，危岩带边坡拟设支挡部位岩块的弹跳高度为 1.25 m，冲

击动能为 368.4 kJ。被动网设置高度考虑安全超高，综合取值网高 2.0 m。故本次设计对该段防护网选型为 RXI050 型被动防护网，网高 2.0 m。防护段长 55.81 m。

② 被动防护网基础采用 C20 混凝土浇筑，基础持力层为泥岩，被动防护网主要施工参数如下。

③ 钢柱：16b 工字钢，纵向间距 10 m，每根长 2 m。钢绳网：R12/3/300 环形钢绳网。支撑钢绳：ϕ22 上下双支撑钢绳。上拉锚绳：ϕ18“人”字形上拉锚绳。侧拉锚绳：ϕ18 双绳。减压环：GS-8001 型，吸收能量能力>50 KJ。上拉锚杆：2ϕ16 钢绳锚杆，锚固长度 2m。

（6）危岩带—主动防护网主动防护网：对该危岩带进行主动防护网施工加固坡体。

① 采用 SPIDER 系统坡面主动防护系统：网型采用 S250 型 SPIDER 绞索网。锚杆布置按梅花形布置，为 $B \times H$=3.00 m×3.00 m，锚杆长度 2 ~ 5 m。锚杆钻孔直径 D 为 110 mm，锚杆入射倾角 15°。锚杆采用 A 型锚杆，即 2ϕ25HRB440 钢筋点焊拼排。锚杆采用全粘结型，锚固水泥砂浆强度 M30；注浆采用孔底注浆法，注浆压力不应小于 0.3 MPa，注浆必须饱满密实，第一次注浆完毕，浆液凝固收缩后，孔口应进行补浆。

② 坡面布置泄水孔，矩形状布置在锚杆之间，间距 3.00 m×1.50 m，泄水孔用ϕ50 mm PVC 管，伸出坡面长 5 cm，外倾斜率 5%，ϕ50 mm PVC 管尽量采用预埋。

附录 1　组建项目组织管理机构

组建地质灾害治理工程项目部。以项目经理为核心，按不同职责设置专业管理机构，根据不同工序、工艺建立专业施工队（班组），管理上实行项目经理负责制，以精干、高效、高素质、多功能的管理机构组织生产。项目管理机构详见图 1。

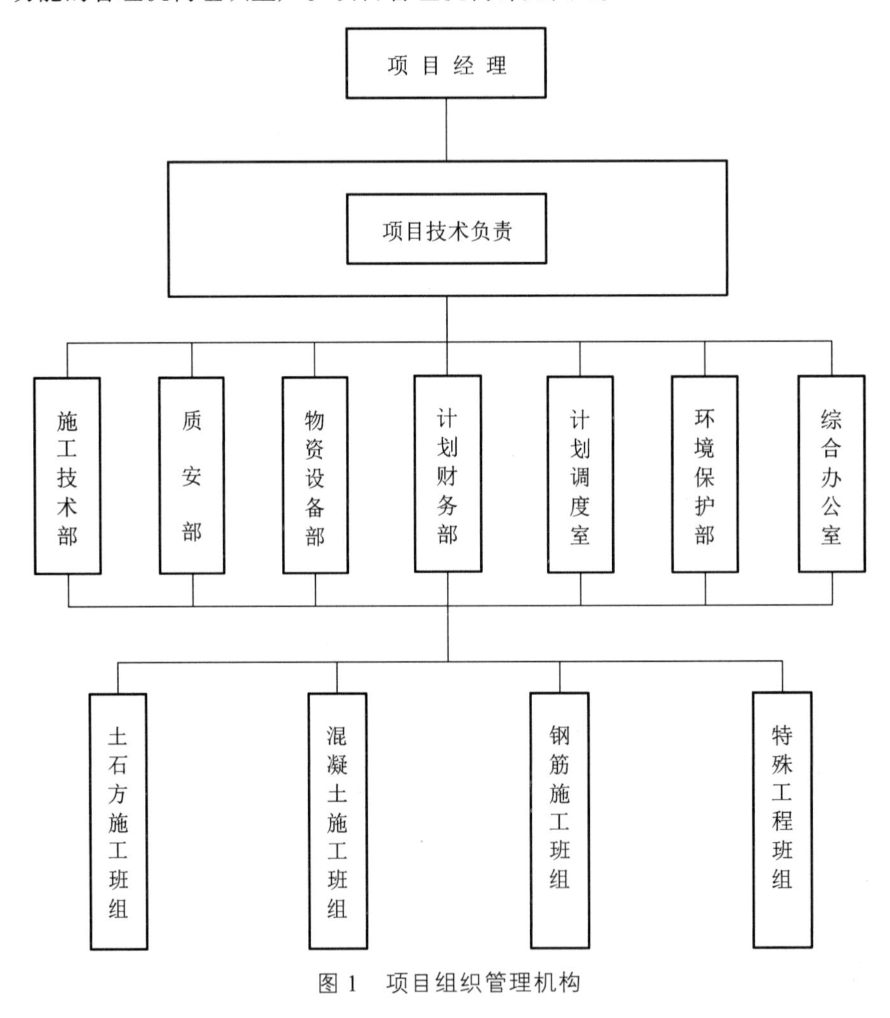

图 1　项目组织管理机构

附录2　项目主要管理人员及部门（室）职责

1. 项目经理的主要职责

（1）项目部项目经理是单位法人代表在工程项目上的授权代理人，行使工程项目施工的经营管理，制定承包范围的各项具体目标，明确职能分工，对工程项目质量、安全、进度和成本控制负全面责任。

（2）认真履行工程承包合同，强化项目管理的“工期控制、质量控制、成本控制”，保证施工进度、工期、质量、安全满足业主合同要求。

（3）对项目的人力、资金、材料、施工设备等资源进行优化配置，合理安排施工进度，保证均衡生产，做到文明施工。

（4）对组织项目进行成本预测、控制、分析和考核，降低成本消耗，节约开支，提高效益。

（5）对强化安全和质量管理，定期组织项目安全质量检查、评审和改进，行使质量否决权。

2. 项目总工的主要职责

（1）组织项目专业技术人员进行施工图纸会审和技术交底，并做好会审和交底工作记录。

（2）组织编写实施性施工组织设计，对关键工序和特殊施工工艺编制作业指导书，以满足施工需要。

（3）组织制定本项目工程质量目标，编制创优规划、各种质量管理制度、技术管理制度，促进项目技术管理规范化。

（4）审核材料需用计划和加工订货计划；监督有关单位和人员做好进货的质量自检、专检和接检，保证进货质量控制符合标准和有关要求。

（5）组织重要部位和特殊过程的隐蔽工程验收，对发现的不合格或潜在不合格及时采取纠正和预防措施，并检查验收措施的落实情况。

（6）组织项目的科研工作，推广应用新工艺、新技术，努力提高施工工艺水平操作技能。

（7）严格项目工程的施工技术质量管理，并对其工作质量负责；组织编制和实施项目工程质量计划，实施项目的施工过程控制。定期组织召开分析会，检查质量体系运行情况，及时研究处理质量活动中的重大技术问题，对质量持有否决权，定期组织本项目工程质量检查评比。

（8）参与项目成本预测、控制、分析和考核。

（9）项目经理因公外出时，代理项目经理行使项目经理职责。

3. 施工组的主要职责

（1）负责整个施工工程的技术管理和攻关工作，编制实施性施工组织设计，做出施工总体安排，确定具体施工方案。

（2）负责施工计划的执行和协调，负责调度及施工技术问题的处理，积极推广应用新材料、新技术、新结构和新工艺，努力提高施工工艺水平和工作技能。

（3）编制和实施项目工程质量计划，实施项目的施工过程控制。

（4）负责变更设计以及施工技术管理，负责工程竣工资料的收集、整理、归档、贮存和保管。

（5）负责施工过程、工序质量控制的技术管理，参加事故的调查、分析工作，制定重大质量事故和不合格产品的处理方案。

（6）搞好本合同工程的测量工作交接和复测工作，根据施工需要，增设水准基点桩、导线控制桩，加密中心桩。做好控制桩定位测量工作。

（7）针对本合同工程特点，做好职工的技术培训和技术交底工作，进行工程的技术、安全、质量、文明施工、环保和环卫、城市交通安全规则再教育，提高职工安全、质量、文明施工和环保意识。

4. 质检组的主要职责

（1）协调各部门之间的工作，负责项目部文件的编号、登记、标识、发放、回收管理和档案管理。

（2）综合协调、检查和督促项目部科室的管理工作及规章制度的贯彻执行情况，协调各部之间的关系。

（3）负责协调对外关系、对外事务性接待与联络、内部后勤供应、生产管理，施工作业人员的培训教育、学习及文体娱乐等工作。1、负责整个承包工程的试验工程，建立健全试验管理制度。

（5）认真做好材料的试验和检验工作。对进场材料按规范规定进行抽样检查，对检查不合格的材料通知施工队不准使用，并限期清除出场。

（5）组织完成施工现场混凝土坍落度等有能力进行的各项试验工作，真实准确填写试验报告，用数据说话。

（6）配合检测单位对现场施工部位进行检验。

（7）做好业主或现场监理要求的现场试验工作。

（8）负责材料送检，试件制作，保养和送检工作，做好成品、半成品的标识工作，对原材料的标识予以检查，确认。

（9）负责现场搅拌站的监督、指导及随机抽检工作。

（10）配合质检工程师办理分项、分部、单位工程的质量评定工作。

5. 安全组的主要职责

（1）负责整个承包工程的安全质量工作，建立健全安全质量保证体系，制定安全质量管理、环境保护办法，落实安全质量目标。

（2）落实质量、环境保护措施，开展全面质量管理工作，编制和实施项目工程质量计划，实施工程施工全过程的质量控制。

（3）办理对分项、分部、单位工程的质量检查、签证、评定工作。

（4）定期组织召开质量分析会议，检查质量体系的运行情况，及时研究质量活动的重大技术问题。组织项目工程质量检查，对工程质量持有否决权。

（5）做好工程的安全生产。制定安全计划，建立施工安全制度、措施，检查和监督安全体系的运行情况。

6. 材料组的主要职责

（1）负责贯彻执行国家行业和上级颁布的设备管理规定，制定项目的设备管理制度、操作规程及设备的维修保养制度，为施工全过程提供设备保障。

（2）负责对工程所需物资的采购、供应工作。落实各种施工材料的供应渠道及材料进场的运输方法、贮存方式，保证各种材料有计划地供应，做到不积压、不短缺。

（3）做好项目设备材料的采购、管理工作，协调与交通运输部门的关系，保证项目所需设备、材料物资运输渠道畅通。

（4）参与负责工程材料的质量控制工作，负责收集、整理、保管有关工程材料的技术质量文件。

7. 财务组的主要职责

（1）编制审核施工预算、施工计划、负责成本控制、财务管理、负责工程计量及合同管理工作。

（2）制定财务管理规章制度，负责对本工程的合同管理，进行工程造价和工程结算工作。

（3）严格控制工程成本。

附录3　施工总平面布置

1. 施工总平面布置依据

（1）施工现场的实际踏勘。

（2）业主对现场的具体安排。

（3）按照“建筑施工安全检查标准”结合本工程实际施工现场，对施工现场进行合理布置。

2. 施工总平面布置原则

（1）为了保证总工期及工程质量的要求，我公司本着充分利用现有场地，合理安排施工顺序的原则，现场既要合理科学地布置，又要本着施工方便的基本原则，使临时设施的布局符合工艺流程，且最大限度地缩短工地内的运输距离，减少二次倒运，并避免现场临时设施频繁搬迁而影响工程进度。

（2）根据现场实际情况布设现场办公室、职工宿舍、加工房、设备库房等临时设施。

3. 施工现场平面布置与管理

（1）根据本工程主体工程量分布较散的特点，为保证施工进度，划分三个施工区，由相应施工队负责该区的工作，项目部总体协调。

（2）在施工现场布置时，要进行公司标识体现。具体表现为保证行政办公用品及对外交流手段的统一，保证现场临建的标准、统一，项目部统一着装等。

（3）为了在施工场地有序地组织现场的平面及立体交叉作业，确定文明施工，施工平面管理由项目经理负责，进行调度平衡。

（4）施工现场的水准点、轴线控制点、埋地电缆、水管、架空线路均设置醒目的标识，并加以保护，任何人不得损坏、移动。

（5）凡进入现场的设备，材料应按制订位置放置，不得任意堆放，并做到整齐有序，挂牌明示。

（6）施工中尤其应特别注意加强安全管理，既要保证施工人员的安全，又要保证过往行人及当地居民的安全。

4. 办公及生活区布置

现场办公及职工住宿安排在较空旷处。项目部驻地设置办公室、会议室、库房、钢筋加工间、试验房及管理人员宿舍、职工宿舍、食堂、厕所等。在各工点设置砂浆搅拌站、配电房。施工现场做好打围、警示工作，按文明工地要求布设。详见“附表五 施工总平面图”。

5. 材料布置

施工阶段在场地内设置水泥堆放场、砂石料场、砌块堆场、钢筋堆场，所有材料必须经过计划进货，随用随拉，不得大量堆放闲置各种材料。

所有进入施工现场的材料堆放整齐，并挂牌标明材料名称、进场日期、使用部位等。

6. 施工用水计划

工地临时用水包括生产用水、生活用水和消防用水三种。

生产用水包括工程施工用水、施工机械用水，生产用水可根据施工部位，从寿溪河内抽用。生活用水包括施工现场生活用水和生活区用水。将水自水源接入施工现场，沿施工线路布置。为了防止水管受损，施工时将水管埋入地面以下 0.5 m。

7. 施工用电计划

根据施工现场机械的额定功率计算进场后甲方现场提供的最大供应功率应大于 150 kW，考虑因意外停电因素，本工程配置柴油发电机组，供应急用电。

配电箱现场设总闸，电缆统一入闸箱，现场四周埋设环场电缆，现场设配电室、总配电箱，在按分闸箱供各专业施工使用，以保证安全施工。

配电箱采用公司统一制作的标准铁质电箱，备用电设备安装一闸一保，在钢筋棚等用电设备处一个 100 A 的分配电箱。

附录 4　劳动力计划

1. 建立强有力的领导班子：

在项目管理人员的选择上，我公司将委派公司内施工经验丰富的、承建过大型工程的项目管理班子担任本项目的施工管理班组，并由项目负责人担任项目总指挥。

2. 劳动力组织：

（1）投入本工程的劳动力安排。

鉴于本抢险工程施工工期短、施工工程量大，根据工点分布情况及考虑施工顺序、确保工程在规定时间内完工，计划边坡与泥石流的治理同时施工，建立边坡施工区和泥石流施工区。各施工区下根据各区实际工程量，设置相应施工小队。各工区之间平行施工，工区内流水施工。由项目部总体协调。整个抢险项目分为以下几支抢险施工队伍：

① 土方施工队：主要负责施工道路的抢通，排导槽清淤以及主体工程的及槽开挖、土方的运输等工作。计划 20 人

② 拦挡坝施工队：本施工队分 2 个小组平行施工，主要负责谷坊坝材料的运输，砂浆的搅拌，基槽的开挖，格栅坝主题工程的砌筑。另为保护施工现场材料安全及督促、检查文明施工设置安全文明施工组。

各施工队内根据施工进度要求设置工班；各施工队、工班应协调分配人员，优化劳力组合，使之分别负责好各自的施工内容，并服从项目有关管理部门的调度，保证本标段施工顺利进行。

（2）施工协调。

为了确保工程施工顺利进行在协调方面特定如下制度：

① 每周召开一次施工协调会，并邀请建设单位参加，对整个项目施工进行阶段协调。综合考虑总体形象进度及质量目标等因素，平衡工程施工的每个具体环节的阶段性行为。

② 项目经理部每日定时召开“碰头会”，随时解决当日的施工问题，安排第二日的工作及计划第三、四日的工作，并作为工作协调。

③ 做出切合实际的配合作业计划，安排好各分部分项、各工种之间的工作内容、工作时间、工作地点。即月有“月计划”，周有“周计划”，日有“日计划”。如因特殊原因的工作，在后续的施工中要挤时间补上。

附录 5　施工机械配备计划

1. 机械设备选择及安排

依据该工程的特点及进度计划的安排，为满足工程的材料构件运输量的需要并使机械设置合理，达到既满足运送要求，又不浪费的原则，施工现场按施工流程进行机械设备的配备。配备一定数量砂浆、混凝土拌和设备、挖掘机、推土机、装载机及其他零星机械。

按照施工进度的要求，保证足够的施工设备，全部使用状况良好、性能优良的机械设备。

拟投入本标段的主要施工设备详见表 1，拟配备本标段的试验和检测仪器设备详见表 2，临时用地计划详见表 3。

表 1　拟投入的主要施工设备表

序号	设备名称	型号规格	额定功率/kw	生产能力	用于施工部位	备　注
1	自卸汽车	铁马 280	8 ~ 15t	8 ~ 15t	全过程	
2	推土机	T150	110 kW	110 kw	土石方	
3	装载机	ZL50	3.5 m^3	3.5 m^3	土石方	
4	装载机	ZL-40	150 KW	/	运输	
5	反铲挖掘机	PC-200	/	/	土石方	
6	挖掘机	PC220	1.2 m^3	1.2 m^3	土石方	
7	空压机	/	88 kW	12 m^3/min	锚杆	
8	空压机	/	15 kW	3 m^3/min	土石方	
9	吊机	/	/	/	转运	
10	混凝土生产系统	JZ1000	/	/	混凝土工程	
11	砂浆搅拌机	JS108	/	/	砌体	
12	汽车式起重机	QY	8 t	8 t	材料及钢筋安装	
13	水泵	H1.1	7.5	/	水利	
14	柴油发电机	康明斯	200	200 kW/h	备用	
15	风钻	/	/	/	土石方	
16	振捣棒	/	2.2	/	混凝土工程	
17	模板	/	/	/	混凝土工程	
18	混凝土运输车	/	/	/	混凝土工程	
19	潜孔锤钻机	哈迈	/	/	锚杆	

表 2　拟配备本工程的试验和检测仪器设备表

序号	仪器设备名称	型号规格	用途	备注
1	压力试验机	YE-200A	试验检测	
2	标准手提击实仪	SJ-Q	试验检测	
3	坍落度仪	ϕ100/200	试验检测	
4	土壤筛	ϕ200	试验检测	
5	砂子筛	ϕ200	试验检测	
6	石子筛	ϕ300	试验检测	
7	标准振动筛机	XSB-70A	试验检测	
8	混凝土振动台	1 m^2	试验检测	
9	电炉	2 000 W	试验检测	
10	全站仪	SET1010	测量	
11	经纬仪	DTJ2E	测量	
12	水准仪	SEILDS3000	测量	
13	钢卷尺	50 m	测量	
14	台秤	500 kg	称量	
15	普通砂浆试模	/	试验检测	
16	普通混凝土试模	/	试验检测	
17	调温调湿养护池	YB-20B40	试验检测	
18	温度、湿度测定仪	±0.1 °C±5%	试验检测	
19	泥浆比重计	/	试验检测	
20	钻孔测斜仪	/	试验检测	
21	拉拔实验仪	/	试验检测	

表 3　施工临时用地计划表

用途	面积/m^2	位置	需要时间
办公室	200	参见设计图	全过程
机械临时堆场	120	参见设计图	全过程
材料加工	200	参见设计图	全过程
材料堆场	150	参见设计图	全过程
库房	30	参见设计图	全过程
门卫	10	参见设计图	全过程
宿舍	300	参见设计图	全过程
食堂	85	参见设计图	全过程
浴室	60	参见设计图	全过程
厕所	40	参见设计图	全过程
配电房	20	参见设计图	全过程
机修房	20	参见设计图	全过程

2. 施工机械设备的合理使用

（1）人机固定，实行机械使用、保养责任制，将机械设备的使用效益与个人经济利益联系起来。

（2）实行操作制度，专机的专门操作人员必须经过培训和统一考试，必须持证上岗。

（3）现场环境、施工平面图布置应适合机械作业要求，交通道路畅通无障碍，夜间施工安排好照明。

附录 6　材料组织、采购和设备组织安排计划

1. 材料组织计划

（1）根据施工进度计划和施工预算的工料分析，拟定加工及订货计划。

（2）建筑材料及安全防护用品准备：对水泥、钢筋、混凝土预制块就近在县城购买，均应根据实际情况做编制各项材料计划表，分批进场。

（3）对各种材料的入库，保管和出库制订完善的管理办法，同时加强防盗、防火的管理。

（4）为了减少各种材料的运距，避免无效劳动，有效地组织现场的平面及立体交叉作业，最大限度利用空间，确保做到文明施工，施工平面管理工作设有专人负责，划片包干管理，未经工地负责人同意，任何人不得任意改变。

（5）把半成品与成品保护工作贯穿于施工全过程，对进入施工现场的材料、构配件要合理存放，做好保护措施，避免质量损坏、科学合理安排施工作业程序，以利于施工中半成品与成品的保护与管理，保证工程质量。

（6）加强材料的管理制度，设置仓库有序堆放材料，及时会同驻地监理工程师对进场材料及设备进行检验，严格履行验收手续。要求做到数量、型号、规格符合设计，出厂合格证、产品检验报告和说明书齐备。

（7）指定材料保管员，保安巡守员对产品、器材进行看守，防止丢失和损伤。

（8）各阶段施工半月前，现场材料组应及时提出计划，与甲方协调好甲供材料的进场时间，保证甲供材料要及时进场。采购人员还需与甲方一起落实好其他施工材料的厂家货源，采用“货比三家”——比质、比价、比服务的原则进行采购，确保工程质量，一旦出现短缺，应立即另找第二家或第三家，如还有困难时可与我公司材料供应科联系，启动多年来形成的多渠道物资供应网络。

2. 材料采购计划

本防治工程主要包括拦沙坝、谷坊坝、排导槽等工程，工程所需建筑材料主要为水泥、砂石料、钢筋、木材等，交通运输较方便，各种建筑材料均可就近购进，其中用量较多的砂石材料，可在本地取材或附近砂石料场购进，水泥、木材均可采用本地或从附近木材场购进，钢筋需从绵阳购买，为确保防治工程安全可靠，工程施工所需各类建筑材料质量必须满足设计要求，应附正式的出厂合格证及材质化验单。回填用耕土可根据工程需要就近购买或自行开采。

3. 设备组织安排计划

（1）根据本标工作面多，工期紧，施工强度高等特点，按照各单项工程的工作面分布情况、施工强度及施工方法等进行施工机械的配套选择。

（2）考虑必要的施工机械能力储备系数，使其既能充分发挥生产效率，又能满足工程质量与施工强度的要求。尤其是本工程施工重点部位，施工设备配置即要能够满足该部位的施工强度要求，还要求有较高的生产能力保证系数。

（3）选用的施工机械具备机动灵活、高效低耗、环保及运行安全可靠等性能要求。其性能及工作参数满足工程设计、工地条件、施工方案、工艺流程等要求。

（4）选用的施工机械类型不宜太多，以利维修、保养、管理，提高生产效率。

附录 7　资金保证措施

（1）落实经济责任制，使工程质量和经济利益相挂钩，队以上领导实行质量风险抵押金制度，项目经理的风险抵押金交至公司，对领导的业绩考核，实行质量一票否决制度。

（2）成立农民工专项调查小组，由公司领导牵头组建。专门调查解决农民工拖欠、纠纷等现象，一经发现公司将对其严厉处罚，做到“工程清工资清”，决不拖欠民工一分钱。

（3）组织强有力的班子加紧内外竣工工程的决算工作。督促相关部门及时进行决算，兑现工程款项，确保民工工资的资金到位。

（4）公司与项目部经理签订《完成劳务费、农民工工资支付、保安全、保稳定责任书》，要求各项目部领导和责任部门认真履行各自的职责，确保责任书各项工作要求落实到位，做好劳务费的结算、支付工作。

（5）定期召开施工队负责人会议，传达和学习相关政策，并要求签订年支付民工工资保安全包稳定协议书，保障民工的工资按时发放。

（6）公司设立民工工资预留账户，避免由于工程中一些复杂问题而造成资金困难，使得工资迟迟发不下去。建立预留账户正是保障工程在危急时候能够保证民工工资。

（7）公司在多年的市场经营中，始终坚持“保质守约、薄利重义”的企业宗旨。为认真贯彻落实各上级主管部门关于切实解决建设领域拖欠工程款的民工工资问题的要求，我公司承诺：决不拖欠民工工资。

附录 8　质量管理人员的质量职责

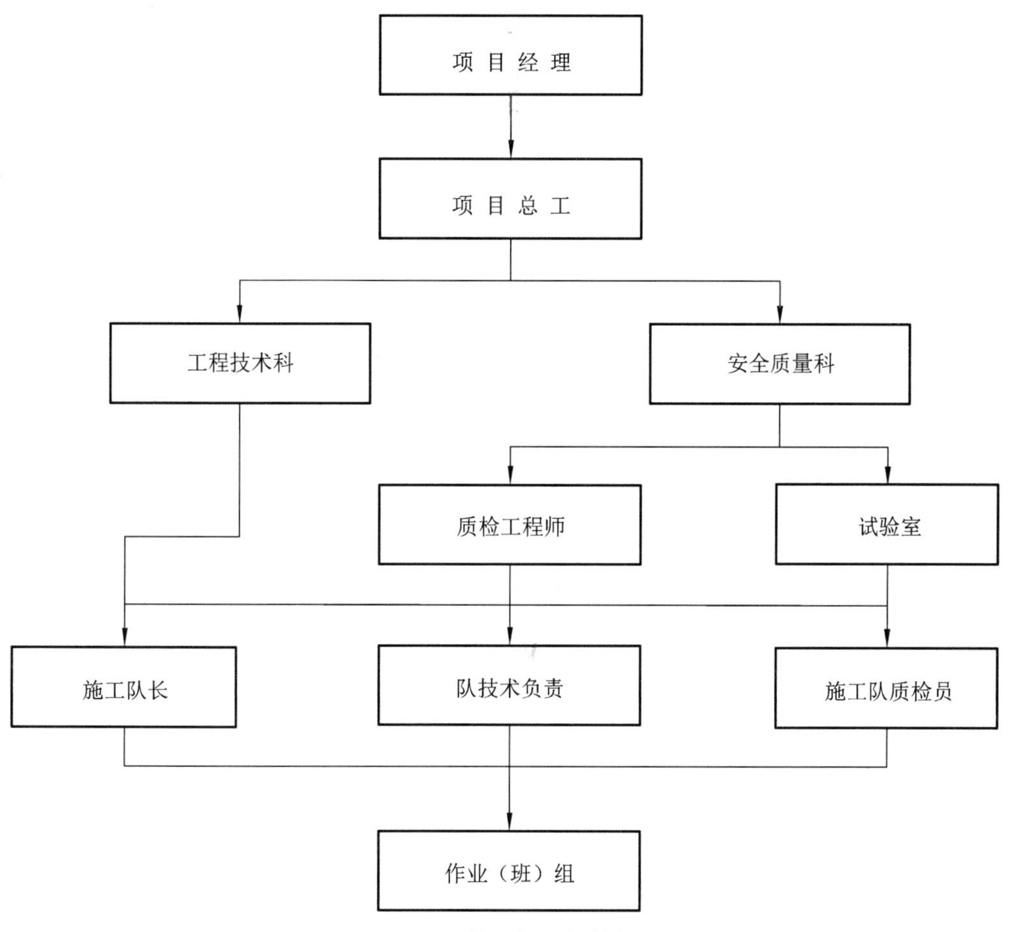

图 2　质量管理组织机构框图

1. 项目经理质量职责

（1）项目经理代表我单位履行本工程承包合同，执行质量方针，实现工程质量和创优规划。是现场工程质量管理的总负责人。

（2）负责策划项目质量管理的组织机构，明确人员职责，建立合理的分配和奖惩办法，充分调动参与项目建设所有职工的积极性。

（3）负责项目合同内的生产经营，安排和调整项目施工计划及进度，调配现场内的物资、资金及人员，对完成项目的施工计划负责，对工程质量、工期、成本、安全、文明生产负责。

（4）主持项目工作会议，审定或签发对内对外的重要文件，对签署的有关工程的变理、洽商、纪要等文件负责。

（5）组织编制职工培训计划，不断提高职工质量意识和操作技能。

2. 项目总工程师质量职责

（1）在项目经理的领导下，认真贯彻质量方针和目标，贯彻国家和行业技术标准，认真组织审核图纸，主持编制项目工程实施性施工组织设计和施工方案，制订项目工程的质量保证措施，明确其技术保证和质量保证要求，做好技术交底工作。

（2）制订和实施项目工程质量计划，加强施工过程的控制，主持关键工序攻关和人员培训，制定工艺操作规程，严格项目工程的施工技术和质量检验管理，对因技术管理原因造成的重大质量事故负责。

（3）制订和实施纠正措施和预防措施，主持对不合格项评审和处置。

（4）监督检查采购物资的检验和试验及设备的控制。

（5）推广应用统计技术，加强文件和资料的控制，建立质量记录，安排项目图册、文件、资料的分配、签发、保管及日常处理。

（6）推广和应用“四新”技术，编写有关成果报告和施工技术总结。

3. 质检工程师质量职责

（1）执行本项目的质量计划，贯彻落实质量目标和创优规划。

（2）制定质量检查计划，确定重点关键项目的检查方法和检查安排。

（3）负责本项目的质量检查，控制工程施工的质量标准，把住工程材料进料关和工艺施工质量关，复核测量定位的准确性，确保工程质量符合要求，达到业主满意。

（4）及时进行质量评定，参与质量事故及不合格工程的分析会，填写好工程施工质量记录，向上级填报有关质量报表。

（5）组织开展质量评定，参与质量事故及不合格工程的分析会，填写好工程施工质量记录，向上级填报有关质量报表。

4. 测量工程师质量职责

（1）熟悉本项目工程的设计图纸、技术标准，测量仪器性能及操作规程，对测量工作质量负责。

（2）严格按测量规范实施工程放样测量，保证工程放样精度符合规定要求。每项测量都要进行复核，保证构筑物各种断面、几何尺寸、中线、水平达到设计及规范要求。

（3）做好各项测量记录，真实反映工程形成过程的断面尺寸、坐标结果、施工放样和检查结果，并进行技术复核，证实符合设计图纸、技术标准的要求。

（4）负责管理本单位使用的测量仪器，保证其性能准确、测量结果、数据无误，仪器性能安全处于良好状态。

5. 试验工程师质量职责

（1）认真执行现行有关检验和试验的标准、规范和规程。

（2）具体负责生产中的检验工作，熟练操作各类仪器设备，按有关规定进行各类检验和试验。

（3）指导、监督检验和试验人员开展工作，积极处理检验试验工作中的技术问题。

（4）按时收集、整理检验和试验报告，并及时上报。

（5）参与不合格工程分析和质量事故调查会议，协助提出纠正和预防措施。

6. 物资采购负责人质量职责

（1）遵守国家有关法令、法规和本单位的采购程度，牢固树立“质量第一”的意识。

（2）根据采购计划，对货源进行比质、比价、比运输条件的综合考虑，按适时、适量、齐备及先近后远的原则，并按分级采购管理的规定实施采购。

（3）参与对分承包商的评价、产品的验证，对其质量进行监督。产品验证时发现质量问题予以拒收。

（4）采购物资交仓库负责人验收，验收时若发现问题，仓库负责人予以拒收。

（5）按“经济合同法”认真逐一审查采购合同条款，把好订货质量关。

（6）签订采购合同应详尽写明各项要求，如质量标准及验收方法、交货时间、交货地点、运输方式、交货方法、付款方式以及违约的处罚等，确保采购工作质量。

7. 项目经理部其他人员质量职责

（1）服从领导安排，认真执行项目质量计划。

（2）严格按操作规程的要求进行操作，严格执行“三检制”，对由于不执行工艺及操作原因而造成的质量事故和不合格工程负责。

（3）出现质量问题及时向班组长或项目质量负责人、质量工程师反映，并参与原因分析，对不及时自检和不及时反映问题所造成的不合格产品负责。

（4）保证个人质量指标的完成。

（5）严格控制多余物资和混批现象的发生，对由此造成的不合格工程负责。

8. 施工队长质量职责

（1）认真执行上级有关确保工程质量的规定、指示，参与制订并实施质量措施，正确指导工班按照技术交底、施工规则、操作规程和各级质量检查制度等进行施工生产，不违章指挥。

（2）根据工作任务，正确指导工班施工、劳动力安排、建立健全质量管理制度和岗位责任制度，对工程质量中存在的问题，要及时加以解决，一旦不能解决的要及时报告项目领导。

（3）随时检查生产机具、设备等完好情况，保证正常运行操作。

（4）布置工班工作时，必须强调质量管理工作，负责组织、督促、检查工班开好班前质量交底会，工前、施工中质量检查和交接班工作。

（5）发生质量事故，要立即向上级报告，并参加事故调查分析。

（6）对工程质量情况应及时、准确记录。

9. 施工队技术负责人质量职责

（1）在项目总工程师和工程队长的领导下，认真贯彻质量方针和目标，贯彻国家和行业技术标准，认真组织审核图纸，编制本队工程项目实施性施工组织设计和施工方案，制订工程质量保证措施，明确其技术保证和质量保证要求，做好技术交底工作。

（2）实施项目工程“质量计划”，加强施工过程的现场控制，对因技术管理原因造成的质量事故负责。

（3）推广应用新技术，加强文件和资料的控制，做好质量记录。

10. 施工队专职质检员质量职责

（1）落实项目部专职质量检查工程师和队领导传达的有关工程质量管理精神和具体整改措施，将措施进一步细化并传达到班组。

（2）现场跟班作业，发现质量隐患及时制止并报告队领导或项目部专职质量检查工程师。

（3）指导班组兼职质量员的工作。

附录9　施工技术措施

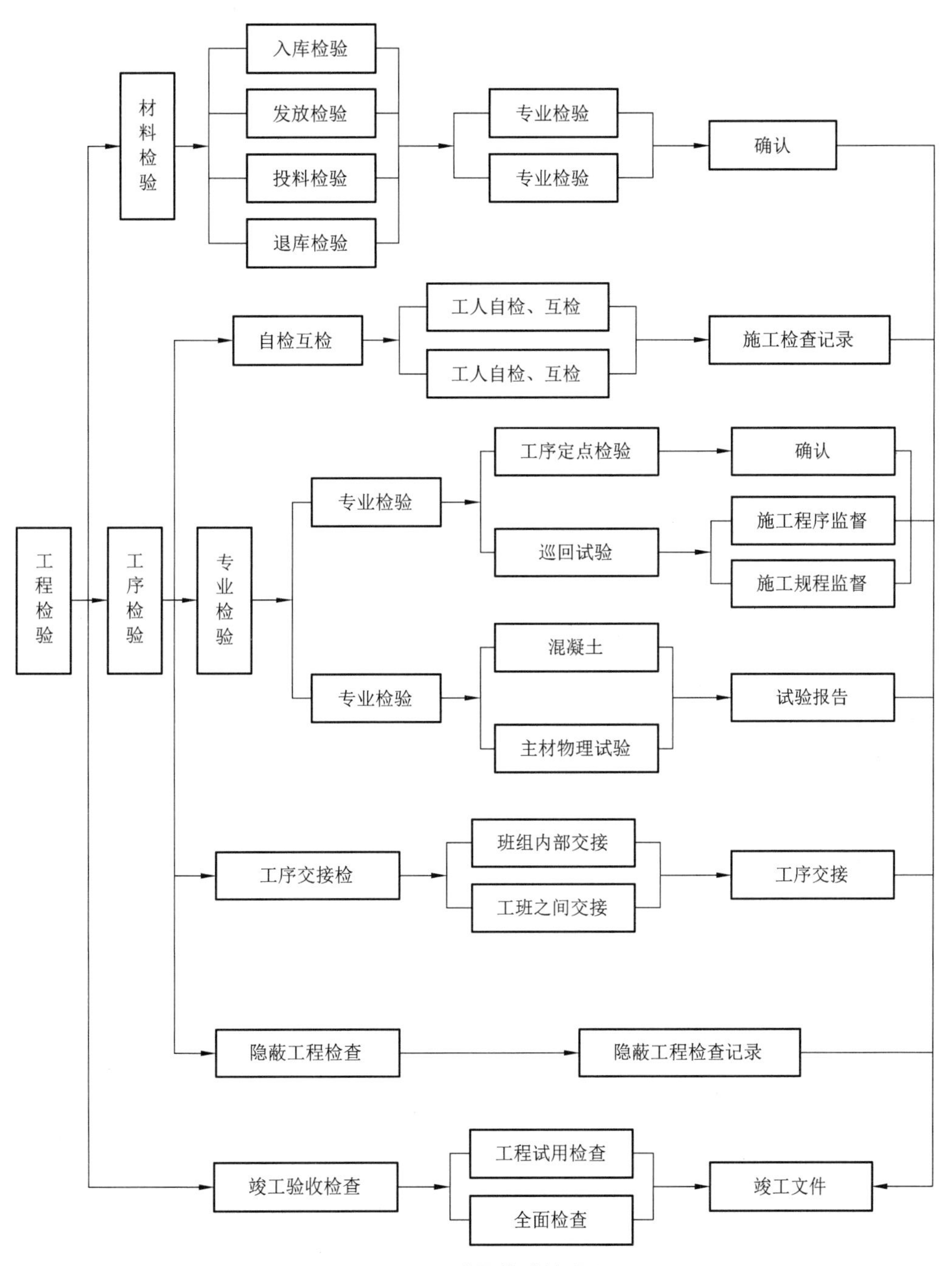

图3　工程质量检验流程图

安全是该工程施工的重中之重。施工前制定详细、严密的安全生产制度，施工过程中应有专人负责安全措施的实施，如图 3。

1. 确保安全施工的主要措施

（1）工程施工前，必须妥善考虑分析现场地质条件和周围环境的影响。

（2）施工中实行挂牌作业。工程开工前，工程的起讫点应悬挂工程标志牌，工程标志牌、施工标志牌的尺寸、形式及内容按有关规定办理。

（3）围护工程必须按照管理规定和有关技术规范规定的质量标准和要求施工。

（4）进入施工现场施工人员一律身穿统一劳动服装、佩戴胸牌和戴安全帽，非施工人员未经许可，不得擅自进入施工现场游玩、参观和进行其他活动。

2. 施工技术安全措施

地质灾害治理工程安全措施以高边坡作业为例，在施工过程中必须将安全生产作为重点来抓，确实做好安全措施，要把安全防护做到万无一失。

（1）高边坡作业安全措施。

① 边坡作业必须采取安全防护措施保障施工人员的安全，高边坡作业前必须先清理边坡危石。两个以上工作面同时施工时，界面之间必须设置安全挡板。设立边坡变形观测点，随时监测；施工过程中，派现场专职安全员巡视边坡，发现隐患及时报告。

② 作业区必须打围并设置醒目的安全警示牌，边坡施工时，作业区下部禁止人员穿行和滞留，必要时派专人留守，防止人员误入。

③ 施工作业人员必须佩带好安全劳保品，高空作业必须佩戴安全带活安全绳，并派专职安全人员随时检查，发现没有佩带好安全防护品进入施工现场或高空作业未派戴安全帽、安全带的人员及时清退出施工区，进行相应处罚和教育；被清退人员必须通过安全再教育后方可在此上岗。

④ 排水沟施工地段和坡上料场必须设置挡板，以防石料滚落伤及坡下人员。挡板采用，钢管木板搭设，在料场及施工段外侧每隔两米打入钢管，作为挡板立柱，钢管立柱上安置条板，作挡板用。钢管立柱进入坡面土体不小于 50 cm，挡板高度不小于 50 cm。

（2）其他安全措施。

① 制订安全操作规则，对施工人员进行安全教育，进行考核，合格后才允许上岗。

② 建立岗位责任制，并派专职安全员常驻施工现场，定期进行安全检查。

③ 明确岗位安全生产责任制，项目部设专职安全员，各施工队设兼职安全员，对施工现场进行全天候巡视，并实现规范化施工和安全否决权，严格执行奖惩制度，对于违规人员每次给予 50 ~ 100 元罚款。

④ 升降设备装置有必要的安全装置，如刹车、吊钩防脱器、断绳保险器及限位装置等。每天施工前对投入使用的机具做全面检查，施工后对机具进行保养。

⑤ 电工持证上岗，严禁非电工进行作业。施工现场用电符合要求，装拆电器由电工进行，坚持执行用电检查的制度。

⑥ 加强防火、防电管理。用电线路、用电设施的安装和使用符合安装规范操作规程，严格按设计架设，严禁任意拉线接电。建立和执行防火管理制度，设置消防设施，并保持完好

的备用状态。对易燃、易爆的物资和器材的储存、使用应符合有关安全规程的规定，防止火灾和爆炸事故的发生。

⑦ 好机械设备的使用、保养、维修工作，保证各种设备的正常运转和安全装置灵敏可靠。对所有用电设备采取防雨措施，做好接地零保护。

⑧ 施工现场设置有安全标志和警告牌，在危险地带设置护栏和护顶棚。加强雨季安全防护及测量工作。

⑨ 禁止施工人员高强度、长时间作业，确保员工的工作效率，和施工安全。

（3）应急抢险措施。

① 施工过程中，应随时检查边坡变形情况，发现问题及时撤离施工人员，采取相应安全保证措施后方可继续施工。

② 施工前将边坡和表层易滑塌部分土体清除。

③ 坡面作业人员之间保持有必要的联系。坡面有人时，派专人监护，发现异常情况，巡视人员立即采取紧急措施帮助坡面作业人员迅速撤离现场。

④ 当出现较大的险情，立即切断施工区内所有电源，通知并组织滑坡区内所有人员迅速撤离至滑坡区范围之外。

⑤ 发生垮塌或滑塌灾害后，立即恢复临时截、排水系统，清除滑动松散体。地下水较多时，在滑坡体前缘作边坡渗沟和支护盲沟疏导地下水。并整平地表，填塞裂缝，夯实松动地面。

3. 安全方案报批措施

在报请监理工程师和业主审批的施工组织设计中应有安全施工方案，要有安全施工管理系统；配备安全管理人员负责工程、车辆机械和施工人员和安全工作，将施工安全落到实处。

附录 10 安全管理组织机构

安全生产贯彻“管生产必须管安全”的原则，认真贯彻上级有关安全生产工作的一切规定，建立安全生产管理体系。

成立以项目经理为组长，分管安全生产的副经理和项目总工程师为副组长，工程技术科长、安全质量科长、后勤保障科长、项目部专职安全员为成员的安全生产领导小组，队设专职安全员，各作业班（组）设专职安全员，形成一个强有力的安全生产管理网络体系。详见《安全施工管理组织机构图》。

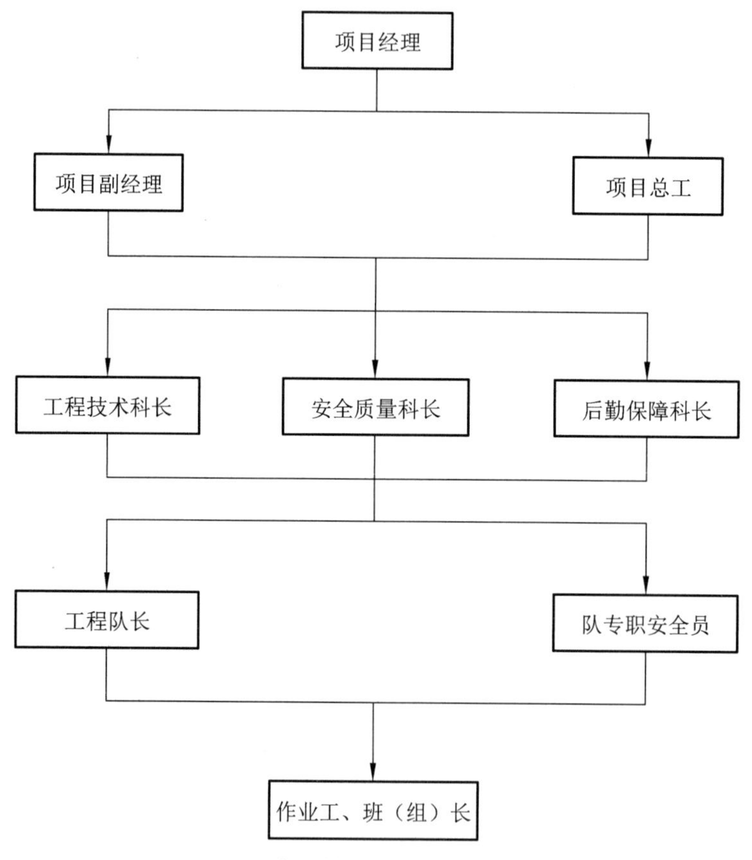

图 4　安全施工管理组织机构图

安全生产责任制

1. 项目经理、副经理（若有）、项目总工程师安全职责

（1）对项目安全生产工作承担全面领导和管理责任。

（2）认真贯彻执行国家安全生产方针、政策、法规和上级指示制度、办法，制定单位有关的安全生产的制度、规定、措施。

（3）随时了解本项目安全生产状况，每月召开一次例会，分析安全情况、安全趋势，找出存在问题，采取措施并组织实施。

（4）施工前，组织制定安全措施，对重点工程、关键工序（部位）和采用新技术、新结构、新工艺作业、冬雨季施工、使用交叉、高空作业及其他危险性大的工程等，组织制订专项安全措施，并向参加施工的全体职工进行技术交底，并经常检查贯彻执行情况。

（5）审定安全技术措施计划，积极组织力量，确保计划实施，并不断改善劳动条件。

（6）每月组织一次全项目安全生产大检查，经常深入现场，检查施工方法、劳动组合、设备、工具、生产、安全设施等情况，及时消除隐患，项目部无力量解决的问题，要采取控制措施，并及时上报。

（7）组织定期安全教育，工人调换岗位的安全教育。协助上级组织好特殊工种工作的培训、考试、发证工作。特殊工种必须持证上岗，无证者应及时调离特殊工种岗位。

（8）充分发挥安质人员的作用，充分调动他们的积极性，鼓励和支持他们大胆开展工作。

（9）向职工代表大会报告安全生产工作和安全措施项目完成情况，负责执行职代会有关安全生产、劳动保护的决议和处理有关提案。

（10）督促有关部门按规定及时发放防护、防寒用品，并教育职工正确使用。发生重伤以上事故，要立即亲赴现场，组织抢救、保护现场，防止事态扩大，并将事故及时上报，采取预防重复性事故的措施，主持重伤及多人轻伤重大未遂事故的调查分析，提出事故调查报告。

2. 安全质量科长安全职责

（1）监督检查本单位贯彻执行国家安全生产方针、政策、法规以及上级颁发的条例、规则、规定、细则、制度、办法、措施以及开展安全活动等。

（2）经常深入施工作业现场，掌握安全动态，提出整改意见，制止违章作业违章指挥，遇有险情或危及人身安全时，有权暂停生产或指挥作业人员撤离险区，并立即报告给有关领导处理。

（3）参加安全会议及生产会议，参加伤亡事故与行车事故的调查分析，定期研究事故发生、发展趋势和重大安全问题，提出改进建议和要求。

（4）监督检查和配合有关部门进行岗前安全教育及特殊工种工人的培训、考试、发证工作。

（5）参加项目经理部组织的定期与不定期的安全生产检查，对查出的问题用安全通知书等形式上报下达，限期改进。

（6）督促检查劳保经费的使用是否合理；参加工程安全科研成果和技术鉴定。

（7）负责制订安全生产管理办法，督促功协助有关部门制订安全技术规定，安全操作细则，施工安全措施，并监督检查执行情况。组织推广安全系统工程等现代化管理办法。

（8）及时编写安全生产工作总结，推广先进典型和经验。

（9）负责上报安全事故及安全统计报表。

3. 安全工程师职责

（1）监督检查项目部贯彻执行国家安全生产的政策、法规以及上级和业主颁发的条例、规则、规定、细则、制度、办法、措施以及开展安全活动等情况。

（2）制定详尽的安全施工措施，并监督执行。

（3）经常深入施工作业现场，掌握安全动态，提出整改意见，制止违章作业和违章指挥，遇有险情或危及人身安全时，有权暂停生产并指挥作业人员撤离险区，并立即报告有关领导。

（4）参加各种有组织的安全生产检查，对查出的问题用通知书等形式及时上报下达，并要求违章单位限期改进。

（5）监督、指导队专职安全员的工作。

4. 工程技术科长安全职责

树立“安全第一、预防为主”的方针，对本单位安全生产工作负技术管理责任。

（1）在施工技术管理过程中，贯彻执行上级和本单位有关劳动保护工作和工业卫生的指示、方针、政策、规程、规则和有关制度、文件。

（2）在制订实施性施工组织设计、施工方案、施工作业计划时，必须同时制订安全措施计划。

（3）对临时结构需要进行强度、稳定性安全验算，同时提出施工设计，报项目总工（技术负责人）批准，并指定专人进行技术交底。

（4）重点工程或技术复杂、危险性大的项目，或采用新技术的工程项目，必须编制专门安全防护措施，并经常检查贯彻执行情况。

（5）经常深入现场，检查施工方法、生产过程、工地布置、生产机具设备、安全防护设施和安全生产等方面存在的问题。及时处理不安全因素，纠正制止违章作业，发现险情立即停止作业，将人员撤离险区，并及时报告单位领导组织处理。

（6）负责编制安全技术措施计划。

（7）负责提出自制小型机具、防寒、临时生产设施的标准和设计图，经项目总工批准后，督促其实施。

（8）制定季节施工防洪、防寒等安全措施，并督促实施。

（9）参加安全生产检查，对其隐患提出整治方案。

（10）参加事故调查处理，并提出预防措施建议。

5. 施工队长安全职责

（1）在项目经理的领导下，在工程技术人员指导下对所当班内的安全生产负责。

（2）认真执行上级有关安全生产的规定、指示，参与制订并实施安全措施，正确指导工班按照技术交底、施工规则、操作规程、安全规则、措施和各级安全制度等进行施工生产，不违章指挥。

（3）建立健全本队安全制度和岗位责任制度，对安全生产中存在的问题，要及时加以解决，一时不能解决的要及时报告项目领导。

（4）随时检查作业环境安全情况和生产机具、设备、道路、安全防护设施等完好情况，保证工人在安全状态下操作。遇有紧急险情，应立即予以制止，并向项目领导报告。

（5）负责组织、督促、检查工班开好班前安全交底会，进行施工中安全检查和安排好交接班工作。

（6）组织工班学习技术操作规程，对工人进行岗位操作教育，及时纠正忽视安全生产的思想，随时制止违章作业，教育工人正确使用机具、安全设备和防护用品。

（7）组织工班正确使用易燃、易爆物品，随时检查其领发、运送使用和退库情况。

（8）发生事故，要立即组织抢救，向上级报告，并保护好现场，参加事故调查分析。

（9）安全活动情况应及时、准确记录。

6. 施工队专职安全员职责

（1）落实项目部专职安全检查工程师和队领导传达的有关安全精神和具体整改措施，将措施进一步细化并传达到班组。

（2）坚持现场跟班作业，发现安全隐患及时制止并报告队领导或项目部专职安全工程师。

（3）指导班组兼职安全员的工作。

7. 工、班（组）长安全职责

（1）在队长的领导下，对本班（组）的安全生产负责。

（2）认真贯彻执行上级下达的安全措施、要求，组织工班落实。

（3）以身作则并教育职工严格遵守劳动纪律，严格执行安全技术操作规程、规则、制度，听从安质人员在安全生产上的指导，保证安全施工。

（4）随时注意检查工人操作、工作环境、安全设施、生产机具、设备等安全情况和防护用品的正确使用情况，保证工人在安全状态下操作，发现安全因素，要立即解决，不能解决的应立即向当班施工负责人报告，若情况紧急应立即停止作业，组织工人撤离作业险区，然后报告有关领导。

（5）坚持“三工制度”（即坚持班前安全讲话制度、工中安全检查制度、工后安全评议制度），作业前应会同安全员对施工现场、各种机具、设备和安全防护设施进行检查，确认有无问题，并将相关注意事项向工人交代清楚后，方准施工，要始终坚持工间检查和交接制度。

（6）班（组）分散作业时，一般不准单人作业，二人以上须指定专人负责安全工作。

（7）合理安排劳力，根据工作体能、技术熟练程度和其他特点分配工作，以防发生事故。

（8）发挥工班安全员的作用，支持其工作，认真听取并积极采纳他们的意见。

（9）发生事故，要立即组织抢救和报告，并保护现场，参加事故调查分析。

（10）对不具备安全生产条件的工点、设备，有权拒绝施工和使用，必须坚持特殊工种工人持证操作，对无证的特殊工种工人有权拒绝分配工作，有权拒绝违章操作。

8. 岗位工人安全职责

（1）在班（组）长领导下，对岗位的安全生产负直接责任，对邻岗的安全负照应责任。

（2）遵守劳动纪律，听从指挥，认真学习安全操作规程、规则、制度，并严格执行。严禁违章作业，并劝阻他人的违章行为。

（3）严格执行岗位责任制，特殊工种须持证上岗操作，不准将机械设备交给无证者操作，在未熟悉机械设备性能和操作规程的情况下，不能上岗操作。

（4）爱护和正确使用防护用品，参加各种安全活动，及时反映、处理不安全因素，主动提出改进安全生产工作的建议，积极参加事故的抢救工作。

（5）对上级单位或领导忽视安全的错误决定和行为可以越级报告。

9. 安全检查程序

（1）根据施工项目的内容和特点编制详细的安全检查内容。

（2）按照安全保证体系中的组织机构、安全目标、安全管理及检查制度组织项目安全生产检查小组。

（3）安全检查小组对施工项目进行施工现场进行日常检查，发现问题及时通知整改，并制定有效的安全防范措施。

安全质量检查程序详见图 5。

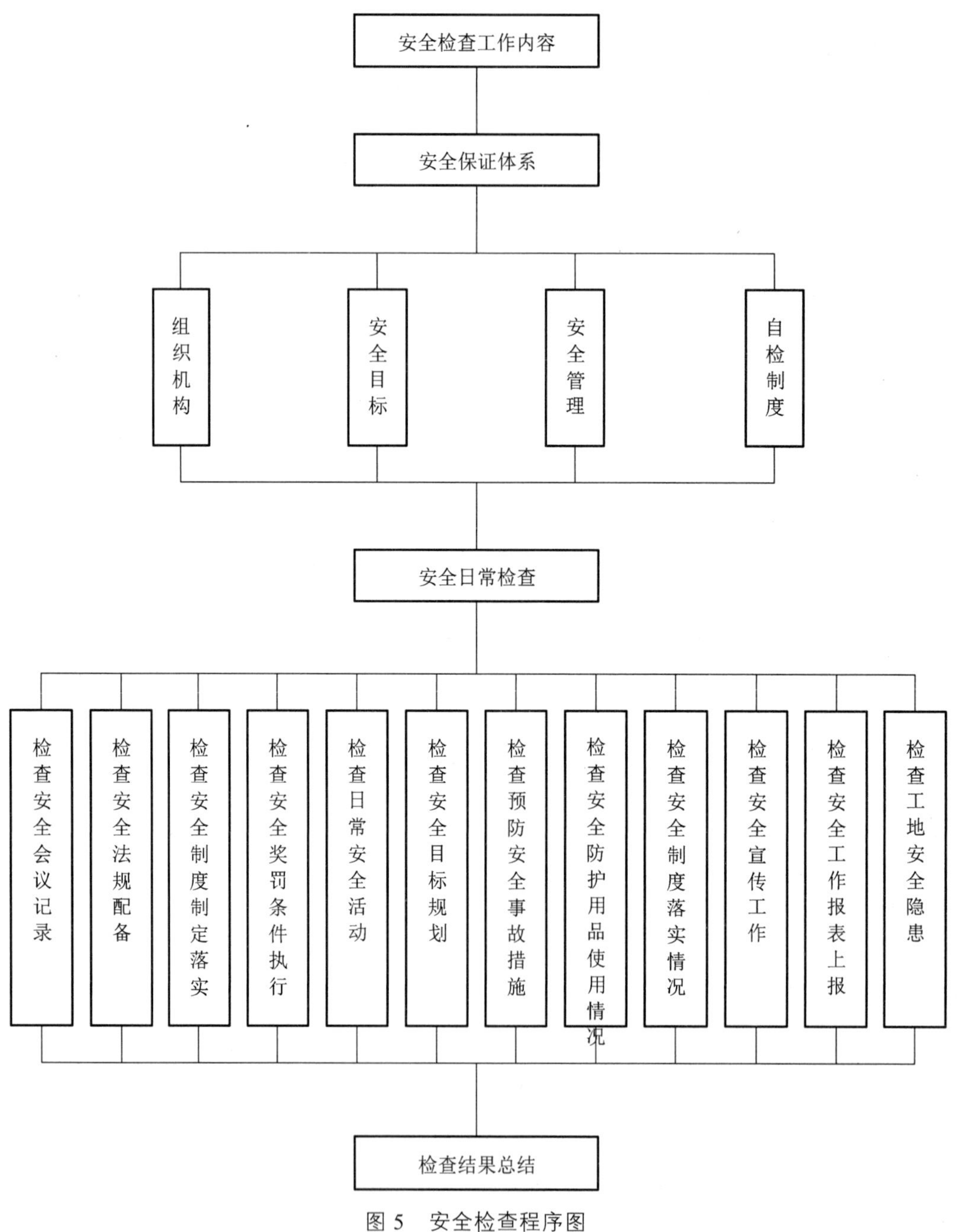

图 5　安全检查程序图

附录 11　制定安全生产目标

在施工中，将认真贯彻“安全第一，预防为主”的方针，施工中坚持做到：

（1）严格执行国家及地方颁布的有关施工技术安全规则和施工安全的有关规定，严格执行招标文件有关施工安全和文明施工的要求。

（2）正确制定施工方案，把确保安全放在首位，采取严厉的防范措施，预防为主。

1. 安全目标

消灭重伤以上和人身伤亡事故，消灭一切机械设备重大损失事故，消灭交通运输重大责任事故，消灭火灾事故，创“安全生产、文明施工的标准化工地，确保施工区域居民住房的安全和交通的畅通”。

2. 保证安全生产的主要技术措施

（1）严格执行国家及地方颁布的有关施工技术安全规程和施工安全规定，严格执行招标文件有关施工安全、文明施工的各项要求，坚持“安全第一，预防为主”的方针，确保施工安全。

（2）建立强有力的安全生产保证体系，项目部设安全质量科，各级生产机构配齐专职安全员，实行岗位责任制，把安全生产纳入竞争机制，纳入承包内容，逐级签订承包责任状。明确分工，责任到人，做到齐抓共管，抓管理、安全抓制度、抓队伍素质，盯住现场，跟班作业，抓住关键，超前预防。

（3）认真贯彻执行 ISO 9000 标准系列质量认证的安全控制程序，使安全管理程序化、规范化、制度化。加强安全生产的再教育，进一步提高全员的安全生产意识。增强全员主人翁的责任感，牢固树立安全第一的思想。

（4）根据施工组织设计和本工程的实际情况编制详细的安全操作规程、细则，制定切实的安全技术措施分发到工班，做到逐条学习落实、抓好安全“五同时”（在计划、布置、检查、总结、评比的同时评比安全工作）和“三级安全教育”。

（5）针对本工程的特点，施工前技术部门必须向参加施工的人员进行安全技术交底，并进行岗前培训，对职工进行安全基本知识和技能教育，遵章守纪和标准化作业的教育，并认真学习“施工技术安全规则”，以及“施工安全标准”，经考试合格持证上岗。对于特种作业人员包括机械工、电工、电、氧焊工等特殊工种必须进行专业培训，持证上岗，并登记造册。特殊作业要有作业指导书，严格执行各种安全技术操作规程，确保施工安全。

（6）开展安全标准工地建设，施工现场做到布局合理，工地做到管线齐全，灯明路平，标志醒目，防护设施齐全；在施工现场悬挂有关施工安全标语，设立醒目警示牌，安全带，配置安全网。

（7）施工时采取有效措施保护周围建筑物，特别是埋入地下管线，施工前应与有关单位联系，请求配合，查明走向和位置，做到“三不”，即不摸清地下设施位置不施工，影响设施正常运转不施工，不采取有效防护措施不施工。禁止在既有电杆电线等设施上搭挂临时线，修建临时房屋工棚等，在既有设施安全距离以外实施。大型机械施工时对周围建筑物设好防护并留有足够的安全距离，基坑开挖和弃土不得危及周围建筑和行车安全。安全生产保证体系和安全检查流程详见图 6、图 7。

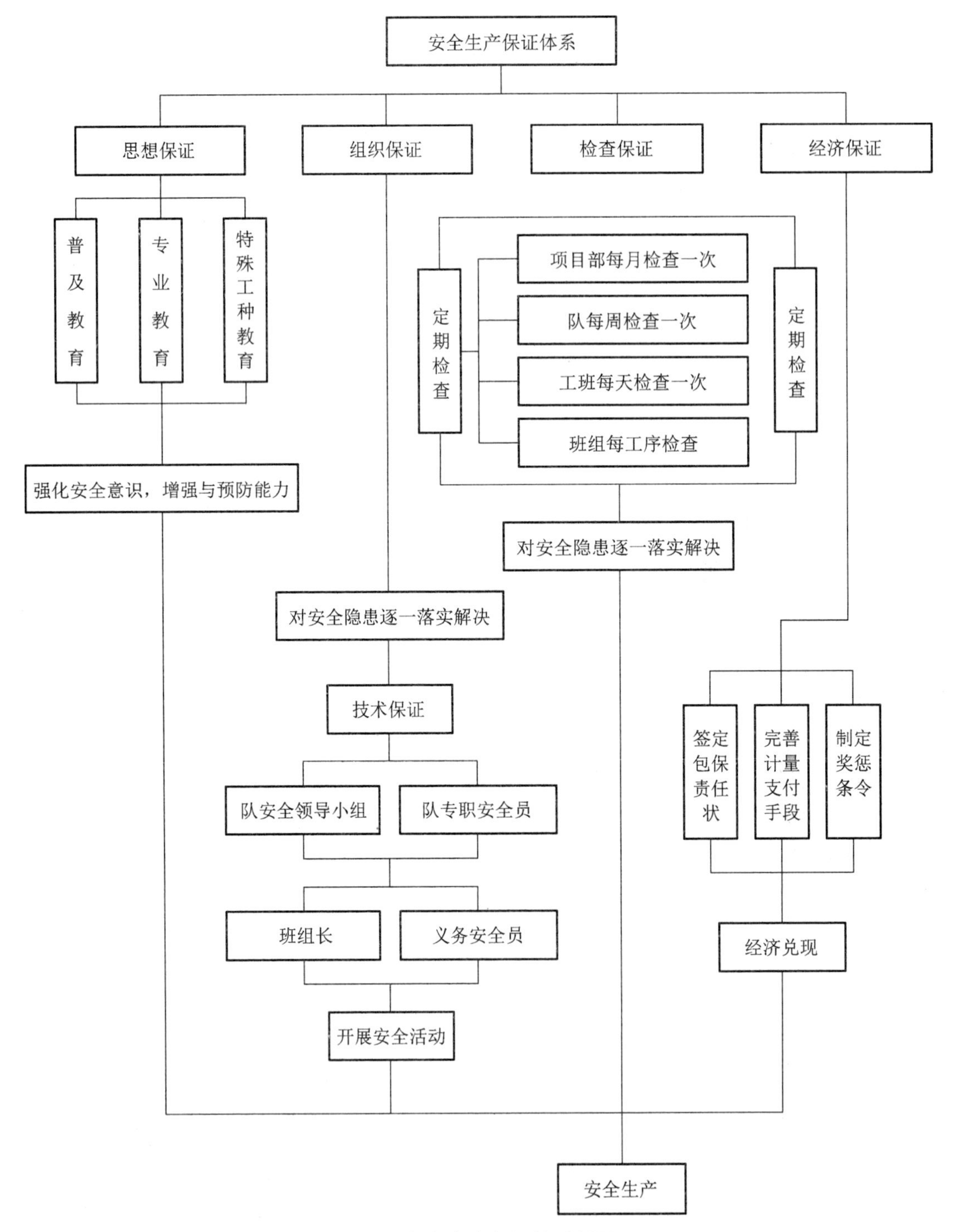

图 6　安全生产保证体系框图

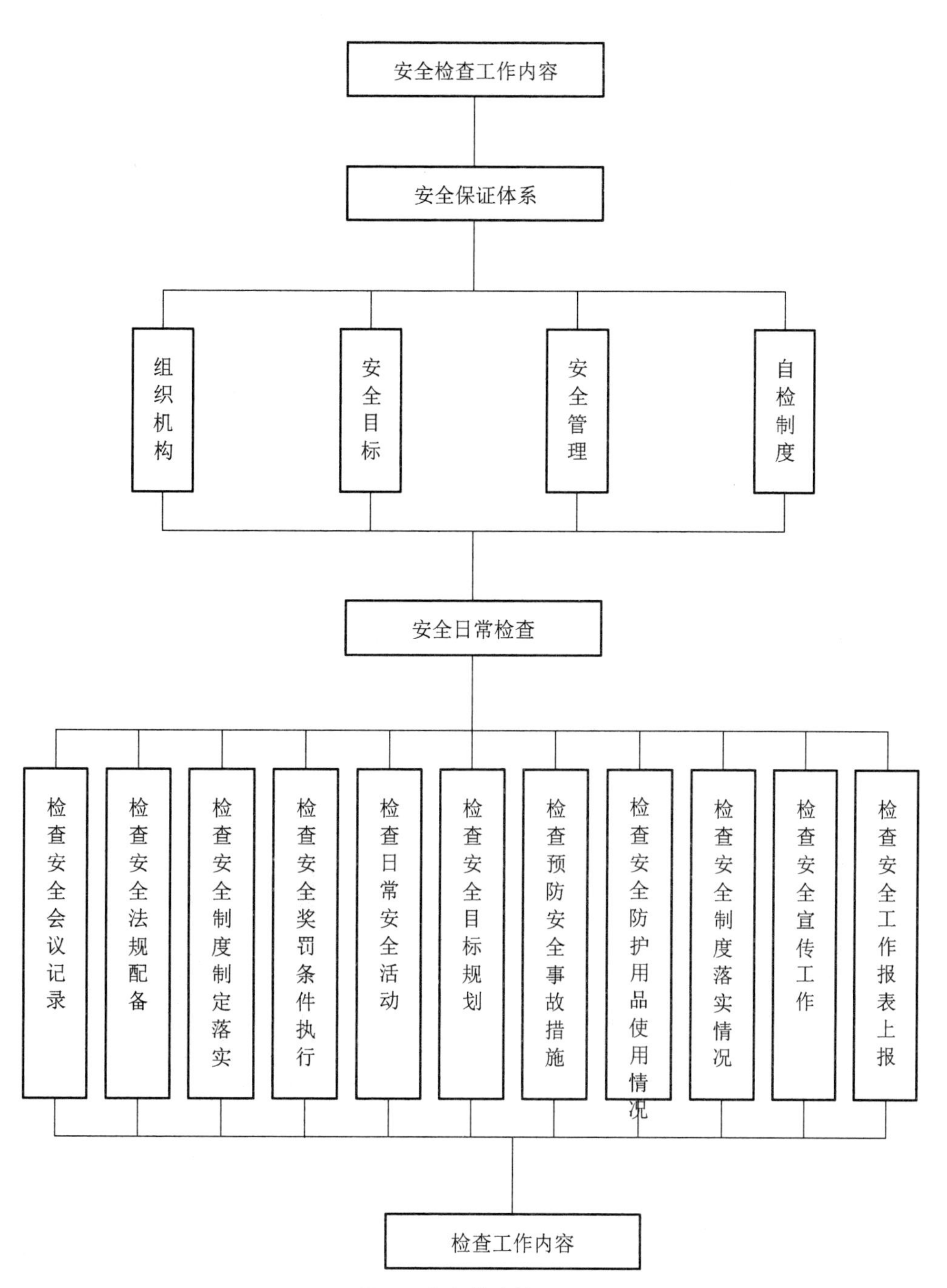
安全检查工作内容
安全保证体系
组织机构
安全目标
安全管理
自检制度
安全日常检查
检查安全会议记录
检查安全法规配备
检查安全制度制定落实
检查安全奖罚条件执行
检查日常安全活动
检查安全目标规划
检查预防安全事故措施
检查安全防护用品使用情况
检查安全制度落实情况
检查安全宣传工作
检查安全工作报表上报
检查工作内容

图 7　安全检查流程图

附录 12　环保及环卫目标

根据国家“全面规划、合理布局、综合利用、化害为利、依靠群众、大家动手、保护环境、造福人民”的环境保护工作方针，施工期间严格遵守国家、地方及机场所有关于控制环境污染的法律和法规，采取有效的措施防止施工中的燃料、油、沥青、化学物质、污水、废料、垃圾、泥浆以及弃方等有害物质的污染，防止扬尘、噪音和汽油等物质对大气的污染，维护市容和机场整洁，创建文明施工现场。

1. 环保及环卫组织机构

建立以项目经理为组长、分管环境保护及环卫管理的副经理和项目总工程师为副组长的环境保护及环卫管理领导小组，其管理组织机构详见图 8。

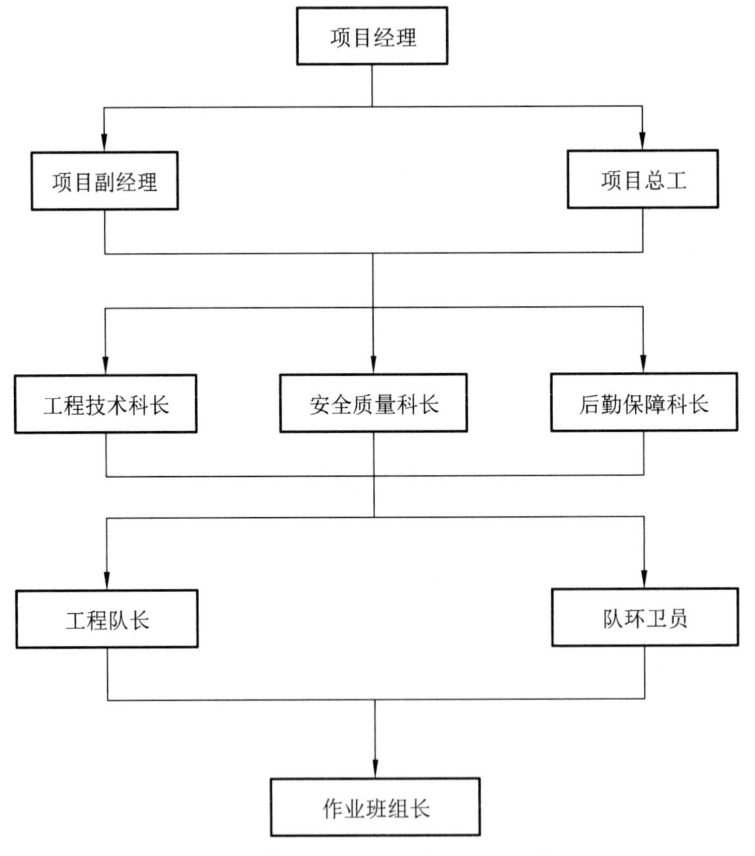

图 8　环境保护及环卫管理组织机构图

2. 环境保护及环卫管理体系

环境保护及环卫管理体系必须从思想上、组织上、技术措施、方案和检查保证制度上四个方面体现，详见图9。

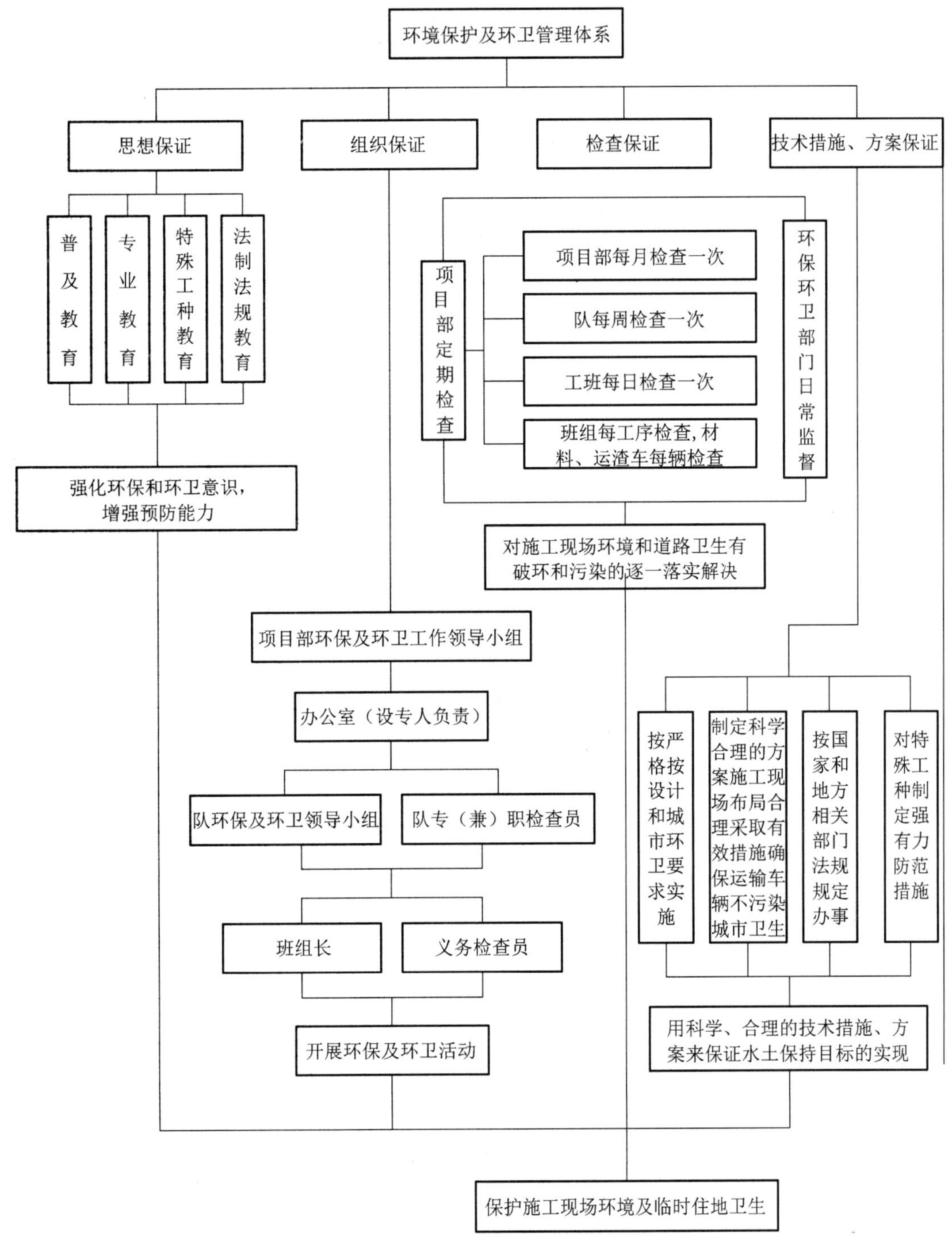

图9　环境保护及环卫管理体系框图

3. 环境保护及环卫管理的保证措施

（1）防止粉尘污染措施。

① 弃渣必须运至弃土场，严禁随意抛撒。施工垃圾及生活垃圾应及时清运，适量洒水，

减少扬尘。

② 水泥等粉细散装材料，应尽量采取室内（或封闭）存放或严密遮盖，卸运时要采取有效措施，减少扬尘。

③ 施工现场经常养护和洒水，防止道路扬尘。

④ 在施工现场居民稠密区附近，应设专人及设施，采取洒水降尘。

⑤ 必须同时在现场设置搅拌设备时，应安设除尘装置。

⑥ 施工现场使用的锅炉、茶炉、大灶，必须符合环保要求。烟尘排放黑度达到合格 I 级以下。

⑦ 拆除临时设施时，应随时洒水，减少扬尘污染。

（2）防止水污染措施。

① 凡需进行基坑施工的现场，必须设置沉淀池，使清洗机械和运输车的废水经沉淀后，方可排入排水设施。

② 凡施工作业产生的污水，经沉淀，能经过新修排水系统导流入城市排水系统。禁流入滑坡体内。现场存放零星油料的库房，必须进行防渗。储存和使用都要采取措施，防止跑、冒、滴、漏，污染环境。

③ 施工现场环境保护临时食堂，用餐人数超过 100 人时，应设置简易有效的隔油池，定期除油，防止污染。

④ 施工过程中严禁将污染垢物质或可悬浮物的水排入排水系统，并保护原有的防护设施。

⑤ 钻孔施工是工程施工防污染的重点，应采取一切可行措施防止在施工过程中可能对环境造成的污染，保证城市环境文明、整洁。具体采取措施是：施工防尘装置，降低风尘污染，且降低运转噪音，有利于改善工作环境。

⑥ 施工现场内在保持排水管网通畅，防止泥浆、污水、废水外流污染环境或堵塞排水系统。

⑦ 排水、排污：

a. 施工中按设计图纸要求建设好施工临时排水管和排水明沟，注意排水管、沟的维护，保护好排水入口和出口，保持管、沟的畅通，确保施工期间不加重施工区段水泛程度。

b. 施工生活区四周和进场道路两侧设置必要排水设施，施工及生活区污水必须进行妥善排放，禁止散排造成环境污染。

c. 施工现场道路始终保持畅通，现场无积水，门口设冲洗、沉淀池，备有冲洗设备，出门车辆必须经过冲洗，保证不带泥上路。施工产生的建筑垃圾、生活垃圾及时清运，运输易飞扬建筑材料和建筑垃圾时应将车辆密封、遮盖，不容许出现抛洒、遗漏。在适当时洒水保持施工现场湿润，防止建筑灰尘飞扬，使环境污染减少到最小程度。

（3）降低噪音、减少扰民的主要措施。

① 施工现场应遵照现行国家标准《建筑施工场界环境噪声排放标准》（GB 12523）管理规定制定降噪的相应制度和措施。

② 本工程地处桐雅公路旁边，进行强噪声作业时，必须严格作业时间，一般不超过 22 h。必须昼夜连续作业施工现场，尽量采取降噪措施，做好降噪管理工作，并报业主管理单位和有关环保单位备案后方可施工。

③ 施工时应注意避开午休、夜间施工，按有关管理规定要求，及时做好施工管理工作。

④ 施工选择性能优良、噪音小的施工机械，并高布及其他声源屏障，降低噪音污染。

⑤ 尽量不要在法定节假日和 21:00 以后加班加点施工，不要因施工而影响周围居民休息，在制定施工方案施工设备时要充分予以考虑，要选用性能优良、噪音小的施工机械，必要时设篷布用其他声源屏障进行消声处理，以控制其噪音白天不超过 70 dB，夜间不超过 55 dB，节假日和早晨 7:00 前及 22:00 后，尽可能不进行噪声作业，如有特殊情况要施工时，必须报有关部门批准。

⑥ 采取合理的施工方案，使用性能良好的施工机械，设法减少噪声扰民。在安排施工方法和进行施工时，尽可能合理分布机械，避免机械过于集中，尽可能远离噪音敏感体，减少噪音对周围环境的影响。在固定的动力机械设备附近，修建临时噪声屏障，减少噪声传播。在设备选型时，将选择低污染设备，使防止施工中带来的粉尘污染。

⑦ 降低汽车噪声的办法，汽车喇叭声、发动机辐射的噪声、进气噪声、排气噪声、冷却系统噪声、传动系统噪声、车体震动噪声，汇成严重的交通噪声污染，严重地影响着城市居民的，防止和减少汽车所产生的噪声污染是搞好城市环保工作的一项重要内容，所以在施工中应做到以下几点：

a. 针对不同部位的噪声可选用不同的空气滤清器。

b. 少鸣或禁鸣喇叭。

c. 维护交通秩序，避免车辆阻塞。

（4）场地清理。

在工程完工后的规定时限内，拆除施工临时设施，清除施工区和生活区及其附近的施工废弃物，并按监理人批准的环境保护措施计划完成环境恢复。

附录 13　水土保持措施

（1）遵守当地有关部门的水土保持法令法规。

（2）施工前根据当地有关部门水土保持法令法规的相关规定，编制专门确实可行的水土保持措施方案，报有关部门审批，同意后方可实施。

（3）施工用水、排水，应根据现场情况统一部署，建设好施工临时排水明沟。对用水较集中的地方（如搅拌站、施工生活区）应设置蓄水池，周围设置必要的排水设施。

（4）施工及生活区污水必须进行妥善排放，禁止散排造成环境污染和水土流失。

（5）非施工区内的植被、树林不得随意破坏和砍伐，土地不得随意开挖。施工区内不影响施工的植被尽量加以保护。

（6）对已破坏的土地、植被等应予恢复原状。

附录 14　现场文明施工管理组织机构的建立

建立以项目经理为组长，分管文明施工的副经理和项目总工程师为副组长的文明施工领导小组，其管理组织机构详见图 10。

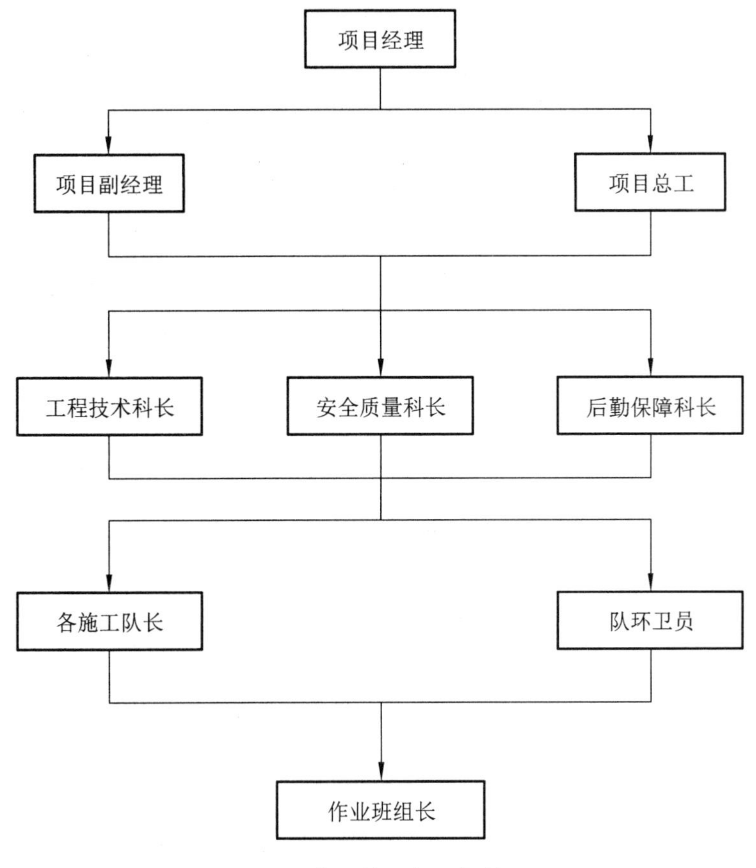

图 10　文明施工组织机构图

1. 现场文明施工管理保证体系

现场文明施工管理保证体系必须从思想上、组织上、技术措施、方案和检查保证制度上四个方面体现，详见图 11。

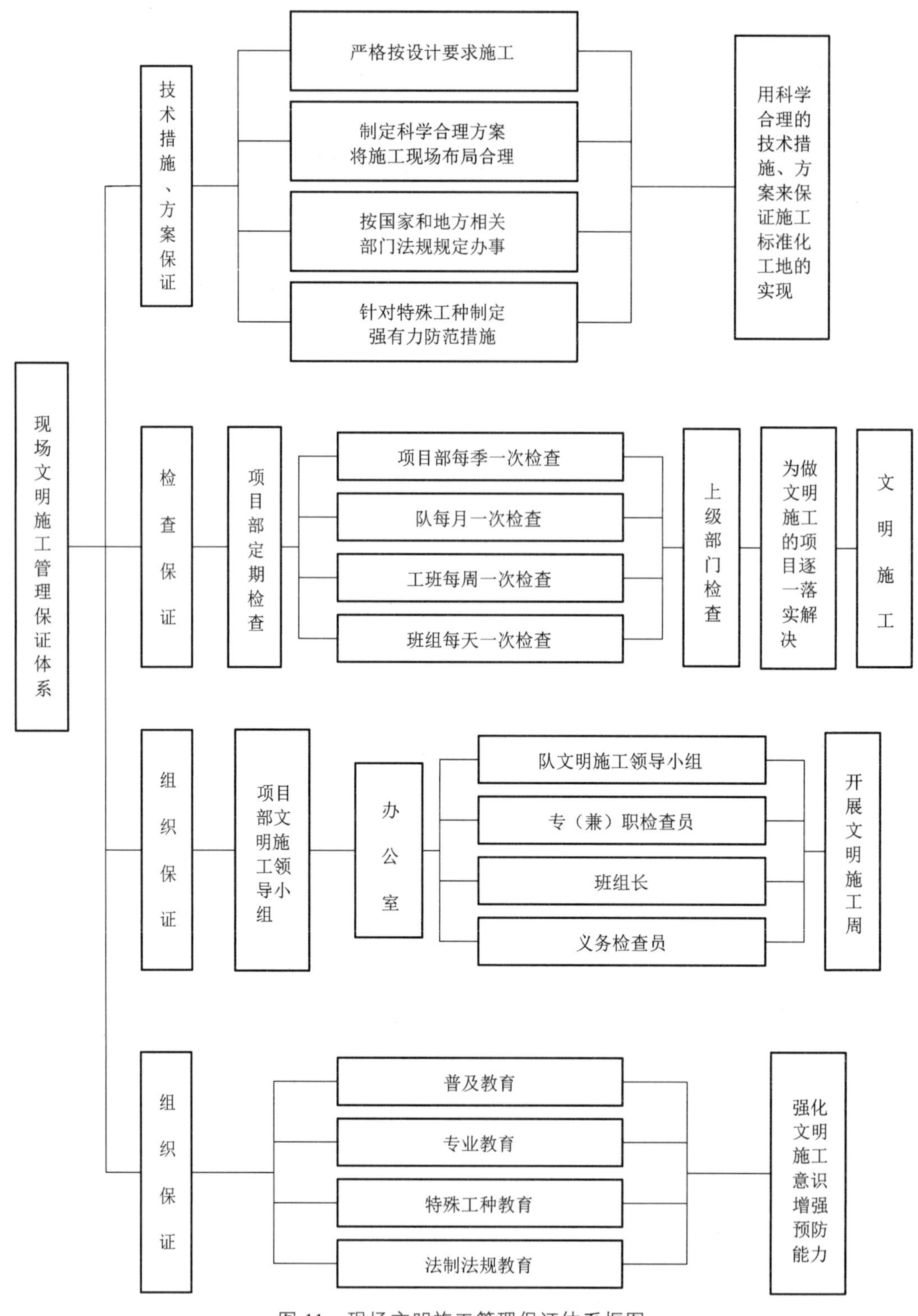

图 11　现场文明施工管理保证体系框图

2. 现场文明施工管理保证措施

（1）加强工程现场文明施工管理，保障施工优质、快速、高效进行，树立和维护企业良好的形象，争创文明标准工地。

（2）为了实现文明施工的目标，项目部成立领导小组专人负责现场文明施工组织机构图施工措施落实，确保施工现场符合《文明施工管理办法》的要求。

（3）加强宣传活动，统一思想，使广大干部职工认识到文明施工是企业形象、队伍素质的反映，是安全生产的保证，是工程优良快速施工的前提。增强文明施工和加强现场管理的自觉性。

（4）在项目部及施工队负责人中明确分工，落实文明施工现场责任区，制定相应规章制度，确保文明施工现场管理有章可循。

（5）合理布置施工场地，现场的临时建筑物必须和施工组织设计的要求相符，且各种设施必须符合规定标准，做到场地整洁、道路通顺、排水畅通、标志醒目、生产环境达到标准作业要求。

（6）施工现场设置施工总平面图、工程概况牌、文明施工组织网络牌、安全纪律牌，规格统一，内容完善，位置醒目。

（7）施工临时便道平坦、通畅，道路边设排水沟和相应的安全防护设施和安全标志，道路经常维修，路面不得有坑洼积水。

（8）各种临时房屋布置要确保符合防火安全和工地卫生的规定，房屋通道顺畅，门窗严紧，通风采光良好。

（9）施工现场给排水要统一规划，整齐统一，做到给水不漏、排水顺畅。施工废水必须经过必要处理后方可排放到城市地下排污管道。

（10）施工用电须有用电规划设计，明确电源、配电箱位置及线路方向，制定安全用电技术措施和电器防火措施，现场设置明确、醒目的标牌。

（11）现场施工材料要堆放整齐，做到横成排、竖成行，散体材料必要时要砌池堆放，材料要设立栏杆堆放。

（12）现场制定安全、保卫制度，专人落实安全、防火等项工作，施工人员必须佩戴工作卡，管理人员和作业人员分颜色区别，进入施工现场的人员一律要戴安全帽。

（13）经常对工人进行法律和文明教育，严禁在施工现场打架斗殴及进行其他非法活动。

（14）工程竣工后，及时拆除一切临时设施，并将工地及四周环境清理整洁，对临时用地及时复耕（除建设方要求保留的外）。

（15）加强检查与监督，从严要求，持之以恒，使文明施工现场管理真正抓出成绩。对文明施工现场实行定期和不定期相结合检查，每月组织一次专项检查对照评分，严格奖惩，交流经验纠正不足。

（16）按建设单位的要求，同时认真听取驻地监理的意见，协调好各方关系，搞好安全生产和文明施工，争创安全文明标准工地。

（17）施工现场主要出入口设置密封大门，专人看守，车辆进出随时关闭，实行封闭施工，防止闲杂人员擅闯工地。

（18）现场落实各项除四害措施，严格控制四害滋生，厕所设有盖化粪池，并专人定期清洗，保证无异臭味。

（19）食堂应整洁卫生，符合地方卫生标准，生、熟食操作分开，严禁用塑料制品盛装熟食，防止食物中毒。炊事员需持健康证明上岗。

参考文献

[1] 朱永全，宋玉香．隧道工程．北京：中国铁道出版社，2009.

[2] 覃仁辉．隧道工程（第二版）．重庆大学出版社，新疆大学出版社，2005.

[3] 廖代广，孟新田．土木工程施工技术（第 3 版）．武汉：武汉理工大学出版社，2006.

[4] 张俊平．桥梁检测．北京：人民交通出版社，2002.

[5] 中铁二局股份有限公司．路基路面工程．北京：中国铁道出版社.

[6] 杨嗣信．混凝土结构工程施工手册．北京：中国建筑工业出版社，2014.

[7] 郑达谦．给水排水工程施工．北京：中国建筑工业出版社，1997.